亚行贷款黄河防洪项目

国际咨询与培训
（上册）

主　编　徐　乘

执行主编　张俊峰　姚傑宝

解新芳　林斌文

U0253076

黄河水利出版社

内容提要

本书是黄河洪水管理亚行贷款项目办公室,在实施亚洲开发银行贷款黄河防洪项目的国际咨询服务和项目培训工作过程中的工作经验总结。全书共11章,分上下两册,1~8章为上册,9~11章为下册。其中,1~6章为工作经验总结,主要介绍亚洲开发银行聘用国际咨询服务的政策与程序,亚洲开发银行贷款黄河防洪项目国际咨询服务的主要内容和安排、聘用过程、实施情况与工作经验,以及国际咨询服务下的项目培训。7~11章为编写的培训教材,主要介绍国内外,特别是亚洲开发银行在工程建设与管理、环境管理、移民管理、财务管理和项目完工、项目后评价方面的主要做法与经验,具体指导项目工作的实施。

本书注重实践,希望通过本书介绍的,也是本项目实施过的具体工作步骤与做法,给今后从事亚洲开发银行贷款项目的工作人员提供借鉴,并为他们、特别是第一次从事亚洲开发银行贷款项目工作的技术人员提供一条工作捷径。本书也可供广大水利工作者和其他利益相关者阅读、参考。

图书在版编目(CIP)数据

亚行贷款黄河防洪项目国际咨询与培训/徐乘主编
—郑州:黄河水利出版社,2011.5
ISBN 978 – 7 – 5509 – 0051 – 6

Ⅰ.①亚…　Ⅱ.①徐…　Ⅲ.①黄河 – 防洪工程 – 项目管理　Ⅳ.①TV87

中国版本图书馆 CIP 数据核字(2011)第 077619 号

出 版 社:黄河水利出版社
　　　　　地址:河南省郑州市顺河路黄委会综合楼14层　　　　　邮政编码:450003
发行单位:黄河水利出版社
　　　　　发行部电话:0371 – 66026940、66020550、66028024、66022620(传真)
　　　　　E-mail:hhslcbs@126.com
承印单位:河南省瑞光印务股份有限公司
开本:787 mm×1 092 mm　1/16
印张:64.5
字数:1481 千字　　　　　　　　　　　　　印数:1—2 000
版次:2011 年 5 月第 1 版　　　　　　　　印次:2011 年 5 月第 1 次印刷

定价(上、下册):87.70 元

主　　编　　徐　乘

执行主编　　张俊峰　姚傑宝　解新芳　林斌文

编　　写　　姚傑宝　解新芳　林斌文　刘艳玲　宋玉红

　　　　　　李玉东　任彩萍　高　山　王晓霞　田雨普

　　　　　　马　强　刘新芳　王艳洲　张　波　张文洁

　　　　　　谢　齐　邹进彰　谢福光　谢海旗　卞丙乾

　　　　　　凯罗琳·弗朗西斯　艾伦·奥利费　朱幼宣

　　　　　　吴宗法　张儒前　张钢山　王焰华　伏　渤

目 录

上 册

第一章　概　述

黄河是中国第二大河流,发源于青藏高原海拔4500米的巴颜喀拉山北麓。流经青海、四川、甘肃、宁夏、内蒙古、陕西、山西、河南、山东9省(区),在山东垦利县注入渤海,干流全长5464公里,流域总面积79.5万平方公里,流域内人口11275万人。

黄河年径流量580亿立方米,年输沙量16亿吨。中游流经世界上最大的黄土高原,其大部分地区是干旱半干旱地区,土壤流失严重,生态环境脆弱。

黄河是世界上含沙量最高的河流,大量泥沙在下游河道内沉积,使黄河下游成为"地上悬河",河床一般比两岸地面高出4~6米。在历史上黄河曾发生过1590余次堤防决口,其中大的改道迁徙有5次,最后的一次黄河改道发生在1855年。由于黄河下游两岸是平原,因而大堤失事给两岸居民及农田带来损失的风险很大。

黄河下游流经华北平原中部的河南和山东两省,然后注入渤海。河南、山东两省有43个县受洪水威胁,其中在黄河两岸大堤内就有2193个村庄,居住约180万人。

在山东省距河口约400公里的位置有东平湖滞洪区,由于黄河河道上宽下窄,河道下游过洪能力仅为上游的一半,当发生重现期为25年一遇以上洪水时,通过分洪闸向东平湖分洪。洪水退却后,通过退水闸将洪水分别排向黄河和南部的淮河。

黄河治理的根本措施是在上中游开展水土保持,包括修建拦泥坝、梯田、植树造林、种草和鼓励在侵蚀区种植园林,减少入黄泥沙。短期措施是利用小浪底水库拦蓄部分泥沙,通过优化水库调度,使下游河道能够携带更多的泥沙入海。在下游采取的主要措施包括加固堤防和险工,修建河道整治工程控制水流,对东平湖围坝进行加固、对损坏的石护坡进行翻修,对下游滩区村庄进行防护等。

黄河沿岸的人口增长和经济活动的增加,使洪水所带来的损失逐步加大。由于大量泥沙从上游输送到下游,造成黄河河床不断抬高,黄河下游防洪任务变得越来越艰巨。频繁发生的洪水成了黄河流域经济发展的主要制约因素。1998年长江、松花江(嫩江)相继发生大水,坚定了中国政府加快江河治理的决心。经中国政府和亚洲开发银行(以下或简称亚行)磋商,亚行同意为黄河防洪项目提供普通贷款。贷款项目名称为亚行贷款黄河防洪项目,贷款号:1835-PRC。

项目的范围为小浪底水库至黄河入海口,主要内容包括洪水管理措施、防洪工程、滩区村台安全建设工程和项目管理4部分。其中,洪水管理措施主要包括黄河下游基础地理信息系统建设、小花间气象水文预报软件系统建设、黄河下游6站水文测验设备更新改造、防洪工程维护管理系统建设、黄河下游基于GIS的二维水沙数学模型研究、小浪底水库运用方式研究、小浪底水库库区和黄河下游河道模型试验研究、机构能力建设与人力资源开发等子项目;防洪工程包括加固黄河下游堤防103.67公里、改建险工15处567道坝垛和新、续建控导工程15处,长24.3公里、加固东平湖滞洪区围坝73.49公里;滩区村台安全建设工程包括修建滩区5县45个村的村台淤筑和部分撤退道路与桥梁,解决4.14万人的就地避洪问题;项目管理包括项目管理办公室的运行和培训、项目移民安置、社会和环境问题评价等。

项目的目的是通过亚行贷款黄河防洪项目的实施,提高黄河下游防洪工程的抗洪能力,减轻洪水灾害,改善环境,减少贫困,同时,使黄河水利委员会(以下或简称黄委)了解和掌握国际通用的建设管理程序,提高项目管理水平。

亚行贷款黄河防洪项目的《贷款协议》和《项目协议》由中国政府和亚行于2002年6月在马尼拉签署,并于2002年9月11日正式生效。项目原定总工期5年,后因故延长为7年,项目总投资29.35亿元人民币,其中亚行普通贷款1.5亿美元(当时折合人民币12.41亿元)。

根据《贷款协议》和《项目协议》及项目实施管理备忘录的要求,项目共聘用国际咨询专家80个人月,从事项目管理与非工程措施研究子项目的国际咨询与培训服务。

水利部是本项目的执行机构,黄委负责项目的具体实施。为保证项目的顺利实施,中国政府成立了国家级的项目指导委员会,负责监督和协调项目执行过程中的重大问题,并对项目办公室的工作提供指导。黄委也成立了黄河洪水管理亚行贷款项目办公室(以下简称"黄委亚行项目办"),下设工程技术部、环境和社会部及综合部3个部,在山东和河南两省河务局设立了黄委亚行项目办的派出机构——省亚行项目办。黄委亚行项目办的主要职责是负责子项目的实施、与当地政府建立联系、编制环境初评和移民规划、监督项目的详细设计和子项目的合同签订、为施工现场的办公机构提供技术和管理支持、编制项目进度报告等。

第一节　国际咨询服务概述

一、主要内容

根据亚行贷款黄河防洪项目的《贷款协议》和《项目协议》及项目实施管理备忘录的要求,共要求聘用国际咨询专家80个人月,其中项目管理研究方面共需聘用国际咨询专家48个人月,主要从事环境管理、社会与移民管理和项目管理方面的咨询服务工作;非工程措施研究方面共需聘用国际咨询专家32个人月,从事洪水管理措施方面的咨询服务工作,主要包括洪水预报警报系统中的黄河三门峡以下河道基础地理信息系统建设、小花间气象水文预报软件系统建设和黄河下游基于GIS的二维水沙数学模型研究,以及小浪底水库库区和黄河下游河道实体动床模型试验研究、自动制模技术与测控系统研究、防洪工程维护管理系统建设等6个子项目。后来鉴于非工程措施研究项目的批准时间较晚,其中部分工作已由国内专家完成,根据2007年6月亚行项目检查团备忘录意见,并经亚行特别批准,开展非工程措施研究原定6个子项目中的3个子项目的个体国际咨询专家的聘用工作,共14个人月,具体内容包括小花间气象水文预报软件系统、黄河下游基于GIS的二维水沙数学模型研究、水库冲淤机理及数值模拟3个方面。

二、实施过程与成果

项目管理咨询专家的聘用完全遵循了《亚洲开发银行及其借款人使用咨询顾问指

南》。共有14家咨询公司向黄委递交了意向书,从中选择了5家咨询公司进入短名单,并向其发出了投标邀请,经评标委员会推荐,亚行批准了排名第一的咨询公司中标项目管理咨询服务。

非工程措施类子项目的咨询专家聘用因国家发改委批复初步设计的延迟而严重滞后。尽管如此,非工程措施类子项目自项目启动以来已使用了483个人月的国内咨询专家,完成了包括原计划由GIS、系统开发维护与管理等国际咨询专家完成的咨询任务。2007年6月亚行项目检查团要求亚行项目办抓紧启动非工程措施类子项目国际咨询专家聘用工作,由于时间紧迫,在征得亚行同意的基础上,将原聘用国际咨询公司的计划调整为聘用个体国际咨询专家。同时,压缩并调整了部分项目咨询专家的工作时间,包括将黄河下游基于GIS的二维水沙数学模型研究子项目原定的8个人月,压缩为5个人月,取消了基础地理信息系统、防洪工程维护管理系统、自动制模技术与测控系统共计7个人月,小浪底库区及黄河下游河道实体动床模型调整为水库冲淤机理及数值模拟技术。咨询服务工作量由22个人月调整为14个人月。

为加强对聘用国际咨询专家的管理,黄委亚行项目办于2006年1月10日印发了《国际咨询专家工作管理办法》,2006年7月27日印发了《国际咨询专家聘用人员考勤办法》。这两个办法的制定,对国际咨询工作的管理和咨询专家的履约起到了很好的作用。

项目管理咨询专家的工作总体上是令人满意的,在实施过程中经过5次合同补充变更,使咨询服务的最后总投入由原来的47.5个人月增加到51.5个人月,其中包括3.5个人月的无偿投入,按时完成了主合同和补充协议规定的全部咨询工作。特别是环境管理专家在促进黄委亚行项目办及黄委在环境管理方面的能力起到了很好的作用,项目软件专家和后评价专家在项目管理方面也给亚行项目办提供了很好的帮助。

非工程措施的3位个体国际咨询专家的工作非常认真,按照合同要求在现场完成了各项工作,对黄委在数学模拟系统开发方面提供了很好的技术支持。

第二节 亚行贷款黄河防洪项目培训概述

一、必要性

亚行贷款黄河防洪项目属亚行的行业贷款项目,其管理方法及手段需要遵循国际项目管理的惯例。由于该项目涉及面广、技术难度大、建设周期长,尤其在洪水管理方面的国际项目管理的经验还不多,特别是移民和环境、工程索赔与反索赔能力建设方面经验更少。为了全面消化与吸收咨询服务所提供的成果,保证项目的顺利实施和高质量完成,按照新世纪黄河治理开发与管理的要求,本着全面增强黄委现有机构的治理开发水平和提高管理能力的原则,促进与国际管理接轨人才快速成长,为项目建设提供人才保障,全面开展亚行贷款黄河防洪项目的业务培训工作是十分必要的。

在提高非工程管理措施方面,通过培训和引进先进国家的技术、设备和管理手段,使黄委在定量降水预报、基于GIS的二维水沙数学模型研制及"3S"技术综合应用等方面有明显的提高;同时在机构能力建设方面,通过培训与调整黄委管理部门的职能配置,逐渐建立起精简、高效的新型流域水行政管理体系。

二、主要内容

业务培训分项目管理和非工程措施两方面。项目管理培训方面主要有咨询服务、招标采购、报账支付、移民和环评、项目执行与管理等内容;非工程措施方面主要有小花间气象水文预报系统、黄河下游洪水演进及灾情评估模型、基础地理信息系统、黄河下游6站水文测验设备更新改造、防洪工程维护管理系统、小浪底水库运用方式研究和机构能力建设等内容。此外,还包括黄河法战略规划研究技术援助项目与地方移民干部和受影响群体的技能培训(社会移民培训)计划等内容。

根据亚行贷款黄河防洪项目《贷款协议》和《项目协议》的规定,黄委亚行项目办于2004年编制了《亚行贷款黄河防洪项目培训实施方案》(以下简称《项目培训实施方案》),并经亚行批准(详见表6-22和表6-23),计划培训1045人次,其中国外培训116人次,国内培训929人次。

三、实施过程与成果

为使亚行贷款资金得到有效利用,确保亚行贷款项目中的培训、考察任务能有效有序地得到全面落实,黄委亚行项目办制定了《亚行贷款黄河防洪项目培训组织管理办法》,并于2004年5月10日印发各单位实施。截至2005年底,按照黄委亚行项目办于2004年编制的《项目培训实施方案》,共完成项目管理部分人员培训254人次,占计划数的93.7%,使用经费81.4107万元,占计划数的47.9%。其中,国外培训考察22人次,占计划数的73.3%,使用经费61.06万元,占计划数的50.9%;国内培训232人次,占计划数的96.3%,使用经费20.3507万元,占计划数的40.7%。不但有效地完成了大部分人员培训计划,而且经费也有了较大节约。

2005年7月26日,项目管理国际咨询专家组进驻并开展咨询服务工作。为消化和吸收国际咨询专家的工作成果,亚行于2006年2月7日批准了黄委亚行项目办补报的《2006年亚行贷款黄河防洪项目国内培训计划》(以下简称《项目国内培训计划》)。黄委亚行项目办根据亚行2004年4月23日批准的《项目培训实施方案》中项目管理培训的未实施部分和《项目国内培训计划》,编制了《2006～2007年度黄河防洪项目项目管理部分业务培训与考察项目计划》(以下简称《项目培训计划调整》),计划培训人员435人次,总经费为55.732万元。其中,国外培训考察12人次,经费为32万元;国内423人次,经费23.732万元。亚行于2006年4月25日批准了该计划。为保证该计划的高质量完成,黄委亚行项目办于2006年4月制定了《2006～2007年度亚行贷款黄河防洪项目项目管理部分培训实施方案》,并认真组织实施。

截至2007年底,除一项原计划安排在2007年的出国考察项目——《非工程项目管理与工程管理模式考察》因故未实施外,《项目培训计划调整》所安排的培训项目都已按计划全部完成。2002～2007年,共完成项目管理部分业务培训与考察项目28项,完成人才培训684人次,为《项目培训实施方案》271人次的2.52倍,而使用经费137.615万元,仅为《项目培训实施方案》170万元的0.8倍。

非工程项目业务培训方面,主要完成了小花间气象水文预报软件操作和开发、水文测验设备的使用和维修保养,Arcinfor 和 Oracle 软件使用、工程维护方法和经费测算等培训。

地方移民干部和受影响群体的技能培训(社会移民培训)计划为 400 人次,实际上共完成培训 4518 人次,为计划人数的 11.3 倍。

第二章 亚行聘用国际咨询服务的政策与程序

亚行的业务范围十分广泛,为满足大量技术援助项目和贷款项目的咨询服务工作的需要,要求聘用各种专业的咨询顾问(统指咨询公司和咨询专家,下同)来从事一些专门的研究和咨询活动,以保证项目高效和经济地运行。在亚行 2007 年 2 月修订的《亚洲开发银行及其借款人使用咨询顾问指南》[1]中,明确规定了亚行聘用国际咨询服务的政策与程序。亚行和借款成员都是咨询服务的使用者,因此,都必须遵守亚行制定的关于聘用咨询顾问的政策规定、基本原则和操作程序。

通过使用咨询服务能获得以下具体好处:①在一些情况下,恰当地聘用咨询专家比雇用雇员更节省成本;②具有国际实践经验的咨询专家接触过不同环境、国情下的类似项目,并且能够专长于某一些特殊类别的问题、领域或技能,这是某个国家的某一个组织的雇员所不可能具备的;③更为重要的好处是,咨询专家可以提供独立、客观、不受影响的观点和方法;④通过与咨询专家共同工作或者正式培训获得的知识、技能和技术是咨询服务最有价值的成果,自此,借款成员往往可以减少未来项目对咨询服务的需求。

第一节 亚行聘用国际咨询服务的政策①

通常,借款人负责选择、聘用和监督由贷款资助的咨询顾问②,而亚行负责选择、聘用和监督由技援赠款资助的咨询顾问③。虽然聘请咨询顾问应遵循的具体规则和程序取决于当时的具体情况,但出于下述 6 个主要方面的考虑,亚行制定了聘用咨询服务选择程序方面的政策:①对高质量服务的需要;②对经济性和效益性的需要;③向所有有资格的咨询顾问提供一个机会为亚行资助的服务而竞争的需要;④亚行对于鼓励其发展中成员发展和使用本国咨询顾问的考虑;⑤对选择过程透明性的需要;⑥追求对反腐败的更大关注和对道德操守的更好坚持。

---

①本节内容主要来自下列文献:[1] Asian Development Bank, Guidelines on the Use of Consultants by Asian Development ment Bank and Its Borrowers. February 2007;[2] 金立群主编. 亚洲开发银行业务政策与程序. 经济日报出版社. 1999. 12;[3] Asian Development Bank, Project Administration Instructions, 21 December 2001;[4] Asian Development Bank, Agreement Establishing the Asian Development Bank, 22 August 1966。

②这包括在全部或部分使用亚洲发展基金赠款投资项目中聘用的咨询顾问。

③为提高借款人对于技援项目的自主精神并改善项目效益的可持续性,亚行在一定的条件下可以将招聘和监管技援顾问的职责委托给借款人履行。

一、必须符合严格的业务标准

咨询顾问包括种类繁多的私营和公共实体,其中包括国际①和国内②的咨询公司、工程公司、建造公司、管理公司、采购代理、检验代理、审计师、联合国机构和其他多边国际组织、大学、研究机构、政府机构、非政府组织以及个体咨询顾问。亚行或其借款人使用这些机构作为咨询顾问,帮助其开展各种活动——例如,政策建议、机构改革、管理、工程服务、施工监理、财务服务、采购服务、社会和环境研究以及项目鉴定、准备和实施,以补充借款人或亚行在这些领域的能力不足。亚行及其借款人聘用的咨询人员,必须具有提供所需咨询服务的技术资格和能力,即业务水平和实践经验,能完全胜任委派给他们的工作任务。

二、必须聘用来自亚行成员的咨询顾问

(1)以普通资金聘用的咨询顾问,必须来自亚行成员。只有亚行成员才有资格为亚行普通资金贷款提供咨询服务。从特别基金出资聘用的咨询顾问,必须选自亚行指定的为该基金捐款的亚行成员。

(2)鼓励聘用有资格并能胜任咨询工作的国内咨询顾问,以及来自发展中成员的咨询顾问,以推动亚行发展中成员咨询业的发展。评标时,在所有其他评标因素被评定同等的情况下,应给予单独提交合同投标书的国内咨询顾问,或来自其他发展中国家的咨询顾问以优先选聘。

(3)鼓励发达成员的咨询顾问与有能力提供咨询服务的国内咨询顾问联手,组成联营体。评标时,在所有其他评标因素被评定同等的情况下,应给予组成联营体的公司以优先选聘。在有可能产生国内专家与国外公司联手的项目下,借款人或受援实体应向短名单中的所有国外公司和亚行提供有资格的国内咨询专家的名单及其资格情况。

三、必须以合理而均衡的方式进行选聘

为确保合理、均衡地代表亚行成员的原则,在确定短名单时,在每个大区中所选择的成员和每个成员中所选择的公司不得超过2家。

四、必须在选聘过程中坚持公平竞争的机制

在聘用咨询顾问的过程中,必须坚持公平竞争的机制。

选择过程的公平与透明要求咨询公司或咨询顾问个人,在为具体咨询任务竞争时,没有与该任务有关的、已提供的咨询服务中获得竞争优势。为此,亚行或借款人应使所有短名单上的咨询顾问,在获得咨询服务邀请文件(RFP)的同时,取得那些可能会给某个咨询

---

①"国际咨询顾问"指在任一亚行成员国成立或注册的咨询公司,包括借款人国家,或任一亚行成员国的公民个人,包括借款人国家。

②"国内咨询顾问"指在借款人国家成立或注册,并在借款人国家拥有一间注册办公室的咨询公司或个人,或身为该国公民的个人。

公司或咨询顾问个人带来竞争优势的全部信息。

为了鼓励竞争,亚行允许所有亚行成员的公司和个人为亚行资助的项目提供咨询服务。任何关于参与的条件,仅限于保证公司有能力完成合同的基本要求。但是,下列情况也应同时给予考虑:

(1)某些咨询顾问也可能被排除在外,如果为履行联合国安理会根据联合国宪章第七章做出的决议,借款国禁止向任何国家、任何个人或任何实体进行任何付款。如果为履行该项协议,借款国禁止对某咨询顾问付款或对某种货物付款,那么该咨询顾问也可能被排除在外。

(2)借款国政府拥有的企业或机构,只有在能够证明符合下列条件的情况下才能参加:这些企业或机构在法律上和财务上是独立的,按照商业法则运作,不是借款人或子借款人的附属机构。

(3)作为上述(2)中的一个例外,借款国政府拥有的大学或研究中心,如果其服务具有独特和特殊的性质,并且它们的参与对项目执行具有关键的作用,在此情况下,亚行可能对具体个案同意聘请这些机构。基于同样的考虑,大学教授或研究机构的科学家作为个人,可受聘提供亚行资助的服务。

(4)政府官员和公务员,不论是作为个人,还是作为咨询公司的成员,只有在符合下列条件下才能受聘于咨询合同下:不带薪休假,不能受聘于他们休假前所供职的机构,他们的受聘不会产生利益冲突。

(5)亚行根据《亚洲开发银行及其借款人使用咨询顾问指南》第1.23段(d)款的规定,宣布为不合格的咨询顾问,在亚行确定的期限内无资格获得亚行资助或管理的合同。

五、咨询顾问之间的联合

咨询顾问之间可以以联营体①的形式联合起来,或以咨询分包协议的形式联合起来以便对各自的专业领域进行补充,加强他们建议书的技术响应性并建立一个更大的专家库,提供更好的途径和方法,在某些情况下,还可以提供较低的报价。这种联合可以是长期的(与任何特定的咨询任务无关),也可以是针对某一具体咨询任务的。如果亚行或借款人聘请一个联营体形式的联合体,那么,该联合体应指定一家公司代表该联合体;联合体中的所有成员都应在合同上签字,并共同和分别承担整个咨询任务的责任。借款人不应要求咨询顾问与任何特定公司或特定的一些公司组成联合体,但可以鼓励咨询顾问与本国合格的公司联合。

六、接受亚行对整个聘用过程的审查、协助和监督

借款人应接受亚行对聘用咨询顾问程序进行的事前审查。事前审查要求借款人在所有选择方法中聘请过程的不同阶段向亚行提交文件征得批准。事前审查的频率和程度与借款人的能力有关。不向亚行提交审查文件需要借款人证明其有一定能力和经验。在特殊情况下,亚行可能放弃事前审查而改用事后审查。是否需要事前审查、其频率和程度、

---

①在短名单上,联营体的国籍由该联营体的代表公司的国籍决定。

应用事后审查的限额等,需要借款人和亚行在项目准备阶段达成一致意见,并写入聘用计划。

七、对错误聘用的处理

如果借款人未按相关协定和指南选择咨询顾问,亚行将不资助与之相关的咨询服务的开支。亚行将宣布其为错误聘用,通常情况下,亚行会注销分配给发生错误聘用的咨询服务的贷款额。在适当的情况下,亚行可在宣布错误聘用之后允许重新发出咨询服务邀请文件。此外,亚行还可能采取有关协定规定的其他补救措施。即使合同已经获得亚行的"不反对"意见并已签订,如果"不反对"意见是在借款人提供的不完整、不准确和误导性信息情况下做出的,或者合同的条款和条件未经亚行批准而被修改,亚行仍然可以宣布其为错误聘用。

八、坚持反腐败和反欺诈

亚行要求借款人(包括亚行贷款的受益人)以及亚行所资助合同项下聘用的咨询顾问,必须在选聘阶段以及在合同执行阶段遵守最高的道德水准。如果发现被推荐受标的咨询顾问在竞标过程中存在腐败或欺诈行为,亚行将否决对其受标的建议。如果在任何时候发现借款人或贷款受益人的代表,在选聘咨询顾问的过程中,或在合同执行的过程中有腐败和欺诈行为,亚行将取消该部分贷款,而且不给予借款人采取弥补措施的机会。如果在任何时候发现被聘用的咨询顾问在竞标或执行合同的过程中,发生了腐败和欺诈行为,亚行将宣布其被永久或在一段时期内取消授予亚行资助合同的资格。亚行有权要求在亚行提供资金的合同中,加入允许亚行检查有关合同执行的账目与记录,并由亚行指定的审计人员进行审计的条款。此外,借款人的咨询服务邀请文件,以及与咨询顾问签订的咨询合同中,都应加入相应的反腐败和反欺诈条款。

第二节　亚行聘用国际咨询服务的选择方法和聘用程序①

亚行聘用国际咨询服务指南提供了多种选择咨询顾问的方法和聘用程序,主要有以下3种:①基于质量和费用选择方法(QCBS);②基于质量选择方法(QBS);③直接选择方法(DS)。在最新的2007年版的指南中,还增加了:固定预算选择方法(FBS)、最低费用选择方法(LCS)、基于咨询顾问资历选择方法(CQS)(同上述直接选择方法(DS))和单一来源选择方法(SSS)等。

一、基于质量和费用选择方法(QCBS)

QCBS是一种依据咨询顾问所提供的技术建议书的质量和财务建议书的费用,选择

---

① 本节内容主要来自:[1] Asian Development Bank, Guidelines on the Use of Consultants by Asian Development Bank and Its Borrowers. February 2007;[2] Asian Development Bank, Handbook for Users of Consulting Services, Volume I－III, Fifth Edition, September, 2002.

咨询顾问的方法,是一种可符合指南关于确保最大经济效益的一种方法。使用此方法时,工作大纲(TOR)必须详尽具体。咨询顾问的工作范围和投入(总人月数和专家职位)必须精确确定,并说明会影响费用的其他所有要求,以至于咨询顾问能够编写出详尽、完整的财务建议书。咨询服务邀请文件(RFP)要求咨询顾问同时提交分别封装的技术建议书和财务建议书。在收到分别封装的技术建议书和财务建议书后,执行机构的咨询顾问选择委员会(CSC)首先拆封技术建议书进行评审,并将评审结果报亚行批准。剔除评审分数在750分(满分为1000分)以下的技术建议书,通知该顾问并退还未拆封的财务建议书。然后,在技术建议书分数750分或以上顾问代表到场的情况下,CSC当众拆封财务建议书,并将拆封过程的纪要,寄送未派代表到场的顾问。财务建议书经过评审,对一些算术错误进行修正,并使之确实包含了技术建议书所建议工作的全部费用后,给费用报价最低的财务建议书赋予1000分,其他建议书按其报价与该最低报价的比例给予赋分。最后,按技术建议书赋分占80%和财务建议书赋分占20%的比例,计算总分,并将咨询顾问按所得总分,从高到低排序,报亚行批准后,按排序次序进行合同谈判。当合同谈判成功完成之后,则通知提交技术建议书的其他顾问落选。使用QCBS方法聘用咨询顾问过程详见图2-1。

二、基于质量选择方法(QBS)

QBS是一种仅依据技术建议书的质量选择咨询顾问的方法。使用QBS聘用咨询顾问的许多步骤与QCBS相似,其主要不同点是当使用QBS时,最初只要求短名单咨询顾问提交技术建议书。如果咨询顾问在提交技术建议书的同时,提交了财务建议书,则认为该建议书为非响应建议书。技术建议书的评审步骤与QCBS相同。在执行机构的咨询顾问选择委员会(CSC)对技术建议书排序之后,则要求排序第一的咨询顾问提交财务建议书。在谈判时,则要求咨询顾问提交文件确认财务建议书中所列的全部价格,并对这些价格进行谈判。通常使用基于工作时间合同(Time – based Contract)。当合同谈判成功完成之后,则通知提交技术建议书的其他咨询顾问落选。使用QBS方法聘用咨询顾问过程详见图2-2。

亚行在《行长建议评估报告》(RRP)中阐明了亚行贷款黄河防洪项目聘用国际咨询专家,使用QBS选择方法。2007年亚行又特别批准了非工程措施研究中的3个子项目,使用DS选择方法。由于QBS选择方法在程序上,只是QCBS选择方法的简化,而DS选择方法在程序上,又是QBS选择方法的简化,故这里着重介绍亚行贷款黄河防洪项目,使用QBS选择方法聘用咨询专家的程序如下。

(1)编写咨询服务工作大纲,并送亚行审阅认可。

(2)在亚行网站业务机会和中国日报英文版刊登招标广告,征集兴趣意向书。

(3)根据收到的寄送意向书公司名单或从亚行数据库和其他渠道了解的有能力的公司名单中,准备长名单。

(4)成立咨询顾问选择委员会(CSC)。

(5)制定《聘请国际咨询专家短名单选择标准》。

(6)向亚行提交第一次报告:《亚行贷款黄河防洪项目项目管理国际咨询服务邀请文

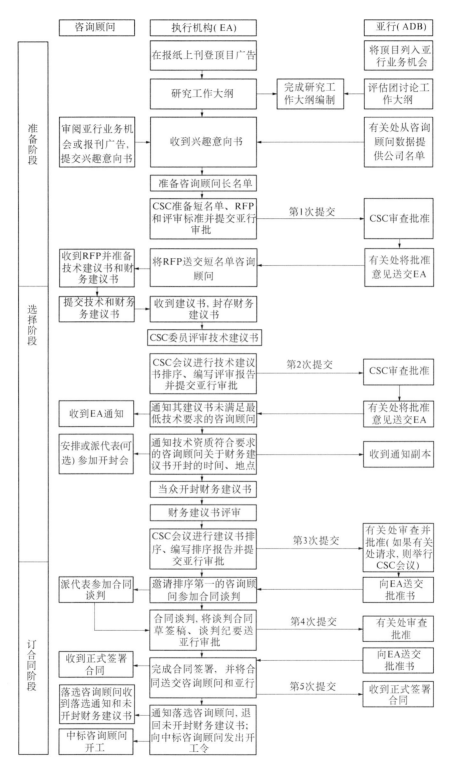

咨询顾问	执行机构（EA）		亚行（ADB）
	在报纸上刊登项目广告		将项目列入亚行业务机会
	研究工作大纲	完成研究工作大纲编制	评估团讨论工作大纲
审阅亚行业务机会或报刊广告，提交兴趣意向书	收到兴趣意向书		有关处从咨询顾问数据提供公司名单
	准备咨询顾问长名单		
	CSC准备短名单、RFP和评审标准并提交亚行审批	第1次提交	CSC审查批准
收到RFP并准备技术建议书和财务建议书	将RFP送交短名单咨询顾问		有关处将批准意见送交EA
提交技术和财务建议书	收到建议书，封存财务建议书		
	CSC委员评审技术建议书		
	CSC会议进行技术建议书排序、编写评审报告并提交亚行审批	第2次提交	CSC审查批准
收到EA通知	通知其建议书未满足最低技术要求的咨询顾问		有关处将批准意见送交EA
安排或派代表（可选）参加开封会	通知技术资质符合要求的咨询顾问关于财务建议书开封的时间、地点		收到通知副本
	当众开封财务建议书		
	财务建议书评审		
	CSC会议进行建议书排序、编写排序报告并提交亚行审批	第3次提交	有关处审查并批准（如果有关处请求，则举行CSC会议）
派代表参加合同谈判	邀请排序第一的咨询顾问参加合同谈判		向EA送交批准书
	合同谈判，将谈判合同草签稿、谈判纪要送亚行审批	第4次提交	有关处审查批准
收到正式签署合同	完成合同签署，并将合同送交咨询顾问和亚行		向EA送交批准书
落选咨询顾问收到落选和未开封财务建议书	通知落选咨询顾问，退回未开封财务建议书；向中标咨询顾问发出开工令	第5次提交	收到正式签署合同
中标咨询顾问开工			

图 2-1　基于质量和费用选择方法（QCBS）聘用咨询顾问流程图

准备阶段　选择阶段　订合同阶段

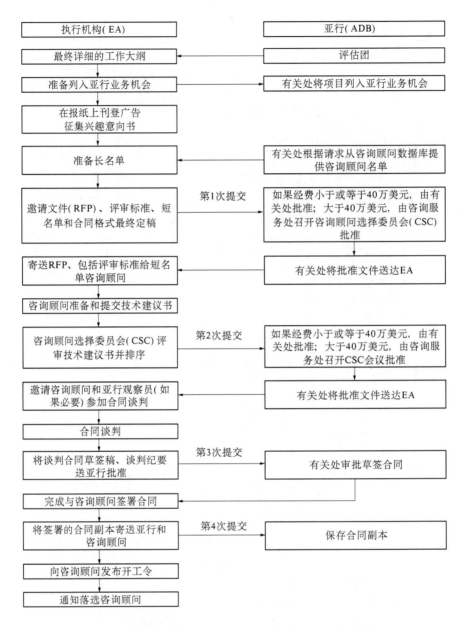

执行机构(EA)	亚行(ADB)
最终详细的工作大纲	评估团
准备列入亚行业务机会	有关处将项目列入亚行业务机会
在报纸上刊登广告 征集兴趣意向书	
准备长名单	有关处根据请求从咨询顾问数据库提 供咨询顾问名单
邀请文件(RFP)、评审标准、短 名单和合同格式最终定稿 *第1次提交*	如果经费小于或等于40万美元，由有 关处批准；大于40万美元，由咨询服 务处召开咨询顾问选择委员会(CSC) 批准
寄送RFP、包括评审标准给短名 单咨询顾问	有关处将批准文件送达EA
咨询顾问准备和提交技术建议书	
咨询顾问选择委员会(CSC)评 审技术建议书并排序 *第2次提交*	如果经费小于或等于40万美元，由有 关处批准；大于40万美元，由咨询服 务处召开CSC会议批准
邀请咨询顾问和亚行观察员(如 果必要)参加合同谈判	有关处将批准文件送达EA
合同谈判	
将谈判合同草签稿、谈判纪要 送亚行批准 *第3次提交*	有关处审批草签合同
完成与咨询顾问签署合同	
将签署的合同副本寄送亚行和 咨询顾问 *第4次提交*	保存合同副本
向咨询顾问发布开工令	
通知落选咨询顾问	

图 2-2　基于质量选择方法(QBS)聘用咨询顾问流程图

件(RFP)》。内容包括:①短名单(由 CSC 依据《聘请国际咨询专家短名单选择标准》,从长名单中选定 5 ~ 7 家咨询公司);②邀请函(内附 3 个附件:即附件 1:国际咨询公司资料表和评审标准,附件 2:技术建议书编写说明,附件 3:财务建议书编写说明);③咨询服务工作大纲;④合同草稿;⑤亚行成员国(地区)名单;⑥亚洲开发银行及其借款人聘用咨询顾问指南。

(7)当 RFT 得到亚行批准后,即将 RFT 寄送短名单公司,并限期征集详细的技术建议书(FTP)。

(8)召开 CSC 会议,对技术建议书进行评审并排序。

（9）向亚行提交第二次报告：《亚行贷款项目技术建议书评审与排序报告》。报告包括以下4部分内容：①评审委员会委员名单；②技术建议书评审排序综述；③评审和排序意见；④请求亚行批准：对技术建议书评审排序、要求排序第一的公司提交财务建议书并参加合同谈判。

（10）执行机构收到亚行批准技术建议书评审排序，并同意与排序第一的公司进行谈判后，即通知技术建议书排序第一的公司准备财务建议书，并邀请该公司参加合同谈判。如果必要，也可邀请亚行派观察员参加合同谈判。

（11）如果谈判失败，即将谈判失败原因报告亚行，并请求批准与技术建议书评审排序第二的公司进行谈判，以此类推，直到谈判成功，并草签咨询服务合同。

（12）向亚行提交第三次报告：将咨询服务合同草签稿和合同谈判纪要寄送亚行，请求批准。合同谈判纪要由谈判双方代表签署，作为合同的附件，所书内容与合同具有同等效力。

（13）收到亚行批准咨询服务合同草签稿和合同谈判纪要的正式信函后，执行机构与咨询公司签署正式咨询服务合同，并将合同谈判纪要作为合同附件。合同一式9份，执行机构、咨询公司和亚行各执3份。

（14）向亚行提交第四次报告：将签署的正式合同3份提交亚行存档。

（15）向咨询公司发布开工令，并将结果通知落选公司。

三、直接选择方法（DS）或基于咨询顾问资历选择方法（CQS）

DS或CQS是只有在有充足理由，并经亚行事前批准的情况下，才可使用的一种特殊情况的咨询顾问选择方法，可用于小于20万美元的小型任务来选聘个体咨询专家。咨询服务邀请文件（RFP）要求咨询顾问同时提供技术建议书和财务建议书。当使用直接选择方法时，通常是使用个人简历资料技术建议书（BTP），以确信其满足最低技术要求。第一步，将准备好的工作大纲、咨询专家短名单（通常不少于3位）与排序报告、合同草稿报送亚行审批；第二步，与排序第一的咨询专家进行合同谈判，并将所有的技术问题和财务问题都包括在合同中。使用DS（或CQS）方法聘用个体咨询专家过程详见图2-3。

四、其他的选择方法（FBS、LCS、SSS等）

亚行除了使用上述3种主要的咨询顾问聘用方法外，在特定条件下还可以使用固定预算下的选择方法（FBS）、最低费用的选择方法（LCS）和单一来源选择方法（SSS）等，借款人可以依据贷款项目的实际情况，在亚行同意后，选择使用。

固定预算下的选择方法（FBS）仅适用于：①工作大纲已明确确定；②时间和人员投入可以准确估计；③预算固定且不能超出。这种方法为规避咨询顾问的财务风险，故仅可用于定义明确的技援项目或在实施过程中不会发生变动的项目。

最低费用的选择方法（LCS）仅适用于小于10万美元的经费数额较小的咨询任务，如审计、简单的工程设计/监理、简单的调查等选择咨询顾问，而这类任务一般都有公认的惯例和标准。

单一来源选择方法（SSS）有明显的缺陷，如不能得到质量和费用方面的竞争带来的

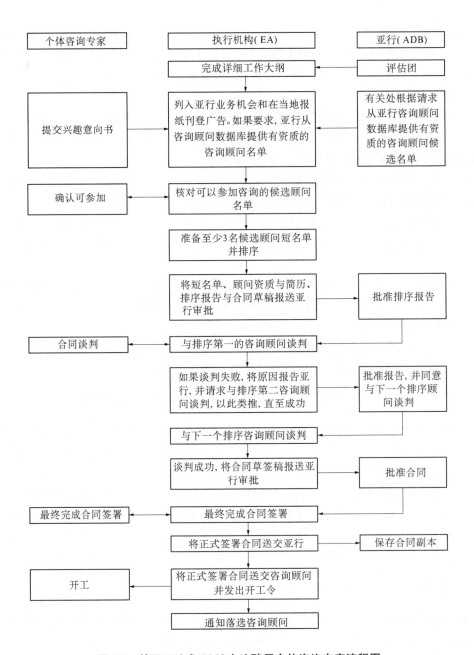

个体咨询专家	执行机构(EA)	亚行(ADB)
	完成详细工作大纲 ←	评估团
提交兴趣意向书	列入亚行业务机会和在当地报纸刊登广告。如果要求,亚行从咨询顾问数据库提供有资质的咨询顾问名单 ←	有关处根据请求从亚行咨询顾问数据库提供有资质的咨询顾问候选名单
确认可参加	核对可以参加咨询的候选顾问名单	
	准备至少3名候选顾问短名单并排序	
	将短名单、顾问资质与简历、排序报告与合同草稿报送亚行审批 →	批准排序报告
合同谈判	与排序第一的咨询顾问谈判	
	如果谈判失败,将原因报告亚行,并请求与排序第二咨询顾问谈判,以此类推,直至成功	批准报告,并同意与下一个排序顾问谈判
	与下一个排序咨询顾问谈判	
	谈判成功,将合同草签稿报送亚行审批 →	批准合同
最终完成合同签署	最终完成合同签署	
	将正式签署合同送交亚行 →	保存合同副本
开工	将正式签署合同送交咨询顾问并发出开工令	
	通知落选咨询顾问	

图 2-3 基于 DS(或 CQS)方法聘用个体咨询专家流程图

好处。在选择过程中缺乏透明度,并且可能为一些不可接受的做法提供便利。因此,这种方法只有在它表现出比竞争性选择有明显优势时才可使用,如:①这项工作是该咨询顾问以前承担工作的自然延续;②在紧急情况下,如何应对灾害;③非常小的咨询任务(合同额不能超过10万美元);④只有该咨询顾问一家是合格的,或其有特殊价值的经验。当借款人或亚行建议使用这种选择方法时,必须由亚行代表团将该建议纳入技援文件和行长建议评估报告(RRP)中。

对于亚行贷款项目,亚行代表团都在《行长建议评估报告》(RRP)[2]中阐明了聘用咨询顾问的选择方法。QCBS 是优先选用的方法,而 QBS 与 DS 及其他有关选择方法,是在适用的特殊情况下使用的方法。当亚行代表团建议使用 QBS 或 DS 及其他有关选择方法时,在 RRP 中要提供充分理由。

选择方法的选择取决于任务的性质和复杂程度。在下列情况下,QBS 方法会比QCBS 方法更合适:

(1)任务非常复杂或高度专业化,无法明确写出咨询公司承担任务的、详细的咨询服务工作大纲(TOR)。这方面的例子有国家经济部门研究、多部门可行性研究和财务部门改革。

(2)项目影响较大,适合于聘用最好的专家,或具有唯一技能的专家。这方面的例子有国家政策研究和较大政府机构的能力建设研究。

(3)该任务可通过许多不同的途径完成,而技术建议书没有直接的可比性。这方面的例子有管理建议、部门政策研究,其服务的价值取决于分析成果的质量。

鉴于亚行贷款黄河防洪项目任务的高度专业化与复杂性,亚行在《行长建议评估报告》(RRP)中,规定使用 QBS 方法来选择国际咨询专家。在聘用国际咨询专家的过程中,项目管理研究方面的 48 个人月,采用的是 QBS 方法;而非工程措施研究中的 3 个子项目的 14 个人月,因研究项目的单一性和工作时间的紧迫性,根据 2007 年 6 月亚行项目检查团备忘录意见并经亚行特别批准,采用的是 DS 方法。

第三节　国际咨询服务工作大纲的编写

咨询服务工作大纲(TOR)是给咨询顾问提供咨询服务的技术基础和工作框架。一个好的 TOR,能为咨询顾问提供充分的工作指导。TOR 的编写者必须熟悉该项目的任务背景,知道可能获得的经费总额,在此预算金额内能够完成所列任务。依据任务的性质,TOR 所含资料质量和详细程度可以是不同的。这取决于所选用的选择咨询顾问的方法,对于基于质量和费用选择方法(QCBS)来说,则要求一个明确的 TOR,编写要求详细具体,以使咨询顾问可以给出精确的经费预算;对于基于质量选择方法(QBS),由于任务复杂特殊,不可能在 TOR 中提供详细的、高质量的资料。因此,当使用 QBS 时,列入短名单的咨询公司必须在其提交的技术建议书中,提出详细的工作方法和工作计划,如职员的投入建议和附加费用等。编写 TOR 的一般内容与格式包括如下 6 部分:

(1)背景:内容包括机构名称、任务标题、任务简要说明、与宏观经济的关系。

(2)目标:不论聘用的是咨询公司还是个体咨询专家,都需要在这里把咨询服务的目标规定清楚,以便于检查。

(3)范围:内容包括咨询顾问应提供的具体成果,投入的人月数、工作内容、工作方法与技术细节、实施的时间框架。

(4)人员安排计划:对每一位咨询专家承担的每一项任务的持续时间和工作阶段,作出详细的时间安排。

(5)报告要求:对咨询顾问应提供的报告内容、提交时间、格式、份数、书写语种,提出具体要求。

(6)对咨询专家的要求:对拟聘用的咨询专家的资质、经验、道德标准和语种提出要求。

第四节　技术建议书类型[①]

亚行和借款人用来选择咨询顾问的技术建议书类型,主要有详细技术建议书(FTP)、简化技术建议书(STP)和个人简历资料技术建议书(BTP)3 种。

一、详细技术建议书(FTP)

FTP 是最长的和最详细的技术建议书格式,是亚行贷款项目最常用的格式。FTP 常用于合同估价超过 100 万美元的项目。FTP 也用于咨询公司必须完成难于明确定义的任务,因为咨询公司可以使用替代方法来达到项目的目的和要求的结果。使用 FTP,一般需给咨询公司 45 天时间准备技术建议书。完成整个聘用过程至少需要 200 天。

FTP 要求包含以下内容:

(1)咨询顾问及其辅助人员背景、组织,包括近期完成项目的经历,可用于本项任务的技术经验及地区经历等详细情况。

(2)建议的技术路线和工作计划,包括对咨询服务工作大纲(TOR)的意见,实施服务的一般方法、工作组织图和时间表、主要工作与完成情况柱状图、国际与国内专家的现场与本部工作安排表。

(3)每一位被推荐专家的技术简历,包括姓名、国籍、学历、工作经历以及职业经验;每位专家必须签名保证其所提供的资料真实,并必须满足是来自亚行成员国(地区)的要求;每位专家的技术简历限制在 5 页以内。

(4)国际或国内咨询公司联营的详细情况,包括鉴别所推荐专家是否是联营公司的职员。

(5)需要提供的办公室面积、家具、设备、车辆等。

对详细技术建议书进行评审时,亚行负责对技援项目(TA)的评审,而借款人的执行机构负责对贷款项目的评审。详细技术建议书评审满分是 1000 分,评分的权重分配,建议为:咨询顾问的资质与经验 100~200 分,技术路线与工作方法 200~400 分,专家个人经历 500~700 分。

二、简化技术建议书(STP)

STP 是技援项目最常用的技术建议书格式,常用于合同预算金额大于 60 万美元和小于或等于 100 万美元的项目。当使用 STP 时,工作大纲必须详细具体,恰当和完整地确定

---

①本节内容参考:Asian Development Bank, Project Administration Instructions, PAI 2.02, Part B, Revised January 2009。

出工作的目的、范围和详细任务。由于在确定短名单时对咨询顾问以前的工作经验已经评审过，故在 STP 中可不写这些材料。STP 的每一部分都有严格的页数限制，以减少咨询顾问的编写时间和 CSC 的评审排序时间。使用 STP，一般需给咨询公司 35 天时间准备简化技术建议书。完成整个聘用过程至少需要 185 天。

STP 对各部分编写页数的限制为：

（1）技术路线和工作方法、工作计划和人员计划表的编写长度限制在 10 页以内。

（2）每位专家的技术简历限制在 5 页以内。

（3）不允许有附件。

STP 各部分的评审权重是固定的，亚行和执行机构都不能改变其评审权重。各部分规定的权重为：①技术路线与工作方法（300 分），其中方法和工作计划 200 分，人员计划 50 分，建议书陈述 50 分；②个人技术简历 700 分。简化建议书评审满分为 1000 分。

三、个人简历资料技术建议书（BTP）

当预算合同额等于或小于 60 万美元，并且亚行批准使用直接选择方法时，常采用个人简历资料技术建议书格式。BTP 比其他格式建议书简短，只含咨询专家的个人简历资料和工作计划的柱状图和个人时间安排表。BTP 不用包括以前在公司的工作经历或书面的工作方法资料。使用 BTP，一般需给咨询顾问 21 天时间准备技术建议书。完成整个聘用过程至少需要 140 天。

每位专家的 BTP 限制在 5 页以内。当超过 5 页时，亚行或执行机构将会在评审时扣分给予惩罚。

BTP 各部分的评审权重是固定的，亚行和执行机构都不能改变其评审权重。各部分规定的权重为：①工作计划和人员计划 100 分；②建议书陈述 50 分；③个人简历资料技术建议书 850 分。BTP 评审满分为 1000 分。

编写咨询服务工作大纲（TOR）时，亚行代表团和项目执行机构（EA）职员将共同决定亚行贷款项目使用的技术建议书格式类型。

亚行项目管理指南（PAI）2.03 款[3]，根据预算因素指导选择不同类型的技术建议书，同时也应当考虑其他因素，包括任务的复杂性和雇佣的时间框架等。

亚行贷款黄河防洪项目中的项目管理研究项目，技术建议书采用的是 FTP；而非工程措施研究的 3 个子项目，采用的是 BTP。

第五节　合同格式

亚行通常使用的咨询服务合同格式有 2 种：基于工作时间合同（Time – based Contract）和一揽子费用合同（Lump Sum Contract）。亚行偏重于使用基于工作时间合同，这也是亚行最常用的合同格式。除以上 2 种合同格式外，在亚行 2007 年版的指南中，还有劳务费加不可预见费合同［Retainer and ／or Contingency（Success）Fee Contract］、不定期服务合同(Indefinite Delivery Contract)和绩效合同(Performance - based Contract)格式。

一、基于工作时间合同

基于工作时间合同是依据咨询专家实际工作的人月数支付费用,通常包括工作报酬、每日生活津贴、旅行费用、现金支出费用,以及设备和报告打印等直接支出费用。其优点是,其支付可较接近咨询专家在实际工作中所发生的费用。这类合同有一最高支付条款,即规定最高支付总额,咨询专家的工作费用应在此总额内支付。执行机构在监测咨询专家的投入和产出的平衡过程中,其职员也得到了学习咨询专家技能的极好机会。这类合同广泛用于复杂的研究、施工监理、顾问性服务以及大多数的培训任务。基于工作时间合同样本见附件 2-1。

二、一揽子费用合同

一揽子费用合同是以一个固定的合同总额来完成所规定的咨询服务,价格包括全部的费用并不可谈判。其优点是,管理简单,按合同规定的时间付款,直到项目完成。执行机构将价格风险转嫁给咨询公司,即咨询公司存在实际工作量要比预期的大的风险。其缺点是,可能会出现咨询公司偷工减料的情况,故在付款时,执行机构必须确认所规定的工作已全部完成。一揽子费用合同样本见附件 2-2。

经亚行批准,亚行贷款黄河防洪项目的项目管理研究聘用咨询专家,使用的是基于工作时间合同。而非工程措施研究中的 3 个子项目聘用个体咨询专家,使用的是一揽子费用合同。

亚行提供各种合同格式的标准样本(可到亚行网站 http://www.adb.org/下载),经过几十年的使用并修改,在内容和法律上已趋于完善,一般不允许改动,如果使用时有少量文字改动,也需经亚行批准。

第六节　绩效的监测与评价

一、绩效的监测

执行机构负责对咨询顾问的工作过程进行监测,主要是进行考勤,检查工作进度报告,并制定相应的规章制度,以动态监测咨询专家的工作完成情况,并以此作为支付的依据。执行机构要求咨询顾问定期(3 个月、半年、年度)提供咨询服务工作进度报告,对照工作进度计划,检查任务的完成情况,及时发现存在的问题,提出具体改进措施。

亚行使用 CRAM 监测工具,进行咨询顾问选择监测。它将贷款项目咨询顾问和技术活动进行细分,并分配不同的"定额(工作日)",监测咨询顾问每种活动的天数及总天数,以及时采取措施进行调整。

二、绩效的评价

为确保咨询服务的质量,执行机构负责对咨询公司和个体咨询专家进行绩效评估。根据任务的期限,评估可以在任务期间或在任务完成之后以问卷的形式进行。咨询公司或个体咨询专家有权对执行机构的绩效评估报告发表意见。在任务完成之后,执行机构将准备一份保密报告,对其评分作出全面解释,特别是低分。如果咨询公司或个体咨询专家的业绩较差,该报告将用作对其采取限制或制裁措施的证据。亚行保留这些咨询公司及个体咨询专家的绩效文件,并在以后确定技援和贷款项目咨询公司和个体咨询专家的短名单时参考。对咨询公司工作绩效的定性评估见附件 2-3。

附　件

附件 2-1

基于工作时间合同样本

咨询服务合同

本合同(连带本合同的 5 个附录总称为合同)制定于_____年_____月_____日,双方以_____为一方(这里称业主)和_____公司联合_____公司,这里一起称咨询公司为另一方。虽然有此联合称呼,但咨询方将一直由_____公司为代表人执行服务,代表人对合同义务的履行和满意地完成咨询服务持有完全的、不可分割的责任。

鉴于

(A) 通过_____年_____月_____日签署的中华人民共和国和亚洲开发银行(下文简称亚行)之间的协议(以下称为《贷款协议》),亚行同意向中华人民共和国_____项目贷款(以下称为项目);

(B) 由中国政府(以下称为政府)向亚行承诺的担保,业主方应履行由政府和亚行之间达成的承诺;

(C) 业主已经要求咨询公司提供该项目的咨询服务(以下称为服务),以有效地实施该项目;

(D) 咨询公司已经同意提供本合同中规定的服务。

现在各方达成以下协议条款:

第一章　服务内容

1.1 服务内容

咨询公司应根据合同附录 A 规定的授权范围,履行自己的职责。

1.2 开始日期

咨询公司应尽快并不迟于在业主要求提供服务的通知单下达后的 15 天内开始提供咨询服务。目前希望现场工作在_____年_____月_____日之前开始。

第二章　人员组成

2.1 人员组成

(a) 咨询服务应根据附录 B 规定的组成人员根据各不同时期按时提供。征得业主事前批准,咨询公司可对计划作适当调整以保证项目有效实施,但这种调整不能使咨询费用超过3.1 部分的预算额。

(b) 没有业主同意,人员组成不得变动。如果事出有因非变动不可,咨询公司应立即向业主方提供具有同等或更高资历的替代人员。

（c）如果业主发现附录 B 中的某个人员资历不够,不能胜任工作,业主可以要求咨询公司提供一个能让业主满意的替代人员。

（d）根据 2.1（b）或（c）的内容,任何替代人员的报酬和现金支付在报销时,必须事先征得业主的同意。除非业主同意,咨询公司将承担所有因人员替换而发生的额外旅费等所有实际费用。付给替代人员的酬金不应超过被替换人员的酬金。

2.2 专家组长

咨询公司应确保业主同意的专家组长,在整个现场施工期间负担起人员的现场调动。负责咨询公司和业主之间的联络工作。

第三章　给咨询公司的支付

3.1 费用估算:最高限额

（a）建立服务的外币支付预算制定见附录 C。国内货币的支付预算制定见附录 D。

（b）除非在 6.7 中另有说明,在 3.1（c）的条件下,尽管本合同有其他条款,根据3.5,本合同的支付不允许超过_____美元和_____当地货币。

（c）3.1（b）中的支付数额是在达成以下谅解的情况下确定的,即为了履行服务所需,第四章中规定的豁免、帮助、服务、设施等由业主方免费提供。如果任何一项豁免、帮助、服务、设施等没有提供,双方应就是否付给咨询公司在附录 C 和 D 中没有包括的必要的附加费用进行协商。

3.2 支付货币

除非咨询公司和业主另有协议,咨询公司

（a）在 3.3 条内发生的外币支出,应按美元币种支付;

（b）在 3.4 条内发生的所有当地货币支出,应折换成美元按美元支付。

3.3 对咨询公司的外币支付

（a）业主应根据咨询公司的服务进行支付,但必须遵守 3.1（b）中规定的上限限制额;酬劳按 3.3（b）支付,现金支付按 3.3（c）支付。

（b）酬劳按工作人员在有效日期(包括按最直接线路的旅行时间)后,履行服务的实际时间,以附录 C 中规定的该类人员的费率确定,并按下列规定计算:

ⓐ 酬劳费应包括工资和有关费用,包括保险费、医疗费、节假日费、养老金和类似支付、管理费、国内办公室后勤保障费和其他本条款未列出的其他费用,以及咨询费。

ⓑ 不足一个月时,根据在国内办公室所花费的小时数(1 小时等价于 1 个月的1/160月)和离开国内办公室的日历天(1 天等于 1/30 月)计算费用。

ⓒ 然而上述规定的任何酬金都应根据咨询人员居住在中国_____,包括在____的所有法定假日进行支付。

ⓓ 咨询人员在年假和病假期间不支付工资。业主对这种假期应根据咨询人员的实际工作情况予以批准,但每年不应超过 2～4 周。

（c）在附录 C 中所示的现金支付应包括在提供咨询服务的过程中发生的以下几个合理支出类型,并按每项包干使用的方式支付。

ⓐ 咨询人员离开其办公室外出咨询,到中国_____,每日的补贴为_____。

ⓑ 根据如下规定,咨询人员的国际交通费用,根据不同人员确定的最佳的交通方式和最合理的线路进行报销。如果是乘飞机旅行,应乘坐经济舱。

对于在中国＿＿＿＿＿连续工作 24 个月或者更长时间没有休假的人员,将有资格享受每 24 个月安排一次指定在中国＿＿＿＿＿至其所在国之间的额外往返旅行费用报销。这些人员所享受到的这种旅行必须按时回来,并继续为项目服务连续时间不少于 6 个月。

在中国＿＿＿＿＿工地连续工作 6 个月以上的咨询人员的直系亲属,如妻子和未满18 岁的未独立未婚子女在该专家工作期间,提供在中国＿＿＿＿＿不少于连续 3 个月的居住条件。他们到中国＿＿＿＿＿的往返路费报销。如果在工地上连续工作 30 个月以上的专家,每 24 个月可以额外报销一次他们的妻子和子女的经济舱旅费。

咨询人员或其随行直系亲属,乘飞机时每人行李可超重达 20 公斤,或无随行空运行李的费用与此相当。

其他各种交通费用,例如抵离机场的费用,机场税、护照、签证、门票及疫苗等费用,每人每次往返旅行的固定单价为＿＿＿＿＿＿。

ⓒ 咨询公司为履行服务所必须的通信费用(不包括私人通讯费用)。

ⓓ 附录 A 中规定的投标文件、报告等的印刷、准备、复印和邮寄费用等。

ⓔ 附录 C 中规定的服务所需要的设备、仪器、材料和必需品的获得、运输、管理等费用。

ⓕ 个人随身物品的运输费最高为＿＿＿＿＿＿。

ⓖ 为履行服务所需要的程序和计算机使用费用按附录 C 中规定的费率计算。

ⓗ ＿＿＿＿＿＿以外的＿＿＿＿＿＿人员的培训费。

ⓘ 业主授权或要求的材料试验、模型试验和其他技术服务费用(见附录 C)。

ⓙ 业主预先书面授权许可时,前文没有述及的,但咨询公司为履行服务又必须的费用。

ⓚ附录 E 中规定的,在中国＿＿＿＿＿工作期间的设施和服务费用,仅限于业主没有免费提供这种设施和服务,而咨询公司为履行服务又合理需要的情况。

3.4 对咨询公司的当地货币支付

业主对咨询公司的服务在中国＿＿＿＿＿以及项目区所花费的费用,应以＿＿＿＿＿＿货币支付(但受 3.1(b)规定的上限的约束)。

(a)每一位短期工作人员(连续每次在中国＿＿＿＿＿的时间少于 3 个月),每日生活补贴费率为＿＿＿＿＿＿。

(b)每一位长期工作人员(连续停留在中国＿＿＿＿＿的时间超过 3 个月)的住房费率按在中国＿＿＿＿＿每月＿＿＿＿＿＿费用计算。

(c)为履行服务,在中国＿＿＿＿＿所发生的当地交通、办公设施、设备和通信费用。

(d)各种在中国＿＿＿＿＿就地购买附录 D 所列的设备,材料和供应的费用。

(e)为了提供服务可能发生的其他一些款项,且业主事后会同意报销的费用。

3.5 货币的计算

为了达到以下目的,我们需要知道一种货币与另一种货币的交换率。

（a）计算在 3.1（b）部分的外币最高限额，每次支付货币时，都必须以业主在支付时合理确定的汇率为基础进行汇兑。

（b）确定现金支付的支出，业主将根据当地流通货币的原始支出，按照当日当地的汇率，确定合理汇率，进行货币换算，支付给咨询公司。

3.6 支付方式

咨询服务费用支付应按如下方式：

（a）在发出开工令后的_____天内，业主应给咨询人员支付预付款外汇_____美元。预付款应根据要求在开始服务的_____个月内分期抵消，直到完全抵消。

（b）服务期间咨询人员应尽快并每月不迟于 15 日将各种报销单据、发票、报表一式两份交与业主，以确定 3.3 和 3.4 部分在本月内的支付款额。每月的报表中应包括提交应支付的外币数量和当地货币数量。每月报表中应区分总的符合规定的与现金支付相关联的那部分酬金。酬金将以_____表示，而现金支付将以原始支出货币表示。

（c）业主应在接收到咨询公司月报告_____天之内，付给咨询公司报酬。月报表中证据不足的部分不予支付。假如任何时候发现在咨询公司同意了的支付款额与实际发生的费用有出入，业主可以随时在随后的支付中增加或减少相应的支付款额。

（d）任何超出附录 C 和 D 中所预计费用的款项，只有事先得到业主同意的情况下，才可以列入分项预计的不可预见费中支付。

（e）此部分的最终支付款项，只有在咨询公司提交的最终报告书和结算表获得业主满意并认同后，才可以支付。业主已支付的任何款项的数额，必须与此部分的结算书一致，超出的费用需在咨询公司收到业主关于此项通知的 30 天内，由咨询公司偿还给业主。

（f）此合同内的所有支付款项均需转入咨询公司账号：

外 币 款 项：账户名称：_____
银　　　行：_____
账　　　号：_____
币　　　种：_____
地　　　址：_____
_____

当地货币款项：账户名称：_____
银　　　行：_____
账　　　号：_____
币　　　种：_____
地　　　址：_____
_____

3.7 额外工作

如果出于业主的意见，任何超出工作大纲范围的工作，鉴于项目需要，这些额外工作可以在得到亚洲开发银行事前认可时执行。咨询公司在得到业主授权的前提下，可以进行这些工作，并索要基数与参加咨询人员服务费一致的费用。

第四章　业主的承诺

4.1 免除当地税务关税

业主要保证,中国行政管理部门免除咨询公司和全体员工的任何税务、关税、费用以及其他对咨询公司和咨询个人有效的现行法律法规规定必须征收的款项(或者由业主承担)。相关的有:

(a)任何付给咨询公司和公司职员与其所做的咨询工作有关的费用,而中国国民除外;

(b)任何为了工作而先后带入中国的设备、材料和供应品,最后将从那里撤回;

(c)任何工作需要而由业主出资引入的设备将视为业主的财产;

(d)任何由咨询公司和全体员工带入中国的财产,或者符合条件的员工所属人员所带的个人在中国使用和消费的物品,将在工作完成后随同咨询公司和全体员工一同从中国带离。

倘若:

咨询公司、全体员工以及员工的直系亲属在携带财物进入的时候,遵守当地政府管理部门制定的过关手续;

如果咨询公司或任何员工以及员工的直系亲属不将这些财物带离,而是处理这些免除过关税的财物,则须由咨询公司缴纳与规定一致的关税。

4.2 其他的特权和豁免

业主须保证该国政府:

(a)提供给咨询公司和每个员工工作许可证和其他的此类工作所必需的文件;

(b)立即为员工,如果可以则也为员工的直系亲属提供所有在中国_____必要的进出签证、居住证、兑换证以及旅行文件;

(c)帮助为工作所需的财物,员工及其亲属的随身物品,私人物品的通关;

(d)为迅速有效地履行咨询服务,把所有可能是必需的或适当的文件发送给政府官员、代理和代表;

(e)免除咨询公司为了工作需要而雇用的咨询公司、独立的咨询专家、员工和任何分包商(包括工程师、建筑师),或根据法律建立它的个体或联合实体时,对营业登记和获得营业许可的任何要求。

4.3 进出的权利

业主须准许咨询公司自由进入与工作有关的所有地方。业主必须为咨询公司进入这些地方所造成的损害或财产损失负责(不包括由咨询公司有意或疏忽所造成的部分),并且赔偿这些损失。

4.4 服务、设施与设备

业主必须向咨询公司和其员工免费提供工作所需的,在附录 E 中所列的服务、设施和设备。

第五章 咨询公司的承诺

5.1 咨询公司工作的一般标准

（a）咨询公司必须积极有效地工作,工作的技能和细致程度必须符合专业要求;

（b）咨询公司在工作时间内必须维护业主的利益,并且采取合理的措施,花最少的钱建最好的工程。

5.2 规范和设计

（a）咨询公司必须用公制准备所有的说明书和设计,以便体现最新的设计标准;

（b）咨询公司必须保证与货物采购、咨询服务有关的文件、说明书和设计,是在公平的基础上准备的,目的是促进国际竞争性招投标的进行;

（c）咨询公司必须详细说明在发达国家中众所周知的、已经被认可的标准。

5.3 档案

（a）咨询公司必须准确、系统地保存与工作有关的档案和账目,其格式和详细程度必须符合专业习惯,必须精确到足够计算出第三章中所提到的支出和费用;

（b）咨询公司必须允许业主所授权的代表,如有必要则包括亚洲开发银行的授权代表,不定期地检查和备份这些与工作有关的档案记录和账目,必须允许业主和任何得到业主授权的个人,在服务期间不定期地和完成工作后核查这些档案记录和审计账目。

5.4 信息

咨询公司必须向业主提供与工作和项目有关的信息,业主可以不定期地提出这项要求。

5.5 分配和分包

（a）除非事先获得业主的书面同意,咨询公司不得分包合同、转让合同,包括合同中的任何部分,不得雇用任何独立的咨询公司或转包商执行工作中的任何部分;

（b）对于合同的分包,或者由咨询公司组织的独立的咨询公司或分包商完成工作的任何部分,即使得到了业主的同意,也并不解除咨询公司在合同内的任何责任;

（c）如果业主发现这些独立的咨询公司或分包商不能胜任其分管的工作,需要解除他们的分包合同时,业主可以要求咨询公司立即更换符合资格的、有经验的、为业主所接受的独立的咨询公司或转包商,或者由咨询公司本身来完成这些工作。

5.6 保密性

未经业主的书面允许,咨询公司和其人员不得为服务目的向任何实体和人员在任何时候泄露有关服务的机密内容,或在服务过程中被他们发现机密内容,咨询公司或其人员也不能向公众透露在服务过程中或作为服务结果所制定的各种建设性意见。

5.7 相关限制(Prohibition on Association)

咨询公司同意在合同执行过程中或完成之后,咨询公司的任务仅限于为此项目提供服务,因此,除得到业主和亚行的同意外,应该取消他自己和联合体或下属的其他承包商、咨询工程师及制造商为该工程提供任何能力范围的货物或服务的资格,包括项目任何部分的投标。

5.8 禁止与合同冲突的活动

参加本合同工作的任何人员,都不能直接或间接以个人或咨询公司的名义在中国从事本合同以外的专业活动。

5.9 独立承包商

业主和咨询公司之间所建立的关系,在此不应被看成是主仆关系或主角与配角的关系。咨询公司的角色和履行服务的任何一方都应该看做是一个相互独立的承包商。

5.10 保护措施

(a)咨询公司应用本公司的经费来赔偿、保护和防卫业主、代理商及其雇员,免受因咨询公司在法律咨询过程中,或第三方的任何权益,包括著作权、版权或专利权的咨询服务过程中的违规行为所引起的一切诉讼、索赔、丢失和损坏。

(b)咨询公司应用本公司的经费来赔偿、保护和防卫业主、代理商及其雇员,免受因咨询公司由于技术方面失误,不能达到5.1(a)要求所引起的一切诉讼、索赔、丢失和损坏。

但:

咨询公司应在不迟于完工后_____月之内收到此类诉讼、索赔、丢失和损坏通知。

条款5.10(b)所定咨询公司的损失赔偿应限制在_____美元以内。但由于咨询公司大的疏忽或工作严重失误所引起的诉讼、索赔、丢失和损坏不在此限。

在条款5.10(b)中咨询公司的责任,应限定在由于其技术上的失误和粗心而导致的直接诉讼、索赔、丢失和损坏的责任。而不包括由此失误而导致诉讼、索赔、丢失和损坏的间接或附带责任。

(c)咨询公司除了承担条款5.10(b)的责任外,还应根据业主的要求,对其因出现条款5.1(a)所规定的技术问题和粗心而导致工作失误,用公司自己经费重新返工。

(d)咨询公司不承担条款5.10(a)、(b)以外的任何责任。不承担因业主越过咨询公司的决定或建议,或者要求咨询公司执行其不同意的决定或建议;或者业主的代理商、雇员或独立承包人不恰当地执行咨询公司的指导而发生的诉讼、索赔、丢失和损坏的责任。

5.11 国家的法律法规

咨询公司应遵守和服从中国的现行法律法规,并尽其一切努力以确保其工作人员及其随同人员在中国和其当地雇员遵守和服从中国的所有法律法规。

5.12 业主对设备的所有权

(a)该项目由业主提供的设备,始终属于业主的资产,并依据事先定下的程序由咨询公司归还给业主。

(b)由业主或咨询公司为业主购买的用于项目的设备属业主资产,归业主所有。

(c)由咨询公司和咨询人员带入中国并由项目或私人使用的工具设备,属该咨询公司和该咨询人员资产,并拥有所有权。

5.13 业主对报告和档案记录的所有权

在服务过程中,准备和汇编的所有与项目有关的报告、资料,诸如地图、图表、计划书、统计数字、支持记录、材料都应保密,完全归业主所有。在合同完成后,咨询公司应将此类材料移交给业主。未经业主的书面允许,咨询公司不得保留此类材料的复印件,也不能用于与本合同无关的目的。

5.14 保险

（a）咨询公司应从业主提供的资金中取出并保持足够资金，用于职业责任保险、第三者责任保险以及所购设备的全部或部分丢失损坏保险。

（b）业主不承担任何与咨询公司有关的咨询人员或合同分包商及专家的人寿、健康、事故、交通及其他保险责任，也不承担这些人家属的保险。

5.15 报告

在该合同下由咨询公司准备的所有报告、建议，咨询公司给业主的通信及所有标书都应用中英文两种语言书写。

5.16 适任保证

该咨询公司代表并保证是_____国（地区）的企业，所有服务除了在当地提供外，将全部或充分由该国（地区）提供。

5.17 延误通知

咨询公司无法按时得到附录 E 所定的服务或设施时，应迅速通知业主，并请求业主把时间适当延长以完成此服务。

5.18 合同道德

除合同规定的费用外，不准在合同执行过程中双方私自给予礼金、礼物。

5.19 签证及有关问题

咨询公司将获得签证，并得到政府当局依据现行法律法规的有关规定，正式批准进行咨询服务。如果可行的话，咨询公司在中国从事咨询工作人员的随同人员，将另外申请政府有关当局批准，获得签证。

5.20 咨询公司的支付

（a）如果要求向与履行咨询服务有关的政府机构付款的话，咨询公司将：

只以支票、汇票的方式支付，或通过官方银行向有关机构的银行账号上汇款。

在无法向该机构账号支付的情况下，只有依据亚洲开发银行和业主的书面背书向这样的机构职员（无论是固定、业余还是合同职员）支付，但只能以支票、汇票的方式支付，或通过官方银行向职员的有关账号上汇款。

（b）如果无法用非现金方式及时支付时，依据现行相关法律，咨询公司可向该政府机构或职员凭收据支付不超过 300 美元的现金。对于这种支付，咨询公司要在 3 个工作日内向亚洲开发银行和业主报告，并就支付的必要性写出书面解释。

第六章 一般规定

6.1 暂停支付

如果发生并继续发生下列任一事件，业主可提前_____天向咨询公司发出书面通知，暂停其合同项下此后的全部款项或部分款项的支付：

(a)亚洲开发银行暂停贷款支付；

(b)在执行合同时，咨询公司出现违约；

(c)经业主合理判断，认为存在有引起干扰或威胁该项目完工或顺利履行合同的其他情况。

6.2 业主提出终止合同

（a）如果下列任一事件发生或继续，业主可以书面通知咨询公司终止合同：

在业主向咨询公司发出暂停支付书面通知后，6.1 涉及的情况持续 14 天；

《贷款协议》按其条款终止；

如果业主或亚洲开发银行确认，该咨询公司在工作中存在亚洲开发银行及其借款人聘用咨询专家指南中所说的舞弊、欺诈和剽窃行为。

（b）在任何情况下，业主都可以提前 30 天向咨询公司发出书面通知终止合同。

6.3 咨询公司提出终止合同

在发生任何超出咨询公司控制的情况时，使得咨询公司不可能履行合同，咨询公司应尽快书面通知业主。业主书面确认上述情况后或收到上述书面通知 15 天内没有回应时，咨询公司自即日起解除其不履行义务的所有责任，并可在给出书面通知的 30 天之后终止合同。

6.4 合同终止手续

（a）在 6.2（a）终止合同的情况、6.2（b）收到终止合同通知或 6.3 发出终止合同通知后，咨询公司应采取措施迅速而有秩序地终止服务，减少损失，并使后续开支减至最小。

（b）一旦终止合同（除非该合同的终止是由咨询公司的错误造成的），咨询公司有权得到补偿。补偿包括终止之前预计发生的、有序终止服务合理发生的、工作人员返程以及咨询公司个人财产和设备运输等费用。但其他费用不应予以补偿。

6.5 争端的解决

由本合同产生的任何争端和异议，如果双方不能友好解决时，将按国际商会的调解和仲裁规则，任命一个或多个仲裁员解决。仲裁在_____进行。该仲裁结果是最终的对双方均有约束力的，并可以其他补偿替代。

6.6 不可抗力

（a）如果任一方由于不可抗力或有关法律法规的规定，暂时不能履行合同义务，或如果该方在不可抗力出现后 14 天内向另一方发出书面通知，则该方由于该事件不能履约的义务将暂停，直到该事件终止。

（b）任一方都没有义务负责另一方由 6.6（a）所涉及的事件以及由此事件的延迟所蒙受的损失和破坏。

（c）此处的"不可抗力"是指自然灾害、罢工、停业或其他工业干扰行为、公众敌人的行为、战争、封锁、暴动、暴乱、传染病、滑坡、地震、暴雨、雷击、洪水、道路冲毁、国内动乱、爆炸及其他类似的不受任一方控制，或经过努力任一方都无法克服的事件。

6.7 合同变更

合同在各方同意的情况下可以变更。所有变更，包括费用预算变更和 3.1（b）中数额的变更，应由各方的授权代表书面签字。

第七章　有效期及其他

7.1 有效期

合同应在 1.2 给出履行服务的通知之日起生效,直到服务结束之日。这时所有支付应予完成,并且自该日起,各方免除相互责任。

7.2 授权的代表

在此合同中任何要求实施的行为和执行的文件,应该由项目组长或他指派的代表来代表咨询公司,由_____代表业主实施或执行。

7.3 通知或要求

本合同下允许和请求发出的任何通知或要求都要用中英文两种语言书写。这种通知或要求当以派人递送、邮递或电报的方式发送至当事人指定的下述地址或书面写明的地址时,就被认为是适时发出。

业主方:_____

姓名:_____

地址:_____

电话:_____

传真:_____

咨询方:_____

姓名:_____

地址:_____

电话:_____

传真:_____

特立此据,本合同书于上面首页所定日期,由有关双方写上各自的名字签署生效。

业主方代表:_____

咨询方代表:_____

附录

附录 A:服务范围

附录 B:人员计划

附录 C:财务建议

附录 D:当地货币支付

附录 E:由业主提供的服务、设施、设备

服务范围

员 工

姓名　　　　　　**职位**

员工安排

外币估算

（用＿＿＿＿＿＿表示）

C—1:酬劳

国内办公服务

姓名	人月数	协定的每日标准	估算总额

现场服务

（包括旅行时间）

<u>姓名</u>　　<u>人月数</u>　　<u>协定的每月标准</u>　　<u>估算总额</u>

C—2：实际支出

出国旅行

各种旅行花费

每日津贴

通信联系

投标书、文件、报告等的复印和装运费用

设备以及其他项目的费用

C—3：不可预见费

C—4：总费用

当地货币估算

（用＿＿＿＿＿＿＿表示）

由业主提供的服务、设施、设备

附件 2-2

一揽子费用合同样本

带信笺头的授予信

咨询顾问姓名：_____

地址：_____

_____

本协议书于_____年_____月_____日由_____（以下简称"执行机构"）为一方与_____（以下简称"咨询专家"）为另一方签订。

执行机构想聘用该咨询专家提供_____的咨询服务。

双方就附录1（A－C）中的合同条款,附录2中的工作大纲和附录3中的报酬和实际费用支付(使用总费用包干方法)达成一致协议。

促成双方就上面所书日期签订了本协议。

执行机构代表：   咨询专家：

［签字人姓名与职务］   ［签字人姓名与职务］

附录 1 - A

合同条款（合同号：＿＿＿＿＿）

定　义

D-1.　亚行（ADB）指亚洲开发银行

D-2.　咨询投入（Consultancy inputs）指咨询专家在其聘用期间所要求的咨询服务时间数量。一个人月等于 30 个日历日或 22 个工作日。本部（Home Office）工作是指咨询专家在其居住地自己办公室所进行的工作；现场（Field）工作是指咨询专家除了在其居住地以外的任务地（Assignment Location）所进行的工作。

D-3.　咨询专家（Consultant）指将在合同项下提供咨询服务的个人。

D-4.　咨询专家居住地（Consultant's Place of Residence）是指该咨询专家拥有永久居住地或办公室的市或省。

D-5.　合同（Contract）包括授予信（Offer Letter）、特殊条款、一般条款、开工令（NTP）和这些文件的任何附件。当收到执行机构的开工令时，合同即生效。开工令是在咨询专家接受授予之后发出。

D-6.　条款编号的 D、S 和 G 分别表示定义（Definitions）、特殊条款（Specific Conditions）和一般条款（General Conditions）.

D-7.　执行机构（Executing Agency（EA））是咨询专家与其签订合同的政府机构或组织，本合同的执行机构是＿＿＿＿＿＿＿＿＿＿＿＿。

D-8.　公司（Firm）是指通过它聘用咨询专家的公司或机构。若本合同直接由执行机构和咨询专家签署，则一般条款中有关公司的内容可以忽略。

D-9.　贷款（Loan）是指为本项目融资，由亚行提供或联合提供的贷款。

D-9.　项目（Project）是指本贷款项目＿＿＿＿＿＿＿＿＿＿＿＿的咨询服务。

D-10.　服务（Services）是指咨询专家将履行在附录 2 的工作大纲（TOR）中所规定的咨询服务工作。

D-11.　聘用期（Term of Engagement）是指本合同生效期间。

合同条款（合同号：_____）

特殊条款

S-1. 聘用期:咨询专家将以_____方式从_____年_____月_____日开始至_____年_____月_____日进行咨询服务工作。其开始日期由开工令给予确认。若上面所书日期与开工令有出入,则以开工令为准。

S-2. 咨询投入:以附录2工作大纲中所要求的为准。

S-3. 任务地:中国_____和_____。

S-4. S-1至S-3的详细内容在附录2工作大纲中作进一步详细说明。

S-5. 报酬(Remuneration):总包干经费为_____美元,包括报酬和除需偿还费用(如果有的话)以外附录3中所列的所有费用。支付将依据一般条款中的3、4、5款和附录3的规定进行。

S-6. 实际支出费用(Out-of-Pocket Expenses):使用无偿还费用的总费用包干方法。详见一般条款第4款和附录3。

S-7. 合同总额:_____美元。

S-8. 保险(Insurance):咨询专家将对其在聘用期间的医疗保险、事故死亡和人身伤害保险负全责。

S-9. 预付款(Advances):_____美元,依据一般条款第6款分_____期偿还。

S-10. 执行机构:
名称:_____
代表:_____
传真:_____
电子邮件:_____

S-11. 咨询专家:
代表:_____
传真:_____
电子邮件:_____

S-12. 支付币种:美元。

S-13. 咨询专家银行账号:
_____
_____

S-14. 报账单位:_____。

S-15. 配套设备:执行机构将为咨询专家办公室配备国际电话、传真机和计算机网络连接等适当设备。长途和国际电话费、传真费将由咨询专家负担。

附录 1 – C

合同条款（合同号: ）

一般条款

G – 1. 咨询专家的绩效（Performance of the Consultant）——在聘用期间,当需要咨询投入时,咨询专家将投入全部时间工作,并恪尽职守和勤勉高效地完成工作大纲所规定的咨询服务工作。执行机构保留对咨询专家的工作绩效进行评估和绩效评估记录的权利,以供再聘用该咨询专家时参考。

G – 2. 合同道德（Contractual Ethics）——执行机构要求本贷款项下的咨询专家和咨询公司遵守高道德标准（参见《亚洲开发银行及其借款人聘用咨询顾问指南》第 1.04 款和《亚洲开发银行反腐败政策》,可从亚行网站 www. adb. org 下载）。在亚行资助的合同项下,咨询专家和咨询公司也要遵守亚行关于性骚扰方面的政策。咨询专家也要保证,在咨询专家的选择和合同的执行过程中,除了在本合同中规定的费用外,不送也不接受任何费用、赏金、回扣、礼物、佣金或其他酬金。

G – 3. 报酬

    a. 执行机构将支付咨询报酬给咨询专家,如果该咨询专家是通过一个咨询公司聘用的话,同时也要支付报酬给该咨询公司。执行机构将为其所要求的咨询专家提供的咨询投入时间支付报酬。该支付的依据是合同特殊条款的第 5 款、附录 3、一般条款第 3 款中的 b、c、d 部分,以及一般条款第 5 款。

    b. 若特殊条款第 5 款说明对服务采用总费用包干方法支付时,那么除了在附录 3 中规定的任何可偿还的费用外,咨询专家的报酬和实际支出费用将依照附录 3 所列的支付计划,以总费用包干的方法支付。

    c. 若特殊条款第 5 款没有说明采用总费用包干方式支付,并且如果咨询服务投入少于 30 个日历天或 22 个工作日,则执行机构将以下列方法支付报酬。

        i. 咨询专家在现场的工作时间,即除了在其居住地以外的时间,用日历天数计算。现场时间包括经最直接的路线来回任务区的旅行时间、执行机构的法定假日,以及除任务结束时遇到的周末以外的所有周末。

        ii. 咨询专家在其本部或其居住地办公室为本项目提供的全职咨询服务,以工作日计算。

        iii. 对本合同来说,一个日历月最多支付 22 个工作日。

    d. 若特殊条款第 5 款没有说明采用总费用包干方式支付,并且如果咨询服务投入等于或多于 30 个日历天,则执行机构将以下列方法支付报酬。

        i. 按人月支付,时间包括经最直接的路线来回任务区的旅行时间、执行机构的法定假日,以及除任务结束时遇到的周末以外的所有周末。

ii. 执行机构用月报酬除以 30 个日历天和除以 22 个工作日来计算日报酬。

e. 执行机构将依据每一项的出价确定总价。若将来执行机构再聘用该咨询专家从事一项新的任务,其报酬出价可能会与本特殊条款第 5 款对本项任务所示的报酬出价不同。

G-4. 实际支出费用(OPE)与可偿还费用

a. 若特殊条款第 5 款没有说明对报酬和实际支付费用采用总费用包干的方法,除非另有规定,执行机构将依据购物发票或按照附录 3 说明的其他支持单据所证明的实际花费支付给该咨询专家,或者当该咨询专家是通过一个公司聘用时,则将该项费用支付给该公司。附录 3 中所包括的实际支出费用详细清单如下:

i. 每日津贴(Per Diem Allowance)是当咨询专家在聘用期间,除在其居住地以外的一个地方从事咨询工作而过夜时,按日支付的津贴,用于其住宿和生活费用。

ii. 旅行费用包括咨询专家因咨询工作旅行而发生的全部合理的交通费用,这包括在咨询专家居住地与最近的国际机场之间的公共交通费。航空旅行应当选择最近的转机路线和乘坐经济舱。与工作无关的中途停留超出了允许的旅行时间,或不是直接的飞行路线而引发的费用超出部分,将由咨询专家自己负担。

b. 若特殊条款第 5 款规定对报酬和无偿还费用的实际支出费用采用总费用包干的方法,执行机构将依据附件 3 中的支付进度和一般条款第 5 款的规定付款。

c. 若特殊条款第 5 款规定报酬为总费用包干,而实际支出费用具有偿还部分,执行机构将依据附件 3 中的支付进度和一般条款第 5 款的规定,回收咨询专家或公司应偿还的费用。

G-5. 支付(Payment)

a. 执行机构将依照特殊条款第 5 款、一般条款第 3 款和当适用时的一般条款第 6 款,在一个合理的时间段内,除非附录 3 中另有说明,则执行机构从咨询专家或通过一个公司聘请咨询专家的公司处收到收据开始,到付款,通常(取决于一般条款第 G-5 第 C 款)不超过 30 天。

b. 除非附录 3 另有规定,应每月向执行机构提交收据,并附有咨询专家在履行咨询服务期间的时间说明和附录 3 中所要求的偿还费用的支持文件。

c. 支付时需执行机构确认咨询服务满足要求。

d. 执行机构将付款到特殊条款第 13 款指明的银行账号上。

e. 执行机构不希望公司/咨询专家频繁更换银行账号,更换账号需提供正当理由。就公司而言,更改账号的信件必须由代表公司签署本合同的同一人,或公司的授权代表签字。执行机构除了合同方银行账号外,不接受第三方的银行账号。

f. 咨询专家或通过其聘用咨询专家的公司,在聘用期结束或合同终止后的60个日历天内,将提交发票清单。在聘用期结束或合同终止后的60个日历天内,如果执行机构没有收到结算清单,执行机构将在解决任何未决事项,如拖欠的预付款项、合同变化或咨询专家使用执行机构经费购买的设备(如果有的话)向执行机构移交之后,依据执行机构确认的合同账目档案进行结算付款。然而执行机构将在最终付款之后关闭合同账号。在合同账号关闭之后,咨询专家或公司(如果有的话)向执行机构提出的所有付款请求,都被认为是永久性放弃。

g. 除非执行机构发布修正合同最高支付额的命令,本合同总支付金额将不超过特殊条款第7款中所规定的最高额。

h. 除了咨询专家向执行机构提交每月的和结算的发票单据外,对预付款和有关支付情况的查询跟踪请求,都应当送交_____。

G-6. 预付款——咨询专家和如果通过其聘请咨询专家的公司,也许会要求数量等于特殊条款第9款规定数量的实际支付费用的预付款。预付款将按特殊条款第9款规定的自第一次偿还开始,分规定的次数还清。执行机构必须批准附加预付款并调整偿还期。

G-7. 保险

a. 参见特殊条款第8款。

b. 鉴于执行机构通过一个公司聘用咨询专家,执行机构将不对其咨询专家的生命、事故、旅行负责,或不对覆盖其合同雇员或分包商,以及因为咨询服务目的而旅行到责任地或其他地方的这些人员的家属的其他保险负责。公司将

i. 取出和保留足够的财产损失保险金,如果发生损失的话,将用于补偿由执行机构装备公司或执行机构提供全部或部分资金由咨询专家购买的设备损失。这些保险金的收益将是可以自由货币支付的,用来修理或替换这些设备。

ii. 取出和保留足够的职业责任保险金,以应付由于履行咨询服务而引起的第三方索赔。

iii. 取出覆盖咨询专家其他任何必要的保险金。

G-8. 语言——除了在工作大纲(TOR)中另有规定的外,所有报告和与执行本合同有关的所有通信将使用英语。

G-9. 报告——咨询专家将依据工作大纲的要求,向执行机构提供书面的和电子文本。提交的最终报告光盘的报告前部将包括500字的摘要。咨询专家在履行咨询服务工作中所形成的所有报告、笔录、图纸、说明书、统计表、计划和其他文件与整编数据,均属执行机构的唯一资产。在合同终止或结束时,执行机构可全权直接处理这些资产,向公众开放。咨询专家可以保留该文件和数据的复制件,但未事前征得执行机构许可,不得用于与该服务无关的其他项目。在咨询服务的聘用期结束之后,咨询专家将继续与执行机构合

作,澄清和解释该咨询专家提交的报告中的任何内容。当然,咨询专家将使用他(她)自己的计算机或笔记本电脑完成该报告。

G-10. 知识产权(Intellectual Property)——咨询专家和通过其聘用咨询专家的公司,将保证其所有的咨询服务和用执行机构经费购买的或咨询专家在执行咨询服务中使用的全部产品和服务(包括无限制使用的全部计算机硬件、软件和系统),不会违反或侵犯任何工业产权或知识产权而引起任一第三方的索赔。咨询专家和通过其聘用咨询专家的公司,将保证执行机构不因与履行咨询服务有关的索赔、债务、义务、损失、损坏、处罚、行为、诉讼、起诉、要求、成本、费用的诉讼而受利用或招致费用支出。这些包括咨询专家或公司侵犯或依其申诉的侵犯著作权、商标权、专利权或其他受保护的权利。

G-11. 公开言论约束(Public Statement and Commitment)——咨询专家和通过其聘用咨询专家的公司的行为应恰当、谨慎,未事前征得执行机构的同意,不得向公众发表有关项目和咨询服务工作的言论。咨询专家和通过其聘用咨询专家的公司,不可以任何身份来约束执行机构的权利,并应以条件保证加以明确。咨询专家在聘用期间,应控制自己,不参与该国和该任务区的任何政治活动。

G-12. 资料泄密(Disclosure of Information)——咨询专家和通过其聘用咨询专家的公司,应遵守《亚行资料保密与泄密政策》(副本可从亚行网站 www.adb.org 下载)。该咨询专家和他的学生可以使用执行机构为该项目研究所提供的资料。但是,未经执行机构批准,他们将不能与第三方分享这些资料,也不能用于其他项目。

G-13. 设备(Equipment)—— 除非执行机构另有批准,咨询专家同意(当必要时)使用自己的计算工具、笔记本电脑来进行咨询服务工作。在特殊情形下,执行机构会提供合同经费购买设备,供公司和咨询专家在聘用期间使用。这些设备是执行机构的资产,在合同终止时除非执行机构另有指示,都应移交给执行机构。

G-14. 免税优惠(Exemptions and Immunities)—— 执行机构将安排把适用于任务区的政府优惠政策与免税政策延伸到从事咨询服务的咨询专家。执行机构将依据《执行机构协议条款》第八章,赋予为执行机构执行任务的咨询专家以成员国的优惠权和免税权。这些优惠包括对执行机构支付给咨询专家或公司的费用免税,但不包括咨询专家所在国或居住国的征税。

G-15. 各方的关系(Relationship of the Parties)—— 除了独立承包人的关系之外,在本合同中没有包含的,都将视为执行机构与咨询专家和通过其聘用咨询专家的公司之间的关系。

G-16. 合同转包(Subcontracting)—— 咨询专家和通过其聘用咨询专家的公司,不能转让或转包未经执行机构书面批准同意的合同或已批准的转包合同的任一部分。

G-17. 咨询专家不称职(Disability or Incompetence of the Consultant)—— 执行机构

聘用咨询专家是在咨询专家或通过其聘用咨询专家的公司给予执行机构如下承诺情况下进行的:即该咨询专家身体健康,没有会妨碍履行咨询工作的肢体和智力方面的残疾。若执行机构提出要求,该咨询专家将依据执行机构的合理要求,提供其医疗或其他方面的任何证明。若执行机构在任何时间提出该咨询专家不能充分地履行或完成咨询服务,无论是健康原因还是其他原因,执行机构都可以终止该合同。

G – 18. 非常事件(Unusual Incidence)—— 该咨询专家在其聘用期间发生了包括人身伤害或财产损失等任何事故,应立即向执行机构报告。该咨询专家也应立即向执行机构报告可能存在的会妨碍或侵害咨询工作履行的任何情况。

G – 19. 签证——咨询专家将依据任务区的适用法律和法规从政府当局获得签证和其他方面的批准,允许该咨询专家从事咨询服务工作,如果适用的话,咨询专家在聘用期间,其到任务区的任何家属将从有关政府当局获得签证和其他必要的批准。

G – 20. 合同的终止和暂停(Suspension;Termination of Contract)

    a. 如果依照执行机构的看法,断定已经发生了妨碍、威胁、干扰有效履行咨询任务的情况,或不超过规定完成咨询任务 30 个工作日的情况,执行机构可以暂停本合同中全部或部分内容的履行,或在执行机构认为必要的此后一段时间内,暂停余下经费的支付。不管上面所述,执行机构可依据以下情况,终止本合同:

        i. 向咨询专家发出终止合同的书面通知之日起到终止之日的预留时间不少于 15 个日历日。

        ii. 立即终止,如果执行机构断定聘用的咨询专家或通过其聘用咨询专家的公司有不道德行为,或有《亚洲开发银行反腐败政策》和《亚洲开发银行及其借款人使用咨询顾问指南》第 1.05 款所规定的腐败舞弊行为的话。

        iii. 立即终止,如果执行机构断定迄今为止,该咨询服务是如此的不完善,以至于表明该咨询服务不能满意地履行。

    b. 如果发生了咨询专家不可控制的情况,致使其不可能继续履行咨询服务工作时,该咨询专家或通过其聘用咨询专家的公司可以终止合同。该咨询专家必须如实书面报告终止理由。依据执行机构的书面确认,或执行机构收到该报告 15 天内没有回应,咨询专家将解除对该咨询服务工作的履行,合同将被终止。

    c. 终止合同的程序——依据终止合同或执行机构发出的终止合同通知的情况,该咨询专家或通过其聘用咨询专家的公司应立即有序地结束咨询服务工作,把支出减至最小。除非该合同的终止是由于咨询专家的错误造成的,该咨询专家或通过其聘用咨询专家的公司有权得到合同终止之前和当时合理发生的费用的全额补偿。补偿包括有序终止服务发生的合理费用和咨询专家的返程费用。如果合同终止是因咨询专家或公司的违约而偶然引起的,该咨询专家或通过其聘用咨询专家的公司,或执行机构将视具体情况,有权按以下两项之差确定补偿。

   i. 至合同终止之日,咨询专家或公司在履行咨询服务时所发生的直接或间接费用。

   ii. 在合同项下执行机构已支付给咨询专家或公司所有费用的累计总和。

G-21. 同意一致与合同修改(Entire Agreement and Contract Amendment)—— 有时要对合同先前规定的条款进行修改,以取代先前无论是书面的还是口头的、明确的还是含蓄的安排。无论是对该合同的范围和条款的任一部分进行全面或部分修改,只有经执行机构授权代表书面签字后,才能生效。

G-22. 通知和要求(Notices and Requests)——本合同发出的任何通知或要求都要用书写形式。这种通知或要求当以派人递送、邮递或发传真的方式发送至授权方时,就被认为是完整送达。本合同的执行机构授权方见特殊条款第10款;咨询专家的授权方,除非该咨询专家或通过其聘用咨询专家的公司另有通知,就是接受授予信(Offer Letter)的人,详见特殊条款第11款。

G-23. 权利与权力的搁置(Delay)——执行机构在行使本合同的权利或权力方面的失效或搁置并不能认为是对该权利或权力的自动放弃,这种权利或权力的单个或部分使用并不排除对本合同的权利或权力在其他方面的进一步使用。

G-24. 检查与审计(Inspection and Audit)—— 咨询专家或通过其聘用咨询专家的公司,同意并允许执行机构或执行机构授权的代表对其与本合同有关的任何账务、文件和记录进行检查和审计。

G-25. 解决争端(Settlement of Disputes)

   a. 该咨询专家或通过其聘用咨询专家的公司和执行机构都同意,避免争端或早期解决争端是顺利实施本合同和完成任务的关键。各方应该友善地以以下方式解决与本合同或与其解释有关的所有争端:各方授权代表将审查引起争端的问题并考虑解决这种争端的可选择方案。各方将在寻找最合理的解决争端方案上达成一致,并为此采取适当的行动,直至争端解决。

   b. 任何起因于本合同或与其相关联的争端或分歧,在各方无法用上述(a)款的方法友善地解决时,应依据国际商会的仲裁规则任命一个或多个仲裁员进行最终仲裁解决。仲裁工作将在菲律宾马尼拉进行。所得到的仲裁判决书将是最终的,对各方都有约束力,并将替代其他法律方法。仲裁语言为英语,各自承担各自的仲裁费用。

附录2

工作大纲 (Terms of Reference)

合同承包人 Contract			
项目名称 Project			
承包人专长 Expertise			
承包人来源 Source		承包人分类 Category	

工作目标 Objective/Purpose of the Assignment：

工作范围 Scope of Work：

详细任务 Detailed Tasks：

报告要求 Output/Reporting Requirements：

任务地点 Places of Assignment：	天数 Days	预计日期 Estimated Dates (日/月/年 d/m/y)
总天数 Total Ddys（如果有间断工作情况请说明 state if Intermittent）		

注：由使用单位确认实际进度表。

附录 3

报酬与实际支出费用（总费用包干）

合同承包人 Contract			
项目名称 Project			
承包人专长 Expertise			
承包人来源 Source	国际	承包人分类 Category	
专业组 Prof. Group		职业级 Job Level	

总费用包干 LUMP SUM PAYMENT

支付的关键时间 Payment Milestones[①]

第一笔支付

第二笔支付

第三笔支付

……

合同总费用 Total Contract Amount

重要注释 Important Note：

---

①第一次支付的关键时间是预付款支付，以后的关键支付时间一般与咨询专家完成可交付的工作相关联。

咨询公司工作绩效评估

Performance Evaluation of Consulting Firm

贷款号/项目名称：＿＿＿＿＿＿＿＿＿

＿＿＿＿＿＿＿＿＿

合同号①：＿＿＿＿＿＿＿＿＿

评估等级: E - 极好　S - 满意
M - 勉强　U - 不满意
n/a - 不适用

I. 咨询公司工作实绩评估标准（见后附定性描述）	评估等级					对勉强(M)和不满意(U)评估意见的说明(如果有的话)
	E	S	M	U	n/a	
A. 技术方面						
1. 背景资料分析						
2. 使用方法的适合程度						
3. 主动性、适应性与创新性						
4. 制定解决方案						
5. 在采购方面的表现						
B. 经济与财务方面						
1. 费用概算的可靠性						
2. 经济分析						
3. 财务分析						
C. 具体项目						
1. 技术转让						
2. 培训活动						
3. 咨询活动						
4. 机构与管理分析						
D. 项目管理						
1. 理解管理程序						
2. 遵守咨询服务工作大纲（TOR）						
3. 遵照工作计划						
4. 成果表达						
5. 报告质量						
6. 人员稳定性						
7. 团队领导						
8. 专家的能力与品行						
9. 与执行机构的关系						
10. 合同管理						

————————

①请参见所附合同资料表。

II. 工作实绩总体表现评价 | | | | |

III. 团队人员评估(见以下附表)。

总体表现评估意见:

_____

姓名/评估人签名_____ 　　　　姓名/执行机构主任签名_____

执行机构建议:

_____

III. 团队人员评估
(参见合同资料表中的专家列表)

| 评估等级:E-极好　S-满意 |
| M-勉强　U-不满意 |

姓　　名	评估等级				对勉强(M)和不满意(U)评估意见的说明(如果有的话)
	E	S	M	U	

咨询公司工作绩效评估标准的定性描述

一、技术方面

1. 背景资料分析

要对所有的背景资料数据汇编的适当性和分析深度进行评估。是否考虑了所有可得到的资料,是否有被省略或遗漏,是否所有必要的调查研究都是必需的并恰当地使用可用的成果,汇编资料数据的整体性建立了吗,假定的基础是现实的和令人满意的吗。

2. 使用方法的适合程度

所使用的或建议的方法应适合于其应用水平。过于复杂化将导致较低的评估等级。方法的构建应对当地的能力和标准给予适当的重视。

3. 主动性、适应性与创新性

咨询公司应对涉及项目的困难领域、收集资料方法和不完整资料分析的适应性方面进行主动论证。在执行项目、不容易收集资料分析、简化设计、增加项目效益或降低成本方面的创新,都应得到较高的评估等级。

4. 制定解决方案

制定解决方案应反映出对当地承包商可以得到和使用的方法、材料和设备的正确评价。对他们的技术能力也应给予考虑。

5. 在采购方面的表现

咨询公司编写的标书应全面而简单。规格应满足要求并对所有投标者都是公平的。评估标准应该很好地建立,以确保完全公平竞标评估。

二、经济与财务方面

1. 费用概算的可靠性

使用单价应说明其数字来源和计价的日期,是估计价格还是实际价格。确定并包括了地方性的津贴、费用和税收吗? 给予的评估等级应该反映所提出数据的精确性和估计数字的综合程度。

2. 经济分析

该分析是否全面? 是否达到验收标准? 对所有有利的和不利的方面,包括所有有关项是否都做了适当的评价?

3. 财务分析

类似于经济分析,要确保任何资费的研究和建议均有坚实的基础,并确保全部的投资和运行费用。

三、具体项目

1. 技术转让

咨询公司应向对方职员和机构转让足够的所必需的技术,包括使用手册、硬件和软件。这种转让应是完全的和无保留的。所有的方法都应有充分的说明。

2. 培训活动

必须对对方配合人员进行所要求的充分培训,并对该培训进行评估以测定其是否成功。配合人员应能完全胜任并具有操作咨询公司转让的系统和程序的能力。

3. 咨询活动

对执行机构的咨询应按照该机构对它的有效性、适用性和接受程度进行计量。同时,也应考虑其实用性。

4. 机构与管理分析

咨询公司应说明包括当地协议和趋向于对问题区域提供可用解决办法的敏感度。仅仅是重复别处的实践将导致较低的评估等级。

四、项目管理

1. 理解管理程序

评估咨询公司对亚行和执行机构管理程序的理解。所有通信、报告、账单和其他程序问题都及时处理了吗?

2. 遵守咨询服务工作大纲(TOR)

确认咨询公司是否完全遵守或没有遵守咨询服务工作大纲(TOR)。

3. 遵照工作计划

评价咨询公司对议定的工作计划的执行情况。对脱离计划的情况应有合理的解释。无固定计划将导致较低的评估等级。

4. 成果表达

评价成果的报告表达。表达是否清楚,确定? 是否符合逻辑和数学上是否正确?

5. 报告质量

报告应该是语言简洁、陈述良好并编目适当。报告不应有难懂的行话,应用清楚的英语书写;所有的图表清楚,编排恰当。提出的全部要点和得出的结论都应符合逻辑并理由充分。最终的报告应该使亚行职员能够直接着手进行项目评价(如果可适用的话)。

6. 人员稳定性

咨询公司人员在执行项目期间的不必要变动,将导致评估等级的降低。对于异常情况,如死亡和长期生病,应受到适当考虑。

7. 团队领导

团队领导的效能,即带领专家组在分配的工作层面内,成为团结又能战斗的工作集体,达到团队成员之间的最好合作。

8. 专家的能力与品行

在这里列出各个人评估的综合意见(如果亚行职员不熟悉咨询公司专家组的所有成员,则评估可限制在主要重要岗位的专家,或专家组的关键专家)。

9. 与执行机构的关系

咨询公司应该要维护好与执行机构之间的诚恳关系,以营造良好的工作安排、数据提供和坦诚交换意见的工作氛围,以及开诚布公地讨论敏感问题。

10. 合同管理

评估人员应该考虑咨询公司要求合同改变的次数和数量,这些要求是否证明是合理的。咨询公司寻求计划中的工作改变,而这种改变不是亚行提出和要求的。

参考文献

[1] Asian Development Bank. Guidelines on the Use of Consultants by Asian Development Bank and its Borrowers. February 2007. http://www. adb. org/Documents/Guidelines/Consulting/Guidelines – Consultants. pdf.

[2] Asian Development Bank, Report and Recommendation of the President to the Board of Directors on a Proposed Loan and Technical Assistance Grant to the People's Republic of China for the Yellow River Flood Management (Sector) Project. August 2001. http://www. adb. org/Documents/RRPs/PRC/rrp_33165. pdf.

[3] Asian Development Bank, Project Administration Instructions. 21 December 2001. http://www. adb. org/Documents/Manuals/PAI/default. asp.

第三章　国际咨询服务的主要内容和安排

中国政府与亚行于 2002 年 6 月在马尼拉签署了亚行贷款黄河防洪项目《贷款协议》和《项目协议》,并于 2002 年 9 月 11 日正式生效。项目的范围为小浪底水库至黄河入海口,主要内容包括洪水管理措施、防洪工程、滩区村台安全建设和项目管理 4 部分。根据《贷款协议》和《项目协议》及项目实施管理备忘录的要求,亚行贷款项目共聘用国际咨询专家 80 个人月、国内咨询专家 1150 个人月,需聘用咨询专家的子项目及专业与人月要求见表 3-1。涉及聘用国际咨询专家①的项目管理研究方面,主要包括以下 3 个子项目:①环境管理,主要内容涉及环境管理、培训、环境经济损益分析;②社会与移民管理,主要内容涉及社会和移民人员培训,社会监测评估方法、内容及后评价;③项目管理,主要内容涉及项目设计、建设、支付、评价、监理、管理和采购等。共需聘用国际咨询专家 48 个人月。涉及聘用国际咨询专家的非工程措施研究方面,主要包括洪水预报警报系统中的黄河三门峡以下河道基础地理信息系统建设、小花间气象水文预报软件系统建设和黄河下游基于 GIS 的二维水沙数学模型研究,以及小浪底水库库区和黄河下游河道实体动床模型试验研究、自动制模技术与测控系统研究、防洪工程维护管理系统建设等 6 个子项目。其中,丹麦政府赠款(技援项目 TA3712L – PRC)为非工程措施研究的小花间气象水文预报软件系统子项目提供 10 个人月的咨询服务,由亚行聘用。

表 3-1　子项目聘用咨询专家人月表

咨询服务合同和服务范围	国际专家 (人月)	国内专家 (人月)
一、非工程措施研究	32	766
1. 洪水预报警报系统	24	510
a. 黄河三门峡以下河道基础地理信息系统	2	160
b. 小花间气象水文预报软件系统	10② 4	200
c. 黄河下游基于 GIS 的二维水沙数学模型研究	8	150
2. 小浪底库区和黄河下游河道实体动床模型试验研究	3	150
3. 自动制模技术与测控系统研究	2	46
4. 防洪工程维护管理系统建设	3	60
二、项目管理研究	48	384
1. 环境管理	12	96
2. 社会与移民管理	12	96
3. 项目管理	24	192
合计	80	1150

①本文中提到"咨询专家"的地方,同时也适用于"咨询公司";反之亦然。

②技援项目 TA3712L – PRC,由丹麦政府出资,已经由亚行聘用。

鉴于非工程措施研究项目的批准时间较晚,其中部分工作已由国内专家完成,根据2007年6月亚行项目检查团备忘录意见,同意开展非工程措施研究中3个子项目的个体国际咨询专家的聘用工作,每个子项目聘用1位个体国际咨询专家,共工作14个人月,需聘用个体国际咨询专家的子项目及专业与人月要求见表3-2。

表3-2 非工程措施研究子项目聘用国际咨询专家人月表(调整后)

序号	子项目名称	人月数	备注
1	小花间气象水文预报软件系统	4	聘用1位个体咨询专家
2	水库冲淤机理及数值模拟	5	聘用1位个体咨询专家
3	黄河下游基于GIS的二维水沙数学模型研究	5	聘用1位个体咨询专家
合计		14	

聘用咨询专家的工作是严格按照《亚洲开发银行及其借款人使用咨询专家指南》规定的原则、惯例和步骤进行的,目的是通过项目的实施,提高黄河下游防洪工程的抗洪能力,减轻洪水灾害,改善环境,减少贫困,同时,使黄委了解和掌握国际通用的建设管理程序,提高项目管理水平。下面分章节详细介绍亚行贷款黄河防洪项目聘用国际咨询服务的主要内容和安排。

第一节 项目管理研究子项目国际咨询服务
的主要内容和安排

一、环境管理方面

(一)项目背景

亚行贷款黄河防洪项目的目的是通过一系列工程措施和非工程措施减少黄河下游洪水发生几率,减免洪水对下游工农业生产和生态环境造成的危害。项目的建设还将改善环境,促进项目区经济的持续发展。

项目的工程措施包括:①加固和重建大堤104公里,修建控导工程24公里,险工改建15处;②东平湖滞洪区围坝加固73公里;③对滩区45个村台进行建设。

在2000年5~9月,亚行专家组织选择了开封黄河堤防加固工程、长垣县苗寨乡滩区安全建设和东平湖滞洪区围坝加固工程3个核心子项目为代表,对贷款项目进行了评估,为先行实施这3个子项目,编制了环境影响报告书,于2000年11月通过国家环保总局的审查。其余子项目打捆完成环境影响报告书,于2002年12月通过水利部预审,2003年7月通过国家环保总局的审查。

本项目为非污染生态影响项目,根据预期的环境影响,确定项目类别为环境B类项目。在项目实施之前,为亚行提供环境初评报告(IEE)。

（二）咨询目标

环境咨询的目标是加强黄委亚行项目办环境社会部的环境管理工作，建立项目建设的环境管理程序，确保环境管理按照中国政府和亚行的要求进行；提供亚行要求提交的各类报告格式及包括的主要内容，保证提供报告能满足亚行要求；建立环境经济损益模型，对环境影响要素提出量化的方法。

（三）咨询范围

1. 建立环境保护管理程序

咨询专家将为该项目提供或建立一套亚行的环境管理程序，并提出与国内管理程序的异同。该程序为项目建设的全过程，即包括工程建设前期、工程施工过程、竣工验收以及后评价。

2. 开展环境培训

培训内容主要包括：亚行的有关环境政策和要求，亚行的环境指南，项目实施期间环境保护措施的落实方式，需报送亚行的各种环境报告的编写格式与报告内容，如季度进度报告、环境管理计划报告、竣工验收报告、环境总结报告等，亚行对各项报告的评估要求。

3. 协助编写及审查报告

协助黄委亚行项目办环境社会部编写环境季度进度报告，分别审查监理单位提交的环境监理报告和监测单位提交的环境监测报告。

4. 编制环境经济损益分析报告

帮助开发、建立环境经济损益分析指标体系、主要包括环境影响指标体系、环境影响经济损失的量化方法、环境保护措施指标体系、措施投入产生的效益，最后进行环境经济损益分析。

5. 协助编写竣工验收环境报告

协助黄委亚行项目办环境社会部编写环境保护竣工验收总结报告，帮助审核各合同单位的环境监理、监测总结报告。

（四）人员安排计划

环境管理所投入的国际咨询专家共需 12 个人月，原则上拟聘请 1 名专家，时间框架和人员安排计划见表 3-3。

（五）报告要求

（1）2005 年 10 月：提交培训教材、环境管理程序、亚行要求提交的各种报告格式和包括的内容。

（2）2006 年 2 月：提交环境经济损益分析报告。

（3）2006 年 12 月：提交亚行所要求的环境总结及竣工验收环境报告的格式。

（六）对咨询专家的要求

（1）满足《亚洲开发银行及其借款人使用咨询顾问指南》的要求。

（2）根据上述任务要求，所聘咨询专家应具备硕士以上的学历，应掌握环境管理、经济学和生态学方面的知识。

（3）熟悉亚行的环境政策，了解亚行的环境管理程序以及提交的各种报告格式。

表3-3 环境管理国际咨询专家时间框架和人员安排计划表

专家	咨询内容	2005 年						2006 年						小计（人月）
		7	8	9	10	11	12	1	2	9	10	11	12	
1 名环境管理国际咨询专家	环境保护管理程序、环境培训、协助审核报告	■	■	■	■									4
	协助编写及审查报告,编写环境经济损益分析报告					■	■	■	■					4
	协助编写竣工验收环境报告									■	■	■	■	4
合计														12

二、社会与移民管理方面

(一)项目背景

亚行贷款黄河防洪项目的工程建设包括堤防加固、险工改建加固、河道整治、滩区安全建设 4 部分,其中堤防加固和滩区安全建设涉及永久征地及移民的搬迁安置工作,险工改建加固、河道整治只涉及工程建设临时用地。

堤防工程建设涉及的移民为非自愿移民,工程永久占地 17174.8 亩,涉及 19 个自然村,需移民 255 户,共 1020 人。滩区安全建设涉及的移民为自愿移民,分布在河南、山东两省的 5 个县 45 个村,共 10481 户 41431 人。

目前,黄委亚行项目办设立有环境社会部,负责组织编制移民规划,安排培训并监督管理移民规划的实施以及移民效果的评价;此外,黄委亚行项目办聘请一个合格的外部独立机构负责进行移民社会经济监测和评估工作,评价移民的生活水平恢复以及社会适应性调整状况,并编写半年度的工作报告提交亚行。

黄委亚行项目办环境社会部还负责项目的监测评估工作,通过参与式的项目监测评估方式,评价项目实施对贫困地区的影响及产生的社会经济效益。

(二)咨询目标

通过咨询专家的服务和帮助,有效完善黄委亚行项目办环境社会部对移民工作的管理,提高黄委亚行项目办及各级管理机构的移民管理人员的业务水平,同时通过必要的培训,加强环境社会部的运行,使该项目的工作能够满足亚行对社会、移民方面的要求。

(三)咨询范围

为了加强黄委亚行项目办环境社会部的能力,提高工作人员的管理水平,计划聘请 1 名社会移民管理国际咨询专家工作 12 个人月,为社会、移民管理方面的工作提供帮助,咨询专家的工作分成 3 个阶段完成。

1. 第一阶段

(1)咨询专家需针对该工程移民项目的特点以及亚行的有关要求,以现有的管理机构为基础,建立移民项目管理程序,明确各方的职能。

(2)对环境社会部管理人员提供在规划审查、实施管理、移民监测评估和项目参与式监测评估方面的培训,制定培训计划,提供培训教材,使管理人员全面掌握。培训包括:①移民规划审查:聘用或选择规划设计单位,移民规划的作用,编制规划的原则、依据的标准和时间安排,亚行对移民规划形式和内容的要求,规划报告的修改和提交程序;②移民实施管理:实施管理机制的建立,对实施进度、质量和投资的控制,提交亚行的进度报告的形式和内容,外部监理单位的招聘和使用;③移民社会经济监测评估:监测评估的目的和作用,亚行对外部监测评估机构的选择和聘用要求,监测评估的方法、内容,形成报告的格式,提交报告的时间安排和报送程序;④项目参与式监测评估:项目涉及的社会因素以及它们在项目实施中的重要性,社会因素分析(性别分析、脆弱群体分析、项目对贫困人口的影响、非政府组织的作用),监测评估社会、经济指标的确定,参与式评估方法的特点及其在实践中的应用,开展社会经济评估工作的准备和实施步骤,亚行对社会经济评估报告的要求。

(3)协助环境社会部编制关于聘用、选择移民规划设计单位、移民监理单位和监测评估机构的程序,明确评选方法、标准和评审方法。

(4)对实施阶段可能出现的问题提出建议。

2. 第二阶段

(1)协助黄委亚行项目办建立移民监督管理机制,明确各部门的职责,在移民项目实施过程中,对移民实施进度和工作完成的质量进行评价并提出改进意见,参与编写并帮助审查向亚行提交的移民进度报告,使之能够满足亚行要求。

(2)咨询专家需帮助环境社会部审阅由监测评估机构提交的移民社会经济监测评估报告,并提出咨询意见。

(3)要求咨询专家建立一个从移民工作的前期准备阶段至项目完成后的评价阶段所需要的指标体系,包括移民规划指标体系、实施进度、质量评价指标体系、监测评估指标体系和移民项目后评价指标体系。

3. 项目后评价阶段

(1)协助环境社会部编制移民项目后评价实施办法,制定评价标准,参与报告编写。

(2)完成项目的社会经济参与式监测评估体系的建立,制定工作计划,并参与完成报告的编写和审查。

(四)人员安排计划

社会与移民管理项目国际咨询专家的时间框架和人员安排计划见表3-4。

(五)报告要求

根据本项目的特点以及咨询内容,按照每个阶段的任务安排要求提交的书面成果,应反映出咨询专家在听取业主意见后对报告的修改。

第一阶段,需提交的成果包括移民管理程序报告,规划审查、实施管理、移民监测评估和项目参与式监测评估培训计划和培训教材,聘用、选择移民规划设计单位、移民监理单位和监测评估机构的程序、标准和评审办法。

表3-4　社会与移民管理项目国际咨询专家人员安排计划表

专家	咨询内容	2005 年						2006 年						小计（人月）
		7	8	9	10	11	12	1	2	9	10	11	12	
1 项目名社国会际与咨移询民专管家理	完成第一阶段咨询工作	━	━	━	━									4
	完成第二阶段咨询工作					━	━	━	━					4
	完成项目后评价阶段咨询工作									━	━	━	━	4
合计														12

第二阶段，提交的成果包括移民实施监督管理机制框架，进度报告审查及修改建议和最终审定的报告，监测评估报告审查及修改建议和最终审定报告，编写的内部监测评估机制建立报告，完整的移民指标体系。

后评价阶段，2006 年 12 月提交的成果为编制的移民项目后评价实施办法，后评价报告的修改意见及审定的最终报告，项目的社会经济参与式监测评估工作计划，报告的审查修改意见及审定的最终报告。

（六）对咨询专家的要求

（1）咨询专家应满足《亚洲开发银行及其借款人使用咨询顾问指南》的要求。

（2）咨询专家应具有社会学、经济学硕士以上学历背景。

（3）参与过亚行或世行出资项目的社会移民工作。

（4）充分了解亚行的相关政策、法规以及对项目的管理程序。

三、项目管理方面

（一）项目背景

为保证项目管理工作的标准化、规范化、网络化，需要根据中国项目建设管理的有关规程规范和亚行的有关要求，借助现代项目管理方法和成熟的项目管理软件，建立一套基于WebGIS 的亚行贷款黄河防洪项目管理系统，充分利用数据库信息处理技术、基础地理信息系统（GIS）技术、计算机网络技术，以项目的规划、设计、审批、计划下达、建设安排、招投标、项目实施、监理、验收、后评估等项目管理全过程为线索，以项目实施为重点，根据不同项目类别的特点和业务内容，制定各种标准的控制流程、指标体系、评估体系、控制表格等，建立具有黄委特点的项目管理原型软件系统，能够基本满足项目管理所需的有关数据资料的信息录入、信息传递、信息汇总、信息查询、信息统计、信息分析以及信息发布等工作的需要，并以数据、图形、文本、声音、影像一体化的多媒体和超文本方式描述项目从规划到最终完成的进展过程。同时通过培训,使项目管理人员掌握国际通用的建设管理程序和流程,提高黄委的项目管理水平。

根据《贷款协议》和《项目协议》及项目实施管理备忘录的要求,本项目需聘用 24 人月的国际咨询服务用于项目管理工作。为了全面了解和掌握国际先进的项目管理方法,充分发挥国际咨询服务的技术优势,拟定国际咨询服务主要用于项目建设管理和项目财务管理系统的建设和开发,其他工作主要由国内配套专家完成。具体人月安排见表3-5。

表 3-5 亚行贷款黄河防洪项目管理系统开发安排表

工作内容	国际咨询(人月)	国内咨询专家	
		人月数	工作内容(国际咨询专家不承担此工作任务)
1. 属性数据库建设		20	数据库软件开发、数据采集、整理、入库
2. 项目综合信息子系统		20	确定数据范围、指标体系,软件开发、信息录入
3. 项目文档管理子系统		20	制定管理流程、指标体系,软件开发、信息录入
4. 项目管理子系统	22	82	协助国际咨询专家确定控制流程、指标体系、评估模型和各种标准的报表,协助完成软件开发或优化、集成、测试、调试、试运行和信息录入
5. 项目财务管理子系统	2	30	
6. 信息传递发布子系统		20	软件开发和网络建设,实现数据共享和有序流动
合 计	24	192	

(二)咨询目标

通过聘用国际咨询服务,充分发挥国际咨询专家的技术优势,结合黄河防洪工程的实际情况,建立完善的亚行贷款项目管理原型系统,使项目管理人员能够对项目进行全方位、全过程动态跟踪管理、风险预测和评价,协助项目管理人员实时发现问题并提出有效的改进方案,为其他黄河防洪工程建设提供示范。另外,使项目管理人员全面了解国际先进的项目管理理论和方法,掌握国际通用的建设管理程序和流程,培养一批与国际工程项目管理接轨的项目管理人才,提高整个黄委的项目管理水平。

(三)咨询范围

1. 咨询内容

(1)咨询专家应根据现代项目管理的理论和方法,结合黄河洪水管理项目的具体特点和要求,采用国际先进的项目管理技术和软件,制定黄委亚行项目办管理模式和实施中的主要原则,制定完善基于黄委特点的项目管理和财务管理的整体框架、管理控制流程、指标体系、评审体系和相关的报告报表。

(2)咨询专家将基于国际上先进的、成熟的管理软件,构建一套项目管理原型软件系统用于支持已确定的管理流程和控制程序,开发用于工程规划、工程设计、工程审批、工程计划、预算编制、质量控制、成本控制、进度控制、项目文件和项目报告的程序。同时,该系统应该基本满足对项目进度和成本进行跟踪分析、各阶段费用复核、汇总及支付情况及按业主和贷款方的要求准备项目的有关文件等方面的功能要求,使黄委亚行项目办在工程设计、项目采购、各子项目建设等方面进行全过程控制。

(3)咨询专家应依据国际上通用的工程项目后评估方法,结合中国的实际情况,制定项目的后评估原则、方法和体系,从项目的目标层面、技术层面、应用层面、效益层面和管理层面等5个层面建立评估指标体系。尤其应特别关注非工程项目的评估。

(4)咨询专家应协助黄委亚行项目办制定项目管理、系统操作等方面的人员培训计划和培训内容,并对项目管理人员进行技术培训,使项目管理人员全面了解国际先进的项目管理方法和软件,掌握国际通用的建设管理程序和流程,并使操作人员熟悉项目管理系统的特性,掌握使用该系统进行项目管理的步骤和方法,使黄委亚行项目办通过项目管理系统的开发和使用,获得项目管理的专业水平,从而提高项目管理水平。

2. 咨询服务范围

根据亚行贷款黄河防洪项目管理系统建设的总体安排,聘用4个项目管理专家共计工作24个人月。他们的咨询服务范围如下:

(1)项目管理专家A:制定黄委亚行项目办管理模式和实施中的主要原则,制定完善的项目管理系统整体框架、管理控制流程、指标体系、评审体系和相关的报告报表和记录格式(包括各类子项目在不同阶段的质量控制、进度控制、投资控制、合同管理、采购管理、项目监测评估、验收、后评价等方面),为项目管理系统制订实施计划和运行方案。

(2)项目管理专家B:依据中国项目基本建设财务管理办法和亚行支付手册的要求,建立各类工程费用申请、批复、报账及支付的标准工作流程、指标体系、财务和资金流分析体系和相关的报表,使财务信息在同一种标准格式下进行分类收集、汇总、处理及相互间的数据流动。

(3)项目管理专家C:根据确定的项目管理系统整体框架、管理控制流程、指标体系、评审体系和相关的报告报表等开发或优化项目管理软件程序,使各种数据在统一的控制平台上进行有序流动,满足项目管理所需的有关数据资料的信息录入、信息传递、信息汇总、信息查询、信息统计、信息分析以及信息发布等工作的需要,并能以数据、图形、文本、声音、影像一体化的多媒体和超文本方式描述项目从规划到最终完成的进展过程。

(4)项目管理专家D:建立项目管理后评估体系,制订项目管理知识的培训计划和内容,并对项目管理人员进行培训。

(四)人员安排计划

各咨询专家的时间框架和人员安排计划见表3-6。

(五)报告要求

咨询专家在咨询活动结束时应提交如下成果:

(1)亚行贷款项目管理系统设计与开发相关报告。

(2)亚行贷款项目管理原型软件。

(3)项目管理软件应用教程。

(4)财务管理应用教程。

表 3-6 项目管理国际咨询专家的时间框架和人员安排计划表

项目管理专家	咨询内容	第1月	第2月	第3月	第4月	第5月	第6月	第7月	第8月	第9月	第10月	第11月	第12月	第13月	第14月	第15月	第16月	合计(人月)
专家A	(1)确定系统整体框架、控制流程、指标体系、评审体系和相关的报告报表和记录格式 (2)制订项目管理系统实施计划和运行方案	━	━	━	━	━	━											6
专家B	确定财务管理的标准流程、指标体系、财务和资金流分析体系和相关的报表		━	━														2
专家C	构建原型软件					━	━	━			━	━						8
专家D	建立后评估体系,进行人员培训								━	━	━	━	━		━	━	━	8
合计																		24

(六)对咨询专家的要求

(1)咨询专家应满足《亚洲开发银行及其借款人使用咨询顾问指南》的要求。

(2)项目管理咨询专家应熟练掌握现代项目管理的理论和方法,取得工程项目管理或相近专业硕士以上学位,了解亚行贷款项目实施流程、实施导则和 FEDIC 合同条款,在工程建设项目管理方面具有较高的造诣,熟练掌握管理软件的理论和方法,从事水利工程建设项目管理 15 年以上并主持过 3 个以上与本项目类似的大型水利工程建设的项目管理工作,或者参与过 8 个以上与本项目类似的大型水利工程建设的项目管理工作,能够胜任本工作大纲所列的工作内容。

(3)有在中华人民共和国境内从事工作的经历的咨询专家优先考虑。

第二节 非工程措施研究子项目国际咨询服务
的主要内容和安排

一、小花间气象水文预报软件系统方面

(一)项目背景

小花间气象水文预报软件系统是黄河小花间气象洪水预警预报系统的有机组成部分，主要完成气象、水文预报软件系统的引进与开发。小花间气象水文预报软件系统建设的总体目标是开展小花间定量降水预报研究，建成以 GIS 为平台，定量降水预报与洪水预报有机结合的小花间气象水文预报系统，实现连续、滚动的气象与洪水预报，使黄河花园口站洪水预警预见期达到 30 小时。在计算机网络和地理信息系统环境下建立信息处理、服务系统，为防汛指挥部门提供方便、快捷的水文气象信息，为黄河防洪调度争取时间。

由于小花间水文气象预报软件系统涉及水文、气象、信息工程等多学科的高新技术，技术要求高，研究开发任务较重，为此，系统建设以开展国际、国内协作，采用引进、合作和自主开发等方式完成。通过广泛调研，最后选定美国 Tashan 公司的可视化水文预报系统(VisualRFS)和意大利 PROGEA 公司的气象预报和水文预报耦合一体化模型。

2004 年 4 月，由丹麦政府赠款开展的技术援助项目"TA 3712 - PRC 洪水预报预警系统"正式实施，两位咨询专家在黄委进行了为期 5 个月的技术咨询工作。原工作大纲要求两位国际咨询专家协助黄委引进上述两个软件，并在此基础上与黄委工作人员共同完成"气象水文预报软件系统"，包括软件的开发、运行和维护及系统建设方面提供支持。由于当时国家发改委未批准非工程措施子项目，软件购买计划搁置，工作内容相应进行了调整。

2007 年，黄委决定启动非工程措施项目。同年 5 月，黄委与美国 Tashan 公司和意大利 PROGEA 公司分别对美国可视化水文预报系统(VisualRFS)和欧洲水文气象耦合预报软件系统正式签署了软件采购合同，并于 7 月获亚行批准。

根据原工作大纲及目前实际情况，聘请 1 名国际咨询专家就上述两个引进软件中的关键技术、系统本地化及与现有系统的整合、系统后评估等进行 4 个月的技术咨询，以确保系统引进、本地化改造顺利进行，使其真正适用于黄河小花间洪水预警预报，尽快完成小花间气象水文预报系统建设。

(二)咨询目标

美国可视化水文预报系统(VisualRFS)和意大利欧洲水文气象耦合预报软件系统的引进是小花间气象水文预报软件系统建设的核心，因此，聘请国际咨询专家主要以两个软件系统中的关键技术、系统本地化、与现有系统整合及后评估为咨询重点。

本系统聘请国际专家咨询的具体目标如下：

(1)对美国可视化水文预报系统(VisualRFS)、意大利水文气象耦合预报软件系统相关技术进行咨询。通过咨询学习，使黄委尽快掌握可视化、多源降雨信息同化等关键技术以及系统本地化技术，逐步实现小花间气象水文预报过程可视化，实现小花间气象水文预报耦合。

（2）软件系统集成系统整合相关技术咨询。协助黄委将两个软件系统与其现有洪水预报系统进行整合,构建小花间气象水文预报软件系统。

（3）系统后评估。根据黄委应用两个软件系统的情况,对其性能、功能及模型适用性进行评估,提出改进、完善建议,使其软件系统发挥更大效益。

（三）咨询范围

国际咨询专家咨询服务范围:

（1）美国可视化水文预报系统及意大利水文气象预报耦合软件系统关键技术及本地化,共1个人月。对美国可视化水文预报系统、意大利水文气象预报耦合软件系统结构设计、数据处理方法、模型原理及建模方法、预报方案建立、系统可视化、系统本地化改造和系统扩充等关键技术提供咨询。

（2）软件系统整合,共2个人月。提出两个软件系统与黄委现有洪水预报系统整合的架构设想,对相关技术提供咨询,构建小花间气象水文预报软件系统提供技术咨询。

（3）系统后评估,共1个人月。对两个软件系统性能、功能及模型适用性进行后评估,提出改进、完善建议。

（四）人员安排计划

国际咨询专家在合同正式生效期内来黄委进行技术咨询,时间为4个人月。其中,对美国可视化水文预报系统和意大利水文气象预报耦合软件系统关键技术提供1个人月的咨询,对系统整合和后评估分别提供2个人月和1个人月的咨询。

国际咨询专家咨询的时间框架和人员安排计划见表3-7。

表3-7　气象水文预报软件系统国际咨询专家咨询安排计划表

咨询内容	时间（2007～2008年）							小计（人月）
	第1月	第2月	第3月	第4月	第5月	第6月	第7月	
美国可视化水文预报系统、意大利水文气象预报耦合软件系统相关技术及系统本地化改造	▬							1
两个软件系统与现有系统整合		▬	▬					2
系统后评估				▬				1
合计								4

（五）报告要求

项目咨询结束,按照承担咨询之内容,由咨询专家提交相应的技术咨询报告,最终报告应反映出咨询专家在听取黄委实施单位意见后对报告的修改。提交技术咨询报告包括下列3部分:

（1）美国可视化水文预报系统、意大利水文气象预报耦合软件系统关键技术及本地化。

（2）软件系统整合架构设计。

（3）引进软件系统后评估。

（六）对咨询专家的要求

咨询专家应满足《亚洲开发银行及其借款人使用咨询顾问指南》的要求，应是具有博士学位的教授，在水文、气象、数值方法研究方面有较深造诣，拥有开发大型气象水文预报系统及其相关产品的经验，拥有气象水文和软件开发领域经验的国际专家。具体要求如下：

（1）具有丰富的气象、水文预报模型开发经验（5年以上相关工作经验）；

（2）能对气象水文耦合预报中关键技术（如多元降雨资料同化处理、气象水文耦合预报）进行处理；

（3）能熟练掌握相关软件开发技术；

（4）能协助黄委实施单位对引进软件系统进行本地化和升级改造；

（5）有在中华人民共和国境内从事工作经历和精通汉语的咨询专家将优先考虑。

二、水库冲淤机理及数值模拟方面

（一）项目背景

黄河小浪底水库位于黄河最后一个峡谷河段，处在控制进入黄河下游水沙的关键部位，其开发任务为："以防洪（包括防凌）、减淤为主，兼顾供水、灌溉、发电，除害兴利，综合利用"。小浪底水库是解决黄河下游防洪和减少下游河道不断淤积抬高（以下简称防洪减淤）等问题的不可替代的关键性工程，在黄河的治理开发中具有重要的战略地位。

小浪底水库自1999年10月下闸蓄水运用以来，通过水库拦沙和调度运用使下游河道持续冲刷，主槽行洪输沙能力得到提高，防洪形势有所好转。与此同时，小浪底水库在防凌、供水、灌溉、发电、防断流等方面取得了较大的效益，为促进经济社会发展作出了重大贡献。

根据小浪底水库目前的淤积部位和数量等情况，水库即将进入拦沙后期，这将是水库发挥拦沙减淤作用的主要时期，其运用对黄河的治理与开发产生重大影响，抓紧开展水库拦沙后期运用方式研究已迫在眉睫。

小浪底水库拦沙后期防洪减淤运用方式研究的目标是提出水库运用原则及防洪减淤运用方式，以改善并最大限度地维持黄河下游中水河槽过流能力，延长水库拦沙库容使用年限，发挥水库综合效益。主要研究内容包括水库拦沙初期运用跟踪研究、拦沙后期减淤运用方式研究、拦沙后期水库防洪运用方式研究。数学模型是主要研究手段之一。

水库冲淤机理及数值模拟是小浪底水库拦沙后期减淤运用方式研究中需着重解决的关键技术之一，从国外聘请对上述问题有独特见解的资深专家前来进行咨询，汲取其先进经验，开展深入研究，有着十分重要的意义。

（二）咨询目标

通过理论探讨、实测资料分析，研究小浪底水库干、支流冲刷过程的变化机理及数值模拟方法；研究由于干流倒灌支流（因水库运用水位抬高，干流水沙向支流运动），支流淤积过程的变化机理及数值模拟方法。

（1）提出水库降低运用水位、库区发生冲刷时，库区干、支流冲刷过程的变化机理及数值模拟方法。

（2）提出干流倒灌支流情况下，支流淤积过程的变化机理及数值模拟方法。

（三）咨询范围

根据小浪底水库拦沙后期减淤运用方式研究的总体要求和水库冲淤机理及数值模拟研究的需要，聘请1位国际咨询专家工作5个人月，咨询服务范围如下：

（1）小浪底水库降低运用水位、库区发生冲刷时，库区干、支流冲刷过程的变化机理及数值模拟方法；

（2）干流倒灌支流情况下，支流淤积过程的变化机理及数值模拟方法。

研究工作的开展有以下两种方式：

第一，在咨询专家自己已开发的数学模型的基础上，通过对前述（1）、（2）两个方面问题的研究，对模型的功能进行补充和完善，使模型具有以下功能，同时，对模型计算结果作出合理的分析与评价。

（1）模型具有计算分组泥沙的功能，能模拟库区干、支流全沙与分组泥沙（黄河实测泥沙颗粒级配资料分为9组，模型设计中，可适当减少组数）冲淤变化过程。

（2）能够模拟水库降低运用水位冲刷时期，由入库来水和降低运用水位引起的库区干、支流的冲刷量、部位、形态。

（3）能够模拟库区干流水沙向支流扩散、倒灌支流的情况下，支流泥沙淤积量、部位、形态及水库运用水位的高低对支流沟口拦门沙的影响。

第二，黄河勘测规划设计有限公司（以下简称黄河设计公司）已开发出一套水库泥沙冲淤数学模型，但这套模型在模拟库区冲刷及支流淤积方面存在不足。咨询专家通过对前述（1）、（2）两个方面问题的研究，对黄河设计公司这套数学模型进行改进和完善，使模型的计算功能满足上述三个方面的要求，同时，对模型计算结果作出合理的分析与评价。

（四）人员安排计划

水库冲淤机理及数值模拟研究项目人员安排计划见表3-8。

表3-8　国际咨询专家时间框架和人员安排计划表

咨询内容	时间（2007~2008年）					小计
	第1月	第2月	第3月	第4月	第5月	（人月）
水库冲淤机理及数值模拟研究						5
合计						5

（五）报告要求

项目咨询结束，按照承担的咨询内容，由咨询专家提交的相应成果，最终成果报告应反映出咨询专家在听取黄委实施单位意见后对报告的修改。

（1）水库冲淤机理及数值模拟咨询报告。

（2）提出完善后的水库冲淤变化过程数值模拟程序及使用说明书。

（六）对咨询专家的要求

根据咨询内容，要求咨询专家具备如下条件：

（1）咨询专家应满足《亚洲开发银行及其借款人使用咨询顾问指南》的要求，应为具有博士学位的高级工程师或教授。

（2）在库区及河道水沙运动规律、河床冲淤数值模拟等方面有较深的造诣，主持研发的数学模型获得成功应用。

（3）能熟练运用汉语和英语者优先考虑。

三、黄河下游基于GIS的二维水沙数学模型研究方面

黄河下游基于GIS的二维水沙数学模型研究项目的总体目标是建立基于GIS的黄河下游花园口至利津河段平面二维非恒定水流泥沙模型，采用紧密集成模式将GIS、计算可视化和过程模拟计算集合成一个运行环境，用以黄河下游二维水流和泥沙场模拟、洪水演进预测及实时校正、灾情变化预估等，并为未来10年建立基于GIS的包括产汇流构件、洪水预警预报构件、水库洪水调度构件、河口及河道冲淤构件、河流冰凌和水质构件的综合模型奠定基础平台。

模型研发涉及河流动力学、计算水动力学、地理信息系统等学科，具有较强综合性和实用性。研究工作以黄河下游河道水沙演变模拟为基础，以研究确定适宜长河段数值方法和可视化技术（包括前后处理模块）为重点，以河槽横向变形和漫滩洪水特别是高含沙洪水模拟为突破口。具体研究内容包括：模型总体结构设计、水流计算构件设计、泥沙计算构件设计、灾情评估构件设计、可视化构件设计、构件编程、测试和耦合、模型率定、验证及应用等。

在上述研究内容中，国际咨询专家主要参与模型总体结构设计、水流泥沙计算构件设计、可视化构件设计、构件测试和耦合等咨询工作。其余内容由国内咨询专家完成。

（一）咨询目标

黄河下游基于GIS的二维水沙数学模型研究的数学模型研发涉及问题较多，从国内资源现状和数学模型研发具体要求综合分析，主要以模型结构设计、关键技术问题处理、过程可视化及构件耦合技术、模型测试为咨询重点，咨询目标如下：

（1）借鉴其先进模拟技术，实现智力资源共享，保证所研发模型实用先进、通用可扩展。国外水利机构已开发出有较强代表性和影响力的河流数学模型，能进行产流产沙计算、洪水预报、河床冲淤演变模拟、水质评价等，并与"3S"技术相结合，特别是与GIS嵌入或外接，使模型具有较好的可视化功能。通过咨询学习，逐步实现模型计算精确化、收敛快速化、功能一体化和过程可视化。

（2）咨询模型测试方法，就模型设计水平做出咨询评价。有关国外模型测试的具体技术方案和组织方法，拟通过咨询掌握其具体方式和有关的测试数据等；同时国外咨询专家具备独立和客观的方式方法，就模型评价容易做出更多的理性而非感性的结论，有益于所研发模型的可持续发展。

（二）咨询范围

按照模型建设的要求和目前的资源现状，需聘请1位个体国际咨询专家共工作5个人月，确定的国际咨询专家咨询服务范围如下：

1. 黄河模型系统总体结构设计

重点从模型设计的通用性和可扩展性出发，咨询总体结构设计原理，各控制点控制构

件、计算构件和输入输出构件的耦合方法,数据信息提取和构件间数据交换方法等。

2. 模拟河流形态演变技术

水沙计算构件的水流挟沙力计算。重点咨询二维水沙模型采用基于水流功率和水流能量公式,在力学机理、计算效果等方面的异同。综合推荐适用于黄河下游的水流挟沙力计算公式。

河床横向变形模拟技术。重点咨询河岸横向变形机理,如河岸横向水力侵蚀量估算、河岸重力失稳判别等。咨询利用极值假说方法,如水流功率最小、水流能耗率最小、临界切应力最大等,引入一个附加方程式来预测河宽变化的原理及模拟方法等。

3. 模型系统中的数据传送技术

对该模型系统中各模块之间以及该模型系统和数据库系统之间的数据传送技术提出咨询意见。对基于地理信息系统的,包括预处理和后处理的该模型系统的用户界面提出咨询意见。

4. 模型测试和应用

模型测试原则、方案设计及其内容。咨询从理论分析、特殊问题的解析解等角度,测试模型设计原理和数值解正确与否的测试原则、测试方案和具体测试内容等。提供特殊问题的解析解和试验数据。

将所开发的模型应用于黄河下游某选定河段,并将其所得结果与另一个国际公认的模型计算结果相比较。

5. 先进的数值方法研究

水沙计算构件的数值方法。咨询有限差分法、有限单元法、有限体积法、有限分析法等各种数值离散方法之适应性;了解掌握最新的一些数值方法,如有效单元法(Efficient Element Method)、混合体积法等的应用效果;咨询提供适于长河段、复杂边界、高含沙量水流的数值方法和紊流模式。

（三）人员安排计划

按照模型研究总体进度安排,咨询时间框架和人员安排见表3-9。

（四）报告要求

项目咨询结束,按照承担的咨询内容,由咨询专家提交相应成果,最终成果报告应反映出咨询专家在听取黄委实施单位意见后对报告的修改。

(1)数学模型总体设计及关键技术研究咨询报告。

(2)模型测试原则及方案设计咨询报告。

(3)进行模型测试的特殊问题的解析解和试验数据。

(4)相关软件的源程序和用户使用手册。

（五）对咨询专家的要求

根据咨询内容,要求咨询专家具备如下条件:

(1)咨询专家应满足《亚洲开发银行及其借款人使用咨询顾问指南》的要求,应具有博士学位的工程师或教授。

(2)全面主持过数学模型研发工作,主持研发的数学模型能进行产流产沙计算、洪水预报、河床冲淤演变模拟、水质评价等功能,并与 GIS 嵌入或外接,可视化功能强。

（3）在紊流力学、计算水动力学、数值方法研究方面有较深造诣，完成过与泥沙输移相关的研究工作且在国际刊物上发表过相关论文。

（4）能熟练表达汉语或在中华人民共和国境内从事过与本项目类似工作者给予优先考虑。

表 3-9　国际咨询专家时间框架和人员安排计划表

咨询内容		时间（2007～2008 年）					小计（人月）
		第 1 月	第 2 月	第 3 月	第 4 月	第 5 月	
建模思路及总体结构设计方面	建模思路及总体结构设计	▬▬					1
水流泥沙模型方面	1. 水沙计算构件的水流挟沙力 2. 河床横向变形模拟技术		▬▬				1
数据传送技术方面	1. 数据传送技术 2. 与 GIS 接口技术			▬▬			1
模型测试方面	模型测试原则、方案设计及模型应用内容				▬▬		1
数值方法方面						▬▬	1
合计							5

第四章　国际咨询服务的聘用过程

第一节　前期工作

黄河水利委员会黄河洪水管理亚行贷款项目办公室为聘请国际咨询服务的具体办事机构。

根据项目《贷款协议》和《亚洲开发银行及其借款人使用咨询顾问指南》的要求,黄委亚行项目办于 2003 年 6 月组织编写了《亚行贷款黄河防洪项目聘用国际咨询专家工作大纲》,报送亚行,同时上报水利部国际合作与科技司。

2003 年 10 月 30 日在《中国日报》(《China Daily》)第三版和亚行网站商业机会(Business Opportunities)上刊登了亚行贷款黄河防洪项目聘请国际咨询专家公告,邀请在亚行成员国(地区)注册的国际咨询公司在 2003 年 11 月 17 日之前提交表示对本项目有兴趣的意向书。截至 2003 年 11 月 17 日,共收到 14 家有兴趣的意向书。

2003 年 12 月 2 日,根据亚行聘用国际专家导则的要求,成立了"黄河洪水管理亚行贷款项目聘用国际咨询专家选择委员会"(以下简称"专家选择委员会"),专家选择委员会通过亚行 DACON 系统和其他渠道检索相关咨询公司情况,确定了这 14 家国际咨询公司长名单,并进行了广泛的考察了解。2004 年 7 月,制定了《咨询公司短名单选择标准》(见附件 4-1),专家选择委员会据此,通过筛选,从 14 家长名单中确定 5 家作为短名单,并报亚行认可。

由于国家发改委对项目实行分期审批,为方便实施,2004 年 8 月亚行项目办根据亚行的建议,将表 3-1 所列咨询专家的聘用工作,分成合同一和合同二两个合同分期进行招标。合同一涉及聘用非工程措施研究国际咨询专家 22 个人月(扣除由技援项目 TA3712L – PRC 安排的 10 个人月后),合同二涉及聘用项目管理研究国际咨询专家 48 个人月,并为合同一和合同二分别编写了国际咨询服务工作大纲。经亚行同意,将两个合同分别进行招标,分别组织实施。

聘用项目管理研究国际咨询专家的工作,即合同二的聘用工作是 2004 年 10 月开始,2005 年 7 月结束。聘用非工程措施研究国际咨询专家的工作,即合同一的聘用工作是 2007 年 7 月开始,12 月结束。

表 4-1 列出亚行贷款黄河防洪项目国际咨询专家的聘用进程。

表 4-1　亚行贷款黄河防洪项目国际咨询专家的聘用进程

时间	工作内容
2003 年 6 月	咨询服务工作大纲报亚行
2003 年 10 月 30 日	刊登招标公告
2003 年 11 月 17 日	咨询公司提交意向书截止日
2003 年 12 月 2 日	成立专家选择委员会(CSC)
2004 年 7 月	咨询公司短名单选择标准报亚行
2004 年 8 月	依据亚行建议,完成项目管理和非工程措施研究 2 个合同包(即合同一和合同二)工作大纲的编制,分期招标
2004 年 10 月 3 日至 2005 年 7 月 6 日	完成项目管理研究国际咨询专家的聘用工作(即合同二)
2007 年 7 月 6 日至 2007 年 12 月 25 日	完成非工程措施研究国际咨询专家的聘用工作(即合同一)

第二节　项目管理研究子项目国际咨询服务的聘用过程

一、第一次上报亚行

在完成前期准备工作的基础上,根据亚行贷款项目咨询顾问聘用程序,黄委亚行项目办于 2004 年 10 月 3 日,将《合同二》项目管理国际咨询服务邀请文件报送亚行审批。

鉴于亚行贷款黄河防洪项目任务的复杂性与高度专业化,亚行在《行长建议评估报告》(RRP)中,规定本项目使用基于质量选择方法(QBS)来选择国际咨询专家,技术建议书采用详细技术建议书(FTP),合同采用基于工作时间合同(Time – based Contract)格式。项目管理研究国际咨询服务邀请文件包括以下 6 部分。

(一)短名单(A 部分)

项目管理研究国际咨询服务短名单是根据《聘请国际咨询专家短名单选择标准》,从确定对本项目有兴趣的 14 家咨询公司的长名单中择优确定的,并事前已征得亚行同意。经过专家选择委员会研究,共确定 5 家公司列入短名单(见下面文本框),作为本邀请文件的 A 部分。为了保密,在下面的文字中,在不是十分必要的部分,都将隐去公司及有关人员的真名或用代号代替。

聘请国际咨询服务短名单

经聘请咨询服务选择委员会的严格评审,选出聘请亚行贷款黄河防洪项目项目管理国际咨询服务的短名单如下:

(1)A 公司(注册地,国籍)

(2)B 公司(注册地,国籍)

(3)C 公司(注册地,国籍)

(4)D 公司(注册地,国籍)

(5)E 公司(注册地,国籍)

(二)邀请函(B部分)

邀请函

贷款号:1835－PRC 亚行贷款黄河防洪项目

2004 年 11 月 9 日

［被邀请的咨询公司名称和地址］

尊敬的＿＿＿先生/女士:

贷款号:1835－PRC 亚行贷款黄河防洪项目聘请国际咨询专家

1. 中华人民共和国使用亚洲开发银行(亚行)提供的普通贷款 1.5 亿美元用于亚行贷款黄河防洪项目,2002 年 6 月 10 日正式签订了《贷款协议》和《项目协议》,2002 年 9 月 11 日生效,项目的范围为小浪底水库至黄河入海口,主要内容包括洪水管理措施、防洪工程、滩区村台安全建设和项目管理 4 部分。其中,项目的项目管理国际咨询服务共需要聘请 48 人月的国际咨询专家,按照《贷款协议》需要聘请具有一定资质和经验的咨询公司提供咨询服务,详见 C 部分国际咨询服务工作大纲(TOR)。该项目的外汇费用将由亚行支出(贷款),黄河水利委员会黄河洪水管理亚行贷款项目办公室(黄委亚行项目办)是聘请咨询公司的执行机构。

2. 为了完成这个项目,黄委亚行项目办将授权有能力的咨询公司来履行亚行贷款黄河防洪项目项目管理国际咨询服务工作大纲阐明的咨询服务工作,该咨询服务将使用 QBS 方式进行招标。咨询服务的背景资料和工作大纲(TOR)见 C 部分。咨询公司将依据《亚洲开发银行及其借款人使用咨询顾问指南》(见 F 部分)来选取和确定。政府将用一部分亚行贷款作为履行该合同的报酬。

3. 我们邀请您,作为 A 部分列出的候选公司,提交工作大纲服务范围所要求的技术建议书。本邀请函不得转让给其他咨询公司。

4. 技术建议书的准备说明详见附录 2,执行机构对技术建议书的评价标准见附录 1。此阶段您的建议书必须排除财务部分。任何包括成本细节的技术建议书均被视为非响应标。被选取的公司在合同谈判前提交财务建议书。

5. 为了解本项目的服务范围,您可能希望进行现场察看,可以在指定的黄委亚行项目办代表(名称和地址见下一段)的陪同下进行。

6. 您的技术性建议书应提交中英文稿各一套的正本 1 份、副本 3 份给如下地址,信封上需标有"公文"及参照编号和项目名称。

负责人

黄河洪水管理亚行贷款项目办公室

中国河南郑州市金水路 11 号黄委防汛大楼 1904 室

邮政编码:450003

电话: ＋86－371－66022471、66022469

传真: + 86 - 371 - 66311006

7. 另外,要求给下面的地址寄3份技术建议书副本:

经理

咨询服务部

亚洲开发银行

ADB 大道 6 号,mandaluyong 市,0401

metro 马尼拉,菲律宾

8. 您的技术建议书应在附录1资料表中所示的提交日期前交给黄委亚行项目办。强烈建议您发特快专递寄出您的建议书,并传真通知黄委亚行项目办和亚洲开发银行空运提单号和预计到达日期。

9. 接下来是下一步的通知。和被选公司代表的合同谈判将被安排在项目所在地中国郑州市进行,具体由黄委亚行项目办通告。在特殊情况下,也可通过传真进行谈判。您应在7天内告知准备提交您的财务建议书,确定可用的专家情况,进行谈判。暂定合同谈判和服务开始时间表见附录1资料表。代表公司的谈判代表必须得到谈判和签订合同的书面授权。更详细的财务建议书准备说明见附录3。如果不能成功地结束合同谈判,或者公司不能提供足够详细的成本数据和要求的支持文件,谈判将被终止,技术建议书排在第二名的公司将被邀请提供财务建议书,以此类推。最后谈判成功的公司和谈判草签的合同,将提交亚洲开发银行批准。被选咨询公司的合同一经生效,将会把选择结果通知给其他候选公司。

10. 在选择咨询公司阶段,为确保对所有公司的公正和透明,黄委亚行项目办和其职员将不接受和接待公司的访问、电话和其他陈述。但是,如有必要,黄委亚行项目办应该回答您提出的关于澄清有关服务事项的书面要求,并把相同的回答传给所有候选公司。然而,任何由于寻求澄清而引起的推迟将不被视为延迟提交建议书的原因。

11. 黄委亚行项目办不补偿任何由于您准备建议书、现场察看和信息收集造成的成本损失,或者是因为被选中所进行的合同谈判费用。

12. 亚洲开发银行的政策要求在该行资助的合同中写明,咨询公司应遵守高度的道德规范。在这部分内容里,请参考《亚洲开发银行及其借款人使用咨询顾问指南》的1.05款。

13. 请您在收到邀请函5天之内通知我们已经收到了信件,并把签名文件发传真到 + 86 - 371 - 66311006,声明您是否要提交建议书。

诚挚的

黄河洪水管理亚行贷款项目办公室主任(签名)

附录1:国际咨询公司资料表和评审标准

附录2:技术建议书准备说明

附录3:财务建议书准备说明

附录 1

国际咨询公司资料表和评审标准

资料表(QBS)　　　贷款号：　　　　　　　　　　　　　　　　　　1835 - PRC

建议书提交方式①	按照 QBS 方法
合格来源国②	所有成员国(地区) [详见 E 部分]
技术建议书(TP)提交日期	2005 年 1 月 15 日
财务建议书(FP)提交日期③	
预计合同谈判日期	2005 年 4 月 15 日
预计咨询服务开始日期	2005 年 6 月 8 日
执行机构代表/联系人/地址/邮编/电话/传真	
贷款项目候选国际咨询公司短名单： (1)A 公司(注册地,国籍) (2)B 公司(注册地,国籍) (3)C 公司(注册地,国籍) (4)D 公司(注册地,国籍) (5)E 公司(注册地,国籍)	
校核：	(负责人签字和姓名)

　　注：①关于提交要求,参见邀请函的第 4~8 段。

　　　　②请参考附件 2 的第 2 段和《亚洲开发银行及其借款人使用咨询顾问指南》的第 1.04 款。

　　　　③技术建议书评审后,执行机构将通知提交财务建议书。

技术建议书评审标准

　　1. 咨询公司的资质

　　这部分内容的权重为 200。

　　在考虑咨询公司的资质时,将考虑以下 3 方面因素。

　　(1)咨询公司在类似工程上的经验(100 分)

　　标准:技术建议书中应包括咨询公司过去曾从事相同或类似项目的经验,以及所涉及的深度和广度。

　　考虑因素:技术建议书中的相关项目按以上标准评估,如果满足了所有标准,评估可按照完成相关项目的数量进行,1 个项目 50%,2 个项目 75%,3 个或以上 100%。

　　(2)在类似地区的工作经验(100 分)

　　标准:公司在中国,特别是黄河流域或相似流域,以及相似人口、相似经济发展阶段和其他相似社会因素的地区的工作经验。

　　考虑因素:按照制定的标准评估各公司的经验,评估按照完成相关项目的数量进行。

　　2. 咨询公司履行该项咨询服务所采用的方法

　　这部分内容权重为 300。它包括以下几个方面:

　　(1)对项目目标的理解(60 分)

　　标准:指咨询公司对项目总体目标要求以及工作大纲涵盖内容的理解、咨询公司在现场调查的评价。

考虑因素:可考虑以下 3 个方面:

总体理解　　40%

项目内容　　40%

现场调查　　20%

(2)方法的优劣(75 分)

标准:所陈述的方式方法应满足工作大纲的要求。

考虑因素:评估项目计划和陈述方法的内在联系。关系协调一致将给予最高分。

(3)对工作大纲的改进建议(30 分)

标准:有可以改进项目建设质量的建议。

考虑因素:建议可行,可以得分。

(4)工作计划(60 分)

标准:提供工作计划条线(柱状)图和表明亚行、执行机构和咨询公司之间关系的组织结构图。

考虑因素:工作计划安排合理,对亚行、执行机构和咨询公司之间的关系理解正确。

(5)人月要求(45 分)

标准:对咨询公司所要求的人月数将与原来估计的数量进行比较。

考虑因素:评价工作的各个阶段所投入的人员安排,总的人员需求应与工作计划的需求相接近;评价各个专家在履行服务的时间分配上应适当;检查咨询专家在现场和国内办公室的工作时间,以及其旅行次数。

(6)对执行机构提供配合人员与设施的要求(15 分)

标准:包括提供配合人员、办公场地面积、交通、设备和服务的要求。

考虑因素:评价所提要求的合理性和完整性,以及对当地条件的理解。

(7)技术建议书的陈述(15 分)

标准:整个技术建议书,包括实质性陈述部分,清楚且容易理解。

考虑因素:咨询公司提交的技术建议书中包括了技术建议邀请函中所列咨询工作大纲(见 C 部分)的所有内容,并且技术建议书内容专业,且清楚容易理解,赋予最高分。

3. 人员

这部分内容权重为 500。

标准:列入表 2 的每位专家将根据任务分 4 个主要部分进行分别评估。

(1)综合阅历,如咨询专家的教育背景和相关项目工作经验的时间长短(专家 10%,团队领导 10%)。

(2)与项目有关的经验,与参与相关项目数量多少有关(专家 70%,团队领导 65%)。

(3)国内外工作经验(专家 15%,团队领导 15%)。

(4)咨询专家的身份。对于团队领导(专家组长)和咨询专家,如果作为咨询公司的固定雇员为当前的公司连续工作 12 个月以上,团队领导(专家组长)打分为 10%,专家为 5%。

考虑因素:如果一个职位聘用多个专家,则以每个专家投入的人月数按比例计分后相加。如果没有说明人月投入数,这些专家将被视为替换专家而不是共同工作专家。当同一个职位安排替换专家时,将按最低资质的专家赋分。

表1 亚洲开发银行技术建议书评估表

机密

贷款号:1835—PRC
名称:亚行贷款黄河防洪项目

评估标准	最高权重	公司 1 评估	公司 1 得分	公司 2 评估	公司 2 得分	公司 3 评估	公司 3 得分	公司 4 评估	公司 4 得分	公司 5 评估	公司 5 得分	公司 6 评估	公司 6 得分	公司 7 评估	公司 7 得分
I. 资质*	200														
a 类似工程的经验	100														
b 类似地区的经验	100														
II. 方式方法	300														
a 对工程目标的理解	60														
b 方法的优劣	75														
c 对工作大纲的改进建议	30														
d 工作计划	60														
e 人员安排	45														
f 对执行机构提供配合人员与设施的要求	15														
g 技术建议书的陈述	15														
III. 人员（专业领域）	500														
国际咨询专家	500														
a 团队负责人	40														
b 专家1:环境管理专家(12人月)	90														
c 专家2:社会移民管理专家(12人月)	90														
d 专家3:项目管理专家A(6人月)	70														
e 专家4:项目管理专家B(2人月)	70														
f 专家5:项目管理专家C(8人月)	70														
g 专家6:项目管理专家D(8人月)	70														
	1000														

评估：优秀—90%~100%；好—80%~89%；一般—70%~79%；差—0~69%。
得分：最高权重×评估/100。
注：*由咨询公司指定1名专家兼任。

批准人:　　　　　批准日期:　　　　　评估人:　　　　　评估日期:

机密

公司名称：

表 2　亚洲开发银行咨询专家评估表

贷款号：1835—PRC
名称：亚行贷款黄河防洪项目

职务及专业领域	姓名	最高权重	A 整体资质 专家:10% 团队领导:10%		B 工程相关经验 专家:70% 团队领导:65%		C 国内外工作经验 专家:15% 团队领导:15%		D 全职雇员 专家:5% 团队领导:10%		总得分 (A+B+C+D)
			评估	得分	评估	得分	评估	得分	评估	得分	
国际咨询专家											
a 团队负责人*		40									
b 专家1:环境管理专家（12人月）		90									
c 专家2:社会移民管理专家（12人月）		90									
d 专家3:项目管理专家A（6人月）		70									
e 专家4:项目管理专家B（2人月）		70									
f 专家5:项目管理专家C（8人月）		70									
g 专家6:项目管理专家D（8人月）		70									

评估：优秀—90%～100%；好—80%～89%；一般—70%～79%；差—0～69%。
得分：最高权重×评估/100。
注：* 由咨询公司指定 1 名专家兼任。

批准人：　　　　　批准日期：　　　　　评估人：　　　　　评估日期：

附录2

技术建议书准备说明

I.引 言

1.通过项目的人员安排,技术建议书应表明贵公司的能力和在服务范围内实施任务的方法。国际咨询服务范围见 C 部分。

2.《亚洲开发银行及其借款人使用咨询顾问指南》要求亚行项目咨询服务的专家必须来自亚行成员。作为最低要求,贵公司及其联合体(如有)必须在亚行成员国或地区内注册从事咨询服务或包括咨询服务的业务。亚行最新成员列在 E 部分。在特殊情况下,咨询专家只能来自亚行规定的合格来源国(地区)。请检查附录1资料表中合格来源国(地区)定义。

3.下表汇总了技术建议书的内容和最多页数限制(指 A4 打印页)

内容	页数限制
首页信	最多2页,不包括必要的附件
公司的经验	*最多2页,介绍公司或联合体的背景和一般经验 *最多20个项目,用 A4 纸表 A 格式提交,说明公司或联合体的相关经验 *不包括宣传材料资料
通用方法、工作计划和人员安排	最多50页,包括图表
人员	每个专家的基本资料不限,但通常不超过5页
对 TOR 的建议	不限,但应简明扼要
配套的人员和设施	最多2页

4.请不要超过上表的最多页数限制,否则在评估建议书时将被处罚。

5.技术建议书应用中英文两种语言准备。

Ⅱ.建议书的内容

A.首页信

6.技术建议书应有董事会或公司管理层授权人员的签名首页信。首页信应说明联合公司的安排(如有),并附上说明这种安排的必要文件。

7.请注意:①如果贵公司将咨询专家的作用和承包商或设备供应商结合;②如果贵公司与承包商或制造商联合;③如果贵公司是承包商或制造商提供咨询服务的一个部门或设计部门,你应在建议书首页信中包括这种关系的相关信息,那么贵公司将被限定为咨询专家,在今后5年内(在特殊情况下,黄委亚行项目办与亚行协商后可以调整)由目前任务产生的未来项目中,贵公司及其联合或合作公司不能用其他身份承担工程(包括今后项目任何部分的投标)。与承担任务的咨询专家的合同含有适当的此类规定。

8.在单信封制中财务建议书分别提交(参见邀请函和附录1的资料表),在技术建议书评估结束后,贵公司如被邀请提交财务建议书,应在首页信中包括财务建议书的一份报表,财务建议书用附录3提供的标准格式提交并应包括支持性文件,请参考财务建议书准备说明(附录3)。

B.公司的经验

9. 贵公司及为本任务提供服务的任何联合体,其背景、机构和一般经验应简明扼要地提交。近10年内在类似地理区域内(特别是在亚洲)实施和完成的类似项目的经验应以表A格式提交。对这些项目,贵公司应作为法人实体或联合集团的主要公司之一,提交与委托人所签合同的资料。对独立咨询专家为私人工作或通过其他公司完成的任务不能作为本公司及联合公司的经验,但能包括在专家本人的基本资料表中。贵公司应提供合同或其他证据来证实你的经验,如在合同谈判期间亚行要求,应随时提供。表中的信息应简明,并与本任务相关。建议书中项目的数量(包括所有联合公司的资料)应限定在20个以内。建议书不应包含任何公司的宣传资料。

C. 一般方法和策略

10. 用简明、完整、逻辑性和创造性方法,描述你的团队怎样执行服务以满足TOR的要求。应通过现场视察对项目目标和项目评估来支持你提议的方法和策略。这部分和下部分(工作计划和人员安排)页数应限定在50页。

D. 工作计划和人员安排

11. ①提交表明团队成员活动责任的工作活动图表(条线图或进度表);②用人月数表示的估算期内的人员安排(在国内办公室和在现场工作的人员分别表示)。每个成员的工作时间(如有要求、包括国内咨询专家),用表B格式列出。

12. 对被委派提供服务的专家,其姓名、年龄、国籍、个人简历、工作履历,特别是与项目相关的经验,应以表C基本资料格式提交。

13. 专家应是亚行成员国(地区)或附录1资料表中规定的合格来源国(地区)的国民。在填写工作履历时,专家委托方的名称不应填入雇主一格,以免在对专家工作现状判断时引起混淆。黄委亚行项目办(通常为执行机构,请参考邀请函第1段)要求每位专家保证该专家的基本资料是正确的,专家本人签署基本资料证明书。在特殊情况下,黄委亚行项目办可能接受由公司的高级职员代表专家签署基本资料。可是,如果公司的技术建议书评定后排在第一位,专家签署的基本资料的副本应在合同谈判开始前提交黄委亚行项目办。

14. 一些任务要求国际咨询专家与国内咨询专家作为团队共同工作。黄委亚行项目办已在其他合同项下,聘请了一部分国内咨询专家配合国际咨询专家工作。这里,特别要求聘用的咨询公司能与国内专家密切合作。

15. 国内咨询专家必须是项目接收国的国民。亚行不鼓励从亚行资助项目国工作的发展中国家成员(DMCS)的政府雇员中招募人员。可是,如必须从项目国的政府雇员中选择人员,独立的合约必须得到政府的同意,并提交政府的法律、条例和政策不禁止此种合约及其停薪留职的证据(如来自合法授权的证明)。项目国的政府职员不能从事其本部委、部门或机构的工作,也不能在其他部委、部门或机构从事那些实际上与他们在其本部委、部门或机构所从事的相同的工作、任务或日常活动。项目国政府的前任职员可以在本部委、部门或机构之外从事亚行贷款项目。项目国政府的前任职员可以在其原来的部委、部门或机构从事亚行贷款项目,条件是在提交建议书前12个月已退休或辞职。

16. 在提交咨询服务的委派人员时,任何职位不应提交替代候选人。若提交替代人员,评估只考虑候选人的最低评估级别。而且,由于选择是在竞争性基础上进行的,黄委亚行项目办不接受在技术建议书提交后的人员变化。如果人员替代不是黄委亚行项目办所要求,而在排名第一的建议书中必须进行替代时,黄委亚行项目办在与亚行商讨后保留选择排名第二建议书的权利。例外情况是,由于附录1资料表中服务的计划开始日期发生重大延误,在这种情况下,替代人员应与原来的候选人有同等或更好的资质和经验。

17. 注意:如果专家有以下问题之一者,则为零分。

①非亚行成员国(地区)或附件1定义的合格来源国(地区)的国民(从专家持有的护照确定,没有护照的国内咨询专家按等效法律文件确定);

②担任国内咨询专家职位,但非该国公民;

③在技术建议书的个人简历资料表中不能表明其目前国籍;

④是项目执行机构的政府官员,或在提交建议书前,从同一机构退休或辞职不到12个月的前任官员;

⑤用表C的标准格式提交的个人简历资料证明文件没有签署。

E. 对咨询服务工作大纲(TOR)提出的建议

18. 如果可能,对TOR提出意见以改进咨询服务。提出创新性建议可以改进项目的质量和效率会受到欢迎。

F. 配套职员和设施

19. 给出实施服务时需要的配套职员、办公地点、交通、设备、当地配套服务等。

Ⅲ. 技术建议书的评审

20. 黄委亚行项目办通过比较各个公司的经验(包括牵头公司和合作公司)、工作计划、方法的性质和适用性;被委派人员(包括技术和管理人员)的经验和资质等方面,选择被邀请进行合同谈判的公司。注意:来自牵头公司和国内合作公司(如有)的长期专职雇员,担任专家时被赋以高分,长期专职雇员指提交建议书时被公司或联合公司连续雇用超过12个月以上的人员。技术建议书的评审标准见附录1。

21. 如有下列情况之一者,其技术建议书不被评审:

①公司或联合公司之一在提交建议书或属于上述第8段描述的事项时,不能在首页信中提交所附的报表;

②提交建议书的公司或本任务涉及的联合公司之一,没有在亚行成员国(地区)或附录1资料表定义的合格来源国(地区)中注册;

③在单信封制中,技术建议书包括了服务费用,或技术建议书和财务建议书密封在一个信封中,或在双信封制中没有清楚表明技术建议书和财务建议书的信封;

④在附录1资料表中规定的提交日期后,技术建议书到达黄委亚行项目办,但没有证据表明提交的建议书有足够的快递服务时间。

表1 近10年表明最好资质的主要工作

请提供贵公司作为法人实体或联合体的主要公司之一与委托方合法签定合同的其中一个项目的资料。

项目名称:		国家:
项目地点:		公司的专业人员:
委托方名称:		人员数:
		每月人数:
开始日期(月/年):	竣工日期(月/年):	服务的估价:
联合公司的名称(如果有):		联合公司专业人员的每月人数:
高级员工的姓名及其履行的作用(项目经理、调度员、队长):		
项目的详细说明:		
公司提供服务的详细说明:		
	公司名称:_____	

表2 人员安排

[贷款号:1835－PRC/项目名称:亚行贷款黄河防洪项目]

姓名	公司	职位	月															月投入		
			1	2	3	4	5	6	7	8	9	10	11	12	13	14	15	现场	国内	合计
		合计																			

图例:

现场——专职 ﹏﹏﹏﹏专职　………………国内办公室——专职

注:现场工作即在咨询专家永久办公地点或任职地点以外的地方。

表3 随建议书提交的个人简历

1.本项目中担任的职位:(每个职位只能有 1 名候选人)

2.姓名:

3.出生日期:

4.国籍:

5.联系地址:(电话、传真、电子邮件)

6.教育程度(必须表明得到各种资质的年份):

7.其他培训:

8.掌握的语言和程度:

9.何种专业学会成员:

10.有工作经历的国家:

11.受聘记录:(从现在位置开始,按反序列出担任的每种工作及其起止时间)

    从: 至:

    雇主: (明确你作为公司雇员的"雇主"与作为咨询专家或顾问的"委托方"之间的区别)

担任的职位和职务:

12.委派的详细任务:(本   列出能最大程度显示自己工作能力的工作:

    列逐一列出任务名称   (在本列中,列出项目名称、地点、年份、职

    并在右行列出每一任   位,如队长、水文学家、农业经济学家等,在

    务的工程经历)   每一项目中的具体责任和时间)

13.证明(请严格按照下列格式,省略将被认为不符合要求)

我,下面签字人,证明①我不是亚行的前任职员,或如果我是亚行职员,我已在 12 个月前从亚行退休或辞职;②我与亚行的职员没有密切关系;③在我看来,这个基本资料表正确描述了我的资质和我的经验。上述描述的任何故意谎报可导致聘用后的不称职或被免职。

我已被(公司名称)近 12 个月连续聘为长期专职员工(在下面方框内表明对与错):

    对 □   错 □

    签 名:＿＿＿＿＿＿＿＿＿＿＿

    签字日期:＿＿＿年 ＿＿＿月＿＿＿日

财务建议书准备说明

I. 引　言

1. 在准备财务建议书 A 部分时,应包括工作大纲 A 部分要求的所有的并且是唯一的与咨询服务相关的成本。

2. 请注意,在表 1 中表明的估算成本仅用于预算目的,其实际的合同额通常低于预算,绝不会高于预算。同样牢记,财务建议书严格按本附件阐述的格式准备。利用标准格式的主要原因之一是黄委亚行项目办(业主)和亚行(ADB)能够搜集亚行成员国咨询公司的咨询服务的数据资料,这些数据反过来帮助亚行在合同谈判期间按成本评审合理的有竞争性的报价。

3. 规定咨询服务的费用成本通常分为 3 类:
①酬金
②实际开支费用
③不可预见费

此外,根据使用的币种,提供的咨询服务可进一步分解和组合:
①外币费用
②本地货币费用

4. 提交给业主的财务建议书应用中英文两种语言准备,并必须提供贵公司在服务条款中预计发生费用的详细分解。业主将此类信息视为机密。公司成本分解通常包括每位专业人士的月酬金标准。该分解应包括基本月工资(附支持性文件)、社会费用、失业金、额外福利(附分项分解)和公司管理费(附分项分解)。基于上述费用,业主允许按上述成本之和计算公司利润的百分比。各项相加计算应付给咨询工作的总价,即成本加费用合同。对本工作中的公司利润和管理费全部包含在总价里。有必要由独立审计员证实业主支付酬金中的成本是正确的,并用公司年收支报表副本来证明。

5. 在财务建议书中标明的成本也包括实际开支费用项,它包括国际旅费、每日津贴、报告准备费等的估算,但在这项开支中,公司不能得到附加管理费。

II. 财务建议书准备中使用的表格

表 1——酬金标准分解

6. 表 1 提供了每位专家的规定数据及其酬金标准分解的格式。这项标准通常按月计算列明,共有 8 列,标号为 1~8,用来表示成本的不同部分。一般来说,成本的币种应是公司所在国家的币种。可是亚行的预算是用美元进行的,其酬金和实际开支费用的成本应以现行兑换率转换成等量的美元表示。另一方面,不可预见费,用来支付由于兑换率变化产生的成本增加。

第 1 列——基本月工资　第 1 列中专家的基本月工资是公司或联合体按雇用合同定期支付给其长期专职员工的基本工资。它是在进行任何增加或扣减前的工资。基本工资不包括津贴,如奖金、养老金、医疗费和其他业主划分在"社会费用"中的类似支付。社会费用被分开放在第 2 列。基本工资也不包括其他津贴,如根据公司雇用现场工作人员的规定支付的海外或现场津贴(需提供相关的公司文件副本和实际支付证明)。工资条、工资单或雇用合同副本用来支持公司要求的工资。此时要求咨询公司代表签署表 2 中真实性声明。

当专家是公司或联合体的兼职员工时,如来自其他公司或兼职个体,第 1 列应提交公司外聘专家的实际合同成本。应提交实际成本的证据(如专家与前一委托人的合同)以支持酬金标准。如果专家是从非联合体外聘,应提交第 1 列合同成本的进一步分解,并以标准格式列出。　业主希望在两个公司之间利益分享。同样,对于兼职个人专家,第1列表明公司支付给专家的合同标准。应提交实际成本的证据(如专家与前一委托人的合同)以支持酬金标准。此时,公司可增加利润,并缩减管理费。利润和管理费决不应超过基本工资的50%。合适的百分比根据公司注册地的现行平均水平协商。

第2列——社会费用 社会费用表示公司规定的员工福利成本,如假期、养老金、保险、住房津贴、交通津贴,和直接给予员工的类似成本。这类成本不同于第3列中公司的管理费。每一专家的社会费用分解应分别列出,并用第1列基本工资的百分比表示,社会费用的分项分解按表3分别提交。表1第2列表示每位专家社会费用的总百分比。实际上,公司对其长期专职专家的社会费用适用同一平均百分比。表3表明这些专家各项社会费用的平均百分比分解。对公司外聘的专家,与长期专职员工不同,公司不承担其社会费用的附加成本。可是,如果公司为签约专家支付了任何社会费用,那么应与专职专家一样,需要规定各自的百分比。

第3列——管理费 公司管理费的比例用第1列专家基本工资的百分比计算。一般而言,它与公司国内办公室从事咨询工作的一般管理费支出有关。公司应提出适用于所有长期专职专家的一个总的平均百分比。此时,应考虑在公司的年收支报表中与咨询专家有关的经常性年管理费支出。对于从事咨询工作的长期专职员工,管理费可用年总工资的百分比表示,此表示的百分比数适用于公司管理费成本的回收。假定公司的大部分管理费开支是通过其长期专职员工的工资收入来回收的(该成本不应超过第1列中基本工资的150%),公司国内办公设施的规模应满足其长期专职员工的要求,不考虑派往海外的短期外聘个体专家。对外聘的独立个体专家,应适当减少第3列中的管理费,并以第1列中其合同成本的百分比列出。对责任公司或联合体的长期专职专家,应提交管理费的合理分项分解,并以基本工资的百分比以表4格式列出。这些成本分项还应进一步提交公司年收支报表资料予以支持,该报表已由独立审计员证明,通常在合同谈判期间详细核查其公司成本时,提交报表的证明文件。此后,除非这些成本发生了实质性变化,在合理期限内从事其他项目时,业主可自由决定放弃该证明文件的规定。但是,管理费成本的百分比分解和其他支持性资料应继续提交给业主。

第4列——成本小计 由每位专家的第1、2、3列相加得出。

第5列——费用(即利润) 该公司的费用即利润,包括在总价中,列在第5列。用第4列每位专家成本小计的百分比计算。通常用基本酬金标准、社会费用,管理费的10%～15%计取利润。在非营利机构中,该列为空白。

第6列——每月的国内办公费 本列表示公司为国内办公室工作支付的酬金标准,由第5列的利润和第4列的成本小计相加而得。

第9列——系数 该列为第8列的月总和和第1列的基本月工资的比值。该比值称做系数,对公司的专职员工,其范围为2～3,对公司外聘的独立咨询专家,其范围为1.1～1.5。该系数可商谈,但对专职员工不能超过3,对独立咨询专家不能超过1.5。

第10列——证明文件 它是用于证明第1列基本工资的文件。可以是工资条,原来的合同文件,与个体或分包商签订的合同(参见上面第1列基本月工资部分的解释)。

表2——资料真实性声明

7.本表证实在财务建议书中表1的基本工资的资料的真实性(参见基本月工资部分)。

表3——社会费用分解

8.对表1每位专家社会费用的总百分比,表3给出了其分项分解的格式,用基本工资的百分比计算,该社会费用填在表1中的第2列。来自联合体的专家,社会费用分解需要每个公司及其专家分别按表3提交,由独立的审计员证实数据的正确性,并提供在社会费用下包括的分项示例及用公司年收支抽样报表数据进行百分比分解计算的示例和指导(附于表3后)。

表4——管理费成本分解

9. 表4提供了表1中每位专家管理费成本的分项分解格式。它用基本工资百分比计算,如在表1第3列所述,通常适用于公司的长期专职员工。该数字应得到公司最近年收支报表的支持,在计算中使用的成本相关分项,如公司长期员工的年总基本工资,应与提交给业主评估的报表完全一致。独立审计员证明提交的分解的正确性,并提供在管理费下的分项示例、及其用公司年收支抽样报表数据进行百分比分项分解计算的示例和指导(附于表4后)。

表5——外币费用估算

10. 表5提供了外币费用估算的标准格式,根据委派的专家和技术建议书提交的人员安排等相应的基础而得。

报酬

11. 在国内办公室服务和在现场服务的专家报酬分别列出,每位专家的标准及其分解应与表1相一致,如用不同货币支付报酬则分别列出。

实际开支费用

12. 这些费用表示了与实施项目相关的直接成本,对此业主不支付附加利润和管理费。国际旅费通常包括专家从国内办公室或长期工作地点飞到现场的往返机票费(经济舱)。往返旅行的次数,每次旅行的成本,目的地都应在成本项中列明,旅行杂项费用包括每次往返旅途中处理必要旅行证件、预防注射、到机场的总津贴。业主支付现场工作的每日津贴按工作时间和膳宿供应的平均成本来谈判,每日津贴由住宿费、生活津贴和其他费用组成。亚行在许多城市安排宾馆供选择,亦为亚行贷款项目工作的人员和咨询专家提供特别折扣。专家在现场时,预期在主要城市花费的总天数应分别列出,以便计算每日开支。

不可预见费

13. 业主通常在咨询服务合同中按报酬和实际开支费总和的8%～10%计入不可预见费,用以支付在实施服务期间由于不利的汇率变化和不可预见费用产生的附加成本。在不可预见费使用前,须得到业主的同意。

表6——当地货币估算

14. 业主对咨询服务的结算是用外币和履行服务国货币等值的美元表示,当地货币成本通常在当地发生并以当地币支付的费用项目,并包括了国内咨询专家的成本,其服务由业主详细规定。国际专家在当地的每日开支,在实际开支的外币预算中列出。当地货币成本还包括了当地旅行开支、秘书及其他支持成本、当地办公室租金和在项目国发生的类似开支。当地货币开支估算,应与外币项分别列出,同样分成酬金、实际开支费用和不可预见费。

表7——成本汇总表

15. 上述成本的小计和总计在本表汇总,不需要准备支付计划的分项,它在合同谈判时确定。

表1 酬金标准分解

贷款号/标题:1835-PRC/亚行贷款黄河防洪项目

专家						基本月工资4/	社会费用	管理费	小计	利润总额	国内月办公标准	其他津贴数额5/	月现场标准	系数	证明文件
职位/全名	公司1/	国籍	出生日期	类型2/	分类3/		1的%	1的%	(1+2+3)	4的%	(4+5)	1的%	(6+7)	(8/1)	
						1	2	3	4	5	6	7	8	9	10

开头字母	公司名称

校　对:＿＿＿＿＿

姓　名:＿＿＿＿＿

在公司中的职位:＿＿＿＿＿

日　期:＿＿＿＿＿

1/:责任公司或联合公司的开头字母(请将开头字母填在方框内)。
2/:I=国际,D=国内。
3/:FT—责任公司或联合公司的专职专家。
OS—其他来源(非责任公司或联合公司)。
IP—独立咨询专家(自由人士)。
4/:公司所在国的货币。
5/:如可行,请说明。

表1 示例

(这是一完成表格的示例。填写本分解表1~10列的更详细指导见本附录上述文字说明)

贷款号/标题:1835-PRC/亚行贷款黄河防洪项目

职位/全名	公司1/	专家 国籍	出生日期	类型2/	分类3/	基本月工资 4/	1	社会费用 1的%	2	管理费 1的%	3	小计 (1+2+3)	4	费用总额 4的%	5	国内月办公标准 (4+5)	6	其他津贴数额5/ 1的%	7	月实地标准 (6+7)	8	系数 (8/1)	9	证明文件 10
长期专职员工,农学家 T. A. Smith	XYZ	英国	1940. 7.21	I	FT	英镑 3000a/		655 21.82%		3310 110.34%		6965		697 10%		7662				7662		2.55		工资条
来自其他公司的土木工程师 S. C. Torres	XYZ	美国	1952. 6.14	I	OS	美元 9000b/						9000		900 10%		9900				9900		1.10		工资条
个别签约的经济学家 R. Chang	ABC	巴布亚	1938. 12.5	D	IP	美元 2000c/		25%		500		2500		375 15%		2875				2875		1.44		原来的合同

a. 长期专职员工的基本工资必须提交正常月工资条副本,或与公司签约的合同,或公司签约的合同。b. 应提供本合同标准的分类分解;c. 个人专家的标准应提交过去收入的资料,必要时,作简单调整。

1/:责任公司或联合公司的专职专家。
2/:I=国际,D=国内。
3/:FT—责任公司或联合公司的专职人员;OS—其他来源(非责任公司或联合公司);IP—独立咨询专家(自由人士)。
4/:公司所在国的货币。
5/:如可行,请说明。

公司名称	开头字母
XYZ联合公司	XYZ
ABC咨询公司	ABC

校 对:_____
姓 名:_____
在公司中的职位:_____
日 期:_____

表2 咨询专家的商务建议书资料真实性的声明^①

贷款号：1835 - PRC _____
项目名称：亚行贷款黄河防洪项目

　　我(_____)^②,(_____)^③证实在本合同中的财务建议书中,提交的我公司专职员工的基本工资是公司在过去连续 12 个月支付的实际基本工资,不包含任何种类的津贴,如奖金、住房津贴、海外津贴或任何其他津贴。

(签字)授权代表：_____

日　期：_____

_____

注：①在提交财务建议书时由咨询专家代表完成。
　　②咨询专家代表的姓名和职务。
　　③公司名称。

表3　社会费用分解

（表1中的第2列,按公司长期专职员工总工资的百分比计）

分项说明　　　参考①　　　数额(货币)　　占基本工资的%②　　注释

总计③:_____

0.00%

注:①参考收入报表或财务报表。

②独立的审计员证实数据的正确性。

③该数字应与表1第2列专家的社会费用总百分比相一致。

表 3 示例

社会费用计算

社会费用分解

（表 1 中的第 2 列，按公司长期专职员工总工资的百分比计）①

分项说明	参考②	数额（货币）	占基本工资的%	注释
法定假日	n/a	n/a	3.84%④	
假期	n/a	n/a	7.69%⑤	
病假	n/a	n/a	1.92%⑥	
第 13 月工资	IS(1)	1605	0.74%	
奖金	IS(2)	1350	0.62%	
退休金/年金	IS(3)	5958	2.76%	
社会保险	IS(4)	3670	1.70%	
卫生和医疗费	IS(5)	2025	0.94%	
餐费津贴	IS(6)	1826	0.84%	
教育费/培训费	IS(7)	1675	0.77%	
	IS(T)③	合计	21.82%⑦	

注：①由独立的审计员证实其正确性。

②IS = 收入报表。

③IS(T) = 216131。

④例：2 周/52 周 = 3.84%。

⑤例：4 周/52 周 = 7.69%。

⑥例：1 周/52 周 = 1.92%。

⑦与表 1 中第 2 列专家的社会费用总百分比相一致。

表4 管理费成本分解

（表1中的第3列,按公司长期专职员工总工资的百分比计）

分项说明　　　　参考①　　　　数额(货币)　　占基本工资的%②　　　注释

合计③:＿＿＿＿＿＿＿

＿＿0.00%＿＿

注:①参考收入报表或财务报表。

②计算中使用的,包括在总基本工资中的相关分项成本,应与公司近年收支表副本中的数字一致,独立的审计员应证实数字的正确性。

③该数字应与表1第3列专家的管理费总百分比相一致。

表 4 示例

管理费计算

管理费分解

(表1中的第3列,按公司长期专职员工总工资的百分比计)①

分项说明	参考②	数额(货币)	占基本工资的%	注释
摊销费	IS(A)	13587	6.29%	
折旧费	IS(B)	12097	5.60%	
租金	IS(C)	24000	11.10%	
保险费	IS(D)	9594	4.44%	
业务费	IS(E)	18000	8.33%	
照明、动力、水费	IS(F)	19521	9.03%	
电话/通信设施	IS(G)	9117	4.22%	
差旅费和交通费	IS(H)	11726	5.42%	
资料处理费	IS(I)	12735	5.89%	
联邦/州税费和执照	IS(J)	1814	0.84%	
代理费	IS(K)	12503	5.78%	
办公用品	IS(L)	12496	5.78%	
广告和宣传费	IS(M)	10255	4.74%	
维修费	IS(N)	7891	3.65%	
人员培训和开发	IS(O)	5145	2.38%	
研究和开发	IS(P)	8675	4.01%	
报刊费	IS(Q)	1275	0.59%	
会费	IS(R)	4600	2.13%	
管理人员工资	IS(S)	43483	20.12%	
	IS(T)③	合计	110.34%④	

注:①独立审计员证明其正确性。

②IS = 收入报表。

③IS(T) = 216131。

④与表1第3列中专家的管理费总百分比一致。

XYZ 股份有限公司年收支报表使用示例

截至 20××年 12 月 31 日收入报表

参见

职业总收入	682554
加上:其他收入	
办公设备销售收入	70083
利息和股息收入	75823
资产租赁收入	165904
总收入	994364
减去:支出	
管理费/咨询费	216131（T）
编外－人员/行政管理人员工资	43483（S）
第 13 个月支出	1605（1）
奖励支出	1350（2）
职工退休金	5958（3）
社会保险金	3670（4）
医疗保险费	2025（5）
坏账支出	10895
摊销费	13587（A）
折旧费	12097（B）
租金	24000（C）
保险费	9594（D）
业务费	18000（E）
照明、电力和水费	19521（F）
电话/通信设施	9117（G）
交通费	11726（H）
资料处理费	12735（I）
联邦/州税和执照费用	1814（J）
代理费	12503（K）
办公用品	12496（L）
广告和宣传费	10255（M）
衣食补贴	1826（6）
银行收费	1759
利息支出	745
维修费	7891（N）
职工培训费	5145（O）
科研支出	8675（P）
订阅费	1275（Q）
会员费	4600（R）
教育/培训补助	1675（7）
总支出	486153
税前毛收入	508211
收入税支出	177874
税后利润	330337

表5 外币费用估算

外币估算(以____表示)

1. 报酬

现场服务
(包括旅行时间)

姓名　　　　人月数　　　协议报酬标准　　　估计数额

国内办公服务
国外人员总报酬:_____
_____

利用下面给定的标题制定一个实际支出费用表。如有必要,可加附页。

2. 实际支出费用

国际旅行

其他各种旅行支出

每日津贴

通信

报告、标书文件等的复印、运送

设备及其他各项

国外总共支出:_____
_____

3. 不可预见费

表6　当地货币估算

（以____表示）

1.当地咨询专家报酬

现场服务

姓名	人月数	每月标准	估算数额

当地总酬金：_____

_____

利用下面给定的标题制定一个实际支出费用表。如有必要,可加附页。

2.当地实际开支费用

每日津贴(国内咨询专家)

地方交通

运输

其他项

当地总的实际开支费用：　　　　　_____

3.不可预见费

表7　成本汇总表

（以美元表示）

	外币	当地币	合计
报酬			
实际开支费用			
不可预见费			
合计			

最大合同支付金额：_____

（三）咨询服务工作大纲（C 部分）

亚行贷款黄河防洪项目项目管理研究国际咨询服务工作大纲（TOR），是严格按照亚行规定的编写要求进行编写的，详见第二章第三节国际咨询服务工作大纲的编写。具体内容见第三章第一节。

（四）合同样本（D 部分）

本项目采用基于工作时间合同样本，即成本加费用合同，见第二章附件 2-1。

（五）亚行成员

2004 年本项目开展聘用工作时，亚行成员为 63 个。至 2007 年 2 月 2 日，亚行已有 67 个成员，详见：http：//www. adb. org/About/membership. asp。

（六）亚洲开发银行及其借款人聘用咨询顾问指南

2004 年使用的是 2002 年 4 月版，最近的修订版为 2007 年 2 月版，详见：http：//www. adb. org/Documents/Guidelines/Consulting/Guidelines – Consultants. pdf。

2004 年 10 月 3 日黄委亚行项目办将项目管理研究国际咨询服务邀请文件，包括短名单、邀请函（内附国际咨询公司资料表和评审标准、技术建议书编写说明和财务建议书编写说明 3 个附件）、咨询服务工作大纲、合同样本、亚行成员名单和《亚洲开发银行及其借款人使用咨询顾问指南》6 个文件，寄送亚行审批。2004 年 11 月 3 日，亚行正式批准该邀请文件。

二、第二次上报亚行

2004 年 11 月 9 日黄委亚行项目办向 5 家列入短名单的公司寄出邀请文件，要求提供技术建议书，截至日期为 2005 年 1 月 15 日。2005 年 3 月 1~2 日，专家选择委员会召开评审会议，对各公司提交的技术建议书进行评审打分，确定排序。3 月 3 日，黄委亚行项目办向亚行提交了《技术建议书评审与排序报告》（见附件 4-2），亚行于 2005 年 4 月 13 日正式批准了排序报告。

三、第三次上报亚行

2005 年 4 月 22 日黄委亚行项目办正式发出合同谈判邀请函（见下面文本框），通知排序第一的 A 公司准备财务建议书并准备参加合同谈判。

2005 年 6 月 7~8 日，谈判在郑州举行，并得到成功。双方签署了《合同谈判纪要》（见附件 4-3），并草签了《亚行贷款黄河防洪项目项目管理国际咨询服务合同》（见第二章附件 2-1）。2005 年 6 月 26 日报送亚行，并很快得到批准。

四、第四次报送亚行

2005 年 7 月 6 日黄委亚行项目办与 A 公司正式签署了合同号为 YH – ZX – 01 的咨询服务合同。当日，黄委亚行项目办即向该公司发出开工令，该公司专家组组长即日进驻项目现场，本项目的咨询服务工作正式开始。

合同谈判邀请函

2005 年 4 月 22 日

A 公司负责人

尊敬的×××女士/先生：

贷款号:1835 – PRC 亚行贷款黄河防洪项目

咨询服务合同谈判邀请函

1.黄河水利委员会黄河洪水管理亚行贷款项目办公室(黄委亚行项目办)很高兴地通知您,贵公司的技术建议书被评为排序第一。特邀请贵公司在建议书中建议的咨询人员可以到位的情况下,参加于 2005 年 6 月 7 日开始,在中国郑州市举行的合同谈判。我们初步打算咨询服务工作于 2005 年 7 月 1 日开始。

2.请按照我们 2004 年 11 月 9 日发给贵公司的咨询服务邀请文件 B 部分第 9 条的要求,准备贵公司的财务建议书,并在参加合同谈判时提交黄委亚行项目办。

3.请确认你们所建议的所有人员都可以到位。万一贵公司在没有正当理由的情况下,有任一咨询人员不能到位,黄委亚行项目办将保留根据 2004 年 11 月 9 日要求提交技术建议书的邀请函中 B 部分第 9 条的规定,立即开始与排序第二的公司进行谈判的权利。然而,若支持其正当的理由是死亡、生病、意外事故等可接受的理由,那么贵公司就应立即将替换人员的履历送黄委亚行项目办供考虑。如果黄委亚行项目办认为贵公司的理由正当,贵公司的建议书将被重新评审,以确定贵公司的排序是否仍然保持不变。如果排序有了改变,黄委亚行项目办将通知贵公司,同时将和排序第二的公司进行合同谈判。

4.贵公司参加合同谈判的代表应持有全权参加谈判和合同签署的书面授权书。合同谈判议程见附件。

5.要求贵公司尽快将谈判的建议人员到位情况和时间安排传真告知我们。

6.应该提醒您一句,贵公司参加谈判有关的全部费用均由贵公司承担。

7.来黄委亚行项目办的有关事宜,请与×××联系:电话:×××;传真:×××。

您的真挚的,

黄河水利委员会亚行项目办主任(签名)

附件:合同谈判议程

抄送:亚行中东亚局农业环境与自然资源处

同日,黄委亚行项目办将正式签署的合同副本3份寄送亚行备案,并向其他落选公司寄送了落选通知。

至此,完成了项目管理研究国际咨询专家的聘用工作。本项目的聘用流程见第二章第二节和图2-2。

第三节 非工程措施研究子项目国际咨询服务的聘用过程

根据2007年6月亚行项目检查团备忘录第27、28条和附件10的意见,黄委亚行项目办于2007年7月6日开会部署非工程措施研究国际咨询专家的聘用工作(见表3-1)。由于该子项目批准时间的推迟,在此期间,该子项目已使用了483个人月的国内咨询专家,完成了包括原计划由GIS、系统开发维护与管理等国际咨询专家完成的3项咨询任务,同时,由于时间紧迫,也部分压缩了咨询时间(如黄河下游基于GIS的二维水沙数学模型研究子项目原定为8个人月,后压缩为5个人月)。根据黄委亚行项目办意见,并经亚行同意,将表3-1中的6个非工程措施研究子项目调整为3个子项目,咨询服务工作量由22个人月调整为14个人月,进行了非工程措施研究国际咨询专家的聘用工作,调整后的非工程措施研究子项目聘用国际咨询专家人月情况见表4-2。

表4-2 调整后的非工程措施研究子项目聘用国际咨询专家人月表

合同号	子项目名称	人月数	实施单位
YH - ZX - 02	小花间气象水文预报软件系统	4	水文局
YH - ZX - 03	水库冲淤机理及数值模拟	5	黄河设计公司
YH - ZX - 04	黄河下游基于GIS的二维水沙数学模型研究	5	黄科院
合计		14	

考虑到非工程措施研究项目的单一性和工作时间的紧迫性,根据2007年6月亚行项目检查团备忘录意见并经亚行特别批准,采用直接选择(DS)方法聘用个体国际咨询专家,使用个人简历资料技术建议书(BTP)和一揽子费用合同(Lump Sum Contract)。3个子项目由黄委亚行项目办统一组织,分3个合同来分别聘用国际咨询专家,即①合同YH - ZX - 02:小花间气象水文预报软件系统,聘用1位个体国际咨询专家,与黄委水文局和国内专家一同工作4个人月,完成工作大纲中规定的工作内容;②合同YH - ZX - 03:水库冲淤机理及数值模拟研究,聘用1位个体国际咨询专家,与黄河勘测规划设计有限公司(下简称“黄河设计公司”)和国内专家一同工作5个人月,完成工作大纲中规定的工作内容;③合同YH - ZX - 04:黄河下游基于GIS的二维水沙数学模型研究,聘用1位个体国际咨询专家,与黄河水利科学研究院(下简称“黄科院”)和国内专家一同工作5个人月,完成工作大纲中规定的工作内容。

非工程措施研究3个子项目咨询顾问的聘用工作是严格按照《亚洲开发银行及其借款人使用咨询顾问指南》规定的流程进行的(见第二章图2-3)。在黄委亚行项目办的组织下,分别由负责实施各子项目的单位,着手准备第一次向亚行报告资料:①短名单(附不同国家和地区的3位专家的个人简历资料技术建议书（BTP）或简历（CVs），参见第二章第四节）；②BTP评审与排序报告（格式参照本章附件4-2）；③工作大纲；④合同文本草稿（采用一揽子费用合同）。

黄委亚行项目办分别于2007年8月17日、22日和28日将合同YH－ZX－04黄河下游基于GIS的二维水沙数学模型研究、合同YH－ZX－02小花间气象水文预报软件系统、合同YH－ZX－03水库冲淤机理及数值模拟研究3个子项目的材料，通过电子邮件和特快专递报亚行审批。黄委亚行项目办在8月30日收到亚行电子邮件，批准各子项目的排序报告、工作大纲与合同草稿，并同意立即开始与排序第一的咨询专家进行合同谈判。各实施单位接到黄委亚行项目办通知后，立即开始与排序第一的咨询专家进行通讯谈判。

2007年10月22日黄科院负责实施的黄河下游基于GIS的二维水沙数学模型研究子项目与某国排序第一的专家谈判，因对方要价过高而失败，报告亚行，并请求批准与排序第二的某国专家谈判。10月25日亚行用电子邮件通知，批准黄科院开始与排序第二的某国专家谈判。由于当时工作大纲规定的是8个人月的咨询工作量，排序第二与第三的咨询专家均因时间太紧，放弃参与该项目。11月30日，黄委亚行项目办将谈判失败情况报告亚行，后亚行通知，建议将8个人月的咨询工作时间简缩为5个人月，重新招标。在亚行的帮助下，重新选定由3位个体专家组成的短名单并重新排序，黄委亚行项目办于2007年12月19日将第二次排序报告报送亚行审批。12月21日亚行正式批准第二次排序报告，并开始与第二次排序第一的某国专家进行合同谈判，取得成功，亚行当天批准了合同草签稿。2007年12月25日黄委亚行项目办与某国咨询专家正式签署了合同号为YH－ZX－04的咨询服务合同。当日，黄委亚行项目办即向专家发出开工令。

水文局负责实施的小花间气象水文预报软件系统子项目和排序第一的某国专家、黄河设计公司负责实施的水库冲淤机理及数值模拟子项目和排序第一的某国专家的合同谈判均取得成功，黄委亚行项目办分别于11月27日、30日将合同草签稿报送亚行审批，亚行于12月5日批准了两个子项目的合同草签稿。黄委亚行项目办分别与两位咨询专家签署了正式合同（合同号分别为YH－ZX－02和YH－ZX－03），并发出开工令。非工程措施咨询专家聘用进程见表4-3。

表4-3　非工程措施咨询专家聘用进程表

时间	工作内容
准备工作	
2007年8月17、22、28日	分别将3个子项目的咨询专家短名单、排序报告、工作大纲、合同文本草稿报亚行
2007年8月30日	亚行批准上述报告
1. 小花间气象水文预报软件系统	
2007年11月27日	与排序第一的水文气象预报专家谈判获得成功，黄委亚行项目办将草签合同报亚行审批。
2007年12月5日	亚行批准了草签合同，黄委亚行项目办即与该专家签署了正式合同，并发出开工令。正式合同副本3份寄送亚行存档

时间	工作内容
2. 水库冲淤机理及数值模拟	
2007 年 11 月 30 日	与排序第一的水库数值模拟专家谈判获得成功,黄委亚行项目办将草签合同报亚行审批
2007 年 12 月 5 日	亚行批准了草签合同,黄委亚行项目办即与该专家签署了正式合同,并发出开工令。正式合同副本 3 份寄送亚行存档
3. 黄河下游基于 GIS 的二维水沙数学模型研究	
2007 年 10 月 22 日	与排序第一的咨询专家谈判,因对方要价过高而失败。黄委亚行项目办当天报告亚行,并要求与排序第二的专家进行谈判
2007 年 10 月 25 日	亚行批准黄委亚行项目办要求与排序第二咨询专家谈判的报告。排序第二、第三的咨询专家均因时间安排过紧的问题而放弃参与该项目
2007 年 10 月 30 日	第一轮招标失败的结果报亚行。亚行建议将 8 个人月的咨询服务调整为 5 个人月,重新招标
2007 年 12 月 19 日	向亚行报送第二次咨询服务邀请文件,包括咨询专家短名单、排序报告、工作大纲、合同文本草稿报亚行审批
2007 年 12 月 21 日	亚行正式批准第二次排序报告,黄委亚行项目办随即与排序第一的专家进行合同谈判,取得成功并草签了合同。草签合同传真至亚行,当天获得批准
2007 年 12 月 25 日	亚行项目办与第二轮招标排序第一的咨询专家签署正式合同,并发出开工令。正式合同副本 3 份寄送亚行存档

附　件

附件 4-1

亚行贷款黄河防洪项目(贷款号:1835 – PRC)

聘请国际咨询专家短名单选择标准

　　根据亚行贷款黄河防洪项目的需求,并遵照《贷款协议》的规定,非工程措施(合同一)和项目管理(合同二)两个国际咨询服务将分别聘用国际咨询公司来完成相应的国际咨询服务工作,并且根据非工程措施与项目管理的实际需求,确定选择咨询公司短名单的主要标准为:

　　1.黄委亚行项目办必须遵照《亚洲开发银行及其借款人使用咨询顾问指南》,进行本项目国际咨询专家的聘用工作。

　　2.聘用的咨询公司必须是在亚行成员国(地区)注册的公司。为确保合理、均衡地代表亚行成员国(地区)的原则,每个国家(地区)所选择的公司不得超过2家。

　　3.聘用的咨询公司必须能完全胜任工作大纲中阐明的全部工作。他们必须在近5年内,有3项以上在国外从事相关工作的经历。在中国有过相关经历者,尤其对黄河情况比较了解者,可优先考虑。

　　4.聘用的咨询公司在其服务期间,在工作上能与黄委亚行项目办在其他合同项下聘用的本国咨询专家密切合作。

　　5.聘用的咨询公司必须是信誉较好,能遵守《亚洲开发银行及其借款人使用咨询顾问指南》中1.05款的规定,没有发现不良记录。

　　6.短名单是在长名单的基础上选出的。

附件 4-2

亚行贷款黄河防洪项目

技术建议书评审与排序报告

使用 QBS 方法

执行机构名称:黄河洪水管理亚行贷款项目办公室

贷款号:1835 – PRC

国家/项目名称:中国/黄河防洪项目

报告提交人:

姓名:

签字:

职务:主任委员

单位:亚行贷款黄河防洪项目咨询专家选择委员会

日期:2005 年 3 月 3 日

1. 评审委员会委员

亚行贷款黄河防洪项目咨询专家选择委员会(CSC)于 2005 年 3 月 1～2 日在郑州举行技术建议书评审会议。参加建议书评审会议的委员(具体名字略)见附表 1。经过 CSC 检查,参加会议的委员均无成员利益上的冲突。

附表 1　参加建议书评审会议的委员名单

姓名	部门/部	职务

2. 技术建议书评审和排序综述

技术建议书综合评审表和咨询专家综合评审表见附件。综合评审表包含了委员会所有委员对技术建议书打分和排序的综合结果,先由 CSC 委员个人打分,然后经由 CSC 会议讨论,得出综合评审分数(略)。技术建议书评审排序结果见附表 2。

附表 2　技术建议书评审排序结果

公司名称	国家(地区)	分数	排序
A 公司			1
B 公司			2
C 公司			3
D 公司			4
E 公司			5

3.评审意见

评审委员会委员对各个技术建议书的强项和弱项的评论意见如附表3。

4.请求对技术建议书排序、财务建议书和合同谈判的批准

请求亚行:

①批准技术建议书的评审排序;

②批准对排序第一的某国A公司发出提供财务建议书的请求;

③批准向排序第一的某国A公司发出谈判邀请并进行合同谈判。

亚洲开发银行技术建议书综合评审表见附表4,亚洲开发银行咨询专家综合评审表见附表5。

附表3　评审委员会对各个技术建议书的强项和弱项的评论意见

技术建议书	A公司	B公司
强项	1.公司在中国有相似项目和相似地区的经验,并取得较好的成绩 2.公司对项目目标、任务范围和履行的工作有清楚的了解 3.工作计划、组织流程和人员安排计划基本符合TOR要求,为本项目提供了3.5人月的无偿投入 4.所提名的6位国际专家均有所委派任务方面的资质和经验,其中有5位专家有在中国工作的经验。所指派的正、副专家组长均有任职经历,且通晓汉语,非常有利于和业主方的沟通	1.公司在黄河上和中国其他地区有相似项目和相似地区的经验,并取得较好的成绩 2.公司对项目目标、任务范围和履行的工作有比较清楚的了解 3.所提名的5位国际专家均有所委派任务方面的资质和经验,都有在中国工作的经验,而且有3位在黄河小浪底工程工作过,表现十分优秀。专家组中有3位懂汉语,非常有利于和业主方的沟通。所指派的专家组长有丰富的任职经历,很适合于本项目的工作
弱项	1.在工作安排上过多考虑国内专家的配合	1.工作安排与工作大纲的安排出入较大。这些变动主要为:从环境专家、社会移民专家各抽出2个人月,共4个人月,用于项目管理专家。在整个工作大纲的框架下,工作时间安排也作了较大调整。国际咨询专家在现场工作的时间减少,在本国总部的工作时间过多,不能很好满足TOR全部现场工作的要求,并造成国际旅行次数大幅增加 2.人员安排计划不周,TOR规定6名国际专家,公司只指派了5名,造成项目管理部分的一个工作岗位几位专家同时工作,职责不易分清,如找不到财务管理专家等

贷款号:1835 PRC
名称:亚行贷款黄河防洪项目

附表 4 亚洲开发银行技术建议书综合评审表

	评估标准	最高权重	A公司 评估(%)	A公司 得分	B公司 评估(%)	B公司 得分	C公司 评估(%)	C公司 得分	D公司 评估(%)	D公司 得分	E公司 评估(%)	E公司 得分
	I. 资质	200										
a	类似工程的经验	100										
b	类似地区的经验	100										
	II. 方式方法	300										
a	对工程目标的理解	60										
b	方法的优劣	75										
c	对工作大纲的改进建议	30										
d	工作计划	60										
e	人员安排	45										
f	对执行机构提供配合人员与设施的要求	15										
g	技术建议书的陈述	15										
	III. 人员(专业领域)	500										
	国际咨询专家	500										
a	团队负责人*	40										
b	专家1:环境管理专家(12人月)	90										
c	专家2:社会移民管理专家(12人月)	90										
d	专家3:项目管理专家A(6人月)	70										
e	专家4:项目管理专家B(2人月)	70										
f	专家5:项目管理专家C(8人月)	70										
g	专家6:项目管理专家D(8人月)	70										
		1000										

评估:优秀—90%~100%;好—80%~89%;一般—70%~79%;差—0~69%。
得分:最高权重×评估/100。
注:* 由咨询公司指定1名专家兼任。

批准人: 填表人:

批准日期: 填表日期:

附表5 亚洲开发银行咨询专家综合评审表

公司名称:A公司

职务及专业领域	姓名	最高权重	整体资质 专家:10% 团队领导:10%		工程相关经验 专家:70% 团队领导:65%		国内外工作经验 专家:15% 团队领导:15%		全职雇员 专家:5% 团队领导:10%		总得分 (A+B+C+D)
			A		B		C		D		
国际咨询专家			评估(%)	得分	评估(%)	得分	评估(%)	得分			
a 团队负责人*		40									
b 专家1:环境管理专家(12人月)		90									
c 专家2:社会移民管理专家(12人月)		90									
d 专家3:项目管理专家A(6人月)		70									
e 专家4:项目管理专家B(2人月)		70									
f 专家5:项目管理专家C(8人月)		70									
g 专家6:项目管理专家D(8人月)		70									

评估:优秀—90%~100%;好—80%~89%;一般—70%~79%;差—0~69%。

得分:最高权重×评估/100×(专家/100或团队领导/100)。

注:＊由咨询公司指定1名专家兼任。

批准人:	批准日期:	填表人:	填表日期:

公司名称:B公司

职务及专业领域	姓名	最高权重	A 整体资质 专家:10% 团队领导:10%		B 工程相关经验 专家:70% 团队领导:65%		C 国内外工作经验 专家:15% 团队领导:15%		D 全职雇员 专家:5% 团队领导:10%		总得分 (A+B+C+D)
国际咨询专家			评估(%)	得分			评估(%)	得分			
a 团队负责人*		40									
b 专家1:环境管理专家(12人月)		90									
c 专家2:社会移民管理专家(12人月)		90									
d 专家3:项目管理专家A(6人月)		70									
e 专家4:项目管理专家B(2人月)		70									
f 专家5:项目管理专家C(8人月)		70									
g 专家6:项目管理专家D(8人月)		70									

评估:优秀—90%~100%;好—80%~89%;一般—70%~79%;差—0~69%。

得分:最高权重×评估/100×(专家/100或团队领导/100)。

注:*由咨询公司指定1名专家兼任。

批准人:	批准日期:	填表人:	填表日期:

黄河洪水管理亚行贷款项目办公室与 A 公司

合同谈判纪要

2005 年 6 月 8 日

贷款号:1835 – PRC

项目名称: 亚行贷款黄河防洪项目

出席:黄河洪水管理亚行贷款项目办公室:

代表 1

代表 2

代表 3

······

A 公司:

代表 1

代表 2

代表 3

······

1. 开幕致辞

黄河水利委员会黄河洪水管理亚行贷款项目办公室(下文简称黄委亚行项目办)谈判代表,代表黄委亚行项目办欢迎参加合同谈判的 A 公司的代表。

2. 提交授权书

A 公司代表对被邀参加上述项目合同谈判表示感谢。该代表提交其作为 A 公司的代表与黄委亚行项目办进行谈判和签署合同的授权书。

3. 文件审查

黄委亚行项目办接受并审查了由 A 公司提交的财务建议书和支持文件,认为均符合要求。

4. 工作范围/咨询服务工作大纲(TOR)

咨询公司和黄委亚行项目办就项目管理软件进行了广泛的讨论,并就如下问题达成一致:

(1)工作大纲要求咨询专家"在现有的国际先进的、成熟的管理软件基础上,开发一套原型软件系统",因此购买项目管理软件是必须的,从而更容易实现开发项目管理系统的工作目标。

(2)双方同意,投入暂定金额为 60 万元人民币的预算,用于购买项目管理商业软件。

黄委亚行项目办负责项目管理软件的购买。咨询专家将评估项目管理软件,推荐采购方案,并协助黄委亚行项目办购买并应用软件。

(3)由于可用于国际咨询的总预算有限,同时考虑到使用成熟软件所带来的好处,双方同意国际咨询服务在项目管理上的总投入减少4个人月。

(4)国际咨询服务在此项目上的总投入仍为47.5个人月,其中3.5个人月按A公司投标文件的许诺免费提供。参见修改后的人员安排表。

黄委亚行项目办审核工作大纲,双方就如下修订达成一致:

(1)项目管理专家C增加3.5个人月的投入,替代原先的项目管理专家A的相应的工作。这个变动是合理的,因为专家C具有丰富的项目管理的经验。同时,这个变动对项目也是有利的,因为必须将亚行项目管理程序整合到专家C负责的项目管理软件开发工作中。此外,因为专家C是本项目的项目组长,这个变动也确保了亚行项目管理程序被应用到项目的整个过程之中。

(2)咨询专家提供符合亚行要求的诸多报告和提交成果的一整套标准模板或格式,这在提供咨询服务的过程中是非常重要的。在项目启动报告中,将基于与黄委亚行项目办和咨询专家的共同讨论对报告的提交日期做准确的陈述。

(3)国际咨询服务将严格履行工作大纲和投标文件中规定的服务范围、内容和提交的报告。如果有必要做任何更改,必须在项目启动期间与黄委亚行项目办协商获得同意。

此谈判纪要所记录的双方达成的一致意见如果与工作大纲不同,则以此谈判达成的一致意见取代工作大纲相对应的条款。

5.工作计划和人员安排计划

黄委亚行项目办审核工作计划及人员安排,双方就如下修订达成一致:

(1)项目将尽快开始,但不迟于黄委亚行项目办收到亚行关于批准谈判结果的正式通知15天之内。来自A公司的项目组长将先于国际专家一星期进场,为项目的开始进行准备工作。目前预计国际专家将于2005年7月18日进场。预计该项目的完成日期为2006年12月31日。

(2)专家的投入是相互关联的。为了更有效地达成工作目标,人员安排需做如下调整,参见所附修改后的人员安排表。在项目启动阶段将对工作计划做相应调整:

* 软件专家的投入应尽早开始,从而使黄委亚行项目办能够尽快使用项目管理软件。项目管理专家C的投入也应有时间间隔,便于与黄委亚行项目办和其他工作的配合。修改后的人员安排见附表。

* 财务专家的投入分两次进行,其中第二次投入应根据软件开发的时间来确定。

* 后评价和培训专家的第一次投入应在项目开始时进行,保证相关工作尽早开始。该专家的其他投入按A公司投标文件的建议时间暂时不变。

(3)具有双语能力的项目组长对项目管理专家和社会移民专家的协助将提高在这两个方面的投入的有效性。因此,项目管理专家和社会移民专家各有1个人月的投入转至项目组长。

(4)黄委亚行项目办意识到项目组长角色的重要性和双语项目组长的优势所在。因此,项目实施过程中将不允许对项目组长进行更换。

（5）在项目的实施过程中,咨询方应提供1名在现场工作的需具有双语能力的协调员,负责日常行政事务管理、文档管理、协调编写报告等工作。

（6）部分国际咨询服务也可以在公司总部进行。公司总部进行的工作包括但不局限于如下内容,工作时间如修改后的人员安排表所示,在项目启动期间,将基于与黄委亚行项目办和咨询专家的共同讨论对在公司总部进行工作的具体日期做更准确的安排。

　　＊为环境管理报告、社会移民管理报告制定标准的报告模板或格式;

　　＊编制环境管理和社会移民管理的培训材料;

　　＊编制符合亚行标准的项目管理方法和程序;

　　＊编制后评估方面的培训材料;

　　＊评估和推荐购买项目管理软件;

　　＊其他。

6. 人员

咨询专家已经确认,所有专家能够按照所附的修改后的人员安排表提供各自应承担的咨询服务。

7. 配合支持

黄委亚行项目办确认向咨询专家无偿提供以下支持:

(1)办公设施,包括:桌椅、打印机、电话、传真机、网络连接、复印机等;

(2)免费的市内电话;

(3)办公室耗材,如纸张等;

(4)为在黄委亚行项目办工作的咨询专家提供台式电脑;

(5)充分数量的业主方工作人员;

(6)相关的数据、地图、信息和文件;

(7)至项目相关区域的交通和与工作相关的市内交通、机场交通;

(8)协助咨询专家获得中国签证。

所有的配合支持、设备和上面涉及的信息将由黄委亚行项目办提供,并由咨询专家免费使用。

8. 设备和软件

合同中包括暂定金额为人民币60万元的预算,用于购买项目管理软件。咨询专家将协助黄委亚行项目办购买并应用该软件。

9. 财务

对A公司的财务建议书进行了审查,并对按要求附上的支持文件加以证实,并依据对相关项的讨论,在与A公司取得一致的情况下做了修正和调整。财务各项的详细情况见合同协议的附录。

10. 反腐败

根据政府的主要法规和2002年4月修订的《亚洲开发银行及其借款人使用咨询顾问指南》中的政策,政府以及亚行和咨询专家在执行项目期间,必须遵守最高的道德规范。不得赠与或收取合同规定以外的与合同执行有关的任何礼金、礼物回扣、佣金和其他款项。咨询专家确认将遵守随技术标书所附的商业诚信准则,确定在与客户、供应商或分包商进行业务往来时遵守最高标准的道德规范。

11. 咨询合同

审查并同意由黄委亚行项目办编写的合同草稿。将合同草签副本附到本纪要上。

12. 工作完成情况评估

对黄委亚行项目办用来评估 A 公司工作完成情况的方法进行了说明,咨询公司同意使用这种评估方法。

13. 合同管理

在合同中说明了合同管理和处理支付的详细方法。同时,针对款项的支付问题,为了确保支付款额与实际发生的费用相一致,咨询公司应向黄委亚行项目办提交足以证明完成相应工作量和阶段成果的证明材料或进度报告。

本纪要签于 2005 年 6 月 8 日

附表:(略)

A 公司   黄委亚行项目办

（签字）   （签字）
公司授权代表   首席谈判代表

第五章　国际咨询服务的实施

第一节　项目管理研究子项目国际咨询服务的实施

通过国际竞标,黄委亚行项目办于 2005 年 7 月 6 日与 A 公司正式签署了合同号为 YH - ZX - 01 的项目管理研究项目咨询服务合同,即日咨询专家组组长到达现场,正式开始咨询服务工作。在初始研究期间,共有 6 位国际咨询专家参加了工作,主要完成的工作内容有:①为咨询服务安排项目工作室及准备必要设备设施;②动员咨询专家到现场;③收集和分析基本数据,开展建立可持续的多项目管理系统的需求研究;④评估项目状况,识别开展项目所涉及的关键问题,在考虑项目进度和客户需求的情况下调整工作计划的内容;⑤结合今后项目实施,为咨询服务准备一份详细的工作计划;⑥确定项目成员的变动;⑦与客户,主要是黄委亚行项目办建立信息沟通机制和协调程序;⑧提供初始数据分析、项目评估,与客户讨论和研究有关的问题;⑨确定工作人员工作时间表。

2005 年 9 月,咨询专家组提交了《项目管理研究咨询服务启动报告》,对整个咨询服务工作按如下 4 个方面作了具体部署,并按部署开展了下述项目的咨询服务:①环境管理;②社会与移民管理;③项目管理,包括多元项目管理程序及办法、多项目管理软件(MPMS)、财务管理以及项目管理后评价;④培训。

一、环境管理方面

环境管理咨询服务总体目标是提高环境社会部的能力。环境管理的咨询服务范围已在项目大纲中说明,工作大纲所列出的五项任务可概括为:

(1)建立环境管理程序,涵盖亚行贷款项目建设前期直到后评价的全过程。

(2)对亚行的有关环境政策和要求,环境指南,项目实施期间环境保护措施的落实方式,报送亚行的各种环境报告的编写格式、报告内容等,开展环境管理方面的培训。

(3)协助黄委亚行项目办环境社会部,编写环境季度进度报告、环境监理报告和监测报告。

(4)帮助开发、建立环境经济损益分析指标体系、量化方法、措施投入产生的效益等。

(5)协助黄委亚行项目办环境社会部,编写环境保护竣工验收总结报告、帮助审核各合同单位的环境监理、监测总结报告。

咨询专家的工作实施进度见表 5-1。

环境管理咨询提供的主要成果如表 5-2。

表 5-1　环境管理咨询服务工作进度

任务	概述	工作成员	工作期限
0	初始研究阶段的国际专家开始工作	环境管理专家1	2005.08
1	制定环境管理程序	环境管理专家1	
	审阅亚行和国际上的管理程序	环境管理专家1	2005.09
	审阅机构安排和环境程序	环境管理专家1	2005.10
	准备制定环境管理程序的进度表,并征求环境社会部同意	环境管理专家1	2005.10
	制定环境管理指南	环境管理专家1	2005.10
	反馈和审阅/修改指南	环境管理专家1	2005.10
2	培训	环境管理专家1	
	培训需求评估	环境管理专家1	2005.11
	准备培训课程大纲	环境管理专家1	2005.11
	准备培训课程材料,包括制定各种类型的报告格式	环境管理专家1	2005.12~2006.01
	培训课程准备和演讲	环境管理专家1	2006.06
3	成本效益分析	环境管理专家2	
	确定需要的数据	环境管理专家2	2005.11
	成本效益分析与指标体系	环境管理专家2	2006.01~03
	编写和上交总结报告	环境管理专家2	2006.03
4	审阅月报告、季度报告和半年度报告	环境管理专家1	根据需要,随时进行
5	完成最终环境报告	环境管理专家1	
	审阅管理文件和准备报告大纲	环境管理专家1	2006.10~11
	与项目办、监理公司和承包商共同现场考察工地恢复情况	环境管理专家1	2006.11
	编写报告	环境管理专家1	2006.12
6	协助完成项目完工总报告	环境管理专家1	2007.09

表 5-2　环境管理咨询主要成果

序号	提交成果名称	提交日期
1	初始研究报告	2005.09.07
2	环境管理指南	2005.10.31
3	培训需求评估	2005.11.18
4	培训教材	2005.11.30
5	编写各种类型报告的格式和内容	2005.11.30
6	培训课程	2006.06.05～08
7	成本效益分析报告	2006.03.31
8	月监测报告、季度进度报告和半年度监测报告的审阅	每月或随到随审
9	最终环境报告/项目完工总报告	2006.12.31/2007.09.30

二、社会与移民管理方面

国际咨询专家的目标是帮助提高黄委亚行项目办环境社会部的管理能力,加强移民办各层员工的实践技能,提供培训和能力构建,使环境社会部得以改进,以满足亚行的要求。社会和移民咨询专家开展服务的主要任务为:

(1)审核黄河防洪项目现有的移民体制设置,评估移民实施的绩效。

(2)为黄委的员工提供包括审查移民安置规划,移民安置实施管理,移民安置监测与评估,参与性项目监测与评估等方面的培训,制定培训计划,准备培训材料并开展培训。

(3)协助环境社会部开展该项目的参与性监测及评估。特别是工作计划的制定,就如何对项目受益方之间开展社会和贫困影响监测,监测指标的确定,调查纲要的审核,调查队伍的选择,参与社会和贫困监测过程并按照亚洲开发银行的要求制定报告。

(4)协助环境社会部拟定有关聘用及选择移民规划机构、移民安置监管机构、独立移民安置监测与评估机构的文件,并且确定选择程序、规范及评估办法。

(5)开发移民指标系统,囊括从项目初期准备阶段直到项目完成之后的后评价阶段。该系统几个子系统指标,包括移民安置计划、进程评估和实施质量评估、移民安置监测与评估、移民项目的后评价。

(6)在项目完成后协助环境社会部准备移民安置完成报告,其中包括制定具体的工作计划、收集相关资料、设立评估标准、参与报告的编写。

社会和移民咨询专家的工作实施进度见表5-3。

社会和移民咨询提供的主要成果如表5-4。

表 5-3　社会和移民咨询专家咨询服务工作进度

项目	任务	工作期限	备注
任务 1	建立移民安置管理体制,找出薄弱环节并提供建议		
（1）	制定移民安置管理手册	2005.09 ~ 10	
（2）	制定内部移民安置监控报告格式以及季度进度报告格式	2005.09 ~ 10	
（3）	协助环境社会部编写内部监控与评估报告	2005.08 ~ 2006.12	3 次报告
（4）	协助环境社会部审核外部监控与评估报告并给予建议	2005.08 ~ 2006.12	4 次报告
任务 2	为环境社会部和其他机构提供移民安置培训		
（1）	分析培训需要	2005.10 ~ 11	
（2）	制定培训工作计划	2005.10 ~ 11	
（3）	准备培训资料与开展培训	2006.10	
任务 3	协助环境社会部开展参与性监控与评估工作		
（1）	为参与性监控与评估制定工作计划	2006.12	
（2）	开发监控指标/选择调查小组	2007.01	
（3）	准备/审核调查纲要	2007.01 ~ 02	
（4）	参与调查过程	2007.02 ~ 05	
（5）	协助编制监测报告	2007.03	
任务 4	协助环境社会部制定聘用规划、管理与监控机构的流程和评估方法,并对实施阶段可能出现的问题提出建议	2006.06	
任务 5	制定从项目准备到完成的移民安置指标体系,制定移民后评价实施办法和评价标准	2006.06	
任务 6	协助环境社会部编制移民完工报告		
（1）	为项目完工报告制定工作计划	2006.12 ~ 2007.02	
（2）	收集并分析样本子项目的数据	2007.01 ~ 04	
（3）	参与编制移民完工报告	2007.07 ~ 09	
（4）	为整个项目准备移民完工报告摘要	2007.09 ~ 2008.04	
任务 7	协助开发移民管理方面的项目管理软件	2006.12 ~ 2008.04	

表 5-4　社会和移民咨询主要成果

序号	提交成果名称	提交日期
1	移民安置管理手册	2005. 10. 30
2	内部移民安置监测报告格式和移民季度进度报告格式	2005. 10. 30
3	内部监测与评估报告	2005. 12. 31
4	培训需求评估报告,移民安置培训工作计划	2005. 11. 30
5	提供培训教材与开展培训	2006. 10. 25 ~ 29
6	农村参与式评估(PRA)扶贫监测工作计划	2006. 12. 30
7	PRA 调查/PRA 监测报告	2007. 02. 30/2007. 05. 31
8	聘用规划、管理与监测机构的流程和评估方法	2006. 06. 30
9	从项目准备到完成的各阶段的移民安置指标体系,后评价标准和实施办法	2006. 06. 30
10	移民安置完工报告及后评价报告	2008. 04. 15

三、项目管理方面

(一)多元项目管理程序及办法

本项目管理研究所要实现的多元项目管理系统是黄委将长期采用的一种项目管理系统。通过参考工作大纲及与黄委亚行项目办成员的讨论,根据黄委的要求,为开发一个多项目管理系统(MPMS),项目管理咨询将重点关注以下几方面:①MPMS 应包括整个项目周期;②应采用先进项目管理的办法以改进管理效率;③基于软件 MPMS 对于黄委高效地管理上百个项目十分的关键;④本研究项目提供了黄委采用亚行项目管理经验的机会;⑤虽然黄委的一部分工作人员了解一些先进的项目管理技术,但还有必要提供更简单的途径和工具来采用这些技术;⑥需要对黄委的各个层次的工作人员在理论和先进项目管理软件的运用两个方面提供大量培训。

(二)多项目管理软件(MPMS)

以下是项目管理软件的最基本需求:①以网络为基础,只要有网络可链接,就能够登录;②必须保证系统和数据的安全性,通过授权密码来登录,并根据用户和操作需要设置不同权限级别;③项目管理程序应反映项目周期;④重要的信息可以按要求的格式下载、浏览、检查、修改和转换;⑤软件是用来处理多项目的,项目信息能够分类和分组,并作相应的分析和汇总;⑥需要单个项目和多项目分析工具,例如与一个项目或多个项目的有关的财务数据分析;⑦除财务管理之外,还需要环境管理和社会移民管理的步骤和数据;⑧一些关键信息,包括反映项目进度的关键日期和财务数据都应清楚地记录,并能按要求更新;⑨界面应是友好界面,一方面重要数据不能遗漏,另一方面应尽量减少人工输入,以便减少人为错误。

项目管理咨询服务和项目管理软件开发的工作进度见表5-5。

表 5-5 项目管理和软件开发工作进度

编号	工作内容	国际咨询专家	工作期间
1	项目启动及启动报告	软件开发专家兼组长/项目管理专家	2005.07.26 ~ 2005.09.16
（1）	项目启动和管理、人员更换等/项目组长协调和管理	软件开发专家兼组长	2005.07.26 ~ 2005.09.16
（2）	环境管理协调	软件开发专家兼组长	2005.07.26 ~ 2005.09.16
（3）	财务管理协调	软件开发专家兼组长	2005.07.26 ~ 2005.09.16
（4）	移民管理协调	软件开发专家兼组长	2005.07.26 ~ 2005.09.16
（5）	后评价管理和培训协调	软件开发专家兼组长	2005.07.26 ~ 2005.09.16
（6）	项目管理方法研究协调	软件开发专家兼组长/项目管理专家	2005.07.26 ~ 2005.09.16
（7）	编写报告	软件开发专家兼组长/项目管理专家	2005.08.15 ~ 2005.09.08
（8）	报告翻译/递交	软件开发专家兼组长	2005.09.08 ~ 2005.09.16
2	项目管理需求分析		2005.08.08 ~ 2005.11.10
（1）	背景和目标	软件开发专家兼组长/项目管理专家	2005.08.08 ~ 2005.11.10
（2）	用户及其需求	软件开发专家兼组长/项目管理专家	2005.08.08 ~ 2005.11.10
（3）	现有基础分析	软件开发专家兼组长	2005.08.08 ~ 2005.11.10
（4）	环境、移民、财务、后评价及培训咨询协调	软件开发专家兼组长	2005.08.08 ~ 2005.11.10
（5）	研究和选择平台标准	软件开发专家兼组长	2005.08.08 ~ 2005.11.10
（6）	项目管理能力建设需求分析报告初稿	软件开发专家兼组长/项目管理专家	2005.08.08 ~ 2005.11.20
（7）	项目财务管理能力建设建议报告	财务管理专家	2005.08.08 ~ 2005.11.07
（8）	财务管理建议报告翻译和校对	软件开发专家兼组长	2005.08.08 ~ 2005.11.15
3	项目管理能力建设	软件开发专家兼组长	2005.09.20 ~ 2007.10
（1）	引进亚行项目管理理念和方法	项目管理专家/软件开发专家兼组长	2005.09.20 ~ 2005.11.05
（2）	审阅国内外先进项目管理软件技术	软件开发专家兼组长	2005.09.20 ~ 2005.11.07
（3）	合同管理研究与咨询	项目管理专家/软件开发专家兼组长	2005.09.20 ~ 2007.11.05

续表 5-5

编号	工作内容	国际咨询专家	工作期间
(4)	项目管理软件需求分析报告	软件开发专家兼组长	2005.09.20 ~ 2005.11.25
(5)	编写软件设计大纲初稿	软件开发专家兼组长	2005.09.20 ~ 2005.12.12
(6)	设计大纲讨论和修改	软件开发专家兼组长	2005.09.20 ~ 2005.12.22
(7)	报告和大纲翻译与审核	软件开发专家兼组长	2005.09.20 ~ 2006.01.10
(8)	引进国际项目管理理念和方法	软件开发专家兼组长	2005.09.20 ~ 2006.01.28
(9)	对黄委项目管理方法和技术提出改进建议，形成报告	软件开发专家兼组长	2006.12 ~ 2007.05
(10)	项目管理能力建设建议报告	软件开发专家兼组长	2006.12 ~ 2006.03.20
4	构建平台和详细设计	软件开发专家兼组长	2005.12.20 ~ 2006.02.15
(1)	招标和平台软件的选定	软件开发专家兼组长	2005.12.20 ~ 2006.02.15
(2)	初步设计	软件开发专家兼组长/软件开发商	2005.12.20 ~ 2006.02.15
5	原型系统及项目管理软件开发		2006.02.16 ~ 2007.05
(1)	协助原型系统开发	软件开发专家兼组长	2006.02.16 ~ ~2006.07
(2)	协助项目管理软件开发	软件开发专家兼组长	2006.12 ~ 2007.05
(3)	协助软件编程	软件开发专家兼组长	2006.12 ~ 2007.02
6	资料的录入和软件调试		2006.07.30 ~ 2007.03
	协助资料的录入/软件调试/总结	软件开发专家兼组长	2006.07.30 ~ 2007.03
7	试运行/修改/验收/编写使用手册		2006.7.10 ~ 2007.04
(1)	协助软件试运行/修改/编写使用手册	软件开发专家兼组长	2007.03 ~ 04
(2)	协助软件验收	软件开发专家兼组长	2007.04 ~ 05
(3)	软件开发咨询工作总结和报告	软件开发专家兼组长	2007.05
8	培训		2006.10.10 ~ 11.09
	协助培训	软件开发专家兼组长	2006.10.10 ~ 11.09
9	项目总报告		2007.08 ~ 2007.10
(1)	项目管理咨询工作总结和报告	软件开发专家兼组长	2007.08 ~ 09
(2)	国际咨询完工报告	软件开发专家兼组长	2007.09 ~ 10

项目管理咨询服务提交的主要成果见表 5-6。

表 5-6 项目管理咨询主要成果

序号	提交成果名称	提交日期
1	项目启动及启动报告	2005.09.16
2	多元项目管理软件需求分析报告	2005.11.25
3	多项目管理软件开发设计大纲	2005.12.12
4	多项目管理系统技术设计	2006.02.15
5	多项目管理系统软件包	2006.07.30
6	多项目管理系统用户手册	2007.04.30
7	项目完工报告的相关章节	2007.10.30

(三)财务管理

亚行贷款合同中的条款规定黄委建立黄河洪水管理项目的独立账户,且每年须由亚行认可的外部审计师对这些账户进行审计。经审计的账户情况须在每个财政年度结束后的 9 个月内提供给亚行。该项目采用的会计政策和会计程序以财政部规定及 2001 年 1 月制定的亚行贷款支付手册为准。

本咨询项目的工作大纲中要求财务管理咨询专家建立符合中国工程建设财务管理规程、亚行贷款支付手册以及国际会计准则要求的项目会计程序。由于本项目国际咨询专家聘用工作的延后,当财务管理专家进场时,黄委亚行项目办已经为本项目建立了项目会计和报告程序。在与黄委亚行项目办协商之后双方同意,咨询专家检查现行的会计核算和报告程序,重点研究应如何改进该程序以便符合黄委更广泛的在建项目管理过程和报告要求,并使其兼容于黄委总体的项目管理过程和管理信息系统中。该信息系统的设计正是本咨询项目中项目管理模块的工作。财务管理咨询专家的主要工作为:①项目会计核算要求和季度报告的框架,包括建立各类工程费用申请、批复、报账及支付的标准工作流程、指标体系、财务和资金流分析体系和相关的报表;②新的项目会计系统和支付程序的培训;③协助准备项目完工报告,这将包括核算成本、审查经济分析和经济回报率。

财务管理咨询服务工作进度见表 5-7。

表 5-7 财务管理咨询服务工作进度

项目	任务	工作期限
1	项目会计核算要求和季度报告的框架	2005.08 ~ 11
2	协助编制项目完工报告(财务管理部分)	2006.01
3	财务管理培训	2007.06.26 ~ 27

(四)项目管理后评价

项目管理后评价是项目周期的一个组成部分。后评价分为两种类型:一种是负责项目设计和实施的运营机构进行的自我评价,另一种是由独立的评价机构进行的独立后评价。自我评价的文件包括项目业绩报告、项目建设过程中的期间评价报告以及项目完工报告,项目后评价报告表明的是独立评价机构对单个项目的评价结果和独立评价工作的基本工具。

咨询专家将建立起一套项目业绩管理体系,用来监督项目的进度、成本、环境和社会影响,并且评价咨询专家、承包商、供货商、项目执行机构(水利部和黄河水利委员会)以及亚行在相关项目中的作为。咨询专家将对工程措施部分(河堤加固和村台建设等)的质量以及非工程措施部分(洪水预测和决策支持系统)的效果进行评价。

项目管理后评价咨询服务的工作进度见表5-8。

表 5-8 项目管理后评价咨询服务的工作进度

项目	任务	工作期限
1	项目管理后评价框架	2005.08 ~ 11
2	项目管理后评价指标体系设立	2005.04
3	项目业绩监控体系	2006.04
4	调查收集子项目的执行数据、实际情况信息	2006.10 ~ 12
5	子项目数据分析、评价、讨论	2007.01 ~ 03
6	撰写子项目后评价报告	2007.04
7	准备后评价培训材料	2007.04 ~ 06
8	项目后评价体系培训	2007.09.25 ~ 27
9	后评价全部工作总结和汇报	2007.09

项目管理后评价咨询服务提交的主要成果见表5-9。

表 5-9　项目管理后评价咨询主要成果

序号	提交成果名称	提交日期
1	项目管理后评价报告	2007.04.30
2	后评价培训教材	2007.09.05
3	后评价工作总结	2007.09.30

四、国际咨询服务下的培训

本项目的国际咨询服务下的培训工作详见本书第六章。

五、国际咨询服务合同的变更

项目管理研究咨询服务合同号为 YH-ZX-01,咨询服务总投入 47.5 个人月,其中包括 3.5 个人月的无偿投入。在执行的过程中,由于人员变动、咨询内容增加、工期延长等原因,经咨询公司提出、黄委亚行项目办同意并报亚行批准,又签署了 5 个合同补充变更协议,主要变更内容为:

(1)2005 年 8 月 25 日签署合同变更协议 YH-ZX-01-01 和 YH-ZX-01-02:原合同中所列的项目管理专家,因病不能来中国参加咨询工作,由咨询公司另派一名资质相当的项目管理专家代替并承担其全部工作,费用不变;原合同中所列社会与移民管理专家,也因本项目开工时间推迟而无法按新的安排来中国参与咨询工作,也由咨询公司另派一名资质相当的移民专家代替并承担其全部工作,经费不变。

(2)2005 年 11 月 29 日签署合同变更协议 YH-ZX-01-03:为提高专家组在环境管理咨询方面的技术能力,咨询公司建议加派一名资深的环境管理专家 2 承担原先由该合同中所列的环境管理专家 1 从事的防洪工程的环境经济损益分析的全部工作(现场 2 个人月和总部 0.5 个人月),经费不变。

(3)2006 年 12 月 29 日签署合同变更协议 YH-ZX-01-04:因项目延期,原工作无法在合同规定的 18 个月内完工,合同期限从 18 个月调整为 30 个月,咨询服务总人月数与经费不变。

(4)2007 年 12 月 24 日签署合同变更协议 YH-ZX-01-05:由于项目管理软件开发工作和移民咨询服务无法在 2008 年 1 月 25 日完成,同时为协助黄委编制项目的完工报告,合同再次延期到 2008 年 6 月 25 日;项目管理软件开发和工程实施项目的完工报告编制各增加咨询投入 2 个人月,并相应增加 4 个人月的咨询服务经费。

项目管理研究咨询服务合同聘用的咨询专家与人员投入最后结果见表5-10。在该合同的实施过程中,经过 5 次合同补充变更,使咨询服务的最后总投入由原来的47.5 个人月增加到51.5 个人月,其中包括 3.5 个人月的无偿投入。

表 5-10　项目管理研究咨询服务合同聘用的咨询专家与人员投入最后结果

咨询专家	工作内容	工作人月数							合同号
		现场		公司总部		总计投入			
		有偿	无偿	有偿	无偿	有偿	无偿	合计	
项目董事	项目董事到现场2次,检查工作	0	0.5	0	0		0.5	0.5	YH-ZX-01-01
环境管理专家1	环境管理程序,环境培训,协助编写及审查有关环境方面的报告	6	0	2.5	0	8.5	0	8.5	YH-ZX-01-03
环境管理专家2	编制环境经济损益分析报告	2	0	0.5	0	2.5	0	2.5	YH-ZX-01-03
社会移民专家	建立包括移民规划、实施进度、监测评估体系;协助编制移民进度报告,开展移民培训;制定社会参与监测评估体系的建立,开展移民培训	8	0	3	0	11	0	11	YH-ZX-01-02
项目管理专家	制定项目管理整体框架、管理流程、指标体系,评审相关的报告、报表和记录格式,协助制定项目实施计划	1.08	0	0.5	0	1.58	0	1.58	YH-ZX-01-01
		0.92	0	0	0	0.92	0	0.92	YH-ZX-01-04
财务管理专家	建立各类工程费用申请、批复,报账及支付的标准工作流程,指标体系,财务和资金流分析相关的报表	2	0	0	0	2	0	2	YH-ZX-01-01
软件开发专家兼专家组组长	开发或优化项目管理软件程序,协助编制完工报告	7.5	2	2	0	9.5	2	11.5	YH-ZX-01-01
后评价及培训专家兼专家组副组长	建立项目管理后评价体系,制定项目管理知识的培训计划和内容,并对项目管理人员进行培训,协助编制完工报告	4	0	0	0	4	0	4	YH-ZX-01-05
		6	0.5	2	0.5	8	1	9	YH-ZX-01
总计		37.5	3	10.5	0.5	48	3.5	51.5	

第二节　非工程措施研究子项目国际咨询服务的实施

非工程措施咨询由 3 名国际个体咨询专家承担。通过国际竞标,黄委亚行项目办分别于 2007 年 11 月 20 日、21 日和 12 月 25 日与 3 名国际独立个体咨询专家签订了咨询合同。在项目执行过程中均未对所签合同进行变更,咨询专家尽职尽责地按工作大纲要求完成了全部工作,并提交了相应成果,见表 5-11。

表 5-11　非工程措施咨询主要成果

序号	合同号	提交成果名称	提交日期
1	YH - ZX - 02	小花间气象水文预报软件系统技术咨询报告 (1)意大利水文气象耦合预报软件系统 (2)美国可视化河流预报系统 (3)系统本地化及整合 (4)气象水文数据预处理接口软件开发 (5)预报软件系统功能 (6)软件系统评估 (7)结论与建议	
2	YH - ZX - 03	(1)水库冲淤机理及数值模拟技术咨询报告 (2)水库冲淤变化过程数值模拟程序及使用说明书	2008.06.20
3	YH - ZX - 04	黄河下游基于 GIS 的二维水沙数学模型研究技术咨询报告 (1)数学模型总体设计及关键技术研究咨询报告 (2)模型测试原则及方案设计咨询报告 (3)进行模型测试的特殊问题的解析解和试验数据 (4)相关软件之源程序和用户使用手册	2008.06.20

非工程措施研究咨询服务合同聘用的咨询专家与人员投入最后结果见表 5-12。

表 5-12　非工程措施研究咨询服务合同聘用的咨询专家与人员投入最后结果

| 咨询专家 | 合同号 | 子项目名称 | 工作人月数 | | | 工作期限 |
			现场	总部	总计	
水文学及水资源专家	YH - ZX - 02	小花间气象水文预报软件系统	4	0	4	2007.12.20 ~ 2008.12.15
水力学与泥沙工程专家	YH - ZX - 03	水库冲淤机理及数值模拟	3	2	5	2007.12.20 ~ 2008.06.20
水文泥沙专家	YH - ZX - 04	黄河下游基于 GIS 的二维水沙数学模型研究	5	0	5	2008.01.10 ~ 2008.06.20

一、黄河小花间气象水文预报软件系统

黄河小花间气象水文预报软件系统国际咨询服务合同于2007年11月20日签字后，咨询专家于24日前往项目执行地(中国郑州)与预报软件系统使用方(黄委水文局)进行了沟通，并就软件系统建设的具体技术细节问题进行了充分的讨论，以此启动了本咨询服务项目。在整个项目实施过程中，咨询专家一直严格按照合同和有关协议或商定开展工作。

1. 考察本地系统

2007年11月24~30日：由于项目涉及意大利水文气象耦合预报软件系统和美国可视化水文预报系统(VisualRFS)两个软件系统与黄委水文局现有本地系统的整合，因此这两个新系统在黄委水文局安装前，重点考察了黄委水文局本地系统，了解黄委水文洪水预报工作流程，掌握黄委本地水文预报系统，如黄河洪水预报系统、中国洪水预报平台及洪水预报专用数据库等。

2. 系统关键技术和本地化

2007年12月20日至2008年1月18日：在项目启动初期，重点分析模型原理及方法、数据库结构、数据处理方法等，为系统本地化和整合奠定基础。对两个系统的相关技术进行了咨询，并为系统本地化改造和系统扩充等关键技术提供咨询。在一系列初期阶段工作的基础上，咨询专家对咨询方案进行了设计，提交了项目初期咨询报告。

3. 软件系统整合

2008年1月19日至2008年2月2日：引进的意大利水文气象耦合预报软件系统和美国可视化水文预报系统(VisualRFS)在黄委初步安装后，协助黄委水文局进行系统整合准备工作。对两个预报系统的结构、数据流程、模型配置策略、预报方案率定、系统可视化等进行咨询。

2008年2月25日至2008年3月25日，2008年4月1~15日：咨询专家协助黄委有关人员对现有洪水预报系统及两个引进的软件系统进行集成整合，与黄委水文局专业人员共同开发了气象水文数据预处理接口软件，实现了两个引进软件与黄委的数据平台和实时作业预报的整合。在上述工作基础上，提交了中期咨询报告。

4. 系统后评估

2008年4月16~30日：对后评估方案进行了设计，提出了从模拟预报精度，软件系统稳定性、可靠性、实用性等方面进行系统后评估的总体评价方案。

由于业主方与开发方签订了推迟提交最终软件系统的协议，相应地业主方与咨询专家也签订了咨询服务的补充说明，因此系统后评估的后续工作也相应推迟。

2008年12月1~15日：对引进的意大利水文气象耦合预报软件系统和美国可视化水文预报系统(VisualRFS)进行全面评价，特别是对两个洪水预报系统在黄河小花间应用效果进行评估。

在上述一系列工作的基础上，咨询专家对咨询服务进行了总结与完善，向业主方提交了对两个系统的评估意见，并撰写了咨询报告。

二、水库冲淤机理及数值模拟

咨询专家从 2007 年 12 月 20 日开始至 2008 年 6 月 20 日,以间歇方式投入 5 个人月(现场 3 个人月和总部 2 个人月)对水库冲淤机理及数值模拟子项目进行合同编号为 YH-ZX-03 的咨询服务工作。主要咨询内容为:①研究小浪底库区的泥沙输移、冲刷和淤积机理,并开发计算机模型模拟这个过程;②修改和完善专家的 GSTARS 计算机模型并利用新的模型模拟小浪底水库的冲淤过程,这个新模型能够模拟由于入库流量和降低水库运用水位引起的干支流冲刷量、部位和形态;完成后,将提供给一个将来能够使用的可执行代码,并且提交一份总结了研究成果的最终报告。提交的技术咨询报告包括进展及最终报告,其中包括可执行代码的计算机模型。

三、黄河下游基于 GIS 的二维水沙数学模型研究

咨询专家从 2008 年 1 月 10 日开始至 2008 年 6 月 20 日,以间歇方式在现场投入 5 个人月对黄河下游基于 GIS 的二维水沙数学模型研究子项目进行合同编号为 YH-ZX-04 的咨询服务工作。主要咨询内容包括黄河模型系统总体结构设计、水流泥沙构件设计、模型系统中的数据传送技术、模型测试和应用及先进的数值方法研究以及数值方法研究。提交技术咨询报告包括下列 4 部分:①数学模型总体设计及关键技术研究咨询报告;②模型测试原则及方案设计咨询报告;③进行模型测试的特殊问题的解析解和试验数据;④相关软件的源程序和用户使用手册。

第三节　国际咨询服务的管理与绩效评价

一、国际咨询服务的管理

为加强对聘用国际咨询专家的管理,黄委亚行项目办于 2006 年 1 月 10 日印发了《国际咨询专家工作管理办法》(见附件 5-1),2006 年 7 月 27 日印发了《国际咨询专家聘用人员考勤办法》(见附件 5-2)。这两个办法的制定,对国际咨询工作的管理起到了很好的作用。

二、国际咨询服务的绩效评价

黄委亚行项目办依据《国际咨询专家工作管理办法》和《国际咨询专家聘用人员考勤办法》对咨询公司的工作过程进行监测,主要是进行考勤,检查工作进度报告,并制定相应的规章制度,以动态监测咨询专家的工作完成情况。对国际咨询工作的管理和咨询专家的履约起到了很好的作用。

根据监测,项目管理咨询专家的工作总体上是令人满意的,特别是环境管理专家在促进黄委亚行项目办及黄委在环境管理方面的能力起到了很好的作用,项目软件专家和后评价专家在项目管理方面也给黄委亚行项目办提供了很好的帮助。但个别咨询专家在承担本项目咨询工作以外又承担了其他工作,部分地影响了本项目的工作进度。

从事非工程措施研究咨询服务的3位咨询专家工作非常认真,按照合同要求在现场完成了各项工作,对黄委在气象水文预报软件系统及数学模拟系统开发方面提供了很好的技术支持。

第四节　实施经验总结

(1)亚行贷款借款人聘用国际咨询专家的方法和程序,都是已经设计好的几种,至于使用何种方法,亚行依据贷款项目的复杂程度,在《行长建议评估报告》(RRP)中已作了明确规定,因此借款人必须按照亚行规定的方法和程序来聘用国际咨询专家。如果事前未经亚行批准,改变了聘用方法和程序,必将导致聘用失败。因此,借款人在聘用过程中,必须严格按亚行要求的方法、程序进行,切不可自我创造。

(2)向亚行报告的文件格式内容,如咨询工作大纲、邀请函、资料表、评审标准、技术建议书、财务建议书、技术建议书评审排序报告、咨询服务合同样本、合同谈判纪要、咨询工作绩效评估问卷表格等的格式和内容,亚行都有样本,只要按照亚行的格式内容编写,就很容易获得亚行的批准,否则,就有可能退回返工。

(3)咨询服务工作大纲(TOR)是给咨询专家提供咨询服务的技术基础和工作框架,一定要花工夫把工作大纲编翔实,具可操作性。有一个好的可操作性的工作大纲,咨询专家才能编制出翔实的、具可操作性的技术建议书和切合实际的财务建议书,才会有一个符合实际的合同。这也给借款人监测、管理好咨询专家的工作,提供了一个坚实的基础。

(4)在聘用咨询专家的过程中,一定要注意体现公平、公正的原则,如从向短名单公司发出邀请函至提交技术建议书的截止日期之前,若有一个公司对工作大纲提出澄清请求,且经研究该澄清请求是合理的,则执行机构给该公司的澄清函,也必须同时送给其他所有短名单公司。否则,执行机构将有可能遭受不公正的指控。

(5)合同签署后,因出现一些合理的原因,需要对合同进行小的调整,需经协商一致并签署补充协议,报亚行正式批准后才能实施。如亚行贷款黄河防洪项目的项目管理咨询服务合同签署后,由于原定人员生病而无法工作,咨询公司提出人员更换意见,经执行机构研究同意更换,但前提是更换的人员资质不能低于和报酬不能高于被更换人员,并必须能承担起更换人员原来承担的全部工作。亚行贷款黄河防洪项目的项目管理咨询服务合同签署后,因各种原因共签署了5项补充协议,并得到了很好实施。

(6)要搞好培训,培训教师对教材、幻灯片和教程的准备一定要认真充分,要采取较好的授课方式;请一些有实践经验的专家授课,他们对问题的理解比较深刻,讨论会比较充分;培训时要提供教材和幻灯片译本,便于学员授课时对照学习;翻译是培训教师和学员之间沟通的桥梁,翻译的语言表达一定要完整清楚,使教师和学员之间信息交流准确,沟通方便,有助于提高理解能力。因此,要取得好的培训效果,需要具备以下三个条件:一位好教师、一本好教材和一位好译员。

(7)在咨询项目执行过程中,业主和咨询顾问之间,业主和亚行之间产生分歧是难免的。这种情况的产生大部分是缺乏沟通引起的。因此,在工作中多沟通,是解决分歧的有效方法。

附件 5-1

亚行贷款黄河防洪项目
国际咨询专家工作管理办法

1. 为使国际咨询专家工作的考核与考勤等管理工作标准化和程序化,经黄河水利委员会黄河洪水管理亚行贷款项目办公室(下简称黄委亚行项目办)与咨询专家组协商一致,制定本办法。

2. 制定本办法的依据是黄委亚行项目办与咨询公司在 2005 年 7 月 6 日签署的国际咨询服务合同和 2005 年 6 月 8 日签订的合同谈判纪要。

3. 黄委亚行项目办工程技术部和环境社会部负责对咨询专家的工作进行考核,综合部负责考勤工作。专家组组长协助黄委亚行项目办负责对咨询专家的工作和出勤情况进行考核与考勤。

4. 专家组组长每月 26 日前向黄委亚行项目办提交下月《专家到达现场计划时间表》。综合部负责核查和记录专家在现场的实际出勤天数。

5. 环境社会部和工程技术部主要负责工作进度和质量核查,核查办法是各部视具体工作内容和进展情况决定:相应专家以表格《专家工作计划和成果汇报表》的形式每周(每两周或每月)汇报上周(上两周或上月)工作成果和下周(下两周或下月)工作计划。环境社会部和工程技术部部长在审核《专家工作计划和成果汇报表》后,根据工作情况填写《专家工作周考核与考勤表》并签字。此表是编制《专家工作考核与考勤月汇总表》的依据。

6. 专家工作考核与考勤以及咨询费支付工作中几个具体问题的处理:

(1) 咨询专家在本部的工作考核与考勤,以环境社会部和工程技术部的工作进度和质量核查为主。人月数按实际工作天数除以当月非周末天数计算。

(2) 协调员的协议时间为 18 个人月,其考勤按实际到达现场的工作人数和工作时间计算,无论是同时 2 人还是 1 人在现场,均按 1 人支付报酬(天数不累计)。如现场无协调员,不得计列协调员报酬。

(3) 计入现场工作时间的旅行天数,不论路途远近,均一个来回按 2 天计算。每位专家的旅行次数,严格按照合同规定次数控制执行。凡超过合同规定旅行次数的旅行,均不计现场工作时间的旅行天数,即旅行天数按零计算。

7.《专家工作考核与考勤月汇总表》是咨询费支付的依据。经各部部长签字核准后,交财务审核签字,最后呈黄委亚行项目办主管副主任批准提款。

8. 综合部应对《专家到达现场计划时间表》的内容,进行跟踪检查。

9. 本办法自发文之日起生效,解释权归黄委亚行项目办。

　　附表:1. 专家工作周考核与考勤表

　　　　 2. 专家工作月考核与考勤月汇总表

黄河洪水管理亚行贷款项目办公室

2006 年 1 月 10 日

附表 1 专家工作周考核与考勤表

2006 年___月___日至___月___日

专家姓名	考核内容	本部	现场	部长签字	备注（说明评价为 M 或 U 的理由）
	工作完成情况	□E（极好）　□S（满意） □M（勉强）　□U（不满意）	□E（极好）　□S（满意） □M（勉强）　□U（不满意）		
	出勤情况	□全勤（评价等级为 E 或 S） □部分出勤（评价等级为 M 或 U），折算出勤天数按___天计	□全勤 □部分出勤，按___天计（具体缺勤日期为：___）		
	工作完成情况	□E（极好）　□S（满意） □M（勉强）　□U（不满意）	□E（极好）　□S（满意） □M（勉强）　□U（不满意）		
	出勤情况	□全勤（评价等级为 E 或 S） □部分出勤（评价等级为 M 或 U），折算出勤天数按___天计	□全勤 □部分出勤，按___天计（具体缺勤日期为：___）		

注：1. 请在□内打"√"。
2. 两周或每月考核、考勤，亦可用此表。
3. 如存在不好用打"√"表述的情况时，也可用文字表达。

附表 2　专家工作月考核与考勤月总表

Study on Project Management for the ADB Loan Yellow River Flood Management Sector Project
亚行贷款黄河洪水管理项目　项目管理研究
International Consultancy Input –　　　200　　　

Consultant Name 专家姓名	Site /Home 现场/ 本部	(Month) 200　　　　　200　　　　年　　月																														Travel (days) 旅行 天数	Total Time (days) 总天数
		1	2	3	4	5	6	7	8	9	10	11	12	13	14	15	16	17	18	19	20	21	22	23	24	25	26	27	28	29	30	31		
Total Days 总天数																																		

Checked By 审核	Head of ETD 工程部部长	Head of ESD 环境社会部部长	Head of ID 综合部部长	Team Leader 专家组组长
Signature 签名				
Date 日期				

NOTES:
1. Fractions of days should be in quarters (1/4) or multiples thereof.
2. Input half of intl Travel time only if return occurs in next month.
3. This time sheet is subject to client and Project Team Leader verification.
4. This time sheet is to be used for preparing invoice to PMO of YRCC.

亚行贷款黄河防洪项目

国际咨询专家聘用人员考勤办法

1. 为使国际咨询专家聘用人员的考核与考勤工作标准化和程序化,经黄河水利委员会黄河洪水管理亚行贷款项目办公室(下简称黄委亚行项目办)各部部长协商一致,制定本办法。

2. 制定本办法的依据是黄委亚行项目办与咨询公司在 2005 年 7 月 6 日签署的国际咨询服务合同和 2005 年 6 月 8 日签订的合同谈判纪要,以及黄委亚行项目办 2006 年 1 月 10 日印发的《亚行贷款黄河防洪项目国际咨询专家工作管理办法》。

3. 本办法的考勤对象是经亚行批准的参与本项目咨询工作的国际咨询专家,确因其工作需要,聘用个别相关专家短期参与培训工作,且需顶用该咨询专家工日的人员(下称辅助专家)。

4. 咨询专家聘用辅助专家必须事前向相关部部长提供拟聘辅助专家简历,商得黄委亚行项目办相关部部长同意后,方可聘用。咨询专家组需提供该辅助专家的工资证明材料,据此与相关部部长商定该辅助专家每工日顶用该咨询专家工日的折扣数。

5. 辅助专家从事培训协助工作,聘用期一般不超过一周。经黄委亚行项目办同意的辅助专家,由黄委亚行项目办综合部负责考勤,由相关部部长根据商定的该辅助专家工日折扣数确定工日数,记入该咨询专家工日数。《专家工作考核与考勤月汇总表》中,不能直接反映辅助专家工日数,其工日数只能换算成该国际咨询专家工日数后填入《专家工作考核与考勤月汇总表》中该专家名下的本部工日数。辅助专家工日数只能计入该咨询专家计划的本部工日数,不能侵占该咨询专家计划的现场工日数。

6. 经黄委亚行项目办同意的由国际咨询专家聘用的辅助专家,在郑州期间由黄委亚行项目办安排在酒店住宿,其住宿费用由黄委亚行项目办支付,其他开支自理。

7. 国际咨询专家因工作聘用的助理人员,一切费用由该专家自理,黄委亚行项目办不承担任何费用和住宿,并不负责考勤。

黄河洪水管理亚行贷款项目办公室

(各部部长签字)

2006 年 7 月 27 日

第六章　亚行贷款黄河防洪项目培训

为了项目的顺利实施和保证整个项目的高质量完成,为项目建设提供人才保障,全面开展了亚行贷款黄河防洪项目的业务培训工作。培训的总体目标是通过培训和调研,使项目管理人员全面掌握亚行有关项目建设管理的方法,培养一批与国际项目管理接轨的项目管理人才,使黄河防洪工程建设管理水平上一个新台阶。

在提高非工程管理措施方面,通过培训和引进先进国家的技术、设备和管理手段,使黄委在定量降水预报、基于 GIS 的二维水沙数学模型研制及"3S"技术综合应用等方面有明显的提高;同时在机构能力建设方面,通过培训与调整黄委管理部门的职能配置,逐渐建立起精简、高效的新型流域水行政管理体系。

业务培训分项目管理和非工程措施两方面。项目管理培训方面主要有咨询服务、招标采购、报账支付、移民和环评、项目执行与管理等内容;非工程措施方面主要有小花间气象水文预报软件系统、黄河下游洪水演进及灾情评估模型、基础地理信息系统、黄河下游6 站水文测验设备更新改造、防洪工程维护管理系统、小浪底水库运用方式研究和机构能力建设等内容。

第一节　培训计划与实施方案

一、项目培训实施方案

根据《贷款协议》和《项目协议》的规定,黄委亚行项目办于 2004 年编制了《亚行贷款黄河防洪项目培训实施方案》(以下简称《项目培训实施方案》),亚行于 2004 年 4 月 23 日批准了该实施方案。

(一)项目培训的指导思想与目标

1. 指导思想

以亚行贷款黄河防洪项目的顺利实施为中心,保证整个项目的高质量完成,按照 21 世纪黄河治理开发与管理的要求,本着全面增强黄委现有机构的治理开发水平和管理能力的原则,促进与国际管理接轨人才快速成长,为"三条黄河"建设提供人才保障,实施亚行贷款黄河防洪项目培训。

2. 总体目标

在项目管理方面,受益面涉及黄委具体实施该项目的各单位,受到直接培训的人员为 272 人次。

在提高非工程管理措施方面,受益面涉及黄委与该项目相关的各部门、各单位,受到直接培训的人员 352 人次。

在社会移民的生产技能培训方面,受益面涉及因该项目搬迁的移民以及受该项目影响的有关群体,受到直接培训的人员 400 人次。

黄河法战略规划研究技术援助项目方面,受益面涉及黄委与该项目相关的各部门、各单位,受到直接培训的人员 21 人次。

(二)项目执行与管理的培训

1.项目培训的必要性

1)项目培训的必要性

本项目属亚行的行业贷款项目,其管理方法及手段需要遵循亚行项目管理的惯例,由于该项目涉及面广、技术难度大、建设周期长,尤其在防洪方面的国际项目管理的经验还不多,特别是移民和环境、工程索赔与反索赔能力建设方面经验更少,急需在项目管理等方面予以加强。

2)培训需求分析

黄委各级亚行项目办的管理人员来自黄委有关单位和部门,没有亚行项目管理经验,对亚行的相关程序不够了解,一切都处于摸索阶段,为了加快项目的进度,避免在项目实施过程中走弯路,各级亚行项目办管理人员在项目周期、亚行的招标与采购、亚行的咨询服务、亚行的报账政策与指南、亚行的环境评价与移民及社会政策等项目的执行与管理方面进行培训是非常必要的。

亚行贷款黄河防洪项目为行业贷款项目,作为项目执行实施机构,必须了解和掌握亚行的各种业务政策和程序的特殊要求。

a.咨询服务

在使用咨询服务方面,要遵守亚行制定的关于聘用咨询顾问的政策规定、基本原则和操作程序,必须为聘用咨询顾问做好充分的准备。

b.招标采购

招标采购是亚行贷款项目执行过程中一个重要组成部分。采购工作进行得快慢不仅直接影响项目的进度,更重要的是,采购工作做得好坏将直接影响项目的质量、造价以及效益。亚行贷款项目的招标采购方式、亚行对招标采购的审批程序、亚行对招标采购的其他规定等都需要我们去了解、掌握和运用,以便高质量地为项目服务。

c.报账支付

在项目执行中,须掌握亚行贷款项目的支付和报账程序及方式,还需要了解和掌握1983 年起实行的汇率风险总库制(FRPS)及亚行贷款项目的财务报告与审计。

d.移民和环评

项目移民规划和管理要按照亚行移民导则、非自愿移民政策的具体规定和要求运作。要掌握:亚行移民政策、亚行项目周期的移民规划;移民规划和实施期间与利益相关者,尤其与受影响人们咨询的机会;移民中主要资料的收集方法以及如何将其应用于移民规划及实施、人口普查、民意调查和参与性快速评估;住房和社区的安置规划;评审收入恢复策略;机构框架、内外部监测与评估等。

环境影响评价必须满足政府和亚行的环境要求,在准备环境评价报告时,要考虑受影响群体、非政府组织的意见等特殊要求。另外,了解和掌握初步环境评估报告、初步环境检测摘要报告、环境影响评价报告的编写格式和环境影响评价摘要在报告中的责任等。

e. 项目执行与管理

在项目执行和管理中需要学习掌握项目执行管理任务清单、项目记录和档案、指令修改申请表、由项目执行向项目运营过渡的准则等一系列程序。

f. 技术援助业务

亚行贷款黄河防洪项目下有一个黄河立法战略规划研究技术援助项目,亚行技术援助项目的管理,如咨询专家的聘请和管理、办公等有关设施的采购、亚行报账程序以及国内配套资金的使用、亚行对报告的要求等,亚行均有特定的管理程序与内容,通过该技术援助项目,帮助发展中成员国改进机构、提高人员的管理和技术水平、进行人力资源开发等。

2. 培训实施方案

1)培训单位的选择标准与选择程序

国际、国内培训机构和专家的选择和聘用标准将参照亚行要求的选择标准和程序进行。培训教师拟选择亚行认可的国内专家、亚行驻华代表处以及亚行总部的专家。

国内有关亚行项目培训考察单位,拟在财政部亚行贷款项目执行较好的单位中选择,如安徽巢湖综合治理亚行贷款项目、福建水保与乡村发展亚行贷款项目、福建供水亚行贷款项目、广西防城港开发亚行贷款项目、云南思茅林业开发可持续发展亚行贷款项目、江西高速公路亚行贷款项目等。

国外培训根据项目执行情况,拟选择亚行项目执行较好的流域或国家,选派项目管理人员进行实地培训和考察。

2)培训实施计划

鉴于项目周期、亚行的招标与采购、亚行的咨询服务、亚行的报账政策与指南、亚行的环境评价与移民及社会政策等授课老师,来自不同地方并且工作繁忙,同时举行培训难度非常大,建议分类分期举办。培训方式采用授课与案例研讨的方式为主,以国内有关亚行贷款项目考察方式为辅。培训主要针对黄委各级亚行项目办管理人员,分别进行各专项业务方面的培训。

国外培训根据项目执行情况,拟选择亚行项目执行较好的流域或国家选派项目管理人员进行实地培训和考察。具体为:①学习流域管理局法案、管理模式和特点以及经验;②学习工程项目实施与社会可持续发展的先进管理模式、技术和经验,管理体制及运行机制;③考察环境管理和水利综合管理的有关政策和先进技术,建立同先进国家的技术合作;④项目管理及亚行的招标与采购,招标项目评标,招标文件与合同范本编制,项目质量、进度、投资控制,合同管理与信息管理,考察工程项目所在地移民实施与管理模式;⑤参加亚行、水利部、财政部举办的各类研讨会、培训及考察,掌握亚行的最新信息。

根据项目进度,拟定国内外有关亚行项目培训考察计划见表6-1和表6-2。

表6-1 亚行贷款项目执行和管理国外培训考察计划

项目	时间	地点	主要内容	天数	人数(人次)
堤防安全监测技术及先进设备考察	2003年	英国,德国	执行亚行项目计划,赴德国、英国考察坝(垛)根石动态实时观测技术,仪器;坝基稳定实时观测技术,仪器;水下地形测量技术,仪器;监测数据采集自动化系统;光纤位移防渗测仪;了解GTC公司开发的分布式光纤传感系统探测堤防渗漏的实际应用效果,探讨该项技术在黄河堤防安全监测方面应用的可能性	15	6
工程移民与生态环境等可持续发展管理模式考察	2004年	美国,加拿大	执行亚行项目计划,学习流域管理局法案,管理模式和特点以及经验;工程项目实施管理模式,管理体制及运行机制;考察加拿大环境管理和水利综合管理有关政策和先进技术,建立同加拿大的技术合作	12	6
项目管理	2004年	菲律宾、新加坡、泰国,马来西亚	项目管理及亚行的招标与采购,招标项目评标,招标文件与合同范本编制,项目质量,进度,投资控制,合同管理与信息管理	12	6
移民管理和环境管理考察	2004年	澳大利亚,新西兰	考察工程项目所在地移民实施与管理模式;学习水利工程实施与社会可持续发展的技术,特点和管理经验	12	6
非工程项目管理与工程项目管理模式考察	2005年	美国,加拿大	气象水文预报技术,水库及水库建成后下游桥墩,闸的冲刷情况和河道变化情况及灾情评估等非工程项目管理模式与防洪工程管理模式考察	12	6
合计					30

表 6-2 亚行贷款项目执行和管理国内培训考察计划

项目	时间	地点	主要内容	天数	人数（人次）	备注
亚行财务报账培训及考察	2003 年 11 月	福建	亚行报账、支付政策、财务管理	9	25	
亚行项目招标采购培训及考察	2004 年上半年	郑州、大连	亚行的招标与采购，招标项目评标、招标文件与合同范本编制，项目管理及项目质量、进度、投资控制，合同管理与信息管理	9	30	
亚行的咨询服务培训及考察	2004 年下半年	郑州、江西	亚行咨询服务政策与要求、咨询服务合同谈判及管理，咨询服务项目执行与监管	6	20	
亚行社会移民政策培训	2004 年上半年	郑州	亚行移民政策，目标及手册（社会经济调查，移民计划，实施与评估）	4	50	
亚行环评政策培训及考察	2004 年上半年	郑州、大连	亚行投资业务的社会移民评价、环境评估，环保工作的实施与管理	4	50	
工程建设管理培训及考察	2004 年下半年	郑州、松辽委	工程建设管理与项目管理	9	26	
亚行、水利部、财政部等举办的研讨会、培训及考察	2004～2006 年		参加亚行、水利部、财政部等举办的各类研讨会、培训及考察	15	40	黄委亚行项目办编制 40 人，4 年按 40 人次考察培训计算，4 年中平均每人只有 1 次培训考察机会
合计					241	

（三）非工程措施各子项目的培训

1. 小花间气象水文预报系统项目培训

1）项目培训的必要性

a. 项目概述

"小花间气象水文预报系统"作为"小花间暴雨洪水预警预报系统"建设项目中的"气象水文预报系统"的一部分，主要完成常规气象、水文信息的接收与处理，开发气象预报软件，引进可视化水文预报系统、多源降水资料同化技术及气象洪水预报耦合一体化模型，并建设基本常规气象、水文信息的服务系统。

本项目建设的总体目标是开展小花间定量降水预报研究，建成以 GIS 为平台，定量降水预报与洪水预报有机结合的小花间气象水文预报系统，实现连续、滚动的气象、洪水预报，使黄河花园口站洪水预警预见期达到 30 小时。在计算机网络和地理信息系统环境下建立信息处理、服务系统，为防汛指挥部门提供方便、快捷的水文气象信息，为黄河防洪调度争取时间。

b. 项目承担单位情况概述

黄委水文局作为承担黄河气象水文情报预报工作的业务单位，有长期的气象预报和洪水预报经验，在国内水文预报界具有独特的地位，也是率先设置气象部门的流域机构之一，拥有大批水文、气象、水资源预报和计算机软件开发经验的专业技术人员。

黄委水文局水文水资源信息中心近几年来在上级领导和有关部门的关心与支持下，先后建设了一批部、委重点项目，建立了以工作站为平台的洪水预报子系统，开发了卫星云图和测雨雷达的降水定量估算程序，引进了网格分辨率为 34 km×34 km 的中尺度数值预报模式，建立了花园口、夹河滩、高村、孙口、艾山、泺口、利津等 7 站的水位预报方案，初步建设了黄河上中游非汛期中长期径流预报系统框架，气象水文情报预报工作得到稳步发展。

c. 项目培训的必要性分析

黄河小花间气象水文预报软件系统涉及水文、气象、信息工程等多学科的高新技术，研究开发任务较重。系统建设拟开展国际、国内合作，采取引进、合作和自主开发等方式完成。

目前，黄委水文局对此项目开发过程中部分关键技术，如多源降雨信息的同化处理、气象洪水耦合预报、分布式水文模型、中尺度降水模式、GIS 等关键技术的开发和应用还未充分掌握。因此，对气象、水文预报人员进行相关专业的国内外培训，将有助于技术人员充分学习吸收国内外气象水文预报的先进技术，并能尽快地将所学知识应用到生产实践中，开发出适合黄河特点的"小花间气象水文预报系统"。

2）项目培训的需求分析

a. 项目培训需求

（1）可视化水文预报系统（VHForecaster）。可视化水文预报系统是以流域电子地图作为背景图，通过强大的空间数据支持，显示流域河网、地形、地貌、水利工程等下垫面条件，动态显示土壤湿度、降水、蒸发、河道水情等状态信息，提供灵活的人机交互功能，实现洪水预报的可视化。

可视化水文预报系统项目培训需求：

数据处理：常规降水资料接收处理、遥测降雨资料接收处理。

预报控制：定义站点(网)、流域、子流域；选择预报模型和定义预报组；数据预处理、计算面平均降水。

预报模型：系统应包括传统水文模型、河道增损模型、地下水模型、处理时间序列的基本模型、表格与曲线打印以及统计分析模型。

动态显示与分析：对模型参数、系统状态参数如土壤、植被、净雨水流流速及流向等的空间及时间分布的动态显示及分析。

(2)气象洪水预报耦合系统。气象洪水预报耦合系统是自定量降雨预报开始，利用降雨预报结果进行流域产汇流计算，最终实现洪水的警报预报，其中气象洪水预报耦合是本系统的关键技术之一。

气象洪水预报耦合项目培训需求：

多源降雨信息同化及整合技术研究。研究、开发黄河流域多源降水资料的同化技术，对空间、时间特征各不相同、精度各有差异的降水信息进行同化处理。

实现观测降水与预报降水的拼接。

气象、洪水预报耦合技术研究。将降水预报技术融入实时洪水预报系统中，解决降水预报和水文预报模型之间的相互适用问题，分析实时预报中降水预报和洪水预报模型两方面不确定性综合产生的误差。

b. 人力资源现状

作为小花间气象水文预报系统项目的主要承担单位，黄委水文局水文水资源信息中心集中了水文局气象水文预报方面主要的专家和专业技术骨干，主要分布在气象、水文、水资源和计算机等领域，长期从事气象、水文情报预报及计算机网络维护与管理等工作。

c. 项目培训需求分析

目前，水文水资源信息中心虽然在相关专业方面已具有较高的理论基础和水平，熟悉黄河暴雨洪水的特性，但对于目前国内外先进的气象水文预报技术，尤其是对于多源降雨信息的同化处理技术、气象洪水预报耦合技术、GIS 在洪水预报上的应用、洪水预报软件可视化、数据库应用等方面的先进技术了解、掌握得还不够深入，这对于开发出一套先进的可视化洪水预报系统和气象洪水预报耦合模型均有一定的制约因素，需要在相关专业方面对专业技术人员进行一次系统的技术培训。

(1)国内培训。气象专业技术人员培训：拟于 2004 年于北京进行中尺度数值模型、天气雷达产品应用的培训；2004 年于南京进行天气雷达产品应用、气象预报方法、气象洪水预报耦合技术的培训(具体单位和地点将视项目招投标结果而定)。

水文预报技术人员培训：拟于 2004 年于南京进行洪水预报方法的培训和气象洪水预报耦合技术的培训(具体单位和地点将视项目招投标结果而定)。

计算机技术人员培训：拟于 2004 年进行计算机软件开发、GIS、数据库、Web 技术的培训(具体单位和地点将视项目招投标结果而定)。

（2）国外培训。气象水文预报耦合模型培训：拟于 2004 年 10～11 月组织 3 人（6 人月，其中气象专业技术人员 2 人，水文预报专业技术人员 1 人）赴欧洲进行气象水文预报耦合模型中关于多源降雨资料同化处理、气象洪水预报耦合技术等关键技术培训（具体单位和地点将视项目招投标结果而定）。

可视化洪水预报系统培训：拟于 2004 年 3～5 月组织 4 人（8 人月，其中水文预报专业技术人员 3 人，计算机专业技术人员 1 人）赴美国进行可视化洪水预报系统中关于洪水预报方法、模型和参数功能的动态显示、软件开发等关键技术的培训（具体单位和地点将视项目招投标结果而定）。

3）项目培训实施方案

a. 培训单位的选择标准与选择程序

国际、国内培训机构与专家的选择和聘用将参照亚行要求的选择标准和程序进行。

选择培训单位的主要标准：被选择的单位有项目培训所需求的工作经验，且在技术上具有先进性，能满足项目培训需求；在师资、设备方面具有培训条件。

选择培训单位的程序：首先通过对各种媒体、书刊杂志的查询，有关人员、专家的介绍，该单位在国内客户的咨询，了解相关资料、培训及应用信息；其次经过调研，初步确定候选单位，再通过协商谈判的方式最终确定培训单位。

由于设备和软件产品主要从美国和欧洲进口，故国外培训拟安排在欧洲和美国进行。

关于国内培训，由于国内部分单位或科研机构，如中国气象局、中科院大气所、南京大学、河海大学等在气象预报方法、中尺度数值预报模型、天气雷达产品应用等方面，中科院地理研究所、河海大学、西安理工大学等在洪水预报方法、气象洪水耦合预报技术等方面，以及上述单位在相关专业的计算机软件开发、GIS、Web、数据库的开发和引用等方面均有着多年从事相关工作的科研经验，拥有国内一流的科研成果和设备，并具有将科研成果转化为生产应用的能力和经验。为此，我们将首先选择上述单位作为国内培训单位。

为选择最佳合作单位作为国内培训单位，黄委亚行项目办将根据项目进展的要求和项目实施单位技术人员的现状，通过国内调研的方式确定培训候选单位，再通过协商谈判的方式最终确定培训单位、培训内容、培训方式。

b. 培训实施计划

在经费到位的情况下，本项目培训计划在 2 年内完成。原计划于 2003 年安排的第一批赴国外培训人员，因亚行项目总体进度安排推迟到 2004 年，故将原先各两次分别赴欧洲和美国进行培训的计划改为各一次赴欧洲和美国进行培训。

2004 年，在国内进行中尺度数值模型、天气雷达产品应用、洪水预报方法、气象预报方法、气象洪水预报耦合技术、计算机软件开发、GIS、数据库和 Web 技术等项目培训；3～5 月，赴美国进行洪水预报方法、模型和参数的功能的动态显示、软件开发等项目培训；10～11 月，赴欧洲进行多源降雨资料同化处理、气象洪水预报耦合技术等项目培训。

培训考察计划见表 6-3 与表 6-4。

表 6-3 项目国外培训考察计划

项目	时间	地点	主要内容	天数	人数（人次）	备注
气象水文预报耦合模型	2004 年 10 ~ 11 月	欧洲	天气雷达产品应用、气象预报方法、多源降雨资料同化处理、气象洪水预报耦合技术	60	3	1. 培训地点及时间将根据项目进展及招投标情况具体确定；2. 原计划 2003 年安排的第一批，因亚行项目总体进度安排推迟到 2004 年，并将两批改为一批
可视化洪水预报系统	2004 年 3 ~ 5 月	美国	洪水预报方法、模型和参数的功能动态显示、软件开发	60	4	培训
合计					7	

表 6-4 项目国内培训考察计划

项目	时间	地点	主要内容	天数	人数（人次）	备注
气象水文预报耦合模型可视化洪水预报系统	2004 年	北京	中尺度数值模型、天气雷达产品应用	60	3	具体时间和地点将根据项目进展及招投标情况确定
	2004 年 3 ~ 4 月	南京	天气雷达产品应用、气象预报方法、气象洪水预报耦合技术	60	4	
	2004 年	南京	洪水预报方法	60	6	
	2004 年	待定	计算机软件开发、GIS、数据库、Web 技术	60	7	根据内容确定地点
合计					20	

2. 黄河下游洪水演进及灾情评估模型培训

1）项目培训的必要性

a. 项目概述

项目总体目标是建立基于 GIS 的黄河下游花园口至利津河段平面二维非恒定水流泥沙模型,采用紧密集成模式将 GIS、计算可视化和过程模拟计算集合成一个运行环境,用以黄河下游二维水流和泥沙场模拟、洪水演进预测及实时校正、灾情变化预估等,并为未来 10 年建立基于 GIS 的包括产汇流构件、洪水预警预报构件、水库洪水调度构件、河口及河道冲淤构件、河流冰凌和水质构件的综合模型奠定基础平台。

模型研发涉及河流动力学、计算水动力学、地理信息系统等学科,具有较强综合性和实用性。研究工作拟以黄河下游河道水沙演变模拟为基础,以研究确定适宜长河段数值方法和可视化技术(包括前后处理模块)为重点,以河槽横向变形和漫滩洪水特别是高含沙洪水模拟为突破口。具体研究内容包括:模型总体结构设计、水流计算构件设计、泥沙计算构件设计、灾情评估构件设计、可视化构件设计、构件编程、测试和耦合、模型率定、验证及应用等。

按照项目总体进度要求,2003 年 10 月完成详细设计,2004 年 2 月完成构件编程,2004 年 6 月完成构件测试,2004 年 12 月完成构件耦合、模型率定和验证,2005 年 6 月基本完成项目工作。

b. 项目承担单位情况概述

黄河下游基于 GIS 的二维水沙数学模型的研制与开发是黄委重大科技攻关项目。为达到“技术和管理双创新”的目标,项目实行首席专家制,由首席专家全面负责(包括人、财、物的调配),并集中全委技术优势组成课题组联合攻关。数学模型研究涉及原型观测、历史资料分析、实体模型试验等方面,工作阶段性较强。为加强组织领导,黄委成立了项目领导小组,全面协调研究工作,同时聘请国内外知名专家组成顾问组,对项目研究进行全面指导。组织机构情况如下:

项目领导小组:负责宏观决策和协调工作,由一名黄委领导任组长,黄委有关部门和单位的业务主管领导为成员。

顾问组:负责咨询和技术方案的审查,由国内外知名的水利、泥沙、计算机专家组成,定期或不定期地开展咨询和审查工作。

课题组:由项目首席专家全面负责模型研发工作;课题组采用矩阵式(Matrix format)管理,下设立水力学、泥沙、可视化和灾情评估 4 个专题组,由小组组长负责管理。

从数学模型的可维护性和可持续发展考虑,在模型编程阶段将成立模型编程小组,小组成员由主程序员、辅助程序员、程序管理员组成。主程序员由 1 ~ 2 人组成主程序员核心组。

课题组还将聘请黄委内外专家兼职从事模型研发工作,必要时参与模型研发阶段性工作。

c.培训的必要性

从国内外的二维水沙数学研究现状看,国内水流泥沙数学模型的特点是基础理论扎实,专业性强,特别是在水流挟沙力、河岸横向变形、动床阻力等方面很有优势;国外水流泥沙数学模型在模型测试、可视化、与 GIS 的结合等方面有特色。因此,在开发黄河下游基于 GIS 的二维水沙数学模型研究中,应加强培训,学习和借鉴国内外水流泥沙数学模型研发方面先进的建模思路、关键技术问题的处理方法等,以确保所研发的模型实用先进、通用可扩展。

2)项目培训的需求分析

a.项目培训的需求

按照模型建设的要求和目前的资源现状,项目需求内容如下:

(1)建模思路及总体结构设计。重点从模型设计的通用性和可扩展性出发,学习结构设计原理,各控制点、控制构件、计算构件和输入输出构件之耦合方法,数据信息提取和构件间数据交换方法等。

(2)水沙计算构件的数值方法。学习有限差分法、有限单元法、有限体积法、有限分析法等各种数值离散方法的适应性;了解掌握最新的一些数值方法,如有效单元法(Efficient Element Method)、混合体积法等的应用效果;学习提供适于长河段、复杂边界、高含沙量水流的数值方法和紊流模式。

(3)水沙计算构件的水流挟沙力计算。重点学习二维水沙模型采用基于水流功率和水流能量公式,在力学机理、计算效果等方面的异同。综合推荐适用于黄河下游的水流挟沙力计算公式。

(4)河床横向变形模拟技术。重点咨询河岸横向变形机理,如河岸横向水力侵蚀量估算、河岸重力失稳判别等。咨询利用极值假说方法,如水流功率最小、水流能耗率最小、临界切应力最大等,引入一个附加方程式来预测河宽变化的原理及模拟方法等。

(5)网格自动生成及动态调整技术。学习网格划分和自动剖分原理,网格剖分满足合法性、相容性、精确性、过渡性和自适用性的控制技术,咨询主流线运动方向对网格剖分的要求。咨询在每一计算时刻,如果河势发生变化,利用动态网格生成(dynamic mesh generator)软件适时修正计算区域的模拟技术等。

(6)与 GIS 的接口技术。培训学习水流泥沙计算构件与 GIS 之间的接口技术,咨询利用 GIS 技术协助灾情评估,进行淹没范围、深度、流速的自动绘图和显示技术。

(7)模型测试原则、方案设计及其内容。从理论分析、特殊问题的解析解等角度,咨询测试模型设计原理和数值解正确与否的测试原则、测试方案和具体测试内容等。提供特殊问题的解析解和试验数据。

b. 人力资源现状

黄河下游基于 GIS 的二维水沙数学模型研究项目现有固定开发成员 8 人。其中获得博士学位的 1 人,硕士学位的有 6 人(包括在读博士),学士学位 1 人。研究组成员都有独立开发水流泥沙数学模型的经历,开发的一维、二维水沙数学模型在黄河的治理开发中已初步得到应用。

c. 培训需求分析

与项目需求相对应,项目培训需求分析主要依据项目需求进行。因此,项目培训内容主要把以下几个方面作为重点:建模思路及总体结构设计、水沙计算构件的数值方法、水沙计算构件之水流挟沙力计算、河床横向变形模拟技术、网格自动生成及动态调整技术、与 GIS 的接口技术、模型测试原则、方案设计及其内容等。

3)项目培训实施方案

a. 培训单位的选择标准和选择程序

培训单位的选择标准和选择程序同小花间气象水文预报系统项目培训。

根据黄委技术专家在荷兰 Delft 大学的培训、美国密西西比大学 NCCHE 等的考察情况,初步介绍一下国外水流泥沙模型的特点,作为选择国外培训考察机构(单位)的依据。

荷兰 Delft Hydraulics 的 DELFT－3D 系统

Delft 水力学实验室研发的重要软件系统 Delft3D,是世界上领先的整合的二维和三维模型系统,其应用领域涵盖了水动力学、波、泥沙输移、河床形态、水质、示踪粒子法研究水质及生态学等。

Delft3D 系统最重要的特点是:所有的程序模块显示了高度的整合性和交互操作性;软件包提供了一条直接进入顶级专家领域的捷径,它汇集和发展了世界上最古老的也是最有名的水力学机构之一的 Delft Hydraulics 的智慧;图形用户界面友好。

英国合乐(Halcrow)集团公司

Halcrow 公司的软件主要包括 ISIS 软件包和 MDSF 系统。

ISIS 软件包由 Halcrow 和 Wallingford 共同开发,ISIS 能提供给技术人员和管理人员一个灵活的内容多样的工程设计及流域管理工具。

MDSF(防洪模拟与决策支持平台)是受英国多个政府机构委托和支持由合乐集团公司主持开发的一个以 GIS 为平台的决策支持框架。

MDSF 与地理信息系统(GIS)链接时,能够显示和分析流域特征、人口统计信息、洪水分布图、环境标示及城市区域等空间信息,实现了洪水治理与流域变化的相互对比,有助于针对特定流域制定防洪政策。MDSF 也用作实时洪水管理决策支持的平台,提供多种洪水管理方案的模拟、比较,供决策参考。

英国 Wallingford 公司

Wallingford 的标志性产品是其开发的 InfoWorks 系统,它是一个包揽市政供水、雨污水、流域管理和河网系统等不同专业领域的一体化的软件解决方案。InfoWorks 由 3 个模块组成:InfoWorks CS、InfoWorks WS 和 InfoWorks RS,分别是雨污集水系统、供水系统及河流系统。其中 InfoWorks RS 中所集成的 FloodWorks 子系统是一个为河流、泛洪区、潮汐及水资源调度提供实时预报模拟的通用的、模块化的决策支持系统。FloodWorks 系统功能强大、内容广泛,涵盖了成熟的水文学和具有实时决策支持与控制功能的水力模型。

美国密西西比大学 NCCHE 系统

CCHE1D 软件包包括水流模型(CCHE1DFL)、泥沙模型(CCHE1DST)、地形分析工具 TOPAZ、流域污染模型 AGNPS、土壤水流评价模型 SWAT。各模型之间通过高度自动化的图形用户界面进行链接。

CCHE2D 平面二维模型中的水流构件的紊流模型包括底部平均的拟紊流模式、底部平均的混合长度紊流模式和底部平均的紊流模式。方程离散主要采用有效单元法。最近又发展了有限体积法。

CCHE3D 水流泥沙模型,主要发展了水流模型,其基本原理和数值方法与二维模型基本一致。泥沙模型基本结构与一维、二维模型相同。模型已在局部河段冲刷(如丁坝附近、桥墩附近、水下鱼梁、泄水建筑物以下冲刷坑)等方面得到应用。

CCHE 突出特点是:强调测试、率定和验证是分开的,应分步进行。率定和验证的资料应互不涵盖。模型测试主要从理论解、试验数据和实测数据 3 个方面进行;注意实际应用与物理模型结合,该中心的一个主要理念是将数学模型建立成"电脑水槽",利用"电脑水槽"进行大量规划设计方案(包括不同边界条件)的模拟,模拟各种不同情况以供设计部门参考,进行方案优化,待方案确定后,进行必要的物理模型试验去验证。同时尽量使模型界面简单实用,可以满足不同层次人员实用。

由于国内水沙数学模型的商品化程度较弱,国内培训考察时,主要就某些关键技术问题进行专项考察培训。

南开大学环境科学与工程学院

在网格生成技术方面有独特的优势,该学院已经开发出较成熟的二维河道网格自动生成系统,并结合黄河下游的具体情况进行了初步二次开发。

解放军信息工程学院

结合"数字黄河"工程在模型系统集成技术、可视化及地理信息系统方面做了卓有成效的工作,特别是在模型编程技术方面积累了丰富的经验。

北京航空航天大学国家计算流体力学实验室

拥有大规模计算机系统,在计算理论及方法研究、流动机理研究、非定常流与旋涡运动、湍流与转捩等领域处于国内领先水平。

b. 项目培训实施计划

根据项目培训需求,初步拟定如下项目培训实施计划方案:

(1)在项目完成详细设计后,即启动项目培训方案。项目详细设计完成后,下一步就要进入模型、模块的编程阶段,在进入编程阶段前期有必要进行模型中关键技术的培训工作,借鉴先进的模块处理技术,以优化模块的功能。对直接参与水流、泥沙及可视化模块开发的程序员要逐一进行专题培训,提高程序开发质量。根据国内外的科研机构、高等院校在某领域的特色技术,选派相应的研发人员到该单位进行专门培训。

(2)培训时间安排。根据模型研发的进度,安排培训时间,尽量使培训时间和模型整体研发进度没有冲突。同时,对参加的受培训人员要保证充足的学习时间,使之能对培训内容有较深刻的理解和领会。从目前情况和培训经验看,受培训人员要有一个月以上的培训时间,这样受培训人员才能真正学习到关键技术。

(3)培训质量控制。在培训前需要对受培训人员进行思想和技术教育,培训结束需要对培训成果进行后评估,力求使受培训人员的技术素质得到提高。同时,在完成培训后,要写出详细的技术报告或对相关关键技术的解决办法。

根据项目开展进度,初步拟定培训计划见表6-5和表6-6。

3. 基础地理信息系统项目培训

1)培训的必要性

a. 项目概述

根据亚行贷款黄河防洪项目防洪非工程措施设计任务书的要求,建立黄河三门峡以下河道基础地理信息系统,作为防洪非工程措施项目的基础地理信息平台。

黄河三门峡以下河道基础地理信息系统为防洪非工程措施其他项目提供基础地理信息支持,包括相关空间信息获取、处理、存储、查询、分析、传输、分发、共享、应用服务及其所必须的各种技术、政策、标准和数据或信息资源。系统包括空间数据基础设施和空间信息服务体系两大部分,前者包括对基础地理信息数据的采集、分布式存储与管理以及相关技术、政策、标准和数据等,后者在此基础上为防洪非工程措施的其他系统提供各种信息处理、查询、分析、共享和互操作等功能和服务。

黄河三门峡以下河道基础地理信息系统的建设目标是满足防洪非工程措施和“数字黄河”工程对黄河空间数据基础设施的需要,实现基础地理信息的共享管理与地理信息处理功能的服务复用。要求系统具有数据采集、图形检索、显示漫游、数据编辑更新、查询统计、图形输出、数据格式转换、专题图件编制、空间分析计算、三维显示与分析以及地理信息Web服务等功能。同时,系统应具有良好的数据接口和数据访问界面,便于各专业属性数据的加载和专业用户对数据的访问和下载,并能以此为基础建立专业信息系统,实现基础地理信息的共享及其功能的复用。

本项目于2002年开工建设,先后完成了基础地理数据采集、属性数据采集、数据入库等系统建设前期数据采集工作。目前,完成了地理信息系统建设总体设计报告和详细设计报告,正在按设计报告进行系统功能开发。根据计划安排,本项目将于2003年12月完成数据采集与建库、系统设计与开发、系统功能测试等工作并开始系统运行。

b. 项目承担单位概况

黄河三门峡以下河道基础地理信息系统建设,由黄河设计公司测绘总队承担。黄河

表 6-5 黄河下游洪水演进及灾情评估模型研究项目国外培训考察计划

项目	时间	地点	主要内容	天数	人数（人次）	备注
黄河下游洪水演进及灾情评估模型研究	2004 年上半年	荷兰、法国、英国	可视化技术、模型率定验证技术等	23	8	培训考察
	2004 年下半年或 2005 年上半年	美国	模型率定验证及评价技术等	18	5	培训考察
合计					13	

表 6-6 黄河下游洪水演进及灾情评估模型研究项目国内培训考察计划

项目	时间	地点	主要内容	天数	人数（人次）	备注
黄河下游洪水演进及灾情评估模型研究	2004 年下半年	解放军信息工程学院	模型编程技术	90	1	培训
	2004 年下半年	南开大学	网格生成技术等	60	1	培训
	2004 年下半年或 2005 年上半年	北京航空航天大学	流体力学及大涡模拟技术等	45	2	培训
合计					4	

设计公司测绘总队是黄河流域专业测绘队伍,肩负着黄河流域基础测绘和水利水电工程测绘任务。长期以来,测绘总队足迹遍布大河上下,积累了大量的测绘成果,取得黄河治理、开发的第一手资料。随着现代技术的发展,测绘技术和测绘产品逐步实现了数字化。以 GPS、RS、GIS 为代表的"3S"高新技术的应用,全面提高了黄河测绘技术水平和科技含量,拓宽了黄河测绘的服务和应用领域。采用"3S"技术生产的数字线画地图(DLG)、数字高程模型(DEM)、数字正射影像(DOM)、数字栅格地图(DRG)"4D"数字产品正在治黄各领域发挥重大作用。

黄河下游现有 1:10 万、1:5 万、1:1 万系列比例尺河道地形图。其中 1:1 万河道地形图是测绘总队于 2001 年采用航测法测绘完成的,精度高,现势性强。根据各专业项目对基础地理信息系统的精度要求,决定采用 1:1 万河道地形图,建立黄河三门峡以下河道基础地理信息系统。

c. 培训的必要性

地理信息系统(GIS)是在计算机软硬件环境支持下的具有对地理数据进行采集、存储、处理、分析、显示与应用的计算机信息系统。它涉及到地理学、测量学、制图学、摄影测量与遥感、计算机科学等学科,特别是计算机制图、数据库管理、计算机辅助设计、遥感等学科,形成了 GIS 的理论和技术基础。

黄河三门峡以下基础地理信息系统建设,采用美国 ESRI 公司开发的 ArcGIS(Arc/Info)作为 GIS 软件平台。Arc/Info 是 ESRI 公司系列产品中最经典、功能最强大的专业 GIS 产品,是全球 GIS 发展方向的旗帜。目前,ESRI 公司积累了 30 多年的 GIS 理论研究和产品开发经验,结合最新 IT 主流技术,对其产品结构和技术进行了优化和重构,推出新一代 GIS 平台 ArcGIS 系列。ArcGIS 系列由若干不同定位的 GIS 产品组成,包括 Arc/Info、ArcEditor、ArcView、ArcSDE、ArcIMS 等。

由于地理信息系统涉及到众多学科与 GIS 系统软件,系统的建设将是一项繁重、复杂的系统工程。为了学习国际先进技术,掌握 ArcGIS 系列软件平台的操作与应用,更好地完成本项目,开展系统建设国外技术培训非常必要。

2)培训需求分析

a. 项目需求

先进性与实用性是地理信息系统的主要建设原则。要使系统建设达到国际先进水平,必须开展技术培训,学习国外 GIS 建设方面先进经验与先进技术。通过技术培训,把握本行业科技发展方向和发展动态,提高技术水平。

b. 人力资源需求

系统建设投入专业技术人员 50 余人,按照专业分工,其中系统分析、设计人员 5 人,系统开发、测试人员 20 人,数据采集人员 30 人。从人力资源上分析,系统分析与设计人员较为缺乏,同时系统开发与数据采集人员技术水平参差不齐,均急需进行技术培训。

c. 培训需求分析

根据建立黄河三门峡以下河道基础地理信息系统的需要,为了解和掌握国内外地理信息系统、数据库技术、计算机技术发展现状与发展动态,把握 GIS 技术最新发展方向,更好地完成亚行项目,计划开展技术培训,具体内容包括:

(1)国内技术培训。计划培训人数 20 人,培训和考察时间各 1 个月,共计 40 个人月。

(2)国外技术培训考察。在国内技术培训的基础上,选派 7 名专业技术人员到美国、加拿大进行技术考察,主要内容包括:Arc/Info 地理信息系统软件的操作与技术开发,Oracle 数据库的操作与开发等,学习发达国家信息化建设方面的先进经验与技术,考察时间为 2 周。

3)项目培训实施方案

培训单位的选择标准和选择程序同小花间气象水文预报系统项目培训。

培训考察计划见表 6-7 与表 6-8。

4. 下游 6 站水文测验设备更新改造项目培训

1)项目培训的必要性

a. 项目概述

黄河下游是黄河防洪的关键地段,以"悬河"闻名于世,河道冲淤变化频繁、主溜摆动不定,除大洪水外,中常洪水也常出现横河、斜河、顺堤行洪等现象,黄河大堤的安危及下游滩区 170 万人民生命财产的安全,是黄河防洪的头等大事。设在黄河下游的 6 处水文站(小浪底、花园口、夹河滩、高村、孙口、艾山水文站)是下游防汛的耳目、哨兵,为黄河防汛等水利工作提供了大量的水文信息,但由于黄河特殊的水沙条件,使得传统测验手段、方式和方法存在诸多不足,不能满足黄河防汛及水资源管理的需要,因而急需引进先进的测验仪器加以提高。

黄河下游 6 站水文设备更新改造作为非工程措施列为亚行贷款黄河防洪项目的子项目。防洪非工程措施是黄河下游洪水管理的重要组成部分,水文测验也是其重要内容之一。项目的实施将为黄河下游洪水管理提供有力的支撑,具体目标如下:

(1)提高流量测验水平。采用 GPS 定位技术实现测船全天候的精确定位,并利用 GPS 定位设备、测深仪、传统测速工具构成大洪水高含沙条件下的流量测验系统;在低含沙情况下则直接利用声学多普勒流速剖面仪(ADCP)快速测取流量,使测验历时由目前的 2~4 小时缩短为 1~3 小时,甚至更短(ADCP 测量方式下)。

(2)配置振动式测沙仪,实现河流悬移质含沙量变化的在线全过程监测,为输沙率等测次的布设提供客观依据,并大大提高河流输沙量的计算精度,为实时报告河流含沙量信息提供测验手段。

表 6-7 地理信息系统项目国外培训考察计划

项目	时间	地点	主要内容	天数	人数（人次）	备注
地理信息系统技术培训、考察	2004 年 3~4 月	美 国、加拿大	Introduction to Programming ArcObjects with VBA；Advanced ArcObjects Component Development VB；地理信息系统最新技术与发展方向	14	7	考察
合计					7	

注：技术培训国外接待单位：美国 ESRI 公司

表 6-8 地理信息系统项目国内培训考察计划

项目	时间	地点	主要内容	天数	人数（人次）	备注
数字化与信息化技术培训、考察	2004 年 11 月	北京	地理信息数据采集、建库、系统开发、应用服务等	30	20	培训
	2004 年 12 月	南京、广州、深圳		30	20	考察
合计					40	

（3）实现泥沙颗粒分析的自动化，缩短工作周期，提高分析成果的精度和可靠性。

b. 承担单位概述

本项目承担单位是黄委水文局。黄河水文的机构运行实行水文局、基层水文水资源局（本项目进行改造的 6 处水文站分别属于黄河河南、山东水文水资源局）、水文水资源勘测局（水文站）3 级管理模式。

黄河水文站网经过新中国成立后 4 次较大规模的调整，目前已形成比较完整的站网体系。委属水文站网共有水文站 133 处，水位站 36 处，雨量站 774 处，大型蒸发实验站1 处。

黄委水文局负责黄河干流、支流河段及水库的水文、泥沙测报，黄河流域重点河段的水情、气象预报，以及黄河内蒙古段和下游段防凌预报和封、开河预报，负责黄河水系水文泥沙资料的整编，编制审定黄河流域及省（区）干流、主要支流、水库的水文站网规划，并组织、协调实施。对黄河干流和主要支流水资源（包括地表水、地下水、水量）进行调查与评价。根据国家有关规定，统一制定黄河水文技术标准和流域水文测验、整编等规定。实行黄河流域水文行业管理，组织、协调黄河流域和新疆等省（区）水文发展及流域水文管理等工作，对黄河流域地方水文站进行业务指导。组织黄河下游河道断面测量和水沙规律的分析研究。按照《中华人民共和国水法》、《水文管理暂行办法》、《中华人民共和国河道管理条例》要求，开展黄河水文水政监察工作。负责黄委系统的水文站网的建设和管理，以及专用目的的河道、水库断面的实施和管理。

c. 培训的必要性

下游 6 站水文测验设备更新改造项目由 4 个子系统组成，分别为流量测验子系统、含沙量测验子系统、泥沙颗粒分析子系统和计算机处理子系统，前 3 个子系统承担数据采集功能，而计算机处理子系统则承担采集信息的处理与存储、管理等功能，是前述 3 个系统的支撑系统。

（1）流量测验子系统。流量测验子系统的功能是实现流量的快速测验、自动处理等功能，主要通过测船定位、测深、流速测量等系统来实现。仪器设备包括：全球卫星 GPS 定位系统设备、双频回声测深仪系统和声学多普勒流速剖面仪。

（2）含沙量测验子系统。购置振动式悬移质测沙仪，实现含沙量变化过程的全程实时监测，并通过试验研究建立与常规测验成果的相关关系，进而推求断面平均含沙量变化的全过程。

（3）泥沙颗粒分析子系统。购置激光粒度分析仪，实现河流泥沙颗粒级配的快速分析和处理。

（4）计算机处理子系统。计算机处理子系统是其他 3 个子系统的支撑系统，其功能是获取流量测验、含沙量测验和泥沙颗粒分析 3 个子系统的测量信息，并通过专用软件进行处理、计算,推求流量、含沙量和泥沙颗粒级配数据,然后以规范的格式保存和输出。软件由实施单位根据黄河水文测验的具体特点组织开发,然后分发给 6 个水文站推广应用。

培训是实现黄河下游 6 站水文测验设备更新改造项目设计整体效果的重要保证。设备引进和购置后,将安装在 6 个水文站和泥沙颗粒分析室,这些设备是黄河水文部门首次采用或者国内首次应用,只有通过培训才能使水文站工作人员掌握安装和使用技术。

培训是工作人员开展工作的先决条件。本项目建设中所列需培训的设备都是世界上技术最先进、科技含量较高的产品,具有一定的复杂性,对应用人员有较高的技能要求。

培训及其培训效果是系统建设的重要环节。本项目购置的设备是针对水文测验的需要用来构成相应的测量系统,设备与设备之间、设备与计算机之间、软件和设备之间相互关联和衔接,客观要求技术人员能够熟练掌握接口技术、数据格式、传输方式等技术内容,才能达到集成应用的结果。

通过培训,提高技术人员的技术层次。通过对理论、原理、结构和操作应用全面系统的培训,拓宽技术人员知识面,提高对高新技术产品的认识,提高技术素质,也是提高水文测验人员潜在能力的外在手段。

培训是对水文测验人员的专业知识的补充。下游 6 站工作人员都是长期从事水文测验实际操作,而对于新技术仪器应用的知识相对缺乏,通过培训达到补充必须的相关知识的目的,以保证项目的实施和顺利完成。

2)项目培训的需求分析

黄河是当今世界上水文现象最复杂、测验条件最困难的河流,水少沙多、水沙异源、时空分布不均及洪水暴涨暴落是黄河主要的水沙特性,这些特性造成黄河水文测验工作比其他江河更为困难。

本项目将购置品种较多的仪器组成流量、含沙量、泥沙颗粒级配测验系统,提高测量手段。其中根据设备对操作人员进行的培训是该项目建设的重要内容,也是保证项目顺利开展和达到设计效果的重要支撑。

项目所列关键仪器设备以往没有进行过培训,必须安排相应的时间和一定数量的人员,分别在国外原厂和国内进行培训。针对本项目的关键设备声学多普勒流速剖面仪和双频回声测深仪,安排少量人员在美国生产厂家接受培训,以保证培训的层次和效果;之后再进行对各水文站操作使用人员的国内培训。GPS 设备、激光粒度分析仪已有一定的技术基础,振动式测沙仪和测站水沙信息采集处理系统软件都是国内产品,仅需要进行国内培训。

3)培训实施方案

a.培训单位的选择标准和选择程序

培训单位的选择标准和选择程序同小花间气象水文预报系统项目培训。

（1）国外培训。双频回声测深仪和声学多普勒流速剖面仪是黄河下游 6 站水文测验设备更新改造的关键设备。该两种仪器的应用属于首次引进，技术含量高，需在国外生产厂利用厂家的技术和资源对技术骨干进行培训。

双频回声测深仪培训。双频回声测深仪是以超声波技术测量河道水深仪器，目前世界上生产此类仪器的厂家多数在美国，美国 ODEC 公司是其中最大的公司之一，专业生产测量型回声测深仪，产品系列齐全，规模大。与其他产品相比，具有结构紧凑、频率可根据需要选择的优点，有利于在不同的水深和含沙量条件下使用。该公司位于美国东部罗得岛州（RHODE ISLAND）首府普罗维登斯（PROVIDENCE）。

培训选择在普罗维登斯 ODEC 公司原厂进行。在普罗维登斯，ODEC 公司建设有培训基地，有专门的技术支持人员负责对用户开展双频测深仪的技术培训，具有完善的培训设施，如教室、仪器、实验台、实验水槽和现场实验场地等。在此地开展培训，能够由仪器原厂的研制和开发者对受训人员做详细的、系统的、技术和应用上具有一定深度的讲解；受训人员能够就一些实际问题以及处理方法与原厂技术人员进行广泛的、深入的交流，以保证在黄河上使用该仪器进行水深测量的效果，提高应用水平。

声学多普勒流速剖面仪（ADCP）培训。声学多普勒流速剖面仪（ADCP）是走航式的河流流量测量仪器。目前世界上生产该类产品的生产商有两家，RDI 公司和 SONTEK 公司，产品来源相对单一。这两家公司都位于美国加利福尼亚州圣地亚哥市，两家公司的产品从技术性能上讲有一定的差别。相比来说，RDI 公司的 ADCP 测量盲区小，设置最小单元尺寸小，能适应于浅水；而 SONTEK 公司的走航式 ADCP 测量盲区大，设置最小单元尺寸大，不适用浅水。因为黄河下游 6 个水文站所处的河道，属于宽浅型河道，要保证流量测量的精度需要能适应于浅水条件的 ADCP，所以选用 RDI 公司生产的 ADCP 测量设备。

培训在圣地亚哥 RDI 公司原厂进行。在圣地亚哥，RDI 公司建设有培训基地，有专门的技术支持人员负责对用户进行技术培训，具有完善的培训设施，如教室、仪器、实验台、实验水槽和现场实验场地，该公司建设有实验室和生产产品的车间等。在此地开展培训，能够由仪器原厂的研制和开发者对受训人员做详细的、系统的、技术和应用上深入的讲解，以保证培训的效果；因黄河下游的水流、河道条件比较特殊，如含沙量大、河道频繁摆动、水浅等，在 RDI 公司进行原厂培训，受训人员能够就黄河河流条件下应用以及处理方法与原厂技术人员进行交流，以保证在黄河上使用 ADCP 进行流量测验的效果，提高应用的水平。

（2）国内培训。国内培训的对象是水文站实际操作人员。在流域内选择培训地点，主要针对每一种仪器，考虑和比较培训地必备的现场实习操作条件，培训设施条件，人员住宿、交通和生活条件。

声学多普勒流速剖面仪培训。项目引进的声学多普勒流速剖面仪是为了应用于黄河下游6个水文站低含沙量时期。作为流量测量仪器,其培训地客观需要毗邻河流。纳入本项目改造的6个水文站都远离城市,在含沙量较高的时期仪器的使用可能会受到影响致使培训不能正常开展,交通困难都不具备教学和住宿条件。

培训地点选择在兰州。兰州地处黄河上游段,黄委水文局在兰州市内建有水文站,具有缆道和船。该处常年含沙量较低,选择在该地开展声学多普勒流速剖面仪培训,设备、交通、水流条件最为优越,能够保证培训工作按计划实施。

双频回声测深仪培训。双频回声测深仪设计应用于黄河下游6个水文站。作为水深测量仪器,需要其培训地毗邻河流。

培训地点选择在济南市。济南市处于黄河下游,本项目更新改造的6个水文站中的3个水文站的上一级管理机构设在济南,交通便利,具备教学和实习条件。济南市附近有泺口水文站,也是黄河干流水文站,有测量船等水文设备可用于实习操作。

激光粒度分析仪培训。培训地点选择在西安。西安地处黄河中游地区,激光粒度分析仪的马尔文公司在西安设有专门的培训和技术服务机构,能够较好地完成激光粒度分析仪培训任务。在西安附近,有黄委设立的水文站,该站河道泥沙颗粒组成的变化范围大,可提供开展培训所需要类型的泥沙样品。

GPS定位系统培训。培训地点选择在郑州。黄委水文局对GPS定位导航系统已有培训经验,以前曾经在郑州举办过培训班。黄委水文局已有培训设施和场地。

振动式测沙仪。培训地点选择在郑州。振动式测沙仪培训包括理论学习、实验室标定和实地操作等内容。黄委水文局在郑州已建立了测沙仪标定实验室,利用标定设备可以配置各级含沙量的样品,供参加培训的人员实习;另外可安排一定的时间在黄河上实地进行操作和练习。黄委水文局在郑州已有培训设施和场地。

测站水沙信息采集处理系统软件。测站水沙信息采集处理系统软件培训安排在太原。主要培训系统软件与其他设备的接口方式和软件操作。水文局所属的中游水文水资源局可为培训提供不同的实习环境(干流站、深水、小河站、高含沙量、低含沙量)、设备(缆道、测量船)以及培训设施和场地。

b. 项目培训实施计划

(1)国外培训。国外培训内容如下:

声学多普勒流速剖面仪系统技术培训。培训任务:黄委水文局派出项目技术人员就声学多普勒流速剖面仪系统及数据处理计算软件的应用接受生产厂家的培训。

培训内容包括:声学多普勒流速剖面仪的工作原理、声学测量基础知识、仪器及系统结构、安装方式、数据传输接口、数据格式以及数据处理软件的应用等,实地考察该类仪器在美国地质调查局下属单位的应用情况、安装方式、数据处理方法及工作模式和流程,为在黄河洪水管理亚行贷款项目中建设和应用声学多普勒流速剖面仪系统提供技术保障。

双频回声测深仪系统技术培训。培训任务:黄委水文局项目技术人员就双频回声测深仪系统及数据处理计算软件的应用接受培训。系统学习双频回声测深仪系统的工作原理、仪器及系统结构、安装方式、数据传输接口、数据格式、与其他设备的接口方式以及数据处理软件的应用等,实地考察该类仪器在美国的用户单位的应用情况、安装方式、数据处理方法及工作模式和流程,为在黄河洪水管理亚行贷款项目中建设和应用双频回声测深仪系统提供技术保障。

培训结束后,参加培训的人员能够独立完成仪器设备的安装、调试、设置、操作、数据处理和对仪器进行养护,并能够就双频回声测深仪的工作原理、声学测量基础知识、仪器及系统结构、安装方式、数据传输接口、数据格式以及数据处理软件对本单位人员进行再培训,提交培训考察报告。

(2)国内培训。本项目培训工作由黄委水文局组织并实施,按照本工作计划提前 20 天向黄河河南和山东水文水资源局发出通知,并说明具体的培训时间、地点、人员数量和对参加培训人员的要求,负责聘请老师、联系仪器供应商技术人员和准备教材资料等。黄河河南和山东水文水资源局负责组织选拔人员。各局指定 1 人带队,按指定时间和地点参加培训。

培训人员的条件要求:热爱黄河水文事业;具有一定的英语基础;小浪底、花园口、夹河滩、高村、孙口、艾山水文站工作人员;泥沙颗粒分析室工作人员;水文水资源局技术管理部门人员。

培训内容如下:

声学多普勒流速剖面仪培训。就声学多普勒流速剖面仪系统及数据处理计算软件的应用接受培训,并完成操作实习。培训内容包括声学多普勒流速剖面仪的工作原理、声学测量基础知识、仪器及系统结构、安装方式、数据传输接口、数据格式以及数据处理软件的应用等,实地进行安装、数据处理及工作模式选择等操作实习,为在黄河洪水管理亚行贷款项目中建设和应用声学多普勒流速剖面仪系统提供技术保障。

双频回声测深仪系统技术培训。就双频回声测深仪系统及数据处理计算软件的应用开展培训。系统地学习双频回声测深仪系统的工作原理、仪器及系统结构、安装方式、数据传输接口、数据格式、与其他设备的接口方式以及数据处理软件的应用等;实地进行安装、数据处理等操作实习,为在黄河洪水管理亚行贷款项目中建设和应用双频回声测深仪系统提供技术保障。

GPS 定位系统应用培训。就 GPS 定位系统及数据处理计算软件的应用开展培训。系统地学习 GPS 定位系统的工作原理、仪器及系统组成、安装方式、数据传输接口、数据格式、与其他设备的接口方式以及数据处理软件的应用等;实地进行安装、数据处理等操作实习,为在黄河洪水管理亚行贷款项目中建设和应用 GPS 定位系统提供技术保障。

振动式测沙仪培训。对振动式测沙仪及数据处理计算软件的应用开展培训。系统地学习振动式测沙仪的工作原理、仪器及系统结构组成、安装方式、数据传输接口、数据格式、与其他设备的接口方式以及数据采集处理软件的应用等;实地进行安装、数据处理等操作实习,为在黄河洪水管理亚行贷款项目中建设和应用振动式测沙仪提供技术保障。

激光粒度分析仪培训。就激光粒度分析仪及数据处理计算软件的应用开展培训。系统地学习激光粒度分析仪的工作原理、激光检测技术、仪器及系统组成、安装方式、数据传输接口、数据格式、与其他设备的接口方式以及数据处理软件的应用等;进行实地操作、处理数据等操作实习,为在黄河洪水管理亚行贷款项目中建设和应用激光粒度分析仪提供技术保障。

测站水沙信息采集处理系统软件。以实际操作为主,系统学习软件模块结构、各模块功能和各级菜单的作用。软件和设备的通信格式、参数设置、已知数据的输入和调用、成果图表格式。具体分为 GPS 导航软件、测深仪数据接收处理软件和流速测量及工作运行控制软件。

连接硬件设备,现场作业实习。按照软件全部功能和作用完成全部操作。

(3)培训目标和保障措施。培训结束后,达到参加培训的人员能够独立完成仪器设备的安装、调试、设置、操作、数据处理和对仪器进行养护,并能够就仪器的工作原理、测量基础知识、仪器及系统结构、安装方式、数据传输接口、数据格式以及数据处理软件对本水文站操作人员进行传授,带动测站整体提高应用新技术的水平。为了保证能够如期实现培训目标,采取以下措施:

充实理论知识内容。通过理论学习,增强认识,扩大知识面,提高技术人员的层次。

聘用优秀教师和专家。

注重实际操作,使每一位参加培训者有足够的时间动手操作。

进行培训结业考试,对每位学员的学习情况进行评价。

培训实施计划见表 6-9 和表 6-10。

5. 防洪工程维护管理系统项目培训

1)项目培训的必要性

a. 项目概述

防洪工程维护管理系统是亚行贷款项目防洪非工程措施中的一个子项目,主要建设内容有:工程管理数据库建设、防洪工程信息管理、信息服务、工程资产管理、工程维护标准研究和工程安全监测等。系统建设目标是:建成以空间数据管理为基础平台的工程维护管理系统,实现工程基础信息的快速查询和统计分析,实时掌握防洪工程的运行状态,自动生成工程维护方案,并在可视化条件下为工程维护管理提供决策支持,增强决策的科学性和预见性,确保黄河防洪安全和黄淮海平原的可持续发展。

表 6-9 黄河下游 6 站水文测验设备更新改造项目国外培训考察计划

项目	时间	地点	主要内容	天数	人数（人次）	备注
声学多普勒流速剖面仪培训	2004 年 5 月	美国	到生产厂接受理论和操作培训,包括系统结构组成、工作原理、安装技术和要求,指令功能与其他设备的集成接口以及数据处理和软件应用等	30	8	培训
双频回声测深仪培训	2004 年 4 月	美国	到生产厂接受理论和操作培训,包括系统结构组成、工作原理、安装技术和要求,与其他设备的集成接口以及数据处理和软件应用等	30	5	培训
合计					13	

表 6-10 黄河下游 6 站水文测验设备更新改造项目国内培训考察计划

项目	时间	地点	主要内容	天数	人数（人次）	备注
声学多普勒流速剖面仪培训	2004 年 10 月	兰州	理论学习和实际操作培训	15	20	培训
双频回声测深仪培训	2004 年 10 月	济南	理论学习和实际操作培训	15	16	培训
激光粒度分析仪培训	2004 年 10 月	西安	理论学习和实际操作培训	15	8	培训
GPS 定位导航系统培训	2004 年 11 月	郑州	理论学习和实际操作培训	15	20	培训
振动式测沙仪培训	2004 年 12 月	郑州	理论学习和实际操作培训	15	16	培训
测站水沙信息采集处理系统软件	2005 年 4 月	太原	室内操作培训和软硬件集成培训	15	24	培训
合计					104	

该项目总体安排是两年建成,第三年试运行。为早日实现建设目标,项目承建单位不等不靠,积极运作,于 2003 年 4 月开始启动项目建设。

b. 承担单位概述

本项目考虑到投资、现有工作基础以及黄河工程实际情况,仅选择郑州河务局为试点进行建设。因此,项目建设承担单位主要由黄委建管局、信息中心、河南河务局、郑州河务局等单位构成。具体分工情况是:黄委建管局负责项目总协调,提出委级工程维护管理需求;黄委信息中心负责数据库库结构建设、信息代码编制、系统软件开发等工作;河南河务局具体负责项目建设协调,并提出省级工程维护管理需求;郑州河务局直接负责试点工程建设项目实施,负责辖区工程建设与管理基本信息采集、整理、录入,负责完成赵口控导和杨桥闸安全监测建设,负责系统设备购置并提出市级工程维护管理需求;惠金河务局、中牟河务局负责提出县级工程维护管理需求,配合完成赵口控导、东大坝控导和杨桥闸安全监测建设,配合完成试点工程建设需要的其他工作。

c. 培训的必要性

把水利工程作为一种资产来进行管理,对黄河工程管理来说是一种新的思维,也是与国际惯例接轨的提法。掌握水利工程资产管理方面前沿技术情况,了解资产管理内容及国际上大江大河堤防、河道整治、水闸工程资产程序化管理成功实例和经验,对建立先进实用的黄河工程资产管理模型,切实提高工程维护管理水平是非常必要的。

2)项目培训需求分析

a. 项目需求

本次培训主要是工程资产管理方面。工程资产管理内容是按一定的工程维护标准,对防洪工程的维修养护工作进行分类,然后按工程损坏及危险情况对其进行排序,并生成相应的工程维护方案和资金预算。培训的目的是掌握世界多泥沙河流工程资产管理的先进技术,为建立适合黄河工程实际的、具有可操作性的工程资产管理模型服务。

b. 项目人力资源现状

本项目共 15 人,其中软件开发 8 人,数据库建设 7 人。在这 15 人中,系统分析员、高级工程师 8 人,程序开发员、工程师 4 人,其他为编辑人员、助理工程师。

c. 培训需求分析

工程资产培训,拟于 2004 年到澳大利亚进行培训考察。澳大利亚对水资产实行分级负责、分级管理,水资产管理分为联邦、州和地方 3 级,但基本上以州为主,所有水资产归属于各州所有,实行流域与区域管理相结合,社会与民间组织参与管理。他们拥有先进的水资产管理技术,每个州都制定有详细水公司总资产管理计划(TAMP),主要内容包括:水资产的特征、状况、性能及失败模式分析;风险和安全管理的评估、方法和计划;资源需求和服务标准的确定;寿命周期成本分析及计划;整体运作和维护的方法、计划、性能监督;最优更新方案的制订;资源预算和资金使用计划;管理信息系统。

系统软件应用开发培训 6 个人月。为保证系统建设的先进性和实用性,系统开发人员应及时掌握 IT 业最新应用技术,拟派 5 人到 ORACLE 管理大学(北京、上海、广州分校)进行 ORACLE 数据库管理系统高级培训,内容主要是数据库的性能优化管理、信息内容管理、数据备份与恢复;拟派 5 人参加 Unit 系统和 Java 语言培训,主要内容是 solaris 使用、系统管理与应用管理、系统开发技术;拟派 5 人参加 Arc/Info 地理信息系统的培训,主要内容为空间数据处理、空间数据分析。

通过培训学习掌握其整个水资产管理技术,学习其工程管理理念,并将其应用到黄河防洪工程管理系统中去,用先进的信息应用技术,建立先进实用的黄河工程维护管理模型,提高黄河工程管理水平。

系统应用推广培训,主要内容为系统信息标准化和信息采集培训、系统应用及运行培训。通过培训使系统应用人员能尽快熟练掌握系统的功能,确保系统的正常运行。

3) 项目培训实施方案

培训单位的选择标准和选择程序同小花间气象水文预报系统项目培训。

a. 国外培训项目

澳大利亚水务资产管理技术具有世界先进水平。为了实现水资源的可持续利用,提高水资源的利用效率,澳大利亚政府积极探索各种水改革措施,并从 1994 年起正式批准了水改革框架方案,推行水改革、建立水市场并鼓励水权交易。尤其是新南威尔士州水资产管理技术及相应的管理信息软件,经过多年的实践已经比较成熟,目前已成功运用于澳大利亚其他州,如维多利亚州、昆士兰州等。中国当前正在积极推进水管理体制改革,如何管理好水务资产,充分发挥水利工程效益,确保水利工程的良性运行,是目前迫切需要解决的重大问题。引进和吸收澳大利亚新南威尔士州水资产管理技术及其管理软件,对促进中国水管理体制改革,提高水利资产管理水平具有重要作用和意义。

b. 国内培训项目

企业选择 Oracle 数据库主要是由于其性能、可靠性和安全性,并可高效地支持地理信息系统。Oracle 为所有类型的企业而设计,为中小型企业提供了快速、简单的安装和大量的自管理功能。对于大型企业来说,Oracle 数据库具有诸如集群等高级特性,在国内开办了中文 ORACLE 大学,分别在北京、上海、广州设有 ORACLE 大学培训中心。

Arc/Info 具有国际领先水平的 ArcGIS 地理信息系统(GIS)软件和 ERDAS 遥感图像处理软件,广受中国用户的认同,已成为中国地理信息界用户群体最大、应用领域最广的 GIS 技术平台。公司在北京中科院国家资源与环境信息重点试验室和中国林业科学院,分别联合建立了"Arc/Info 中国技术咨询与培训中心"、"ERDAS 中国技术咨询与培训中心",还在华东和华南地区设有办事处,并与国内多家单位和专业机构建立了业务合作伙伴关系,为用户提供全方位的技术服务。

Unix 系统相对于 Windows 操作系统来讲,其系统稳定性较高,抗病毒能力强,在 IT 应用系统高端用户中应用较为广泛,在北京、上海、广州有该系统平台成熟的应用客户和良好的培训机构。

通过网上查询各类系统软件的相关资料、培训及应用信息,通过咨询各类系统软件的成熟客户,选择了培训单位和培训地点。

按照项目进度计划,培训时间为 2004 年 4～6 月。培训考察计划见表 6-11 和表 6-12。

表 6-11 防洪工程维护管理系统项目国外培训考察计划

项目	时间	地点	主要内容	天数	人数（人次）	备注
工程资产管理	2004 年 4～6 月	澳大利亚新南威尔士州水务公司	水工程资产管理：（1）水资产（工程）的特征、状况、性能及失败模式分析；（2）风险和安全管理的评估、方法和计划；（3）资源需求和服务标准的确定；（4）寿命周期成本分析及计划；（5）整体运作和维护的方法、计划、性能监督；（6）最优更新方案的制订；（7）资源预算和资金使用计划；（8）管理信息系统	12	5	考察
合计					5	

表 6-12 防洪工程维护管理系统项目国内培训考察计划

项目	时间	地点	主要内容	天数	人数（人次）	备注
ORACLE 培训	2004 年 5 月	北京	数据库的性能优化管理、信息内容管理、数据备份与恢复	20	5	培训
Unix 系统培训	2004 年 6 月	广州	solaris 使用、系统管理与应用管理、系统开发技术	20	5	培训
Arc/Info 培训	2004 年 7 月	上海	空间数据处理、空间数据分析	15	5	培训
防洪工程维护管理系统应用	2004 年 12 月	郑州	防洪工程维护系统的应用方法	10	10	培训
人员培训	2004 年 12 月	郑州	防洪工程维护系统应用的应用方法	10	20	培训
合计					45	

6. 小浪底水库运用方式研究项目培训

1）小浪底水库拦沙期防洪减淤运用方式研究培训

a. 项目培训的必要性

（1）项目概述。小浪底水库拦沙期指库区淤积量达到 75 亿立方米（相当于 100 亿吨）左右，坝前滩面淤积高程达到设计高程 254 米前的时期。根据水库运用的阶段性，该时期分拦沙初期和拦沙后期。

1996 年 9 月至 2000 年 3 月，在历时 4 年半的研究工作中，黄河设计公司联合有关单位开展了拦沙初期水库运用方式研究工作，提出了小浪底水库初期 3～5 年运用方式和 2000 年运用方案。研究提出的拦沙初期调水调沙调控指标和运用方式已用于小浪底水库 2000～2002 年调水调沙预案和防洪预案的编制，按照拟定预案所进行的水库调度运用也已初步取得了防洪减淤等综合效益。

小浪底水库运用方式研究是一个研究—实践—再研究—再实践的过程，是一个分段研究、深化认识、逐步积累、不断提高的动态过程。小浪底水库投入运用已 3 年有余，库区淤积量已近 10 亿立方米，在水库拦沙初期运用方式研究的基础上，跟踪研究水库运用情况，紧密结合拦沙初期下游河道输沙和河床演变的特点和水沙条件的变化，不断优化拦沙初期运用方式，抓紧开展水库拦沙后期运用方式研究，是小浪底水库运用的迫切需要。

小浪底水库拦沙期防洪减淤运用方式研究的主要研究内容包括水库运用跟踪研究、减淤运用方式研究、水库防洪运用方式研究以及为支持上述研究所必须开发和完善的技术支持系统。

水库运用跟踪研究主要研究拦沙初期水库的运用情况和库区及下游河道河床演变情况，根据不断变化的新情况和来水来沙，对已经基本拟定的水库减淤运用方式进行跟踪调整。

水库减淤运用方式研究是在设计阶段和水库拦沙初期运用方式研究的基础上，进一步分析研究大量的实测资料，充分利用数学模型和实体模型的研究手段，结合库区和下游河道原型观测和水库运用方式跟踪研究的成果，从下游河道减淤作用及可能出现的河势、库区淤积形态、库容保持等方面进行综合比较，论证水库降水冲刷时机和冲刷方式，对这一时期水库运用方式作出深入细致的研究，确定水库拦沙后期合理的减淤运用方式。

水库防洪运用方式研究主要是开发三门峡、小浪底水库浑水调洪计算模型，研究"四库"联合防洪运用方式和放水次序，充分利用洪水资源，配合下游河防工程，确保防洪安全。

技术支持系统主要包括小浪底库区及黄河下游河道原型观测，数学模型验证、改进及应用，实体模型厅建设和试验研究等。

（2）项目承担单位情况概述。黄河设计公司开展了"小浪底水库拦沙初期运用方式研究"、"九五"攻关"小浪底水库初期防洪减淤运用关键技术研究"等与本项目研究有关的基础工作。为开展本项目研究,黄河设计公司专门成立了小浪底水库拦沙期防洪减淤运用方式研究项目组。

(3)培训的必要性。目前正在开展的黄河小浪底水库运用方式研究项目主要研究水库拦沙初期库区和下游河道的发展变化和拦沙后期水库的运用原则和指标,在广泛调研的基础上,充分借鉴和吸收国内外的先进经验和研究成果,结合黄河的实际情况进行总结,是指导项目研究工作的重要途径之一。

小浪底水库起始运行水位以下库容淤满后相机排沙运用方式和下游河道相应的减淤效果及河床平面变形是运用方式研究的最关键的技术问题。为了提高项目研究成果的质量,使研究成果具有世界一流水平,满足小浪底水库调度运用及黄河治理开发的需要,需要学习借鉴世界各国的先进经验。在广泛调研的基础上,考察调研欧洲莱茵河、美国密西西比河、科罗拉多河、密苏里河等流域建库后的库区和下游河道的变化情况、流域经济社会发展对水库运用的要求等,重点学习国外对水库和下游河道冲刷问题的研究成果和模拟方法,为小浪底水库防洪减淤运用方式研究提供借鉴。

b. 培训需求分析

小浪底水库拦沙期防洪减淤运用方式研究工作意义重大,技术难度大,科技含量高。因此,为提高项目研究成果的水平,应在广泛调研的基础上,通过培训,充分借鉴和吸收国内外的先进经验和研究成果,结合黄河的实际情况进行总结,指导项目的研究工作。

c. 项目培训实施方案

(1)培训单位的选择标准和选择程序。选择的标准主要是看这些单位或机构所开展的研究项目和研究内容是否对小浪底水库运用方式研究有启发和借鉴价值。

选择考察单位程序:通过以往交流的文字材料及通过 Internet 网检索,了解国内外有关研究单位或机构的基本情况,了解这些单位或机构的研究性质、所开展的研究项目和研究内容;根据小浪底水库防洪减淤运用方式研究内容和研究的需要,对所了解的单位或机构进行选择。

通过选择,确定对以下单位或机构进行考察或调研,并在一些单位进行短期的培训:德国黑森州环境保护部,法国水利科研中心,法国国立罗纳河公司(CNR),美国密西西比大学国家计算水科学与工程中心,美国农业部国家泥沙实验室(密西西比州),美国田纳西河流域管理局(TVA),美国农业部国家泥沙研究所,中国武汉大学、河海大学、南京水利科学研究院、清华大学、中国水利水电科学研究院、水利部西北水利科学研究所。

(2)项目培训实施计划。一是赴德国、法国考察计划。与德国黑森州环境保护部联系考察莱茵河流域基本情况及水文泥沙特性;莱茵河防洪;莱茵河电站与水库群调度。

与法国水利科研中心联系考察河流泥沙数学模型,了解有关河流泥沙数学模型的种类和功能,采用的方程和参数及数值解,模型的验证和应用情况。考察实体模型,参观实体模型试验场,了解实体模型的设计原则和方法,所开展有关大坝和下游河道的模型试验情况,所解决的问题及模型量测系统。

与法国国立罗纳河公司(CNR)联系考察河道整治,了解河道冲刷后河岸保护的任务、设计方法、整治方案和相应的参数,河道的冲刷发展对整治工程和堤防的影响以及解决的措施,河岸边坡的稳定性。水库淤积过程和淤积形态的估算方法,河床、河岸冲刷的估算方法及计算方法的验证情况。考察塞纳河、罗纳河上的引水工程、梯级水库、河道整治段及自动化调度系统等。库区重点是库区泥沙淤积范围内的库段和水库淤积所带来的问题;下游河道重点是各河段的河床演变情况、相应的河道平面变化情况、床沙变化情况以及由此所引发的与行洪、河道整治、已建工程的安全运行有关的问题。介绍黄河三门峡、小浪底水库投入运用后库区和黄河下游河道发生的变化,与罗纳河的情况相互比较,双方重点就水库及河道的冲淤计算方法和研究手段进行交流。

组成5人考察团,采取实地考察与介绍交流相结合的方式,对重点问题进行研讨,以达充分吸收国外先进技术及成功经验的目的。

二是赴美国考察培训实施计划。

实地考察美国密西西比河、科罗拉多河及密苏里河各个河流上水库运用情况及下游河道的冲刷变形和整治情况。

赴密西西比大学国家计算水科学与工程中心(NCCHE,University of Mississippi),考察CCHE1D、CCHE2D、CCHE3D设计理念、建模思路及其运用情况(包括溯源冲刷、桥墩冲刷坑、丁坝群布设与选型、河床变形及河岸侵蚀、弯道水流等计算情况)。

考察数学模型、物理模型(包括水槽试验)与实测资料相互验证技术,考察数学模型验证评估技术及其进展情况。

学习培训CCHE1D、CCHE2D、CCHE3D之设计理念、建模思路及其运用情况。结合小浪底水库运用方式研究,重点学习其在水库库区溯源冲刷、下游河道河床变形及河岸侵蚀等方法的数值模拟方法。

赴美国农业部国家泥沙实验室(USDA National Sedimentation Laboratory,密西西比州),考察河床演变模拟技术,考察河床变形及河岸侵蚀、溯源冲刷(head cut)研究手段。重点培训学习河床变形及河岸侵蚀、溯源冲刷研究方法及模型模拟技术。

赴田纳西河流域管理局(TVA),考察水库群的调度经验、综合利用水库多目标关系协调、水库调度管理、水库水质研究等。TVA经过60多年的开发建设,田纳西河流域干支流以航运、防洪为目的的水利工程已接近开发完毕,田纳西河流域已成为世界上开发管理最为完善的水系之一。水库系统是作为一个统一的多目标系统运行的。主要目标是提供航运、防洪、发电、夏季娱乐水位和为保持水质及水生环境提供最小流量。结合小浪底水库运用方式研究,重点学习田纳西河流域水库群的调度管理经验、综合利用水库多目标关系协调等。

赴美国农业部国家泥沙研究所,考察调研水库调度运用后清水冲刷过程中输沙率过程的沿程恢复、河流自动调整过程中纵剖面的变化、河型河性变化、对自然环境的影响等。

三是国内考察培训实施计划。

考察地点及内容。小浪底水库拦沙期防洪减淤运用方式研究工作意义重大,为保证项目研究成果的水平,采取开放式研究方式,充分发挥国内有关设计研究单位及大专院校的优势,借鉴其先进经验和研究成果,联合攻关。根据项目的工作内容安排,对武汉大学、河海大学、南京水利科学研究院、清华大学、中国水利水电科学研究院、水利部西北水利科学研究所等单位进行考察和调研,了解有关单位在水库修建后下游河道平面变化及对水库出库水沙条件的要求、水库浑水调洪模型开发、高含沙洪水输沙特性分析研究、水库及下游河道泥沙冲淤数学模型、水库修建后下游河道冲淤变化及对水库出库水沙条件的要求、水库降低库水位库区冲刷模式研究及数学模型应用、水库降低库水位冲刷排沙关键技术研究等方面的研究情况。

培训内容。大水相机降低库水位冲刷排沙,对保留防洪、兴利等库容是十分重要的举措,降低库水位冲刷排沙是研究小浪底水库拦沙后期运用方式的关键问题之一。降水冲刷过程中,库区干支流冲刷部位、形态不仅与来水来沙条件和水库运用情况有关,并与淤积物的物理性质和土力学特性关系密切,问题复杂。数学模型是研究河流水沙运动及河道冲淤演变的重要工具,具有快捷灵活的特点,适用于大量的方案计算与比选,与其他研究手段相结合,可为小浪底水库运用方式的优化比选提供科学依据,是本次小浪底水库运用方式研究的重要手段之一。中国水利水电科学研究院在降低库水位库区冲刷模式、水库泥沙数学模型研究等方面有较成熟的经验和技术,为充分借鉴和吸收其经验和技术,拟在中国水利水电科学研究院就以上内容进行培训。

计划安排。考察分两次进行,每次考察时间 30 天,考察组成人员 6~7 人。培训人员 4 人,培训时间 5 个月。

培训考察计划见表 6-13 和表 6-14。

2)小浪底库区及下游河道实体模型试验研究培训

a.项目培训的必要性

(1)项目概述。"小浪底水库运用方式"实体模型试验研究分小浪底水库模型试验和小浪底至苏泗庄河道整治模型试验两部分。小浪底水库模型试验主要研究:库区淤积过程,异重流的形成、运动及输沙特性,坝区泥沙问题跟踪分析,坝前过渡段几何形态,泄水建筑物闸门前淤积情况、河势变化,各泄水建筑物过水过沙情况分析。小浪底至苏泗庄河道整治模型试验主要研究:1000 立方米每秒以上流量不同运用时期沿程变化规律;黄河下游各河段的冲淤量及其沿时程、沿空间的分布,各河段断面形态的横向调整及其对河道输沙能力的影响,滩槽水沙分布特点及泥沙冲淤分布,冲淤变化过程中平滩流量沿程变化,河道平面变形、河床冲刷及工程出险情况,分析下游河道各河段的滩岸坍塌和新滩淤长情况、河势的发展变化情况并预估其发展变化趋势等。

表 6-13 小浪底水库拦沙期防洪减淤运用方式研究项目国外培训考察计划

项目	时间	地点	主要内容	天数	人数(人次)	备注
小浪底水库运用方式研究	2004 年 11 月	德国、法国	莱茵河、塞纳河、罗纳河河床演变及河道整治方法，水库群洪水调度与洪水管理对策和措施；数学模型数值计算方法和物理模型试验	12	5	考察
	2004 年 6 月	美国	密西西比河、科罗拉多河和田纳西河水库群的调度经验、库区淤积排沙、下游河道的冲刷及演变情况、河型河性变化、治理对策等	12	6	考察
	2004 年 6 月	美国	水库库区溯源冲刷、下游河道河床变形及河岸侵蚀等方法的数值模拟方法，水库群管理经验、综合利用水库多目标关系协调等	12	5	培训
合计					16	

表 6-14 小浪底水库拦沙期防洪减淤运用方式研究项目国内培训考察计划

项目	时间	地点	主要内容	天数	人数(人次)	备注
小浪底水库运用方式研究	2003 年 8 月 1～30 日	武汉大学、河海大学、南京水利科学研究院	水库修建后下游河道平面变化及对水库出库水沙条件的要求，水库洪水调洪模型开发，高含沙洪水输沙特性分析研究，水库及下游河道泥沙冲淤数学模型调研	30	6	考察
	2003 年 9 月 1～30 日	清华大学、中国水利水电科学研究院、水利部西北水利科学研究所	水库修建后下游河道冲淤变化及对水库出库水沙条件的要求，水库洪水调洪模型开发，高含沙洪水输沙特性分析研究，水库及下游河道泥沙冲淤数学模型调研，库区冲刷式排沙数学模型应用、水库降低库水位冲刷关键技术研究等	30	7	考察
	2003 年 11 月 1 日～2004 年 3 月 31 日	中国水利水电科学研究院	水库降低水位区冲刷式研究及数学模型开发研究	5 个月	4	培训
合计					17	

（2）承担单位情况概述。黄河水利科学研究院（以下简称"黄科院"）是水利部黄河水利委员会所属的以河流泥沙研究为中心的多学科、综合性水利科研机构，是全国水利系统重点科研单位之一。20世纪50年代以来，黄科院针对不同时期黄河治理开发中的突出问题，相继承担和完成了包括国家自然基金、国家科技重点攻关计划、国家重点基础研究发展规划项目在内的2300多项科研任务，有近80项科研成果荣获国家和省部级奖励，部分研究成果达到了世界先进或领先水平。

泥沙研究是黄科院的主要研究领域，自20世纪50年代以来，在以黄河为主的河流治理、水利工程规划建设及生产管理实践中，开展了上千项的泥沙研究课题，为中国的水利建设和泥沙学科的发展作出了突出贡献。近几年，在结合野外调查、立足实测资料分析取得众多重大科研成果的同时，实体模型试验技术和数学模型技术得到长足发展，利用动床模型先后完成了诸如三门峡水库淤积与渭河回水发展野外模型试验、小浪底水库运用方式研究及小浪底至苏泗庄河道整治模型试验等一系列国家重点研究项目，系统研究了水文学、水文水动力学和水动力学3类数模，建立了黄河水库及中下游河道一维数学模型、变动河床洪水预报水动力学模型。

（3）培训的必要性。黄河是一条流域侵蚀环境特殊、水沙运行规律复杂、河床演变剧烈的河流，也是世界上最难治的河流，因而，实体模型试验在黄河治理开发的科学研究中具有独特的且为其他研究手段所难以替代的作用。近几十年来，随着大江大河治理开发进程的加快，中国河流模拟，特别是黄河河工动床模型研究得到迅速发展，先后开展了一系列大型的试验研究工作，在河工动床模型相似原理、模拟技术、模型变率、模型沙选择、模型相似律等方面，都取得了理论及技术上的突破创新，对于诸如黄河等高含沙河流的模拟研究所取得的不少研究成果都处于国际领先或先进水平。然而，由于黄河演变规律的复杂性和具有的自然属性极为特殊，使得实体模拟尤其是实体动床模拟相当困难，仍有一些关键技术及基础理论方面的问题未能解决。为更好地认识和掌握黄河水沙运动规律，急需对国外实体模型模拟技术及相似理论进行考察调研，汲取其先进经验，更好地利用实体动床模型试验结果回答人们提出的诸多理论与生产问题。

b. 项目培训的需求分析

（1）项目需求。黄科院曾开展了大量的实体模型试验研究，为领导决策及设计部门提供了重要参考依据。然而，目前动床实体模型相似理论并不十分成熟、十分完善，仍存在着一定缺陷及问题，另外模型制作技术、模拟材料以及模型测验技术等方面还不同程度地影响成果精度。黄科院认真分析总结了几十年来的试验研究成果，针对实体动床模型相似理论及模型试验模拟技术存在的问题，对德国、瑞士、荷兰等国在该方面的先进技术经验进行考察十分必要。

（2）人力资源现状。黄科院在职职工共407人。其中博士6人，在读博士5人，硕士33人，在读硕士22人，高级工程师89人，工程师130余人。

（3）培训需求分析。2004年下半年，对实体模型试验技术及基础理论研究试验方法，泥沙输移基本理论研究及实践,库区、河流地貌基础研究与自然灾害防治等进行考察。

c.项目培训实施方案

(1)培训单位的选择标准和选择程序。培训单位的选择标准和选择程序同小花间气象水文预报系统项目培训。

黄科院认真分析总结了几十年来的试验研究成果,针对实体动床模型相似理论及模型试验模拟技术存在的问题,选择对德国、瑞士、荷兰3国进行考察,以学习和了解它们在实体模型试验技术及基础理论研究试验方法,泥沙输移基本理论研究及实践,库区、河流地貌基础研究与自然灾害防治等方面的研究成果与经验。

在国内,选择考察台湾成功大学水工试验所和台湾大学工学院水工试验所,参观学习平面漂沙试验研究,河道治理、水质及输沙特性研究,河川弯道三维水理及床形演变,水库积水区治理、水库操作与运营模式,海岸工程及试验研究,XY二维运动测车,连续式沙面测定仪(三维),造波设备等。选择考察香港大学土木工程系和香港工学院,参观学习海洋、海岸工程及试验研究、沿岸流及沿岸输沙等基础研究与试验设施。

(2)项目培训实施计划。项目培训考察计划见表6-15和表6-16。

3)测控自动化系统培训

a.项目培训的必要性

(1)项目概述。黄科院正在建设的"模型黄河"工程是提高治黄科技水平的重要措施之一。黄河发展演变规律复杂,必须借助实体模型试验并结合其他科学方法进行研究。通过"模型黄河"工程建设,可以为"原型黄河"的治理开发直接提供科学参考依据,为"数字黄河"工程建设提供物理参数,通过实体模型对机理的研究为数学模型的构建、控制方程的改进等提供重要的理论基础;"模型黄河"还可以成为"数字黄河"通过模拟分析提出的"原型黄河"治理开发方案的中试环节,不仅可以大大促进数学模型模拟技术的提高,同时,可以对治黄方案进行优化,更能适应黄河的规律。

"模型黄河"归根结底是一个研究黄河发展规律的试验平台,先进的试验设备是保证试验成果的科学性和准确性的关键。提高"模型黄河"工程的高科技含量,实现试验测控成果形成及显示的自动化,是彻底改变以往人工观测和操作的方式,减少误差,提高试验成果的科学性和准确率的重要科技保障条件。地形的精确量测和含沙量的准确量测是黄河模型试验所必需的关键技术,引进与开发该技术及仪器设备对于黄河模型建设具有特殊的重要性。

(2)承担单位情况概述。黄科院是全国水利系统科研机构改革后的四大非营利性科研单位之一。主要研究领域包括河流水库泥沙、河道整治、河口治理、河流模拟技术和泥沙数学模拟技术、水土保持规划、防洪减灾、防汛抢险等。

黄科院负责本项目的黄河实体模型建设和试验工作,其中测控自动化系统建设由黄科院高新工程技术研究开发中心负责并组织全院有关力量实施。高新工程技术研究开发中心的主要研究方向包括:河流、水利水电工程原型、模型测控技术研究及测验仪器的开

表 6-15 小浪底库区及下游河道实体模型试验研究培训项目国外培训考察计划

项目	时间	地点	主要内容	天数	人数（人次）	备注
小浪底库区及下游河道实体模型试验研究	2004 年下半年	德国：水资源土壤改良协会，冯·卡门研究所；瑞士：苏黎世大学水工实验室等；荷兰：Delft 水工试验中心等	实体模型试验技术及基础理论研究试验方法，泥沙输移基本理论研究及实践，库区、河流地貌基础研究与自然灾害防治等	12	6	考察
合计					6	

表 6-16 小浪底库区及下游河道实体模型试验研究培训项目国内培训考察计划

项目	时间	地点	主要内容	天数	人数（人次）	备注
小浪底库区及下游河道实体模型试验研究	2004 年下半年或 2005 年上半年	香港大学，台湾成功大学	平面漂沙试验研究，河道治理，河道冲刷及床形演变，水库积水区治理，水库运营模式，海岸工程及试验研究，XY 二维运动测定车，连续式沙面测定仪（三维），造波设备，海洋、海岸工程及试验研究，沿岸流及沿岸输沙等基础研究与试验设施	15	6	考察
合计					6	

· 167 ·

发应用,地球信息物理和工程信息物理技术的研究及应用,"原型黄河"与"模型黄河"高含沙水流测控仪器技术及网络应用技术研究与应用。

(c)培训的必要性

建设测控自动化系统是黄河实体模型的重要组成部分,能够实现试验测控(特别是各种观测设备)、成果形成及显示的自动化,是彻底改变以往人工观测和操作的方式,减少误差,提高试验成果的科学性和准确率的重要科技保障条件。

然而,尽管目前工业测控技术比较成熟,但在高含沙大比尺河流动床实体模型应用中几乎是一片空白,存在很多技术难关有待攻克,如模型地形量测、高含沙水流的含沙量量测、动床模型流场河势量测等。而且,这些难点恰恰是模型试验急需解决的重点问题,需要进行相关的培训与研究。这对做好黄河模型试验、保障亚行贷款项目的顺利完成,全面提高黄河模型试验水平具有重要意义。

b. 培训需求分析

(1)项目需求。测控自动化系统以 GIS 系统为应用管理平台,实现实时数据自动采集与自动监控、动态查询功能、试验过程形象化展示等。测量结果可与原型监测数据、数学模型计算结果进行综合分析,并对模拟结果进行佐证。

整个测控系统综合应用量测技术、工业控制技术、计算机技术、地理信息系统、虚拟现实技术、多媒体技术和海量存储技术,以通信网络为纽带,实现以下 6 大功能:实时数据采集与监控、实时传输、动态查询、可视化、互动验证、决策支持。

在测控系统建设中,有许多技术难关需要攻克,包括模型地形量测、含沙量量测、流场河势量测等。这些项目涉及模型试验重要参数的获取,对模型试验水平和成果的可靠性有重要影响。由于黄河模型水流高含沙和动床等特性,使得这些量测项目的实施存在很大的难度。现有的量测手段和设备都是针对低含沙水流、定床模型开发研制的,在黄河模型上不适用。开发适合黄河模型的有关量测设备技术难度高、需大量应用高新技术,目前的技术力量还不能完全满足需要,因此实施培训与考察是客观需要。

(2)人力资源现状。测控自动化系统项目组有成员 15 人。其中正高职称 1 人,高级工程师 7 人,工程师 2 人。

(3)需求分析。2004 年第一、二季度,"MENSI S25 三维激光扫描仪"技术考察、含沙量量测技术考察、现场总线和中控室控制技术考察;流场河势量测系统技术培训、浑水地形量测技术培训、含沙量量测技术培训。

c. 项目培训实施方案

(1)培训单位的选择标准和选择程序。一是国外培训(考察)。赴法国 MENSI 公司考察三维激光扫描设备。根据模型试验对模型地形量测的需求,首先通过网络进行相关设备调研。根据调研了解到的设备性能,确定对法国 MENSI 公司、美国 CIMCORE、美国 PERCEPTRON 的产品进行电话调研,与 3 家公司在中国的代理商深入交换意见。在听取了对方就产品性能、应用环境、实用案例等方面的详细介绍后,认为法国 MENSI 公司的产品最为可能满足模型试验中地形量测工作需要,故确定对法国 MENSI 公司进行实地考察,以最终确定是否引进该设备。通过多方调研,法国 MENSI 公司生产的 S25 型三维激光扫描仪是目前国际上最先进的自动化地形量测设备之一,其性能指标基本满足"模型黄河"应用要求,能够有效地解决目前存在的问题,填补有关技术空白。

赴英国考察含沙量量测技术。由于模型试验水流的高含沙量特性,目前国内没有成熟的技术和设备能够满足模型试验对含沙量自动量测的要求,根据国内资深专家介绍,英国有关机构在含沙量量测方面具有丰富的经验,完成了大量基础性、建设性的研究工作,其科研水平居于世界前列。故确定赴英国考察含沙量量测技术。经调研,英国 Solatron 公司开发出的振动筒式密度计(Densimeter),已经占领了国际市场。英国伦敦大学帝国理工学院在振动筒与振动棒式密度计的原理、振动弦式密度计等方面有深入的研究。

二是国内培训(考察)。

赴河海大学进行流场、河势量测系统技术培训。根据对国内进行流场、河势量测系统开发现状的调研,综合对有关专家的咨询意见,确定赴河海大学进行流场、河势量测系统的技术培训。河海大学具有多年的河工模型试验和流场、河势量测系统的开发经验,其开发的流场、河势量测系统是河海大学"211"工程标志性成果,已经在多个航道、港口整治的河工模型试验工作中得到应用。河海大学在有关的硬件研发、软件编制、理论研究方面拥有丰富的经验,能够保证培训的效果。

赴武汉大学进行浑水地形量测技术的培训。综合考虑了以往测控技术专家咨询会的咨询情况,并对浑水地形仪市场进行了调研,确定赴武汉大学进行浑水地形量测技术培训。武汉大学(包括原武汉水利水电学院)在浑水地形量测方面具有多年的研究经验,其研制的浑水地形仪占领了国内大部分市场,用户反映良好。有关技术人员在地形仪研制、软件编制、自动化远程数据采集等方面拥有丰富经验,能够提供良好的培训条件。

赴浙江省水利河口研究院考察现场总线及中控室控制技术。经综合考虑以往测控技术专家咨询会的咨询情况和对国内进行河工模型试验的单位调研,确定赴浙江省水利河口研究院考察现场总线及中控室控制技术。浙江省水利河口研究院具有多年的河工模型试验经验,曾完成过钱塘江河口模型试验等大型项目,是国内较早建设模型试验测控自动化系统的单位,在控制网络、中控室技术等方面有较为深入的研究。对其进行考察能对本项目的模型试验测控自动化系统改造提供有意义的借鉴。

赴清华大学进行含沙量量测技术培训。通过对国内含沙量量测技术现状的调研和对有关专家的咨询,确定赴清华大学进行含沙量量测技术培训。原清华大学教授孙厚钧的液电双差动含沙量量测技术具有独到的技术优势,能够满足高含沙量量测需要,仪器精度高,探头对水流影响小,能够实现联网远程自动化采集。虽然还没有工业化的产品出现,但该技术是先进可行的,有望解决本项目模型试验中含沙量量测的难题。

(2)项目培训实施计划。项目培训考察计划方案见表6-17和表6-18。

7. 机构能力建设项目培训

1)项目培训的必要性

a. 项目概述

根据国务院批准的《水利部职能配置、内设机构和人员编制规定》(国办发[1998]87

表 6-17　测控自动化系统国外培训考察计划

项目	时间	地点	主要内容	天数	人数（人数）	备注
测控自动化系统	2004 年上半年	法国 英国	利用"MENSI S25 三维激光扫描仪"对模型表面地形进行全面、准确的测量，生成地形数据报表，数据网格，结合采集的地貌信息，建立全仿真的三维数字地形模型。在计算机中形成高仿真度的模型黄河虚拟对照体。含沙量测技术，国外含沙量测技术现状，含沙量测量方法及仪器设备的应用范围，精度等	12	4	考察
合计					4	

表 6-18　测控自动化系统国内培训考察计划

项目	时间	地点	主要内容	天数	人数（人次）	备注
测控自动化系统	2004 年上半年	河海大学	流场，河势量测系统的硬件试验，解析软件的编制及调试	90	2	培训
	2004 年上半年	武汉大学	浑水地形测量仪器测技术	15	2	培训
	2004 年上半年	浙江省水利河口研究院	现场总线及中控室控制技术	15	2	考察
	2004 年上半年	清华大学	含沙量测技术	15	2	培训
合计					8	

号)以及国家有关法律、法规,黄河水利委员会是水利部在黄河流域和新疆、青海、甘肃、内蒙古内陆河区域内(以下简称流域内)的派出机构,代表水利部行使所在流域内的水行政主管职责,为具有行政职能的事业单位。主要职能是依照《中华人民共和国水法》等法律法规制定流域战略规划;监测和评估黄河干流水质;拟订流域防洪方案,负责重点河段的防洪工程的建设、运行、维护以及洪水预警预报;对流域内的重点水土流失区进行监测和治理;协调省际间的水事纠纷等。

过去洪水的管理主要集中在工程措施上,重视防洪工程的建设,强调了对洪水的控制,而对洪水的综合管理重视不够,特别是在非工程措施方面,对机构能力的建设重视不够,没有建立起统一、高效的水土保持、防洪规划、洪水预报和预警等系统在内的水资源管理体系,工程建设中存在着对环境影响、公众参与重视不够等薄弱环节。为了强化管理职能,提高黄委在洪水管理方面的综合水平,强化防洪管理机构建设,特别是人力资源的建设和提高人力资源管理部门的能力意义重大。

b. 承担单位情况概述

黄委人事劳动教育局负责黄委机关和委属单位的职能配置、机构编制、领导职数和人员编制的管理工作。负责全委人事劳动教育工作和职工队伍建设的行业指导,研究提出系统内干部人事及分配制度改革意见。负责委管各级领导班子建设,委管干部的考核、任免、奖惩、交流和后备干部培养、考核、选拔、推荐等工作。负责各类专业技术人员岗位设置、评聘、考核、管理和人才资源的配置工作;负责高层次人才的培养、选拔和专家管理工作。负责全委劳动工资管理,指导全河安全生产、劳动保护和卫生管理工作。负责委管干部、委机关工作人员培训教育,对黄委全河职工教育培训进行宏观指导。

c. 培训的必要性

黄河下游洪水管理是一个庞大的系统工程,作为其重要组成部分的非工程措施涉及面广,建设周期长,需要大量的人力和相应的机构来加以维护。亚行贷款项目是利用国外贷款建设的项目,其管理方法及手段更需要遵循国际项目管理的惯例。但由于黄委在洪水管理方面的国际项目管理经验不多,特别是在环境能力建设方面经验更少,急需在机构建设及人力资源开发、培训等方面予以加强。

2) 培训需求分析

a. 项目需求

项目建设覆盖洪水管理、水资源管理、公共环境、社会发展、公众关系、环境评价、洪水预报、项目管理众多专业,涉及气象学、水文学、水力学、河流动力学、泥沙运动学、管理学、信息技术、计算机技术诸多学科,需要各类业务人力资源的优化配置。

但由于黄委在洪水管理、国际项目管理、移民和环境能力建设、人力资源管理等方面缺少经验,急需在机构建设及人力资源开发、培训等方面予以加强。做好黄河洪水管理亚行贷款项目的人力资源开发管理工作,对黄委顺利实施黄河洪水管理亚行贷款项目、构建科技治黄人力资源管理新体系、保障治黄事业的可持续发展、全面推进黄河治理开发与管理的现代化具有重要意义。

b. 人力资源现状

人事劳动教育局现有 21 人。其中,2 人具有正高级职称,8 人具有高级职称,11 人具备中级资格。

c. 需求分析

2004 年第一季度,流域管理及人力资源建设考察;2004 年第二季度,行政管理人力资源管理培训;2004 年 7 月,流域管理及人力资源建设考察。

3)项目培训实施方案

欧洲流域管理及流域机构人力资源管理具有先进性和典型性,对于跨省(区)的黄河流域管理与人力资源配置有借鉴意义,且可以在同样的时间和预算范围内,考察和了解更多国家的管理模式和管理特点。项目培训按照亚行导则规定执行。国内培训的安排原则是:项目建设的实际需要和最大限度学习利用国内资源。广东、上海是中国最开放的地区,水资源管理和人才配置与国际接轨。广东东深供水模式是极其成功的典型。上海的水务管理与改革在中国具有开创性的意义。清华大学是中国最著名的大学,人力资源管理学科一直是传播人力资源先进理念的基地。

培训考察计划见表 6-19 和表 6-20。

(四)社会移民生产技术培训

1. 培训的必要性

亚洲开发银行在《贷款协议》中要求:为黄委职员和经过挑选的地方政府官员的岗位培训和国内外专业培训制定一个为亚行所接受的培训计划。《贷款协议》要求借方应确保对县、乡项目领导小组和某些子项目的工地工作小组成员提供移民培训,并且确保该培训包括如下方面的实用内容:移民立法和赔偿、参与式社会调查方法和场地规划方法、移民活动和资金的管理、生活恢复技术和监督评估技术。借方也应确保黄委职员继续开展和实施与子项目有关的适合当地的培训。

搞好移民干部和移民的培训工作是顺利完成黄河下游防洪工程移民工作必不可少的内容之一,是保证移民生产生活稳定提高的重要条件。

2. 培训需求分析

现在移民安置工作即将开始,在这重要时刻,搞好移民干部的培训工作,保证移民搬得出、稳得住、富起来就成为目前和今后一个时期的重要任务之一。

3. 培训的目的

对移民干部培训的根本目的是使移民干部能够更好地了解和掌握亚行及国内相关的移民方针、政策、规定和要求,保证黄河下游防洪工程按照规范化、制度化、科学化的工程移民管理轨道开展工作,保证黄河下游防洪工程工作根据规划和年度计划,有条不紊地开展工作。具体来说主要达到以下目的:

(1)贯彻国家关于工程移民工作的有关方针政策,提高移民干部的政策水平。

表 6-19 机构能力建设项目国外培训考察计划

项目	时间	地点	主要内容	天数	人数（人次）	备注
机构能力建设	2004 年 1～3 月	欧洲	流域管理及人力资源建设	12	6	考察
合计					6	

表 6-20 机构能力建设项目国内培训考察计划

项目	时间	地点	主要内容	天数	人数（人次）	备注
机构能力建设	2004 年 1～3 月	广东	流域管理及人力资源建设	10	10	考察
	2004 年 4～6 月	北京	行政管理及人力资源管理	100	2	培训
	2004 年 7 月	上海	流域管理及人力资源建设	10	10	考察
	2004 年 5～6 月	海南（中国改革发展研究院国际管理培训中心）	国际管理培训	30	10	培训
合计					32	

（2）贯彻国家批准的黄河下游防洪工程移民安置规划，提高移民干部执行黄河下游防洪工程安置规划的自觉性。

（3）继续贯彻和执行中国政府和亚行签订的贷款协议，增强移民干部执行信贷协议的能力。

（4）提高黄河下游防洪工程移民干部的管理水平。

4. 培训的内容

根据亚行对黄河下游防洪工程项目亚行行长建议评估报告，移民干部培训内容有 5 个方面：

（1）移民安置的原则与政策。

（2）项目管理（管理信息系统、费用控制等）。

（3）项目实施与监督方面。

（4）社会调整问题。

（5）现场进行公众协商的知识。

上述 5 个方面基本上覆盖了移民干部培训的主要内容，针对黄河下游防洪工程移民干部情况，还应增加以下内容：

（1）中国开发性移民方针。

（2）黄河下游防洪工程的补偿政策。

（3）黄河下游防洪工程的管理体制。

（4）黄河下游防洪工程监理、监测评估的内容与范围。

5. 培训方法

（1）采取集中讲授与研讨相结合的方法，即对移民干部必须掌握的内容，进行集中讲授，以求明确；对移民干部需要通过讨论才能达成一致的内容，采取集思广益的办法，让移民干部结合自己的实践体会，通过研讨得到提高。

（2）采取国际考察交流与国内大型水利工程移民项目考察交流相结合的办法，通过参观、考察、交流，提高移民干部的管理水平。

6. 培训组织

聘请亚行社会移民专家对黄委亚行项目办环境社会部工作人员进行培训，由黄委亚行项目办聘请国内专家与亚行项目办工作人员一起对有关县、市的移民工作人员和市、县专业人员进行培训。

7. 选择和聘用国内、国际培训单位的标准与程序

国际、国内移民培训机构的选择和聘用标准将参照亚行要求的选择标准与程序进行，被选择的国际、国内机构将与咨询专家协商，提供有目的的培训。再通过协商谈判的方式最终确定培训单位或授课专家。

为选择最佳国内培训单位或授课专家，首先通过国内调研的方式确定培训候选单位或授课专家，然后可以与选出的候选人联系，询问他们对于拟承担的工作是否有兴趣以及是否能接受任命。在此之后对于能接受工作的候选人，应当以他们的资历为主要依据进行排序,并与排在第一位的培训专家进行合同谈判。如果未能达成协议,则应与排在第二位的培训专家联系,若有必要,可依次类推,直到达成协议。

8. 培训教材

为了使黄河下游防洪工程移民干部和移民培训正规化、系统化和科学化,培训教材应针对黄河下游防洪工程特点,编写一套既有普遍性又有针对性的教材来满足黄河下游防洪工程干部和移民的培训需要。目前可以针对以下内容组织编写培训教材:

(1)开发性移民与黄河下游防洪工程安置的原则与政策。

(2)黄河下游防洪工程安置的管理体制与管理办法。

(3)黄河下游防洪工程项目补偿与安置规划。

(4)黄河下游防洪工程实施的资金管理及其流程。

(5)黄河下游防洪工程安置的质量控制。

(6)黄河下游防洪工程社会调整及公众协商。

(7)亚行《贷款协》议对黄河下游防洪工程项目管理的要求。

(8)黄河下游防洪工程项目管理信息系统。

(9)黄河下游防洪工程项目合同管理。

(10)黄河下游防洪工程安置区环境管理。

9. 培训时间、培训人员及培训地点

(1)培训时间:根据黄河下游防洪工程第二期移民进度安排和第一期移民安置结果,对移民干部培训时间重点放在2004年上半年到2005年上半年,将对专职的移民干部全部轮训一遍。

(2)培训地点:计划在河南、山东各设一个地点(具体地点根据当地情况确定或由河南、山东两河务局确定)。

(3)人员:河南、山东两省与移民工作有关的基层干部与农民。

10. 培训考察计划

移民干部和移民生产技术培训考察计划见表6-21。

(五)亚行黄河法立法战略规划技术援助项目培训

1. 项目培训的必要性

1)项目概述

亚行黄河法战略规划技术援助项目(TA3708－PRC)是2000年9月亚行对黄河防洪项目考察访问期间,应中国政府的要求,确定的技术援助项目。该项目研究的目的是进行黄河流域水资源综合管理的战略性研究,运用国外先进的立法成就,综合评价黄河治理开发中存在的突出问题和中国目前的主要水事法律制度,探讨运用法律手段解决黄河流域存在的主要问题,为全国人大制定黄河法提供依据和建议。

2)承担单位情况概述

按照2001年初亚行评估团与财政部、水利部和黄委就技术援助实施安排达成的共识,TA3708－PRC项目以水利部为执行机构,黄委为实施机构, 在项目管理上,由黄委水

表 6-21   移民干部和移民生产技术培训考察计划

项目	时间	地点	主要内容	天数	人数（人次）	备注
移民干部培训	2004～2005 年	济南、郑州	1. 移民安置原则与亚行政策 2. 移民补偿政策 3. 移民项目管理（管理信息系统、费用控制） 4. 移民项目实施与监督 5. 社会调整与公众参与 6. 社会主义市场经济与移民发展生产的途径	4	50	资金来源为移民技术培训费
移民生产技术培训	2004～2005 年	河南、山东	1. 农业作物培训（小麦种植与管理、节水灌溉技术等） 2. 经济作物培训（蔬菜大棚、果树栽培与管理、食用菌培育与管理等）	10	350	资金来源为移民技术培训费
合计					400	

政局组成项目办公室,在黄委亚行项目办指导下,负责该项目的管理。

黄委水政局是黄委职能单位之一,其主要职责是:①负责组织制定黄河水利法制建设规划,拟定有关配套政策和规章制度;②负责黄河水政监察队伍的建设与管理;③负责职权范围内的水行政执法、水政监察、水行政复议工作,查处水事违法行为;④承办黄河水行政诉讼和水利法制宣传教育工作;⑤负责河道管理范围内建设项目的水行政许可,协调处理省际和部门间的水事纠纷。

在黄河法立法方面,早在1996～1998年,配合水利部水政水资源司开展世行项目流域水资源管理研究,其中一项重要的子专题即为黄河法立法必要性研究;1999年世行项目结束后,以世行项目的研究成果为基础,组成黄河法立法工作组,继续开展黄河法立法工作,提出了立法调研报告,初步形成了黄河法立法的基本框架,所开展的工作得到了全国人大环资委、农委等国家立法机关的认可,并引起国家领导人的重视。通过这次亚行技术援助,将进一步促进黄河法立法工作的完善。

3)培训的必要性

中国长期以来法制建设不健全,随着改革开放的深入和加入世界贸易组织,中国的市场不断开放,通过法制建立各方面的管理秩序已成为中国社会经济发展的当务之急,并为此提出了"依法治国"的战略,写进了宪法,目标是通过立法,使各项社会事务都做到有法可依。随着水资源的管理逐步向市场化方向迈进,也迫切需要法律的支撑,目前中国的水法、水土保持法、防洪法和水污染防治法已经颁布实施,水利方面的法律制度已比较完善。但由于黄河是一条泥沙含量很高的河流,治理难度极大,居世界之首,因而极具特殊性,在防洪、水资源需求、水土流失治理等方面存在许多特殊的问题,其中许多问题无法用一般的法律制度加以解决,黄河的流域管理制度也是长期以来形成的,成立专门机构已经有600多年的悠久历史,也与其他河流的管理方式不同,目前正在对组建国家级的黄河管理委员会方面进行探索。随着黄河治理的深入,新情况和新问题也在不断出现,比如在水资源方面,由于过度的需求,20世纪90年代以来黄河断流就十分严重,近年来正在通过立法手段寻求合理、有效的资源配置方式和调度手段,黄河法立法战略正是为适应黄河治理的上述需要而提出的。通过技术援助,吸收国外流域立法的先进经验,培训有关流域立法的人才,在亚行技术援助的推动下,开展黄河法立法,并实现从整体上推动黄河流域的各项立法是十分必要的。

2.培训需求分析

1)项目需求

在发达国家,水资源的管理是与环境保护、土地的综合利用等一体化进行管理的。在中国,由于洪水等水的灾害问题、水利灌溉、供水等单纯水的问题还非常突出,尚未实现水资源与其他资源以及环境等的一体化管理,但在局部地区又有相应的迫切的要求,黄河就是最突出的典型。项目培训在需求上,要求深入了解国外流域管理机构的组织构成、内部运作方式,及其相应的评估标准,为将来成立国家的黄河管理委员会提供借鉴,发达国家有关水资源利用的产业化发展途径,水资源的综合平衡利用,水资源与土地、矿产等其他资源、环境等问题的协调解决方法,防洪非工程措施的内容及相关的法律制度,投融资体制等都是制订黄河法所必需解决的问题,因此实施技术培训与考察是需要的。

2)人力资源现状

黄委水政局是黄委水政队伍的综合管理部门,目前有7人具备高级职称,4人具备中级职称。黄委水政监察总队共有水政人员600余人,其中有很大一部分人员具有立法工作经验(制定地方性的法规和黄委的规范性文件),通过培训,能加深对国内外先进立法经验的认识,从整体上提高黄委的立法工作水平。

3)培训需求分析

a.国外考察培训

2004年组团赴澳大利亚进行国外流域管理经验与立法考察培训。

b.国内考察培训

2004年3~4月,国内水立法经验及资源综合管理考察培训。

3.培训实施方案

1)考察培训单位的选择标准和实施程序

a.国外考察培训

黄河法战略规划研究项目在工作方式上有其特点,国际咨询公司和国外专家分别来自法国、美国、澳大利亚、加拿大,上述国家都有成功的流域管理机构和立法,由此产生了举世闻名的流域管理,国外考察培训路线采取由专家推荐对比的方式确定。自项目开始以来,专家组曾多次就国外考察路线进行了商讨,推荐了3条可供选择的考察路线:一是澳大利亚墨累-达令河,二是法国罗纳河流域、卢瓦尔河辖区,三是美国田纳西及科罗拉多河流域。根据开展黄河法立法战略规划研究项目的需要进行对比分析,初步推荐澳大利亚和美国两条路线:澳大利亚墨累—达令河地处沙漠边缘,是水资源紧缺河流,有先进的水量调度经验和防沙治沙、水土流失防治经验;美国田纳西河流域综合管理经验丰富,梯级开发及防洪调度经验丰富,科罗拉多河是世界上泥沙含量仅次于黄河的第二高含沙河流,下游泥沙淤积也比较严重。选择该两条路线开展考察活动,对于制定黄河法有较好的借鉴作用。

国外考察的实施程序上,一项由项目咨询公司——法国BRL公司负责实施,该公司负责亚行技术援助资金的管理,项目预算中列3.5万美元用于国外考察费用,具体过程由该公司负责。另一项由实施机构——黄委负责组织,从国内配套资金中解决,按照一般国外考察程序办理。

b.国内考察培训

黄河法战略规划研究项目国内考察培训主要目标是中国水立法及资源综合管理经验,同时结合亚行项目管理的需要,学习世界银行和澳大利亚国际发展组织开展的长江洪水控制与管理项目经验的实施经验。上述工作均按照项目开展需要而选择,为学习中国水立法及资源综合管理经验,培训机构将从国务院法制办、中国水利学会水法研究会、中国社会科学院法学研究所、北京有关大学中选择参与过水法制定的专家、教授讲授水法、

表 6-22 亚行 TA3708 - PRC 项目执行和管理国内外培训考察计划

项目	时间	地点	主要内容	天数	人数	备注
国外流域管理考察	2004 年	澳大利亚	考察澳大利亚墨累-达令河流域水土保持和水量调度经验	9	9	考察
国内水法和资源综合管理经验培训	2004 年 3~4 月	北京	由参与水法、水土保持法、防洪法立法工作的专家培训中国水法、水土保持法、防洪法立法工作背景，立法工作思路及规划；并选择国内流域管理较好的省（区）的流域立法及管理的经验	10	12	培训
合计					21 人次	

表 6-23 《项目培训实施方案》国内外培训人数、费用汇总表

单位:万元

名称	国外		国内		合计		备注
	人次	费用（RMB）	人次	费用（RMB）	人次	费用（RMB）	
亚行项目管理	31	123.5	241	50	272	173.5	
非工程措施子项目	70	286.6	244	104.6	314	391.2	
机构能力建设	6	24	32	15	38	39	
黄河法立战略规划技术援助项目	9	18	12	9.6	21	27.6	
社会移民	0	0	400	85	400	85	
合计	116	452.1	929	264.2	1045	716.3	

水土保持法、防洪法等的立法过程与思路;世界银行和澳大利亚国际发展组织开展的长江洪水控制与管理项目经验的实施经验学习培训在武汉举行,分别邀请世界银行和澳大利亚负责该项目的国外专家和长江水利委员会实施机构负责人讲授有关内容;为促进黄河法战略规划研究项目的实施,还将选择新疆维吾尔自治区塔里木河和浙江省水利厅有关立法人员讲授《新疆维吾尔自治区塔里木流域水资源管理条例》和《浙江省钱塘江管理条例》的制定经验和实施情况。

国内考察培训的部分内容已写入亚行 TA3708 – PRC 黄河法战略规划研究项目工作大纲,在项目初始报告审查会期间,亚行官员为此还特别提出了要求。实施中,将通过遴选确定有关专家和教授,首先在北京开展培训,然后到长江水利委员会开展考察并听取长江洪水控制与管理项目经验介绍,最后到新疆或浙江开展考察并听取有关立法经验介绍。

2)项目培训实施计划

培训内容和考察计划见表6-22。

(六)培训方案汇总

《项目培训实施方案》国内外培训人数、费用汇总见表6-23。

二、项目国内培训计划

亚行项目办聘用的项目管理国际咨询服务专家组于2005年7月6日到达现场,正式开始咨询服务工作。为消化和吸收国际咨询专家的工作成果,黄委亚行项目办于2005年12月8日向亚行补报了《2006年亚行贷款黄河防洪项目国内培训计划》(下简称《项目国内培训计划》)。

亚行于2006年2月7日批准了该计划,见表6-24。

三、项目培训计划调整

《项目培训实施方案》中有3部分需要剔除:

(1)非工程措施的大部分培训和机构能力建设子项目的培训因审批延期而取消。

(2)技术援助 TA3708 – PRC 黄河法项目已于2005年9月22日完工并完成了全部培训项目。

(3)社会移民生产技术培训部分不属于黄委亚行项目办管理范围。

将这3部分从亚行2004年批准的《亚行贷款黄河防洪项目培训实施方案》中剔除后,实际只剩下项目管理部分的培训。调整后,《项目培训实施方案》的项目管理部分培训考察计划见表6-25,项目管理国内外培训人数、培训费用情况见表6-25,受到直接培训的人员为271人次。

黄委亚行项目办根据亚行2004年4月23日批准的《亚行贷款黄河防洪项目培训实施方案》中项目管理培训的未实施部分和《项目国内培训计划》,编制了《2006~2007年度黄河防洪项目项目管理部分业务培训与考察项目计划》(以下简称《项目培训计划调整》)。2006年3月2日,黄委亚行项目办向亚行提交了关于亚行贷款黄河防洪项目培训计划调整的报告,4月25日亚行正式批准了《项目培训计划调整》,见表6-27。

表6-24 2006年亚行贷款黄河防洪项目国内培训计划

（亚行2006年2月7日批准）

序号	项目	内容	地点	人数*			计划天数	培训时间	备注
				总计	施工监理	建设管理			
1	土建工程建设管理	项目管理知识体系,具体方法,内容包括项目可行性论证,工程质量监管,项目竣工验收,项目管理软件介绍,亚行项目与国内项目的不同之处	郑州	57	32	25	2	待定	
2	项目实施与管理	工程质量监管,项目竣工验收等工程建设管理,项目管理软件介绍,报账与支付,国际咨询服务管理	云南	42		42	10	8月	
3	合同管理	亚行合同管理的具体要求,先进管理经验,与国内合同管理的不同点,索赔有关要求,注意事项	郑州	42	32	10	2	待定	
4	后评价	亚行后评价的具体要求,规定,后评价报告的编写方法,具体要求	山东	65	18	47	2	7月	
5	移民管理	亚行移民管理的具体要求,规定,政策,验收时移民管理报告的编写方法,具体要求	郑州	81	20	61	4	3月	
6	环境管理	亚行环境管理的具体要求,规定,环境报表的格式,环境管理报告的编写方法,验收时环境管理的具体要求,监理方面的经验	郑州	66	33	33	4	2月	
7	财务管理	工程价款结算手续办理的要求,结算手续操作流程图,竣工决算的具体要求	郑州	45	28	17	2	待定	
8	审计管理	亚行审计管理的具体要求,规定,政策,项目竣工验收时审计报告的编写方法,具体要求	洛阳	69	19	50	2	9月	
合计				467	182	285			

* 参加培训人员为河南、山东两省的施工、监理与建设单位,以及黄委亚行项目办的有关人员。

表 6-25 亚行贷款黄河防洪项目项目管理部分培训考察计划
（亚行 2004 年 4 月 23 日批准）

序号	项目	时间	地点	主要内容	天数	人数（人次）	备注
				一、国外培训考察计划			
1	堤防安全监测技术及先进设备考察	2003 年	英国，德国	执行亚行项目计划，赴德国、英国考察坝（堤）根石动态实时观测技术、仪器；坝基稳定实时观测技术、仪器；监测数据采集实时自动化系统；光纤位移监测仪；水下地形测量技术、仪器；GTC 公司开发的分布式光纤传感探测堤防渗漏的实际应用效果，探讨该项技术在黄河堤防安全监测方面应用的可能性	15	6	考察，已执行
2	工程移民与生态环境可持续发展管理模式考察	2004 年	美国，加拿大	执行亚行项目计划，学习流域管理局法案、管理模式和特点以及经验；工程项目实施中社会与运行机制及运行机制；考察加拿大环境管理和水利综合管理的有关政策和先进技术，建立同加拿大的技术合作	12	6	考察
3	项目管理	2004 年	菲律宾，新加坡，泰国，马来西亚	项目管理及亚行实行的招标与采购，招标项目评标，招标文件与合同范本编制，项目质量、进度、投资控制，合同管理与信息管理	12	6	考察
4	移民管理和环境管理考察	2004 年	澳大利亚，新西兰	考察工程项目所在地移民实施与管理模式；学习水利工程实施与社会可持续发展的技术、特点和管理经验	12	6	考察
5	非工程项目管理与工程管理模式考察	2005 年	美国，加拿大	气象水文预报技术、水库及水库建成后下游桥墩、闸的冲刷情况和河道变化情况及灾情评估等非工程项目管理模式与洪水工程管理模式考察	12	6	考察
合计						30	

续表 6-25

序号	项目	时间	地点	主要内容	天数	人数	备注
				二、国内培训考察计划			
6	亚行财务报账培训及考察	2003年11月	福建	亚行报账、支付政策、财务管理	9	25	培训、考察、已执行
7	亚行项目招标采购培训及考察	2004年上半年	郑州、大连	亚行的招标与采购,招标项目评标,招标文件与范本编制,项目管理及项目质量、进度、投资控制,合同管理与信息管理	9	30	培训、考察
8	亚行的咨询服务培训及考察	2004年下半年	郑州、江西	亚行咨询服务政策与要求,咨询服务合同谈判及管理,咨询服务项目执行与监管	6	20	培训、考察
9	亚行社会移民政策培训	2004年上半年	郑州	亚行移民政策,目标及手册(社会经济调查,移民计划、实施与管理、监测与评估)	4	50	培训
10	亚行环评环政政策培训及考察	2004年上半年	郑州、大连	亚行投资业务的社会移民评价,环境评估,环保工作的实施与管理	4	50	培训、考察
11	工程建设管理培训及考察	2004年下半年	郑州、松辽委	工程建设管理与项目管理	9	26	培训、考察
12	亚行、水利部、财政部研讨会、培训及考察	2004~2006年		参加亚行、水利部、财政部举办的各类研讨会,培训及考察	15	40	培训、考察
	合计					241 人次	

表 6-26 项目管理国内外培训人数、费用汇总表

（单位:万元）

名称	国外			国内			合计			备注
	次数	人次	费用(RMB)	次数	人次	费用(RMB)	次数	人次	费用(RMB)	
	5	30	120.0	7	241	50	12	271	170.0	

· 183 ·

表 6-27　2006～2007 年度亚行贷款黄河防洪项目项目管理部分业务培训与考察项目计划
（亚行 2006 年 4 月 25 日批准）

序号	项目	时间	地点	主要内容	天数	人数（人次）	备注
				一、国外培训考察计划			
1	项目管理模式考察（新增）	2006 年 9 ～10 月	日本、瑞典	执行亚行项目计划，学习流域管理局法案、管理模式和特点以及经验；管理体制及运行机制；考察国外项目管理的有关政策和先进技术	10	6	考察
2	工程管理以及非工程项目管理模式考察	2007 年	加拿大、美国	洪水工程管理模式，以及气象水文预报等非工程措施项目管理模式的考察	10	6	考察
	合计					12	
				二、国内培训考察计划			
3	土建工程建设管理（含合同管理培训）	2006 年 1 月16～18 日	河南郑州	项目管理知识体系、具体方法，内容包括项目可行性论证、工程质量监管、项目竣工验收、项目管理软件介绍，亚行项目与国内项目的不同之处。亚行合同管理的具体要求、先进管理经验、与国内合同管理的不同点，索赔有关事项	5	55	培训，已执行
4	项目实施与管理	2006 年 8 月	云南	工程质量监管、项目竣工验收等工程建设管理、国际咨询服务管理	10	42	培训
5	后评价	2006 年 7 月	山东	亚行后评价报告的具体要求、规定、后评价报告的编写方法，具体要求	2	65	培训
6	移民管理	2006 年 10 月	河南	亚行移民管理的具体要求、规定、政策、验收时移民管理报告的编写方法，具体要求	4	81	培训
7	环境管理	2006 年 6 月	河南	亚行环境管理的具体要求、规定、环境报表的格式，具体要求、验收时环境管理报告的编写方法，具体要求、监理方面的经验	4	66	培训
8	财务管理	2006 年	河南	工程价款结算手续办理的要求、规定、政策，结算手续操作流程图、竣工决算的具体要求	2	45	培训
9	审计管理	2006 年 9 月	河南	亚行审计管理的具体要求、规定、政策，项目竣工验收时审计报告的编写方法，具体要求	2	69	培训
	合计					423	

第二节　培训的组织与管理

加强对培训计划实施的组织管理,目的是为了使亚行贷款资金得到有效利用,确保亚行项目培训任务能有效有序地得到全面落实。黄委亚行项目办于 2004 年 5 月 10 日,发布了《亚行项目培训组织管理办法》(见下面文本框),对培训项目的报批程序、培训机构的选择、培训的组织管理、培训的监督管理等方面,都作了明确的规定,对规范亚行贷款项目的培训工作起到了积极的作用。

一、培训机构的选择

国际(国内)培训机构选择的主要原则:①被选培训机构应属于亚行成员国(地区);②被选培训机构应有项目培训所需求的工作经验,且在技术上具有先进性,能满足项目培训需求;③被选培训机构在师资、设备方面具有培训条件。

国际(国内)培训机构选择方式:①被选培训机构应采用国际(国内)招标方式产生,招标工作由黄委亚行项目办和黄委人劳局联合组织实施,招标结果报亚行同意后,方可确定培训机构;②在某些特殊情况下,如设备使用培训,某些专业培训,有充分理由时,可不招标,但所选培训机构必须事先报黄委亚行项目办和黄委人劳局同意,并报亚行批准后,方可确定。

二、对培训机构的要求

培训教师事前应书面提供培训讲稿,内容经黄委亚行项目办审阅认可后,印刷提供给参加培训人员,做到每次培训有材料。培训后期向每位学员发放培训效果测评表,就以下5 个方面对本次培训作出综合评价:①课程是否达到预期目标;②课程中所授的内容和概念是否能够运用在实际工作中;③课程演讲内容是否清晰、易懂;④授课方式是否适合;⑤讨论时间是否充足。培训效果测评结果提供给培训机构,作为改进今后培训工作的参考。

三、对参加培训人员的要求

选派的人员必须是培训后从事该项目实际工作的人员或直接负责该项目的技术和管理人员。确保所派人员通过培训,能真正学到国内外的先进经验与先进技术,把握本行业科技发展方向和发展动态,提高技术水平,力求使受培训人员真正掌握全部所学技术并能对本单位人员进行再培训。

四、培训的监督管理

对所有培训项目进行监督管理,根据所培训的项目进行全程跟踪,或组织检查与抽查等形式进行监督管理,以确保培训任务得到全面落实,引进资金得到有效利用。

亚行项目培训组织管理办法

2004 年 5 月 10 日

为使亚行贷款资金得到有效利用,确保亚行项目培训任务能有效有序地得到全面落实,特制定本办法。

第一条 培训项目的申报原则

培训项目的申报原则是:具共性的培训项目,由黄委人劳局与黄委亚行项目办联合申报并组织实施;各子项目单位负责的项目由各单位申报并组织实施。

第二条 培训项目的申报程序

项目实施单位的每年出国考察、培训计划,应先报黄委亚行项目办,由黄委亚行项目办会同黄委人劳局审核后,由黄委亚行项目办和黄委人劳局联合行文,通过黄委外事部门报水利部与财政部批准后,由项目实施单位组织实施。

项目实施单位的每年国内考察、培训计划,应先报黄委亚行项目办,由黄委亚行项目办会同黄委人劳局审核并报黄委主管领导批准后,由黄委亚行项目办与黄委人劳局联合发文,通知项目实施单位组织实施。

第三条 培训项目的组织管理

培训项目统一由黄委亚行项目办与黄委人劳局联合进行全程监督管理,以确保所派人员通过培训,能真正学到国内外的先进经验与先进技术,把握本行业科技发展方向和发展动态,提高技术水平。

1.选派的人员必须是培训后从事该项目实际工作的人员或直接负责该项目的技术和管理人员。

2.项目实施单位要对受培训人员进行培训前的思想和技术教育,使每个受训人员都明确培训的任务,要达到的目标,确保培训质量,力求使受培训人员真正掌握全部所学技术并能对本单位人员进行再培训。在完成培训后,对每位受培训人员的学习情况进行评价。

3.项目实施单位要对已完成的培训项目及时进行后评估,内容包括:对培训组织的考核评估;教材质量的考核评估;教师授课质量的考核评估;培训人员学习效果的考核评估,为实施下一个培训项目积累经验。

4.在完成培训后,项目实施单位要在 10 日内向黄委亚行项目办提交培训情况报告,内容包括培训日程、课程安排、与预期目标符合情况、培训效果、主要收获、问题与体会等;3 个月内向黄委亚行项目办与黄委人劳局提交培训的后评估报告,后评估报告内容主要包括:对培训组织的考核评估、对教材质量的考核评估、对教师授课质量的考核评估、对培训人员学习效果的考核评估,并提出详细的技术细节,对该项目相关关键技术的解决办法和具体落实措施,再培训安排等。

5.黄委亚行项目办与黄委人劳局要派员对整个培训过程,或全程跟踪,或组织检查与抽查等形式进行监督管理,以确保培训任务得到全面落实,引进资金得到有效利用。

第三节 实施过程与成果

截至 2005 年底,按照《项目培训实施方案》,共完成项目管理部分人员培训 254 人次,占计划数的 93.7%,使用经费 81.4107 万元人民币,占计划数的 47.9%。其中,国外培训考察 22 人次,占计划数的 73.3%,使用经费 61.06 万元人民币,占计划数的 50.9%;国内培训 232 人次,占计划数的 96.3%,使用经费 20.3507 万元人民币,占计划数的 40.7%。不但有效地完成了大部分人员培训计划,而且经费也有了较大节约。

2005 年 7 月 26 日,项目管理国际咨询专家组进驻并开展咨询服务工作。

为消化和吸收国际咨询专家的工作成果,亚行于 2006 年 2 月 7 日批准了黄委亚行项目办补报的《项目国内培训计划》。黄委亚行项目办根据亚行 2004 年 4 月 23 日批准的《项目培训实施方案》中项目管理培训的未实施部分和《项目国内培训计划》,编制了《项目培训计划调整》),计划培训人员 435 人次,总经费为 55.732 万元人民币。其中,国外培训考察 12 人次,经费为 32 万元人民币;国内 423 人次,经费 23.732 万元。亚行于 2006 年 4 月 25 日批准了该计划。

为保证该计划的高质量完成,黄委亚行项目办于 2006 年 4 月制定了《2006～2007 年度亚行贷款黄河防洪项目项目管理部分培训实施方案》,并认真组织实施。

截至 2007 年底,除一项原计划安排在 2007 年的出国考察项目——《非工程项目管理与工程管理模式考察》因故未实施外,《项目培训计划调整》所安排的培训项目都已按计划全部完成。

亚行贷款黄河洪水管理项目,2002～2007 年度项目管理部分已执行业务培训与考察项目见表 6-28,项目管理部分已执行国内外培训人数、费用汇总见表 6-29,共完成培训项目 28 项,完成人才培训 684 人次,为《项目培训实施方案》271 人次的 2.52 倍,使用经费 137.615 万元人民币,仅为《项目培训实施方案》170 万元人民币的 0.8 倍。

非工程措施项目业务培训方面,主要完成了小花间气象水文预报软件操作和开发、水文测验设备的使用和维修保养,Arc/Infor 和 Oracle 软件使用、工程维护方法和经费测算等培训。

地方移民干部和受影响群体的技能培训(社会移民培训)计划为 400 人次,实际上共完成培训 4518 人次,为计划人数的 11.3 倍,见表 6-30。

表 6-28 2002～2007 年度亚行贷款黄河防洪项目项目管理部分已执行业务培训与考察项目

序号	项目名称	批准单位	地点	日期	天数	人数（人次）
			一、已执行出国业务培训与考察项目			
1	堤防安全监测技术及先进设备考察	水利部	英国、德国	2003 年 12 月	15	6
2	项目管理	水利部	菲律宾	2004 年 12 月	12	4
3	工程移民与生态环境等可持续发展管理模式考察	水利部	日本、加拿大	2005 年 4 月	12	6
4	移民管理和环境管理考察	水利部	澳大利亚、新西兰	2005 年 12 月 10～22 日	12	6
5	项目管理模式考察（新增）	水利部	日本、瑞典	2006 年 9 月 20 日～10 月 1 日	11	6
	合计					28
			二、已执行国内业务培训项目			
6	项目执行和管理培训研讨班	财政部国际司	甘肃兰州	2002 年 9 月 3～13 日	11	2
7	亚行财务报账培训及考察	黄委亚行项目办	福建厦门	2003 年 11 月 1～8 日	8	25
8	投资项目评价高级研讨会	建设部标准定额研究所和世界银行	广东广州	2003 年 12 月 1～4 日	4	2
9	亚行贷款支付研讨会	财政部国际司	山东青岛	2003 年 12 月 1～4 日	4	1
10	亚行社会移民政策培训	黄委亚行项目办	河南郑州	2004 年 7 月 8～11 日	4	51
11	亚行项目实施与管理培训班	财政部国际司	江西南昌	2004 年 8 月 30 日～9 月 10 日	12	3
12	河南亚行贷款项目管理工作综合培训	黄委亚行项目办	河南郑州	2005 年 4 月 27～29 日	3	52
13	山东亚行贷款项目管理及工程建设用地管理培训	黄委亚行项目办	山东济南	2005 年 8 月 27～30 日	4	52

序号	项目名称	批准单位	地点	日期	天数	人数(人次)
14	亚行贷款黄河防洪项目实施与管理研讨班	亚行项目办	辽宁大连	2005 年 9 月	7	26
15	项目管理	亚行项目办	河南郑州	2005 年 10 月 27～28 日	2	20
16	土建工程建设管理	亚行项目办	河南郑州	2006 年 1 月 16～20 日	5	55
17	环境管理	亚行项目办	河南郑州	2006 年 6 月 5～8 日	4	58
18	移民管理	亚行项目办	河南郑州	2006 年 10 月 25～29 日	4	74
19	项目实施与管理	亚行项目办	云南景洪	2006 年 11～12 月	10	20
20	财务管理	亚行项目办	河南郑州	2007 年 6 月 26～27 日	2	57
21	审计管理	亚行项目办	河南郑州	2007 年 6 月 28～29 日	2	91
22	后评价	亚行项目办	河南郑州	2007 年 9 月 25～27 日	3	46
23	项目实施与管理(两期)	亚行项目办	海南三亚	2008 年 1 月 5～13 日	9	12
		亚行项目办	海南三亚	2008 年 1 月 12～20 日	9	9
合计						656

表 6-28 项目管理部分已执行国内外培训人数、费用汇总表

单位:万元

名称	国外			国内			合计			备注
	次数	人次	费用(RMB)	次数	人次	费用(RMB)	次数	人次	费用(RMB)	
亚行项目管理	5	28	83.3	23	656	54.315	28	684	137.615	
合计	5	28	83.3	23	656	54.315	28	684	137.615	

表 6-30 移民技能培训统计

序号	项目	培训内容	经费（万元）	人数（人次）
1	堤防加固		120.00	3676
（1）	原阳	计算机操作,养殖、种植技术	19.00	976
（2）	开封	果品储藏保鲜、加工技术、经济作物栽培与应用、无公害蔬菜栽培技术、农业病虫害防治等	12.00	250
（3）	兰考	树木和果树的病虫害防治、农药识别与施肥方法、瓜菜优质高效生产及新技术应用等	10.00	120
（4）	濮阳	蘑菇种植、养牛养鸡养鸭技术、林下经济、无公害水稻种植等	13.00	308
（5）	东明	粮食作物栽培、经济作物栽培、病虫害防治、家禽养殖、木材和食品加工等	49.00	1700
（6）	牡丹	林木栽培、病虫害防治、花生高产种植、棉花新品种栽培、肉羊养殖等	12.00	176
（7）	鄄城	小麦种植、病虫害防治、大棚种植、养羊、养猪等	5.00	146
2	险工		9.00	120
（1）	花园口	移民条例、河道工程管理办法、防洪法	2.00	
（2）	东明	蘑菇种植、养猪、养羊、养鸡、养牛、木材加工等	6.00	100
（3）	刘庄	经济作物种植、家禽养殖等	1.00	20
3	河道整治		6.16	722
（1）	张王庄	大棚菜种植技术指南、食用菌生产技术大全、新农村建设指导纲要、温县农村干部培训材料等	0.32	82
（2）	东安	生猪科学饲养技术、食用菌生产技术、主要粮经作物种植技术等	0.16	40
（3）	老田庵	大棚菜种植技术指南、食用菌生产技术大全、新农村建设指导纲要、武陟县农村干部培训材料	0.40	20
（4）	武庄	农药、小麦冬灌、优质水稻标准化生产、夏玉米高产栽培技术	0.77	94
（5）	顺和街	农药喷洒、小麦冬灌、优质水稻标准化生长、夏玉米高产栽培技术	1.39	95
（6）	郑州河道工程	新移民条例、河道工程管理办法、防洪法、河南省工程管理条例	1.72	361
（7）	老宅庄	林木栽培、病虫害防治、木材加工等	1.40	30
合计			135.16	4518

第四节　培训效果测评

任何一种培训都必须接受效果评估,否则这种培训就是漫无目的的和随机的,对项目的发展缺少基本的促进和推动作用。培训效果的评估是培训的最后一个环节,但由于参加培训人员的复杂性,以及培训效果的滞后性,想要客观、科学地衡量培训效果非常困难,所以,培训效果评估也是培训系统中最难实现的一个环节。

亚行贷款黄河防洪项目培训效果评估,采用一种简单快捷的问卷调查方法,对每期参加培训的学员进行满意度调查。在培训后期向每位学员发放培训效果测评表,要求学员以无记名的方式就以下5个方面的问题,对本次培训作出客观的综合评价:①课程是否达到预期目标;②课程中所授的内容和概念是否能够运用在实际工作中;③课程演讲内容是否清晰、易懂;④授课方式是否适合;⑤讨论时间是否充足。测评结果提供给执行机构和培训机构,作为改进今后培训工作的参考。

黄委亚行项目办按上述方法对每期培训都进行了培训效果测评,表6-31是2006年6月5~8日,黄委亚行项目办在郑州举办的《亚行贷款黄河防洪项目环境管理研讨班》培训效果测评结果的一个例子。从该测评结果,不仅能反映出参加培训学员的满意程度,而且还能清晰地反映出学员对今后培训工作的强烈愿望,无疑对改进今后的培训工作具有重要的参考意义。

表6-31　亚行贷款黄河防洪项目环境管理研讨班培训效果测评结果

测评项目	不满意		大致满意		满意		很满意		非常满意	
	票数（张）	占百分数（%）	票数（张）	占百分数（%）	票数（张）	占百分数（%）	票数（张）	占百分数（%）	票数（张）	占百分数（%）
（1）课程是否达到预期目标	1	2.9	4	11.8	19	55.9	7	20.6	3	8.8
（2）课程中所授的内容和概念是否能够运用在实际工作中	0	0	7	20.6	15	44.1	7	20.6	5	14.7
（3）课程演讲内容是否清晰、易懂	0	0	5	14.7	15	44.1	9	26.5	5	14.7
（4）授课方式是否适合	0	0	3	8.8	8	23.5	14	41.2	9	26.5
（5）讨论时间是否充足	2	5.9	2	5.9	5	14.7	13	38.2	12	35.3
综合测评（合计）	3	1.8	21	12.3	62	36.5	50	29.4	34	20.0

这次研讨班由项目国际咨询专家组专家×××、×××和×××博士授课,参加人员共计65人,其中培训学员58人。专家组在培训结束时,向参加培训人员发了培训效果测评表,共收回有效测评表34张,统计结果见表6-30。

由表6-31测评结果可见,对培训效果满意度较高。综合测评满意度(包括大致满意)高达98%,其中表示满意的人数占36.5%,很满意占29.4%,非常满意占20.0%。表6-30所测评的5项内容中,第2、3、4项内容满意度为100%;对第1项内容表示不满意的只有1票,主要是该学员是第一次接触环境管理课题,理解较困难;对第5项内容表示不满意的有2票,主要是认为讨论时间不够充分。

参加培训人员认为本次课程提供的最有用的信息如下:

(1)亚行环境政策及ISO14000的基本要求。

(2)项目周期的环境评估。

(3)项目编制期间的环境管理。

(4)亚行项目实施管理体制,环境管理程序、方法和相关建设方的职责和义务,环境管理工作开展的方法、步骤和内容,项目相关各方联系、沟通和交流方式,资料存档内容。

(5)介绍了国外先进经验和国内相关知识、信息及施工现场环境管理内容、标准和要求。

(6)施工现场环境管理的重要性及其整个环境保护体系。编制月报、进度计划、环境保护计划的内容及编写格式;承包商、环境监理工程师报告的编写及如何开展工作;业主、承包商和监理的职责、义务,环境监理工程师的作用等。

(7)环境管理在工作中得到应有的重视,环境管理在工程建设中的意义,不同阶段环境管理的要求和具体做法。环境管理贯穿整个施工过程,在工程建设中占据着举足轻重的作用。

(8)环境管理的重要性和环境保护的意义、目标;环境监理的职责,承包商和监理工作大纲、行为及内容。

(9)有丰富经验的环境专家对相关案例的介绍。

参加培训人员希望未来的课程中涵盖以下内容:

(1)国际和国内有关环境保护的法律法规。

(2)亚行所要求的各种环境报告格式和内容,如季度进度报告、环境管理报告、完工验收报告、亚行对环境和要求进行评估的最终报告。举一个综合性的实例。

(3)如何确定施工单位在环境保护方面的责任和具体工作,以及相应的费用。在实际工作中的具体操作方式、方法。

(4)明确业主、施工单位和管理单位在工程施工中,在环境管理方面应承担的责、权、利,有针对性地区分各方的职责范围。对设计、建设单位、监理和承包商进行分别培训,特别对承包商要进行施工期环境保护管理方面的单独培训。

(5)施工期环境保护监测通用模板的型式以及可能产生较大污染项目的环境保护措施,如电厂、石油开采等项目,其环境管理有何不同。

(6)国内外环境管理的先进经验及典型案例分析,如涵盖较多的工程实例,现场实施过程中遇到的问题等。尽量多地介绍施工现场在不同社会环境下的应对实例及经验教训,如处理出现环境影响问题的应对措施和方法。

（7）环境保护方面有关国际惯例中的强制性与一般性控制内容和方法,两者的联系与异同。

（8）环保措施的具体实施方案,如结合目前项目情况,介绍切实可行、易于推广的生活废水处理的处理工艺、步骤等,并例举具体方法。

（9）研讨班应针对不同的授课对象,教会他们从现在起该做什么,如何才能与国际先进经验尽快接轨。在内容上要比较接近具体实际问题,以便施工中操作。

（10）在授课方式上,建议多开展一些讨论活动。

本次培训效果较好,参加人员都觉得收获较大,主要经验有以下几点:

（1）培训教师对教材、幻灯和教程的准备认真充分,授课方式较好。

（2）能提供教材和幻灯译本,便于授课时对照学习,有助于提高理解能力。

（3）翻译比较成功,教师和学员之间信息交流准确,沟通方便。

因此,要取得好的培训效果,需要具备以下3个条件:一位好教师、一本好教材和一位好译员。

第七章 培训材料之一
——工程建设管理与合同管理

第一节 项目管理[①]

一、概述

(一)项目管理

项目管理是建筑施工、科学工程管理中的一个专业领域,为了在规定的时间、预算范围内,运用有限的资源完成具体而复杂的重要项目。人们发现一般的管理原理与方法应用于这样的项目没有任何成效,运用其决策机制、组织结构与管理原理基本上达不到预期的效果,或者超出预算付出了昂贵的成本,又或者大大拖延了规定的完成时间。

20世纪四五十年代美国国防部将现代项目管理连同一整套项目管理工具和技术方法设立成为一门学科。据说第一个现代项目是曼哈顿建造的第一个原子弹项目,其中包括3个钚制造反应堆、2个钚提炼厂、试验基地的基础设施、一系列铀浓缩厂,时长3年,耗资200亿美元(1996年美元)。

(二)什么是项目

日常管理与项目管理、项目管理工具及技巧方法之间的区别,关键是如何理解将管理的规划、组织、协调、监控与控制原理采取独特的方法应用于项目环境。

项目管理也是为了使在项目启动时所设定的成效、完成时间与成本标准之间达成一种平衡及相互协调。

现在,“项目”一词在不同行业中每天都用得比较频繁,那么好的开端就是要对其有一个清楚的定义。一个项目可以被描述成:①为一系列相关的活动制定计划,为了在某一时间内达到既定的目标,当目标达成时,这些活动或计划也就结束了。②它不是常规的、重复的工作,一般有明确的既定技术成效目标、非连续性的有限时间、财务及其他资源。

从对项目的定义可以描述出项目和项目工作的性质,以及项目管理方法和一般管理方法的不同之处。艾伦·斯特雷通(Allen Stretton)[1]对项目的特殊性质进行了以下描述:①独特——一个项目通常是一次性的具体任务,有一套明确而特定的目标,很少有重复的情况。②限定 —— 它有限定的启动时间、持续时间以及可以标志任务完成、目标实现的截止时间。③多学科 —— 它需要涉及各个不同的学科领域,通常有多种组织形式。为实现项目目标,就必须以不同方式结合不同的学科、职能、资源、行业与其他特殊专业。

---

①根据澳大利亚吉好地集团公司(GHD)提供的英文培训教材《Generic Project Management Course Notes》和翻译稿改
　编,本章后面附有英文原文。

④复杂 —— 项目设定的目标通常较为复杂,大部分时候技术含量很高,常常要满足其他项目还未达到的技术绩效水平。⑤动态 —— 在一个项目中,意外随时可能发生,当它们发生的时候,必须要提出新的问题、形势,而非定期性的做法。⑥高风险 —— 项目的高技术绩效目标通常包括先进技术的开发与计算机编程,这就需要广泛的试验和检验——整个时间与成本超出预计的可能性较大。

(三)一般管理与项目管理

因为项目需要实现具体的目标,并且有时间限制,所以一般管理人员和项目管理人员之间在管理原则、方式和具体工作实践方面有着显著的区别。表 7-1 列出了两者之间的区别。

表 7-1　一般性管理与项目管理的比较

一般管理	项目管理
单个的专业功能领域	多学科团队
稳定的组织机构	组成各种新的团队
长远目标	短期的重要目标
稳定的技术	新技术应用
固定的日常事务	非例行工作——创新性
固定的问题解决机制	问题的灵活处理

根据项目管理中绩效标准的性质,需要按照具体计划"圆满完成任务"时就会使用到以下术语:①里程标——形容完成了项目的一项重要成果或重要阶段。②关键路径——最长的路径,因此要花最短的时间来完成最终项目。

(四)时间、成本和绩效平衡

项目管理重点放在项目目标的 3 个重要方面:绩效、成本与时间。出色的项目经理会适当地对这 3 个方面进行权衡,确定重点。这 3 个方面的平衡情况会根据项目的不同而有所区别,因此要不断地在三者之间进行权衡。

有一种方法可以说明权衡过程,那就是运用"时间、绩效与成本"三角关系图(见图 7-1),三角形的三边分别代表绩效、时间与成本。项目经理可以发现当项目进行一段时间后,则需要作出关于调整 3 个重要目标优先等级的决策。如果绩效或规格必须优先,那么时间和成本就不得不置后;同样地,如果时间最为重要,那么要么绩效、要么成本预算或者两者同时作出让步。

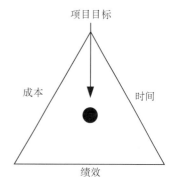

图 7-1　项目管理三角关系图

(五)项目管理原理

项目管理有一套所有项目都应该遵循的基本原理,该原理形成了每位项目经理必须拥有的核心技能。这些技能由对项目环境而言所特有的工具和技术方法组成,与一般经理的技能没有太大的不同,可却是项目经理成功的关键。这些基本原理包括以下几方面。

1. 规划

对项目而言,规划是有关分析如何在规定的时间内和特定的财务预算内取得项目目标,将整体任务划分成个人任务或活动来完成项目的目标。对项目的重要投资进行预先规划可以取得较大的收益,包括成本和时间控制,并且增加圆满完成项目目标的机会。大多数项目规划的核心是项目行动的分类,行动的人员时间安排以及这些行动的成本估算。

2. 组织

组织是措施建立适当的项目结构,它包括项目专家组、与项目以外专业领域的联系、较好地定义人员职责并分配工作任务。

3. 协调

一个项目的管理不同于一般管理,项目人员必须通过认真而不懈的努力,与实际做这项工作的有关单位进行协调、合作与沟通来成功完成任务。这是为了避免时间安排和资源上的冲突,避免重复工作、时间与劳力的浪费。在一个项目中,协调不当将极有可能导致时间的拖沓,对于项目以外的利益相关方来说这点非常明显。

4. 监督

监督是对项目进展的有关跟进措施。这就依赖于较好的数据收集与汇报流程,以及使用分析技术方法来对实际进展与预期进展进行比较,并且预计未来的进展。监督同时也应用于可能影响项目目标、加大风险以及影响民心的间接相关问题,如环境、政治与组织因素。此外,监督还包括对计划和先前的决策进行重新审核以评估他们的有效性。

5. 控制

控制是当项目进程和其他因素受到威胁时采取正确的行动。显然,控制与监督是同步进行的。控制包括为纠正或阻止问题而作出决策和对资源进行重新分配。这就包括直接关系到项目的问题,如工作包威胁到时间进度的问题;还有那些间接问题,如外部试图改变项目范围的问题。要很好地进行控制,就要通过综合方式和实施计划来实现。

6. 沟通

最后,结合以上原理,一个项目经理必须要能够有效并定期地与项目人员、供应商、外部机构和利益相关方进行沟通。项目经理必须在这些人员之间建立双向的沟通渠道,制定沟通的基本规则,保护项目利益。一个项目经理必须要熟悉各种形式的沟通与交流,包括交谈、总结、演讲、会面、写报告及邮件。

7. 特纳原理

特纳(J. R. Turner)[2]1993年著的《项目管理手册》,介绍了一套可选的优秀项目管理原理。这些原理对于项目管理与规划的结构化方法至关重要。结构化方法是指通过分阶段完成规定的行动来实施项目。PRINCE2提供了项目管理的结构化方法[3]。这些原理分别是:

(1)使用结构化分解。在稍后的章节中你们将看到任何结构化项目的支柱都是工作分解结构(WBS)。工作分解结构是一种定义项目范围的工具,通过这一工具,可以制定时间线和确定成本。工作分解结构是将项目行动分等级进行分解。理论上,它从项目目标开始分解,从而拟定出重要项目成果的概要。每项重要成果可以进一步分解。项目经理通过对工作分解结构的元素进行管理,就能够较好地理解和调节项目进程。

(2)重点放在结果上。以结果为重点是指项目经理应该重视必须要取得什么结果,而不是怎样取得这一结果。那么工作分解结构就能提供帮助,因为工作分解结构的每个元素通常都被作为成果。稍后会有 WBS 的进一步介绍。以结果为重点可以控制项目范围。通过确保为实现结果所做出的努力与要求的成正比,可以做到这一点。

(3)整个项目结果的平衡。平衡整个项目的结果是指确保个人工作范围内的资源数量和重点部分能够代表具体结果的重要性,并且与项目目标一致。通过工作分解结构方法和了解项目中工作分解结构元素或工作包分配的位置,可以做到这一点。

(4)明确说明各方的职责与责任。这一原理最为明显的形式是项目和供应商之间的合同协议。然而,它也应用于项目人员的内部关系与利益相关方的外部关系。例如,项目经理应该已经拿到了主办方高层管理层的工作大纲。项目经理也应该规定所有项目人员的职责。同时还需要确定沟通关系。工作分解结构在此十分重要,因为要确保每个工作分解结构元素都有相应的一位负责人员。应该要注意确保责任明确清楚。在各个项目规划中应该安排其他的任务与责任。介绍规划的章节将详细说明这一点。

(5)采用简单的报告架构。项目管理非常复杂。由于报告通常是针对没有参与项目日常运作的利益相关者的一种行为,因此,与利益相关者进行各种形式的沟通要简明扼要,这点十分重要。其中包括项目规划、演讲、总结与报告。让利益相关方适当地了解问题是重要的,这就可能要向他们提供更多的资料。让其适当了解情况可以帮助他们树立对你能力的信任及其对项目承诺的信心。

(六)总结

项目管理是一种特殊的管理专业,它结合一般管理的原理,特别强调了在特定时间以及财务预算和其他资源内取得既定的成果。

为有效应付困难的项目环境,已经制定了特殊项目管理的规划、时间安排、协调、沟通、监督与控制工具及方法。

有关项目原理的章节中,已经介绍了项目与项目管理的性质。下一章节将介绍项目的生命周期和重要的项目管理职责。随后章节将介绍项目生命周期不同阶段应用的具体工具与方法。

二、项目的生命周期

本章节分析了项目生命周期的概念,介绍了项目生命周期中几个不同的阶段。它也涉及了项目管理中使用的各种发展模式,这些模式是项目生命周期特性的一部分。

(一)项目的生命周期

大部分项目都要经历不同的阶段。这些阶段的不同体现在项目人员的工作性质、融资报批与资源分配、进展速度、项目人员与利益相关方或供应商之间的关系发生了改变。这些阶段就形成了整个项目的生命周期。这些阶段包括:项目概念(Project Concept)、项目启动(Project Initiation)、项目实施(Project Implementation)、交接服务(Transition Into Service)、项目结束(Project Closure)5 个阶段。

上述阶段的增加或删减,要根据实际的项目特性。例如,处理过时政策时就不需要项目中的交接这一阶段。同样,对于近期刚结束的 2000 年的一系列项目,因要保证 IT 服务,就需要添加关键的测试与验证阶段。

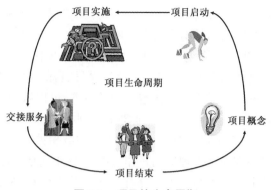

项目实施 ← 项目启动

项目生命周期

交接服务   项目概念

项目结束

图 7-2　项目的生命周期

项目的生命周期与产品的生命周期有着密切的联系,但其内容却不相同。项目产品可能会有 20 年甚至更长的生命周期,而项目本身却只能持续 5 年。概括来说,产品生命周期越长越好,项目生命周期越短越好。

1. 项目概念

项目的概念阶段是一个项目的开始。在这个阶段,要确定项目需求,并将其列入项目目标的说明中。此阶段行为的长度与级别将主要依据需求的特性。例如:武装部队的军费获取项目通常是要经过冗长的概念发展过程,这就涉及了众多委员会对一系列文件的审批过程。

在大型的项目组织中,通常是由高级管理人员根据项目目标说明确定项目需求,管理起始的发展工作。由高层经理组派的项目经理要负责过渡进入下一阶段的工作。

2. 项目启动

一旦项目高层批准了项目成立,开始为实现特定的目标开展工作,或至少开始可行性分析或定义,以协助推进项目目标的实现,项目高层就会指派项目经理,这也标志了项目的开始。简要地说,高层管理层批准了项目概念时,即是项目的起动。

除了项目经理的任命外,项目起动的标志还包括有重要资源的到位。在此阶段,项目经理的主要职责包括有:对之前没有明确的范围及职责进一步确定,规定资源与进度需求,确定员工需求,建立项目程序,以及草拟项目规划。项目规划需涵盖与完成项目需求有关的各个关键方面问题,其中包括有风险规划、配置管理规划以及支持度规划等。项目规划是一个极其重要的工作,在之后的课程学习中将对此深入介绍。

在此阶段中,项目管理中的刁部分重要设备及技术都将初次被使用。尽管在理论与实践中,这其中的一部分设备技术相当复杂难懂,但是他们在接下来阶段的监控与控制处理程序中起着非常重要的作用,并且目前利用计算机软件也能更容易地被运用。

3. 项目实施

高层管理对项目规划、预算及进度的批准标志着实施阶段的开始。通过这一阶段,项目进入全面进展阶段,项目规划也被付诸行动。此时,项目经理的精力要主要集中到对与项目成果有关的项目进度、预算以及业绩的监控与控制工作中。

在以往实践中,项目生命周期的初步阶段时,较之支出与进度,业绩占有明显的优先权,中间阶段时,支出被更多的关注,而最后阶段时,进度开始表现它的优先性。而现代调查结果表明,不论任何阶段,业绩与进度都应得到首先的关注,其次才是指出问题[4]。因此,项目经理就要肩负合理规划支出、进度以及业绩问题。

4. 交接服务

并非每个项目都适合交接阶段。通常情况下,那些需要将新进设备投入到一般服务的项目才存在交接阶段。因此交接包括:以新的设备、零件、程序、技能以及培训来替换陈旧的。一般在交接时,项目规划如不充分,就会导致不良后果。特别是维护的问题更为突出。因维护问题在交接阶段起着主导作用,因此在概念阶段就应对其成本、时间安排和绩效进行深思熟虑,在起始阶段合理地进行规划。

交接不仅涉及物质条款细节的处理,同时也涉及在服务周期内管理物质条款部门的职责。这些职责包括实际设备加上零件与支持装置,开展培训以及课程的所有权。

5. 项目结束

简单地说,项目结束即是结束所有的项目行为。尽管在交接阶段就已开始了逐步终止的工作,但实际上,项目结束应包括之前逐步结束的项目规划,制定总结报告以及最终报告,描述项目目标的完成状况。

引起项目结束的因素各不相同。项目目标达成即会结束项目,但是通常如项目规划得不到批准,也会提早结束项目。其他的如当对项目目标的重新评估而影响到其战略优先等级时,或是出现新的项目可选方案、需要对采购战略进行重新调研时,就会中止并结束项目。更严重时,由于业绩不佳,即无法在规定的进度与预算范围内实现项目目标,也会导致项目的中止与结束。

有些项目则不会中止。可能由于采购策略(进化)的性质而有意不让项目中止,有时也体现了项目管理不善,高层管理层不愿接受项目因达不到目标而被中止的事实。由于技术、文化及政策的更改而导致项目成果价值被降低,即使在规定时间内如期交工,这类项目也注定失败。一些未中止的项目会坚持不断地寻找再次满足项目目标、时间、成本与业绩目标的时机。

(二)制定项目管理模式

介绍项目生命周期的章节可能提到了项目是一种线性次序的行为。这种描述如果适合形容一般传统的项目,那么为了减小由于用户需求的不确定因素或者快速的科技变化所导致的特殊风险,其他项目则偏向于更为重复循环的方式。这些重复方式是要建立反馈循环路径,作为项目收益来体现用户需求或性能规格,而不是在项目开展之前就预先定义和确定这些。这种方式最适合于开发或者软件密集型项目,在下一阶段资源到位之前确保对项目进展开展多次评估和提炼需求。这些项目管理方式的正确叫法为"发展模式",概括如下。

1. 传统模式

传统模式在项目起始时即对用户需求与性能规格进行了具体定义与确认。在确认需求与规范后,接下来的步骤依次为设计、建设、测试以及验收。测试使未能满足需求与规格的产品得到改进,这必然要进行一些返工,因而要耽误一些时间。这是一种典型的线性过程。在软件行业中,被称为 Waterfall 方法,意思是指一旦设定了需求与规格,项目的余下部分将朝着一个方向进行。

这种方式最适用于在相对稳定的环境下运用普通技术制作的成熟产品。从管理的角度来说,这些项目极易定位与配置资源。通常这个项目只需一份合约。但如项目的产品不够成熟,或是项目环境与技术不够稳定,那么运行这一方案的后果将是完成的产品在功能上无法满足用户的要求。这也就是我们所说的在项目开展前未合理准确地定义用户需求并制定功能规格。部分 IT 项目在运用此种方式时,也会造成许多明显的项目失败。

2. 递进模式

递进模式是传统模式的一种变形。如上所述的用户需求与性能规格会在项目起始时进行定义与确认,但对项目成果的评估与反馈会层层递进地开展。随反馈建议而来的改变,项目合同也会随之更改。

此方式对需持续多年的大型项目,或是需要高度综合的项目开展非常适用。这是由于可以较早地交付其初始能力,用户的评估可以反馈到下一项目递进阶段。因此,采用这种方式可有效减少项目进展偏离轨道的风险,或是花费过多的精力时间来交付能力。从项目管理角度来说,所需要的唯一东西就是合同,但由于要根据用户反馈意见来改进需求,项目的开展因此会花费更长的时间。同时对于管理这一系统不同的配置状况也会需要更高的管理开支。

3. 进化模式

进化模式是指用户需求与性能规格不会预先进行具体的定义与确认。需求与规格在递进阶段逐步确定。进化模式也叫做螺旋模式,因为项目的所有关键步骤在每次迭代时都会重复(见图7-3)。在首次迭代时开发制作原型,该原型在其后的迭代当中不断演变进化,直至成为最终的产品。同时,也可能出现快速成型,也就是说为了制定用户需求,最初会制作“快捷而质量不高”的原型,然后被取消。

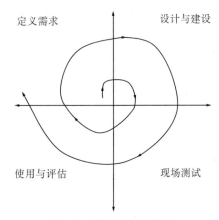

图 7-3　进化(螺旋)模式

进化模式最适用于那些在项目开始时未确定最终产品的项目。最重要的原因在于产品的技术能快速不断发展,或是由于用户对产品服务的不断了解,产品性能的更新也会导致用户需求不断改变。

采用进化模式的项目需为产品初次迭代的需求进行明确定义,并对预期的终极产品进行功能表述。此种模式的优点在于它可以在早期交付部分能力,以便对用户需求进行及时更新,同时也可在项目初期便可预见是否能完成最终产品,在每次迭代时评估项目的生存能力,避免时间的拖沓与资金的浪费。

对渐进型项目的管理要求更多的时间、资金以及努力。在用户、项目组、开发方与维护员工之间建立紧密的协调合作机制,是项目成功的关键。稍后在本课程中将讨论与利益相关方之间建立合作关系的可选方案。这种方案的优点就在于它不仅可为初次迭代提供竞争性投标,并根据初次迭代期间的业绩满意度来开展随后的工作。

4. 可持续性获取模式

可持续性获取模式与进化模式相似,它要求交付的是全部而非初始能力,在接下来的迭代中再交付改善后的能力。当长期对一种物品进行大量采购时,这种模式比较适用。产品分批进行交付,每批随后出厂的产品都会有所改进,这样就可以避免使用的同一产品出现一系列不同的配置。

三、概念与起始阶段

自本课程开始对处于概念与起始阶段的项目原始阶段使用的管理技能、知识及设备进行讨论。本课程对这两个阶段进行概述时,将着重介绍起始阶段。

(一)项目的相关性

在项目的概念阶段要确定其产品的成本,并找出可以节省成本的地方。同时,也要锁定未来阶段的可选方案。由于这些因素,在参与大型并购项目的组织机构中,概念和起始(规划)阶段的行为得到了广泛的重视。

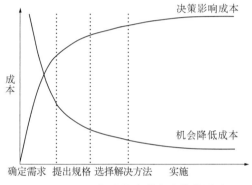

图 7-4　项目各阶段中成本决策的影响

例如,许多组织都会像以下文本框中这段话所描述的,强调概念发展的重要性:

"能力开发商和服务支持机构之间较早地进行有效的、持续性的磋商,这一点至关重要。终身方案要考虑到升级途径、终身的支持和成本,这是整个能力发展中不可缺少的一部分。咨询贫乏的决策可能错过确定新的、更为经济的解决方案的机会,这些决策也意味着缺乏重要的支持形式,并且错过了新的工作机会与经济增长机会"。

《国防与产业策略建言》,1998 年 6 月

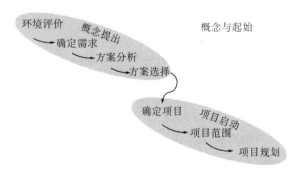

图 7-5　概念与起始阶段的各个步骤

项目的概念阶段从想法或建议的提出开始,然后经过决策与资源的到位,在定义项目目标后结束。

概念阶段的行动范围,随着对项目成果的考虑而有所不同。这些行动可能只是简单地对报纸上看到的有利机会、一些来电提供的信息和网上搜索到的信息进行快速评估,评估成功或失败的可能性以及业务或成本/利益的风险,快速地核对工作手册,最后在资源到位之后决定是否继续该项目。

通常在项目概念阶段结束时,才指定项目经理,但可能在制定和考虑标书时,项目经理就已经参与其中。不论是全职或是兼职,项目经理得到的第一份正式委派任务通常是项目资源的分配任务。

在概念阶段关键是要做好对项目成果的明确定义,这样才能顺利过渡到项目的起始阶段。对需求进行说明的重要性决定着项目成果的改进不能过分简单,因其会影响到之后的项目阶段与要素。项目的成功或失败将根据确定的项目目标来衡量。

(二)项目的来源

广义上说,当确定了机遇与需求并获得了资源,做出有意识的决策去开展一系列行动来有效利用机遇与满足需求时,项目也就产生了。

在一个组织中,无论大小,都会设置一种机制对想法、建议,或是新的商业机遇进行收集、分析、分类,然后建议可能的项目。随后,执行机构将决定是否对该项目建议采取行动,以及分配哪种级别的资源。在较复杂的情况中,项目建议可能前景可观,但执行机构可能需要获得更多的有关信息后才能肯定地做出决策,随后,将会进行一些可行性研究,或是类似的研究,以供项目的进一步开展。

总之,项目是由对需求的确定和定义而产生的,然后获得能够为新项目分配资源的执行机构的授权。确定的需求就变成了项目的成果,因此结果是否满足需求,将是衡量项目成功与否的标准。以组织利益为出发点,几乎任何领域都能引发初始的想法、意见与需求。包括以下内容:①市场动力——满足供需以及寻找机会;②业务需求——为满足业务目标,如扩展需求、多元化需求、竞争需求、效率需求、重组需求,或是高级管理战略指导需求等;③客户要求与反馈——回应客户提出的问题,改进组织机构的产品或服务,以满足客户更高的要求;④技术发展——需要开始不断升级或研究开发新的领域;⑤法律法规要求——采取改进实施的行动以符合法律要求。

1. 可选方案分析

项目概念阶段的一项重要行动是对项目的各个备选提案进行分析。这通常是指向主要的利益相关者列出所有现实的可选方案。对可选方案分析需要做出的努力将依赖于以下几项主要因素:①可选方案是否存在任何主要的文化障碍;②可选方案是否存在须克服的政治或社会障碍;③可选方案是否存在阻碍可选方案实现的自然或结构障碍。

利益相关者须在选定任何一个方案进行实施前,根据每个方案的成果与成本,权衡其预期的效益。显然,在项目初级阶段,只能对成本与成果进行大概的估算。

2. 项目选取

对所有因素加以考虑之后,就可以选择方案来开展项目了。而有时,在同一个资源限制条件下,为解决相同需求或不同需求,可能需要对多个可能的项目进行考虑。有多种模式、方法及工具可以帮助执行机构决定是否要开展工作。项目选取模式或方法应注意反映现实状况,应具备足够的能力处理或提供执行机构要求的信息,能够灵活应对各种变化,使用起来较为容易,并且能够节省成本。

多数大型组织机构都具备严谨的能力发展过程,以确保重要费用开支决策经过合理的确认和考虑。

3. 项目经理在概念阶段的职责

直到概念阶段结束时才指定项目经理,而利益相关者则在选取的方案当中就已经明确。未来的项目经理如果能够参与概念的制定将对以后的工作有所帮助,但这一点不是特别重要。

(三)起始阶段

执行机构(高层管理层)指定项目经理,批准成立为满足具体目标的项目并且发布项目章程,这就标志着项目进入了起始阶段。重要资源的到位也标志着这一阶段的开始——即便是以兼职为基础,项目经理的任命也标志着项目的开始。

项目章程应该由项目以外的,并且就项目需求而言级别比较恰当的执行机构来颁布。它为项目经理提供了开展项目行动运用组织资源的职权。项目按照合同规定进行时,对于销售商而言,签订的合同就相当于项目章程。

在此阶段,项目经理的主要职责包括进一步明确项目范围与目标,以确定资源与进度需求,明确人员需求,设立项目流程,拟定项目规划。项目规划须涵盖有关完成项目目标的重要方面,如风险规划、配置管理以及 ILS 规划。

1. 需要考虑的因素

项目起始阶段主要是一个配置、确认与规划阶段。在此阶段,要规划出项目未来的路线,明确项目步骤与行动,确定未来规划行动,以及建立充分的检验与控制环节。项目经理需要考虑的部分特殊要素包括有:①项目中的利益相关者;②项目组或人员的组织;③必要的信息与建议;④局限因素与假设;⑤范围或项目定义(包括工作分解结构);⑥项目规划。

2. 利益相关方

所有的项目中都包含有利益相关方。他们是积极参与项目的个人、组织或是利益集团,其利益会因为项目的实施或圆满完成而受到正面或负面的影响。项目经理及其带领的项目组须识别这些利益相关方,确定他们的期望,并对其期望加以管理与施加影响,保障项目的成功实现。每个项目的关键利益相关方包括有:①项目经理;②客户——使用产品的个人或组织,可能有多个层次的客户;③运行组织——其大部分人员直接参与了项目工作的组织机构;④主办方——为项目提供资源的运行组织内部的个人、组织或团体。

有很多种方法为项目的利益相关方命名或分类:内部或外部利益相关者、业主与投资方、供应商与承包商、项目组成员等。将利益相关方进行分组或分类对于组织如何管理利益相关方和实现他们的期望有较大帮助。

在较为复杂的项目中,利益相关方的期望无法通过运行组织的资源来实现的那些项目,尝试建立综合小组则是明智之举——也就是包括利益相关方代表在内的多领域综合小组。

3. 项目组或人员的组织

项目组通常设在大型组织机构中,作为该组织的一部分。功能性组织机构很少拥有为支持项目需求设立的管理体系。而项目式组织机构设立了项目组,有效地为项目需求提供支持。表7-2 中的矩阵形式就体现了这一概念。

表7-2 项目相关组织形式

组织形式 项目性质	职能	矩阵组织			项目式组织
		弱矩阵	平衡矩阵	强矩阵	
项目经理职权	很少或没有	有限	低到一般	一般到高	高到接近全部
运行组织的全职 人员所占比率	没有	0%～25%	15%～60%	50%～95%	85%～100%
项目经理职责	兼职	兼职	全职	全职	全职
项目经理职责 的一般头衔	项目协调员 /项目领导	项目协调员 /项目领导	项目经理 /项目长官	项目经理	项目经理
项目管理行政人员	兼职	兼职	兼职	全职	全职

项目组的组织需要运行组织与关键利益相关方的支持,不论是工人、咨询顾问或是审核人员,他们都能够协助项目组的工作。项目经理必须要规划好完成项目所需要的组织工作,当需要用到项目人员时,必须确定其具有所需的技能与专业知识,确定其任务与职责。通过了解需求,项目经理才能获得项目人员,发展他的项目组,为实现项目目标而开展项目工作。

如有需要,项目经理可以建立综合项目组,协助取得某些项目成果。这些综合的多领域小组会将关键利益相关方及其利益与外部专家结合起来,确保取得最佳的工作成果。

组织项目人员是项目人力资源管理的行动之一。

4. 需要的信息和建议

大部分信息和建议的来源可从项目实施组织中获取,并由利益相关者进行补充。项目经理需要了解信息和建议的来源与其他资源一样需要处理,他应该采取行动对其进行更正。基本信息和建议的来源包括:①项目实施组织员工和政策;②工业或程序代表;③法规或专业主体;④研究或学术团体;⑤商业联合。

5. 局限性和假设情况

局限是限制项目团队选择的主要因素。项目经理及其团队在局限环境下工作并且必须确定关键事项以最大程度地降低对项目周期的进一步干扰。基本局限包括:①资源——时间、预算、员工、设备;②政策——需要的准则;③利益相关者的利益;④代表团——需要不断地寻求认可。

为了规划,假设因素将被视为是真实、确切或确定的,这将包括一定程度的风险。在信息残缺不全时通常使用假设。使用时假设应该经清楚地陈述和了解,并且在获取新信息时定期审查以核对其有效性。假设可支持前期项目决策,这一时期需要特别关注且严密监测。

在项目初期,向项目工作人员、执行机构以及利益相关者确定并明确阐述局限和设想非常有必要。他们对局限和设想的认识及接受度应该有助于共同认识以及各方之间的沟通。

6. 项目范围(项目对产品范围)

如前所述,明确陈述项目结果是从概念设想阶段过渡到启动阶段的一个重要成果。概念设想阶段通常制定"产品范围",也就是该项目提供的产品或服务包含的特性和功能。然后在启动阶段则必须对"产品范围"进行重新定义。这是必须的步骤以便能够根据要求的特征和功能完成产品或服务。

制定"产品范围"的完成是根据要求进行衡量的,而"项目范围"是根据项目规划进行衡量的。

7. 范围说明

项目范围的陈述作为进一步项目描述的基础,尤其是用于确定项目(或某一项目阶段)是否已经被完成。以声明的形式作为未来项目决定的依据, 特别是用于确定该项目(或工程阶段)是否完成的标准。如果范围说明的所有元素都已经齐备(比如一个可交付的招标文件(RFP)、项目章程和项目目标), 所包含的这个过程也许较创建附件稍长。

范围可能包括:通过产品分析对完成项目产品有更好的理解;通过成本/利益分析从而对有形和无形资产有更好的理解;项目备选方案的确定。

范围说明提供了基础,便于以后的项目决策,可确定和发展相关利益者之间对项目范围的基本理解。随着项目的进行,范围说明需要进行修改或者根据项目范围的变化进行重新确定。说明应该包括:①项目的调整——为权衡未来利弊提供基础和根据;②产品描述——项目成果或者项目产品及服务的特性;③项目产出——产品和子产品完全并满意的交付,标志着整个项目的圆满结束;④项目目标——符合项目成功的可计量标准,至少包括成本计划和质量衡量(备注:在一些地区,项目产出被称作项目目标;项目目标则被称作成功关键因素)。

项目复杂性将进一步确定范围说明所需要的支持细节的数量,以及范围说明的细节和程度。范围说明的细节将包括如何开始并整合范围变化,项目预期稳定性对其影响。

8. 范围或项目定义

范围或项目定义涉及将主要项目的成果分割成更易管理的许多个小部分(如上文阐述),顺序如下:①改善成本时间和资源评估的准确度与强度;②确定业绩衡量和控制的基线;③明确任务责任。

帮助确定范围所使用的工具或技术包括:①工作分析结构模板。尽管每个项目都有其特性,工作分解结构可以经常(至少是部分地)重复使用。②分解。在没有模板适用的时候,将主要成果分割成易管理的小部分,使得有充足的细节来阐述成果,以便进行后续活动如成本、计划、控制、监控和测试等。

上述提供了范围定义所需的程度,也就是具体工作分解结构。关于此的更多细节将在下一节详细阐述。适当的范围定义是项目成功的关键:"在范围不当的时候,最终项目成本可能会被高估,因为总会有不可避免的变化扰乱项目的步骤,导致重复工作,增加项目时间,并且降低生产力和劳动力的士气"(见 PMBOK 第 52 页)[5]。

9. 项目计划

启动阶段的一个最终产品是项目计划,也许包括许多子计划或补充计划。项目计划是根据范围规定和项目发展方向规划的工作量而制定的,可能不完整并且性质应该多样化,可随着范围和情况的变化而变化。项目规划将在后面篇章中阐述。项目规划围绕并且应该将项目所有影响整合在一起。随着项目规划的制定,根据 PRINCE2 方法[3],所有利益相关者应该明确并了解以下内容:①项目目标;②项目调整(商业情况);③谁是客户;④谁被分配什么权责;⑤项目边界、局限和对内部利益相关者的干扰;⑥项目的目标如何达到;⑦制定的设计或可以/可能制定的;⑧阻碍项目达成目标的主要风险;⑨项目产品的完成计划;⑩项目(包括产品)的成本是多少;⑪项目的控制方法和机制;⑫任何项目阶段的细节以及如何管理;⑬项目产品如何评估验收。

四、工作分解结构

(一)什么是工作分解结构

工作分解结构是项目管理的基础工具之一。它提供了一个简单而高效的方法来确定将项目分解为多个小部分所需达到的目标。通过分解为更易管理的小部分,工作分解结构极大地增加了对项目范围和程度的理解。工作分解结构有益于小项目,没有工作分解结构,大且复杂的项目不可能完成。

工作分解结构是将项目产品、产出、服务和其他项目成果进行一个简单的分层分解。最高层通常代表整个项目目标,第二层包括主要元素,第三层将这些主要元素分解为各个部分。这三层形成了高层报告、监测和控制的基础。低层也会应用但通常较少引起高级管理者的兴趣,这些低层结构描述了主要元素组成的实际项目工作。

通常是根据一些建立的功能性、物质的或者组织的分层基础来确定单个元素或组件的。由各种层次组成,像一个组织表,每一项增加具体内容,直到单项任务或任务组形成一个最低层的项目包。

一旦最低层的项目包完成,项目包成本可以计算,并且其持续期间可得到更好的评估,所以一个确切形成的工作分解结构可以形成成本评估的基础以及总项目的时间安排。这样,工作分解结构还可以对项目预算和时间表的进程监测形成基础。

通过构造工作分解结构达到结果导向,之后项目经理运用它作为上述讨论的成本、时间和业绩衡量的基础。最低层项目包可根据资源、时间以及业绩说明进行确定。

（二）工作分解结构的重要性

工作分解结构很重要，原因如下：①为项目结构和管理提供框架；②为成本、时间表和范围的规划与控制提供框架；③将项目分解为可管理的部分（工作包）；④提供一种确定所有工作量的方法；⑤为确保所有已完成工作提供衡量方法；⑥一种分配和追踪成本的非常方便的方法；⑦促进有效沟通、结构管理、汇报；⑧对于定价和评标的量化基础很有帮助；⑨对完成总项目各个元素的责任分配很有帮助。

（三）工作分解结构的格式

可以想象，真正工作分解结构的规模包含几百个"区"，只有当更高层次的表出现时或者总表的局部视图是必要时，才使用组织表（见图7-6）。

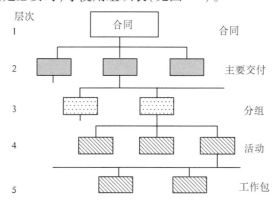

图7-6　工作分解结构组织图

出于使用目的，观察工作分解结构的更加便捷的方法是大纲格式。与文件大纲相似，缩进的级别代表结构随后的级别（见表7-3）。

表7-3　工作分解结构格式

层次 1	层次 2	层次 3
项目		
	基本设备	
		子集合1
		子集合2
		集合和综合
		子系统测试
	项目管理	
		财务数据
		管理数据

（四）工作分解结构考虑事项

（1）工作分解结构中过高层次可能阻碍和混淆报告进程，该层次应该尽可能降低，以确定完成工作包的资源和责任。

（2）项目中不同的利益相关者也许需要不同的工作分解结构。比如，最高级管理不需要看最高层次以下三级，然而承包商的项目成果需要运用工作分解结构达到工作包水平。子承包商只需要关于他们合同责任的工作分解结构的部分内容。

工作分解结构应该是产品导向，而非资源或功能导向。资源分配到工作包，进行的功能应该在结果条款中明确阐述，比如，系统测试。

（五）工作分解结构与结构表的匹配

工作分解结构在结合组织分解结构的基础上，（OBS）根据工作分解结构元素来展示项目责任。在工作包层次上，该责任的矩阵可说明谁有责任完成项目。更高层次上，可显示出谁有责任监测、控制并报告进程（见图7-7）。

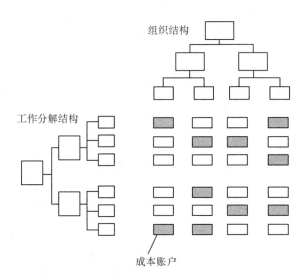

图7-7 工作分解结构和组织分析结构

（六）合同工作分解结构

由于工作分解结构是确定项目中所有工作范围的最理想方法，它可简单地应用于合同说明、成本估算，以及作为定义合同成果的基础。与此相关，各种政府和组织（如项目管理机构）已经制定了标准的工作分解结构供项目经理和投标人使用。这确保了投标人建议书中使用同样的成本基础，便于标书之间的评比。该标准工作分解结构依据事实，每种项目的结果可以以相同的方式构造到第三级层次。见以下举例（表7-4 是从防御工作分解结构中提取出来并应用电子系统）。

（七）外部采购——工作分解结构举例

以下文本框是政府服务外包工作分解结构的一个例子。

表 7-4　合同工作分解结构

层次 1	层次 2	层次 3
项目	基本任务设备	
		综合和结合
		探测器
		通信
		ADP 设备
		电脑程序
		数据显示
		辅助设备
	培训	
		设备
		服务
		设施
	系统测试和评估	
		发展测试和评估
		运营测试和评估
		模型
		测试和评估支持
		测试设施
	系统/程序管理	
		系统工程
		项目管理
	数据	
		技术发布
		工程数据
		管理数据
		支持数据
		数据存储库
	运营/场地整修	
		承包商技术支持
		场地建设
		场地/船/车转换
		系统集合/安装以及位置检查
	基本支持设施	
		组织/中级
		场所
	工业设施	
		建设/转换/扩展
		仪器目标探测或现代化
		维护
	初始备用/备件	
		允许目录/组或元素

外部采购——工作分解结构举例

1.0 需求分析
    1.1 确定服务需求
    1.2 定义和基本要求
    1.3 制定详述
    1.4 制定高层次工作的说明

2.0 市场分析
    2.1 确定内部能力＋成本
    2.2 确定合格的供应商
    2.3 准备RFI(信息请求)
    2.4 评估RFI提交
    2.5 进行决策分析(包括制定/购买)

3.0 编写RFP
    3.1 制定解决方案标准
    3.2 最终确定要求
    3.3 最终确定时间表
    3.4 最终确定预算

4.0 请求
    4.1 发布ITR(网上公告)
    4.2 发布RFT(广播电视公告)
    4.3 收到标书
    4.4 评估回应
    4.5 取得资格的投标人
    4.6 授予/挑选合适的投标人
    4.7 发布LOI(意向书)

5.0 合同
    5.1 制定总合同
        5.1.1 谈判合同
        5.1.2 条款和条件定稿
        5.1.3 范围/时间表/成本最终定稿
    5.2 制订合同顺序/任务顺序/工作合同说明(CSOW)
        5.2.1 制定具体产出
        5.2.2 确定资源
        5.2.3 确定SLAs(服务水平协议)
        5.2.4 说明验收标准
        5.2.5 说明业绩衡量标准
        5.2.6 发布PO(生产指令)任务顺序
    5.3 执行合同/签署合同

6.0 服务观点
    6.1 任务顺序/合同顺序发布

(八)创建工作分解结构

创建工作分解结构对于项目管理新手来说可能有一定难度,但是有一些经过试验的方法可能非常有用。显然,如果你可以从一张干净的白纸上开始并从第一项原则开始建立新的工作分解结构,这将消耗时间但是在完全理解项目方面有很大帮助,可导致工作分解结构满足你的具体要求而不是按照上个项目的要求。

当然,你可以在项目早期重复使用工作分解结构,但是要注意你重复使用的是一个相似项目或者至少有相似部分和相似目标。充分利用在工作分解结构上的明智投资的方法是遵照如项目管理主体知识(PMBOK)[5]的最佳做法,来制定标准模板。

(九)制定工作分解结构的考虑事项

制定工作分解结构的重要事项包括:①每个元素应该是一个单一的可完成交付或连续的项目包,包括工作、产品或者子集合的所有部分,这对于完成整个元素非常有必要;②在分层结构中每个元素是其上层元素的子元素,而且只有上层元素的子元素才是工作中逻辑细分的;③工作分解结构中允许灵活性,这样当范围变化时可以很容易地修改;④包括所有工作/产出/产品;⑤每个元素都包括项目监督和报告;⑥工作分解结构应该仅仅反应将适用的管理层,工作分解结构有足够的细节而没有过多的管理。

(十)制定工作分解结构面临的挑战

制定可行的工作分解结构面临的主要挑战有:①发展并维持各个元素之间的逻辑关系;②根据报告要求平衡项目定义;③坚持"速度需求"——直接跳到 Gantt 的诱惑;④维持"最终可交付使用"与"进程"之间的关系;⑤制定合适的细节;⑥包括项目管理产出。

(十一)合适的层次

什么是合适的工作分解结构层次?构建良好的工作分解结构:①注重细节,直到各个元素能够提供足够信息来管理和控制元素;②项目经理的控制需要一个与规模、复杂性、风险相符的层次。

(十二)准备工作分解结构

准备工作分解结构的主要工作内容:①确定最终产品;②确定主要产出;③结合额外层次获得管理见解和控制;④审查并重新确定直到利益相关者同意。

(十三)主要利益

建立工作分解结构的主要利益是通过某种形式的分解结构使你明确了解你真正所要做的一切。因此,工作分解结构是一个有效的:①项目范围制定的方法;②分配责任的方法;③成本估算的基础;④风险评估的基础。

五、项目规划

(一)概述

项目规划包括许多活动、程序和领域。以其最简单的形式,它生成将被实施的四元素:什么、怎么、谁和什么时候。任务越复杂,涉及的资源就越多,就越需要保证有充足的时间、资源和精力应用于项目规划中以降低项目风险。规划还设定了执行规则,为项目周期提供路线图,即便这只是大纲式的。在启动阶段主要成果就是项目规划。

(二)项目规划的重要性

没有有效的规划,复杂项目的结果不可能根据范围、质量、风险、日程表和费用被预言;项目资源提供者不能优化他们的操作。简要地说就是,规划不当的项目将导致挫折、浪费和重复工作。

项目规划对于项目来说至关重要,因为就其定义来说,一个项目具有独特性并涉及一些以前没有做过的。因此会有偏离原来意图的更多风险,存在更多未知、更多机会的潜在性,以及更多失败途径的可能。规划对于展现下一步项目活动非常重要。

1.利益

有效的项目规划有诸多益处,在使用重要资源前确定:①项目目标是否实现;②可以计量的时间表内完成目标的必要资源;③确保成果质量的必要活动;④试图完成目标并维持限制范围所面临的困难和风险。

有效规划的进一步益处包括:①避免混乱状态,不清楚的方向以及特定决策(减少危机管理);②帮助项目组和管理层预先考虑并为未来事件、活动和需求做好准备(必须向前看);③根据可衡量的进度和成绩提供基线;④与所有利益相关者沟通,通过什么和如何进行计划分配,项目活动由谁来完成,包括监测和控制机制;⑤从项目制定者和接受方那里获得承诺(所有权);⑥为团队成员和利益相关者制定个人目标。

2.影响未来成本的能力

概念设计和启动阶段的规划活动的严格程度要求非常高,产生项目计划。这些阶段后,项目经理就几乎无法再做什么来影响项目成果的整个周期。随着项目进行到执行阶段,决定周期成本85%的决策都已经完成了,降低整体成本的机会就很小了(少于20%)。

(三)项目规划

项目规划在最终满意地定稿之前,可经历多次草案规划。例如,如果项目的初期完成日期不被接受,则项目资源、成本甚至项目范围都需要被重新定义或调整。此外值得注意的是规划不是一门抽象科学。规划组的构成、因素和规划时的影响,以及组员的经验可以各不相同,这样不同的团队(或者同一团队不同时间)可以制定不同的规划以完成同一个项目结果。

在项目启动之初,总是有太多不确定因素,要撰写完整的项目规划来充分地阐述相关方面对策。然而重点应该放在最近的阶段和主要的里程碑上。一个项目的周期可能长达10年,所以为每个阶段和活动制定具体计划与程序非常困难。然而项目规划是一个重复的文档,需要不断地更新和精炼以反映目前的时间表、财务和业绩。

1.项目规划流程

规划,对于绝大多数项目来说都有一个核心程序。这些程序在每个新项目中都有明显的相关性。比如在成本估算和制定时间表前你必须了解你将要做什么。这些核心程序可能在项目启动阶段的规划活动中多次重复,并且在项目周期中总是进一步重复。其他的"促进"程序取决于支持它们的项目的性质,见图7-8。

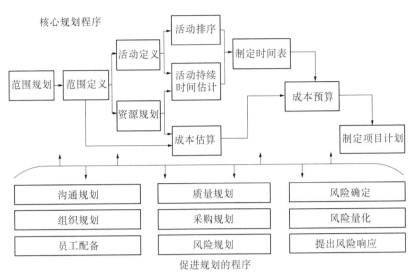

图 7-8　PMI 项目规划程序中的关系

2. 项目规划"核心"程序

我们使用的核心程序来自项目管理主体知识(PMBOK)[5],并且得到广泛认可。活动的名称可以改变,但是目的是普遍相同的。它们包括:

(1)范围规划和定义——制定一个书面范围说明作为未来项目决策的基础,然后将项目成果细分为更易管理的小部分。

(2)计划安排过程——计划安排及其工具将在后面篇章中阐述,但是规划中的主要过程是:①活动定义 ——确定为生成各种项目产出而必须进行的具体活动;②活动排序——确定并记录相互依靠关系;③活动持续期的估计——估计完成个别活动所需的活动期长度;④进度制定—— 分析活动顺序,活动期间以及资源需求以制定项目进程。

(3)资源或成本制定过程——资源和成本评估将在后面篇章中阐述,但是规划中的主要过程是:①资源规划—— 确定完成项目活动所需的资源(人力、设备、材料、财力、设施等)和数量;②成本估算——完成项目活动所需的资源成本的大略估算;③成本预算——超出项目持续期将总成本估算分配到个别工作项中。

(4)项目计划制定——收集其他规划过程的结果,并将它们一致化,以统一的格式生成项目计划。

3. 项目规划"促进"程序

与项目规划的核心程序相平行进行的是许多支持辅助程序,更加依靠项目性质。比如,在项目早期没有或者很少有可以识别的风险,直到团队意识到成本和时间安排计划太过激进,因此现在包括相当多的风险。尽管"促进"程序是间断的,它们不是可有可无的,而是项目规划所需的。它们包括:①质量规划——确定哪个质量标准与项目相关以及确定如何实现它们;②沟通规划——确定利益相关者的信息和沟通需要,谁需要什么样的信息,什么时候需要,如何提供给他们;③组织规划和员工安置——确定、记录并分配项目角色、责任和报告关系,获得任务所需的人力资源,然后完成项目;④风险规划——包括风险确定、量化和提出风险响应;⑤采购规划——确定采购什么以及什么时候采购,然后确定产品要求和潜在供应源。

(四)项目计划

启动阶段的项目规划成果是项目计划书。项目计划书是一种正式的、经批准的文件，用于在项目执行阶段管理和控制项目执行。它应该根据计划书的沟通元素(或子计划)的要求进行分配。

确定项目计划书和项目业绩衡量基准之间的差异。计划书是文件，或者是文件的集合，应该随着时间的变化和获取到更多项目信息而进行改变。业绩衡量基准代表管理控制，通常只随着许可的范围变化而变化。

1. 项目计划书内容

有许多方法来组织和展示项目计划书，但是通常包括以下内容：①介绍；②(计划书的)主旨；③项目目标；④背景(为什么会做这个项目)；⑤范围说明，包括项目产出和项目目标；⑥项目管理方法或战略的描述；⑦运用控制的工作分解结构的层次；⑧项目时间表，包括主要里程碑和每项的目标完成日期；⑨预算和成本估算；⑩风险评估，包括主要风险的名单、局限和假设、每项计划的反应；⑪责任分派达到运用控制的工作分解结构的层次；⑫成本和时间表的业绩衡量基准；⑬附属管理计划(范围管理、时间表管理、质量管理、风险管理等)；⑭待定问题或悬而未决的决定。

2. 支持文件及其具体内容

尽管文件(或收集文件)是独立的，项目计划是从支持文件和细节中派生出来的。计划书也许涉及这些方面或者指出它们的发展方向，执行计划也需要这些内容。支持细节或计划包括：①不包括在项目计划书中的其他规划过程的成果；②项目计划书制定过程中产生的额外信息或文件；③技术文件，如要求、详述和设计；④相关标准的文件。

六、资源规划和成本估算

(一)概述

在有些项目，尤其是小项目中，资源规划、成本估算和预算之间紧紧连接，被视为一个单一过程(即它们也许由一个人在一个短期内完成)。它们在这里被分开，因为需要不同的投入，并且它们对时间安排过程的影响在各个阶段都会发生。

本节六的内容将描述项目规划阶段资源规划和成本估算的重要性。工作分解结构在这一点上是非常有价值的资源。其他有用的工具还包括周期成本(LCC)模型。本节六的内容是前面工作分解结构和项目规划章节的补充，本节七的内容是关于时间安排及其工具。本节六主要阐述资源规划的重要性、成本估算和预算、成本估算工具和技术，以及理解周期成本的重要性。

(二)为什么要为项目进行资源和成本规划

所需资源的早期评估要求项目时间、金钱和业绩方面的成本估算更准确。之后可根据这些要求对该项目进行控制或监测，而影响较好管理的因素(人员短缺、现金流中断、更精细的要求等)，可得到确定。在规划计划过程中包括的资源不仅提供对项目基本资源可用性效果的认识，而且强制管理者评估资源的利用，这可能先前已得到批准。资源和成本估算对于以下方面是根本问题：

（1）项目批准。有必要确定项目可能成本,为执行机构先选定其可行性并做出批准决定,然后继续。在对资源含义不了解的情况下不可能做出决策。

（2）预算。为预算和现金流要求而确定总成本。有必要对整个项目成本进行准确估算以确保有足够的资金或在适当时候与项目所需相匹配。有必要预测用于未来规划的债务和开支率:①限制生产要素过程中的变化,即拨款将反应批准的项目范围;②平衡成本、业绩和时间表;③提供一个规划和管理成本的方法;④为所有项目元素建立一个普遍成本基础;⑤以实际最低水平估算成本（并且尽可能的准确）;⑥确定并分析风险;⑦预估现金流。

（三）资源规划

资源规划涉及确定要完成项目活动所需的物质资源(人力、设备、材料等) 以及每一项的数量。这必须与活动说明紧密协调,对于成本和持续期估算都是至关重要的。工作分解结构确定需要资源的项目元素,因此那是资源规划的基本投入。随着完成项目活动所需的资源广泛地得到说明,需要对资源结构和特征进行仔细观察,以理解如何在项目管理中运用它们。

（1）人力（人力资源）。这可以是一个具体的人,一个具体技巧,一组人所组成的资源库,或者一个组织中的权威位置并且在这个项目过程中可进行变化。人力资源也许是全职的、兼职的或者是某个具体活动雇用的,也有加班的或者请假的。

（2）设备或配件。这些可能是项目活动所需的任何硬件,尽管通常只包括那些工厂没有的特殊设施。

（3）组织资源。这些可以用于说明其他组织的参与,其他组织也许需要在没有精确指出人或团队的情况下完成项目活动。

（4）（资金)财务资源。所需的现款资金。资金的类型通常可以根据使用或来源而制定,以便运用具体记录或控制。资金可按时期支付,总额分在开始、结束或活动中间的多个期间支付。通常有可能说明项目活动的固定成本、可变成本和管理成本。

当确定了活动所需资源后,成本就可以估算。这个过程的成果详细阐述了所需的资源类型以及工作分解结构的每个元素所需的数量,那些不可用元素在需要的时候可以获得。规划过程现在可以进行到成本估算了。

（四）成本估算

成本估算涉及制定完成项目活动所需的资源成本的近似估算。合同项目进行时,应该注意区分成本估算和定价。成本估算涉及评估可能的数量成果,也就是提供产品和服务中项目组织的开销;定价是一种商业决定(我们将收取多少),运用成本估算作为一个考虑项。

成本估算继续被重新说明,它们开始并不完整并且不确定,基于完全系统收集和对可用数据的分析而进行的严格反复的成本估算过程是非常必要的。

成本估算运用以下多个过程:①工作分解结构（WBS）;②工作分解结构派生出来的资源需求;③资源比率—— 每次使用资源的单位成本(如成本/小时、成本/立方米等),如果没有确切数据则需要估算;④活动持续期—— 活动进行期间以及利率变化等;⑤历史性信息——许多资源成本的信息通常可从项目文档、商业数据库、项目组经验或其他来源中获得。

1.项目成本分解结构

利用工作分解结构的分层层次体系,从下到上的项目总成本通过合计全部成本而建立起来。这就是项目成本分解结构(PCBS),可用于说明产品相关的成本元素,并利用所有可用资料完成可能的最低层次。

成品设备的估算成本可通过项目组工作人员进行的市场调研/技术审查而获得。如果已经使用了预期供应商提供的粗数量级(ROM)成本,应该对准确程度进行说明。

2.成本管理计划

成本管理计划。随着成本估算、成本管理的发展,成本管理计划也会产生,尤其是对更大型的项目。该计划阐述成本变化将如何进行管理,是总项目计划的下属元素。成本管理计划可能是正式或非正式的、非常具体的或根据项目利益相关者需求而建立起来的广泛框架。

(五)估算技术

具体项目成本估算活动涉及的不同个体所运用的标准成本估算和估算原则都应该是相同的。这些应该在估算过程开始之前就建立起来,以确保偶然事件并不包括在多层次的项目成本分解结构中(PCBS)。

1.估算方法

成本估算中有许多认可的技术。这些方法可以合并或单独使用,从而产生了不同程度的准确度:

(1)类似估算。类似的或从上到下的估算,意味着利用先前类似项目的实际成本,作为估算目前项目成本的方法。类似估算通常运用于评估整个项目成本,当该项目的相关信息非常有限时(如在早期阶段),类似估算是一种专家评判形式,通常比其他技术成本更低,但是不够准确;当先前项目与此确实相似而非仅仅表面相似时,该方法最可靠。这些估算需要专家。类似估算包括主观方法,该技术基于经验和再收集,而没有参考先前项目的记录或分析数据。

(2)参数模型。参数建模涉及在数学模型中利用项目特征(或参数)预估项目成本。模型可能简单(住宅建设通常按照每平方米成本计算),也可能复杂(高级电脑模型有许多变量和输入速率等),参数模型的成本和准确性彼此差异非常大。当准确运用历史性信息时,运用的参数可计量,且模型规模可衡量(大型或小型)时,准确的可靠性最大。几个重复使用的参数模型包括:

参数方法:该技术单凭经验的方法,运用公式和历史及目前情况的信息,与先前项目的所知成本相联系。

成本估算关系:参数估算的延伸,利用已建立的关系和经验。比如,建设一个建筑物的一层也许运用的是地上许多层的函数,每层的高度、建筑物的宽度和长度。

比较的方法:该技术运用先前项目的具体记录,对相似项目的实际成本和现有项目进行直接比较。

成本容量关系:比较方法演变而来,该技术运用已知的单位成本确定不同容量或规模的相似事项的成本。

倒置估算:该技术涉及估算个体工作项的成本,继而总结它们或将之合计而形成项目总和。倒置估算的成本和准确性由个别事项的规模决定:事项越小准确度越高,但是估算成本也越高。项目组必须将附加成本计算进去,衡量附加的准确度。这也可被称为下面所述的综合法。

综合方法:该类型估算将任务分割成更小的任务,每部分都可运用最适合的方法对其进行单独估算,通过将个别估算成果叠加到最适宜水平而得到估算总成果。

指数法:当相关的单位成本不可用时,指数法可用于将过去的成本转换为目前数据。谨慎是非常必要的,因为指数通常都是从选取的信息中的规律得来的,而用于具体项目的需要时可能会导致成本扭曲。

2. 运用历史数据

所有的估算方法都需要运用某种形式的历史性数据。当运用历史性数据时需要倍加小心,因为那些数据或你的情况有可能受到许多因素的影响,列举如下:

启动成本:原始成本的情况可能是非常优惠的产品运营情况。

谈判情况:原始价格可能是在供应商激烈竞争中获得的。

批量采购优势:先前估算也许受到批量采购订单优惠的影响。

增加的材料成本:原产品价格或特殊品突然短缺可能影响成本。

政府政策或法律变化:政府政策施行征收或去除税收可能会影响项目的成本(即全部澳大利亚制造的产品可能会高于或略低于早先设定的价格)。

设计变化:某一项产品的历史成本将不包括因设计改变而增加或减少的功能,或通过规格改变增加功能而所需的努力。

3. 成本预算准确性

在项目早期(如概念设计和启动期),成本估算低估率可能达到200% ~300%,甚至在执行期间,低估率也可达到20% ~50%。

这种低估很大程度上取决于项目相关的风险,利益相关者以及项目团队的项目知识以及要求的产品成果。

成本估算的不准确性、良性债务和项目开支可能给财务管理带来很大问题。成本总是被低估的一个原因是项目经理可能考虑到如果提供真实的估算成本去批准,那么项目或其中一些阶段可能无法得到批准。

(六)成本预算

成本预算涉及到将整个成本估算分割为多个项目工作,为了建立一种项目业绩衡量的成本基准,同时确保资源可用的时间和数量都达到适宜。尽管主要与财务成本相关,但是预算还可以减少。成本基准也代表了人力、设备与组织资源的可获性和使用。

成本预算派生于:①成本估算,为工作事项提供成本值;②活动持续时间,决定可能的支付制度或重要阶段;③项目时间表,阐明顺序、相互关系和高峰,并且在成本发生时分配时期成本。

产生的成本基准是一个时间段的预算,将用于衡量和监测项目的性价比,通过对一个时间段估算的成本合计而成,并且通常以S曲线的形式产生。许多项目,尤其是大型项目,通常都有多个成本基准来衡量业绩成本的不同方面。例如,一个消费计划书(或现金流预计或开支范围)是一种成本基础线用于衡量支出。

(七)生命周期成本(LCC)

生命周期成本是通过他们的运营期对项目成果的所属和管理的总成本。生命周期成本包括获得设备项目的成本,包括:①所有权成本;②运营成本,包括员工、培训、支持和测试设备、消耗品(如燃料);③维护成本,包括劳动力、设备、备件、维修部分、文件、支持和测试设备、打包、处理、存储和运输;④维护项目成本,包括预防、纠正、矫正与维护;⑤处理成本,包括存货出清、包装、处理、存储和运输、危险材料、数据管理、刷新和激活。

(八)生命周期成本模式

一个模型工具可以很简单,如同笔纸;项目办产生的简单软件数据表或数据库,也可以是很复杂的商业软件模型。

生命周期成本建模也许在一个项目的生命周期的决策阶段使用,它提供了必要的财务信息,以实现结果和财务局限之间的平衡。标书通常需要供应商提供生命周期成本信息,然后用于评估投标标价。生命周期成本还用于更新项目成本。

无论什么使用了生命周期成本模型,都应该提供生命周期成本资料中的置信度说明。软件模型允许你通过改变更关键的成本动因来进行敏感性分析从而在生命周期成本上建立其影响。

(九)促进过程

尽管资源规划和成本估算是项目管理过程中至关重要的环节,但是却不可以将之孤立起来。这与计划安排之间有明确的关系,但是同样重要的是促进过程的平行进行。在资源规划、成本估算和预算活动过程中,尤其需要对风险和质量提出并进行持续的审查。

七、进度计划编制方法和工具

(一)概要

项目管理中的根本问题是按照时间坐标呈现项目的阶段成果、任务和活动,以便核查进度。这里介绍了进度计划的要求以及重要的工具和排序方法、PERT(计划评审技术)、CPM(关键途径方法)、Gantt(甘特)、阶段成果表以及资源调整,还谈及有用的工具。主要内容涉及:①解释项目规划期间对有效进度计划的需要;②制定项目进度计划时涉及的过程;③阐述一些工具和方法来协助制定进度计划。

(二)什么是项目进度计划

进度计划是总体规划的重要且完整部分,由于进度计划过程促使人们在不连续条件下将其努力量化并将恰当安排好彼此任务之间的关系。这很重要,并且进度计划要与资源规划、成本估算和项目预算之间相互结合。进度计划促进某项任务的资源时效和整合,并能够确定何时资源库过剩或是不足。项目进度计划的整体目标是:①根据定义的相互关系和优先顺序给工作制定时间表;②使可用的资源与项目活动相符合;③确定项目活动资源需求的过剩或不足,并在规定时间内适当地解决资源需求;④计算协助成本估算和预算的资源总需求;⑤确定项目总持续期,并掌握所有阶段成果和活动的时间;⑥建立业绩衡量的时间基准,并确保获取资源的时期和数量都适当。

项目进度计划可以在发展的不同阶段以多种方式呈现。项目进度计划通常以网络图表(CPM/PERT)、里程碑表或甘特表的形式表示。

(三)为什么项目需要进度计划

> "一个计划书只可以显示完成其目标的根本可行性。而当活动按照进度表摆放在一起时,每项活动何时进行一目了然。"
>
> ——《用 PRINCE2 成功管理项目》第 213 页

发展和建立进度的过程核查了项目的可行性。随着它的发展和建立,如果需要的时间与实际允许的时间不相符,那么项目经理可能不得不延长时间,或获取更多的资源在规定时间内完成。按照进度表的次序、持续时间和资源规模进行工作,可以暴露遗漏的任务和活动,比如在使用前需获取临时资源。由于过程是不断重复的,估计成本、预算、任务和资源都会进行调整。

准确、现实和可行的进度计划可使项目得到批准。进度表显示出谁来做什么,什么时间应该完成。进度安排涉及将组织良好的(通过工作分解结构)和排序的(通过网络分析)任务加上所需资源,转换为一个可实现的时间表,有开始日期、完成日期、分配的责任和每项任务所需的资源。

进度计划可根据实践基准对项目业绩进行监测和审查。没有这个基准成功很难衡量,也没有方法能够确保可用资源在时间和数量上的适当性。

(四)如何制定进度计划

进度计划制定的主要程序为:活动定义、活动排序、活动持续期估计和制定进度表。

进度表的制定是不断重复的,因为这些程序彼此之间与其他规划过程相互作用。尤其是资源与成本有关的程序相互作用非常大。

在一些项目中,尤其是较小的项目,活动定义、顺序、持续期估算以及制定进度表等环节都紧密相连,被视作一个过程,而且可能在短时期内由单一个体完成。

1. 活动定义

活动定义涉及确定具体活动,用以产生工作分解结构中阐述的各种不同的项目产出。很明显,正如资源规划一样,一个工作分解结构是一个逻辑起点。与工作分解结构不同的是,行为定义列出了一系列活动或行动步骤的名单,而不是产出成果或有形资产的名单。正如制定工作分解结构,可使用分解方法和以前的活动目录表(模板)。

该过程的活动表应该作为工作分解结构的延伸来帮助确保其完整和互补,不包括不作为项目所需的活动范围的部分。如有需要,活动描述可确保所有项目组成员全方位了解一项活动。

2. 活动排序(网络体系)

活动排序涉及确定和阐述相互关系。工作分解结构产生的活动清单必须经准确地排序以支持后面制定出一个实际有力且可实现的进度表。排序可以人工完成或者在电脑(软件工具)的协助下完成。通常在较小项目中和大型项目初期具体信息不充足的情况下,运用人工排序更加有效。人工和自动方法也可以结合使用。

1)相互关系

除了活动清单,还需要哪些活动之间的相互关系细节?为了建立活动之间的相互关系,对每一项提出以下问题是非常有用的:①优先——哪些活动是在该活动开始前必须完成的？②顺序——哪些活动是要等该活动完成后才能开始的？③并行——哪些活动是在该活动发生同时进行的？

从这里各项活动以网络排列。不论这个过程开始于最后一项活动然后向后运作，或从开始到结束都是可以选择的，其结果是相同的。每项活动的持续期并不要求以网络形式展现。通常项目网络与所有其他网络方法都不是按比例绘制的。然而所有网络都是依据严谨的逻辑思维而建立的，以确保尽可能准确地展现项目中各个活动和任务之间的关系与相互依赖。由于这个原因，网络有时候又被称作项目活动逻辑图表。

2）软性和硬性相关性

当决定相关性和相互关系时需要谨慎。必须确定"强制性相关性"（硬性相关性），因为它们是工作性质中固有的。还有一些是由项目组定义的"随意相关性"（或软性相关性），需要小心使用（并完全记录），因为它们可能会限制日后的方案选择。

3）排序（网络体系）工具和技术方法

这里我们可以观察如何建立项目网络图解以及使用的工具。排序或网络体系建立是网络分析的第一部分。网络分析是几个项目规划方法的专业术语，其中最为知名的是关键途径方法（CPM）与项目评估和审查技术（PERT）。虽然阐述了这些方法，但是 CPM 通常运用更广泛。然而大多数进度计划工具软件两者都可以做到。

网络分析方法原本用于操作研究工具。20 世纪 60 年代在美国首次得到充分利用，当时它发展为美国海军北极星核潜艇项目 PERT 系统的基础。网络分析的 PERT 方法是所有以电脑为基础的项目管理系统的基本算法。建立或展示网络有两种基础方法：

（1）箭线式网络图（AOA）。箭线式网络图中节点由以数字确定的小圈代表，显示任务哪里开始哪里结束。网络由箭线和节点组成，以阐述彼此之间的相关性。箭线式网络图只显示结束到开始的相关性，可能需要利用虚拟活动来正确地定义逻辑关系。该方法还可被称作箭线图示法。

（2）节点式网络图（AON）。节点式网络图运用方块表示项目活动，彼此之间由线连接以表示相关性，也被称作优先图示法。节点式网络图方法（最好用于电脑系统）的特征是包含附加关系。这些关系去除了箭线式网络图法所需的虚拟任务，可以允许终点—起点、终点—终点、起点—起点和起点—终点的关系。延迟时间也可以运用在这些优先关系中。

图 7-9 以两种方式展现了同一个简单的网络以作比较。节点式网络图作为最常见的图示方法多于箭线式网络图，并且成为大多数网络分析软件包的基础。

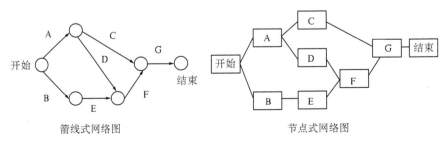

图 7-9　箭线式网络图和节点式网络图

3.活动持续期估算

活动持续期估算涉及估计完成个别活动所需的工作期数量,之后这些将应用于先前制定的项目网络图。涉及各种活动的项目组的个人或团体应该进行持续期估计。

持续期估计与资源规划和成本估算密切相关。分配的资源将在很大程度上影响许多活动的持续期。由于规划过程的重复性,资源需求和可用性也可以产生活动持续期与成本的选择方法。比如一项活动可能需要2位工程师12天完成,也可以由4位工程师6天完成,尽管额外的2位工程师可能导致更高的单位成本。

分配的各种资源的能力可能会很大程度地影响持续期。比如1位经验丰富的工程师可能完成具体任务所需时间就少于初级工程师。常规员工也许每周工作40小时,然而合同工也许要工作80个小时(包括周末)。工厂和设备也许在非工作状态时间也需要投入维护。所有这些都帮助制定更加准确有力的进度表。

持续期的估算方法与成本估算非常相似,原则也一样。方法包括专家评判、类似估算、参数估算和模拟。

4.制定进度计划

制定进度计划涉及分析活动顺序,活动持续期和所需资源来建立项目进度表。最终确定活动的开始和结束日期以及那些活动所需的资源。

项目进度计划可能以多种形式表现,取决于项目经理和项目组的偏好,以及相关利益者的需求。尽管可能是以平面表格或者清单的形式展现,项目进度计划通常运用下面所列举中的一种或多种图表展示:

(1)加入日期信息的项目网络图示用于展现项目逻辑,主要途径活动和活动信息的其他水平。这是CPM/PERT方法和工具的最终产品。

(2)条形统计图表以时间条来展示活动,也就是展现开始日期、结束日期、持续期以及一些资源信息,这方面如有名的甘特图。如有需要相关性也可以包括进去。

(3)里程碑图将活动减少为多个阶段性里程碑。那仅仅是开始和结束。这对于高级管理非常有用,不需要大量的细节。

(五)制定进度计划(网络分析)的工具和方法

1.关键途径方法(CPM)与项目评估和审查技术(PERT)

CPM/PERT方法在项目进度表的制定中得到充分利用。现已填充完成持续期和资源信息,实施含义的分析建网,并在进度表制定前调整完成。我们这里重点放在CPM和关键途径的发展上,然后检查资源分配和调整方法。关键途径方法(CPM)与项目评估和审查技术(PERT)方法通过顺序网络相应方式进行主要途径计算。二者之间的区别在于:①CPM——每项活动都进行一种估算(最有可能的时间),以便对一个关键途径和长度进行计算;②PERT——每项活动进行三种估算(乐观、悲观和最有可能的),而第四种估算作为加权方法进行计算。因此,许多关键途径的存在取决于估算的范围。变量的考虑,标准偏差以及过程中的种种概率使得PERT变得相当复杂。

2.关键途径分析法

在任何网络图中从开始到结束都有一条最长的关键途径。这个名字的由来是因为该途径是一个项目最早实现成果的关键。如果需要提早完成,该途径必须缩短。图7-10将用于解释网络图计算完成的方法和浮动的概念。

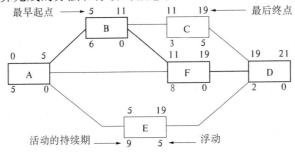

图7-10　主要途径网络图举例

主要途径分析法按照以下步骤完成:

(1)计算每项活动最早的起点,从左移动到右。最早的起点可能是一个任务的最长途径的开始。最早起点 = 进行活动的最高持续期总和。在我们的例子中,最早起点 D 是19,因为它是进行的途径持续期的最高总和。

A + B + C = 5 + 6 + 3 = 14
A + B + F = 5 + 6 + 8 = 19
A + E = 5 + 9 = 14

(2)计算项目的总时间,将最早起点加上最后活动的持续期。在我们的这个例子中就是 19 + 2 = 21。

(3)计算每个活动最后终点,从右到左。最后的重点是完成一项任务还剩的最短途径。最后的终点 = 总时间的最低差异减去随后活动的持续期。在我们例子中,最后终点 B 是 11 ,因为它是总时间(21)与随后途径持续期之间的最低差异:

21 – C – D = 21 – 3 – 2 = 16
21 – F – D = 21 – 8 – 2 = 11

(4)计算每项活动的浮动

浮动 = 最后终点 – 最早起点 – 持续期

在我们的例子中,浮动 C 是 19 – 11 – 3 = 5

(4)现在所有零浮动的活动都在关键途径上。真正的日期可以应用于时间表中周末与其他休息期间的活动和定量。通常在条形图和甘特图(图7-11)中观察这些信息更有用。甘特图是典型的里程碑图(MS 项目),见图7-12,而非我们已经看到的优先图形式。甘特图从举例的优先网络图中选出,覆盖了典型月份包括周末。

包含几百个任务的大型项目中,报告中涵盖所有任务是不可行的。过滤通过找出那些符合挑选条件的事项促进"特例"报告。现代电脑应用提供了这些过滤功能,而这些过去都是靠手工完成的。不同项目利益相关者的相关信息报告是项目组的一个正在进行的任务。

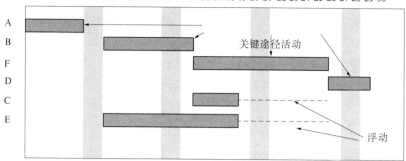

图 7-11　甘特图实例

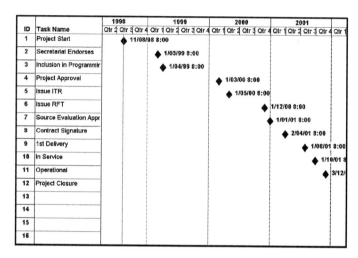

图 7-12　微软(Microsoft Project) 里程碑图

关键途径已经确定,带有浮动(也就是那些不在关键途径上的)和一些灵活度的任务可以纳入进度计划。项目经理(或项目组)这时察看所有资源以确定可能影响进度表的资源局限性。

(六)资源分配和调整

通过在进度表中给活动分配资源,可确定实际资源用法模式。许多软件包允许每项活动有非常具体的资源说明,这样可在资源不可用或发生冲突时提出警告。

不根据进度表核对资源的危险性在于可能使项目组盲目使用可用资源,引起重要资源的过度使用,在组织和项目优先顺序发生冲突,甚至产生和其他项目的冲突。运用资源分析和资源调整可以协助项目高效地使用资源。

资源分析的过程就是检查资源可用性和在其可用性中计划安排活动时间的过程。它为项目进度的每项操作产生了一个日期表,什么时候应该开始、结束,还生成整个项目中资源使用的总量。

资源调整是一个消除资源需求的过程以便在任何时候减少所需的资源总量。使用资源分配柱状图可以协助项目经理参与资源的重度和轻度利用,并使得它们可以调整其计划或作出相应的优先排序。

在我们举例的项目中,如果假设最简单的情况,也就是每项活动是单一资源类型,并且每项活动使用其中一种资源,那么可以为我们开始的甘特图在资源分配柱状图中作如下描述。

图 7-13 表示资源中的不平衡高峰。如果运用浮动,这些高峰可能平均。在我们实例项目中,我们需要各种时间段正在使用的资源是 1,2,3。

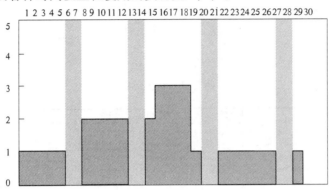

图 7-13　资源分配柱状图

通过强制活动 C 与活动 E(见图 7-11)使用同一种物质资源,然后 C 必须跟随 E,并且经调整的资源柱现在看起来就如同图 7-14。

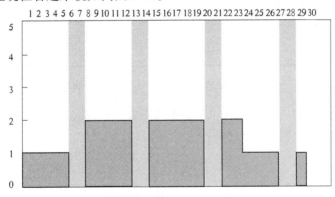

图 7-14　调整后的资源分配柱状图

现在,我们可以更加经济地利用资源,开始只需要最大是 2,然后从 1 增加到 2 是在一个持续的区块里。我们已经用完浮动值才完成这个调整,并且灵活的程度已经减少了。

包括规划过程的资源不仅可提供通常项目上资源可用性影响的认识,还促使管理者对资源使用进行评估,以前它们可能只做主观估计。

资源调整可用于减少项目过程中任何时间所需的整体资源数量,裁减掉需要额外资源或昂贵超时费的"高峰"部分。还可以通过进度计划有效地改变项目支付情况,通常都是将费用支付移到后面进行而不是前期阶段。资源调整的概念使你能够预测未来资源利用的压力,这便于你调整资源规划或修改项目目标日期。还可以在资源使用中确定潜力。

尽管根据资源投入制定进度表是项目管理的关键部分,不能够独立进行。资源规划和成本估算之间有明确的关系,而且同样重要的是正在平行进行的促进过程。尤其是风险和质量需要在资源规划、成本与预算估算等活动中不断审查和确定。

（七）具体进度计划的优势

及早调拨项目资源,开展详尽进度计划制定的有利之处如下:

(1)减短项目时间进度。通过定位项目规划,更加准确了解进度行动的能力,更有效地协调复杂的运行工作,从而减短项目时间。

(2)密切控制复杂项目。因计算机具备快速准确处理复杂项目规划与大量数据的能力,而且它可以提供详尽的管理报告,这使得我们可以密切地控制复杂项目。

(3)资源利用的有效性。因项目活动对进度的效果不同,因此资源的分配也有着明显的不同,通过重新分配人力物力资源,不仅可以缩短重要路径,也可以充分的利用资源。

(4)明晰规划与进度。项目网络建设中的分析方案与规则会自动删除不合实际的想法,显示更加详尽的规划与进度。

(5)预测潜在阻碍现象。项目的详尽规划与进度将显示出实际的与潜在的阻塞现象。在项目进展期间,网络分析使得我们能够做到持续密切监控项目效果,一旦出现延误现象,会立即得到关注。在多数情况下,一项行动的延误不会导致进度的更改,但若此行动正处于关键路径,即应采取紧急管理措施,以避免延误发展。

(6)测试被选方案。通过评估模拟规划,可测试出对之后时间或资源分配一系列改变的影响。这使得我们能够制定出最适宜的项目规划。

(7)罗列需求管理行动的关键行为。一旦发现问题,采取管理行动可更有效地直接介入问题部分。因此可根据关键环节的短名单制定项目的进展工作。

(8)突出行动相互联系。网络建筑概念突出了各个行动以及负责各个行动控制的人员之间的相互依靠性与相互关联性。项目员工可以通过联系项目的其他部分,明确自身的定位,因此可以更好地了解项目时间以及自身职责与项目中其他参与者职责的联系。

（八）进度计划编制的基本规则

在定位或分类资源之前,确定组织的基本规则是十分必要的。以下列举安排资源方面应考虑的问题:

(1)超时及连续变更政策;

(2)休息日与假期补助;

(3)明确工作时间(如:8小时);

(4)根据员工技能,合理分配工作;

(5)说明教育与培训需求;

(6)记录视察,文件审查,项目会议参与;

(7)说明与业绩指标相关的质量与过程的鉴定、记录与展示;

(8)说明运行时间;

(9)说明硬件、设备、支持仪器以及其他资源的利用状况;

(10)说明实际参与项目的员工;

(11)在相同生产力的状况下,对设计、编码及测定进行基本估算;

(12)跟踪支持产品;

(13)在进度中留出足够的意外事故缓冲时间。

总之,在进度计划编制中列出的所有可能都应在项目规划中明确记录说明。

(九)检验表

以下的问题对制定进度有很大的帮助:

(1)是否确定需要运行的所有行动?

(2)是否对每项行动都安排了专人负责?

(3)对每项行动是否设定了时间周期?

(4)在此时间周期内是否存在任何要关注的问题?

(5)是否进行了所有行动前应完成的工作?

(6)是否确定了行动的承接者?

(7)是否拥有完成每项行动所需的正确资源?

(8)是否合理规划每项行动的起止时间?

(9)是否存在任何项目之外应思考的重要相关事物,以确保进展顺利进行?

八、实施阶段——监测与控制

(一)概要

本部分将概述项目生命周期实施阶段开展的主要行动与落实。实施涉及到完成工作,了解工作进展状况,以及采取补救及预防性措施,保障进度开展。因此,本部分将重点介绍在此阶段实施的两项主要技能:监测与控制。我们将解释监测与控制的必需条件,讨论有效监测与控制的规划问题,说明开展监测可运用的挣值法。本部分主要内容是:①描述实施阶段的性质与目的;②解释说明监测与控制的意图;③应用挣值法。

(二)实施阶段

项目行动,人员与进占速度的快速升级发展标志了项目实施阶段的开始。在此阶段,要实施项目中已批准的项目规划、预算以及进度,并会经常地对各方细节进行审查与明确。将开展大量工作完成工作目标,大部分的项目预算也将在此时使用。

实施阶段对项目经理的能力测试要明显多于其他任何一个阶段。项目经理的大部分时间都被用于解析数据、阅读与书写报告、控制人员与预算以及解决各种难题,以保障项目的顺利进行。如果在之前阶段没有对规划的制定给予足够的重视,那么在此阶段通过实施管理项目,将会遇到许多的困难。

(三)实施工具

整体实施依靠上级项目规划、附属规划、工作分解结构、项目进度安排以及项目预算的支持。实施行动即是执行这些规划。这些规划就成为实施的主要工具,工作分解结构、进度安排以及预算便成为测定实施进展的主要工具。对项目进展、质量以及其他程序进行监测,预测将发生的问题并确定控制机制是否需要激活启动。控制机制围绕预算、进度以及其他资源运作,以阻止、减轻或最小化问题的影响。监测与预报进展中经常使用的方法被称为挣值技术,我们将在以后进行讨论。

(四)实施行动

实施阶段行动的核心可被归结为完成工作,了解进展程度,采取补救或预防措施保障进展。除此之外,也存在一些其他的相关行动。我们对这些行动归结如下。

1. 执行规划

工作内容为:①指导工作与批准资金支出;②收集工作与支出数据;③评估工作,财务支出,以及全部工作进展;④报告工作、财务支出,以及全部工作进展;⑤谈判、解决或按优先次序解决员工及资源问题。

2. 采购管理

工作内容为:①询价;②评估报价;③与承包人谈判;④制定合同。

3. 监测

工作内容为:①定期审查;②检验工作质量;③检验工作规格;④检验质量程序的遵守状况;⑤协调审查数据成果;⑥监测进展、偏差、风险与环境;⑦更改规划、进度与预算;⑧采取行动解决问题;⑨采取行动阻止风险;⑩执行意外事故规划;⑪准备转接阶段;⑫改进转接规划;⑬改进在职支持规划;⑭改进后勤支持综合规划;⑮改进测试与评估规划;⑯充实教训数据库。

4. 控制

工作内容为:①引导、委派、分配人员;②沟通项目、合同商与高层管理;③促进项目以及合同商之间的沟通;④召集与管理会议;⑤记录与开展商定的行动;⑥管理产品成果;⑦处理争端;⑧预测进展、偏差、风险与环境;⑨更新项目规划与风险记录。

以上内容概括了项目经理在执行阶段的工作。监测与控制中应注意的问题将在接下来重点讨论。其他内容将在之后的风险管理、采购管理以及合同管理章节中分别讨论。

(五)监测与控制

项目监测与控制进展应注重让项目经理了解项目所处的状态,并采取行动保障项目顺利进行。规划、监测以及控制形成了一个循环周期。由于控制决策主要是依据监测程序的成果,因此控制推动对监测的需求。由于需要合理规划,才能将数据输入监测程序,因此这些监测程序转而推动对规划的需求。这个循环随着控制程序在各个现存规划的审查与改进中得到成果而完成(见图7-15)。

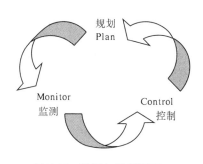

图7-15　监测与控制循环

1. 规划

监测与控制规划需要对运行控制中所需监测的内容充分了解,这也就是说要明确需要测定的项目,以及确定每一项目的运行标准。一旦了解了这些,就需开展数据采集程序的制定,以及计划采购所需的辅助收集或是分析工具。控制规划包括了明确控制系统的需求(政策、步骤、授权核准)。

首先要明确数据需求。要了解试图监测的项目,就要考虑到各个层次。在高层次上,所有的项目都应重点关注监测:①预算;②进度;③产品;④风险;⑤生命周期成本。

由于我们将风险管理单列了一段进行介绍,因此我们将重点讨论监测与控制方面更为切实的问题。在最基本的层次上,大多数项目都应关注的一些问题包括:①迄今支出的资金;②已完成的工作;③已完成工作的符合性;④关键路径的进度。

其他有关监测的问题还包括:①最近成果数量;②规格更改量;③意外事故量;④数据成果需重新书写的数量;⑤程序错误数量;⑥质量测试通过率;⑦产品的周转率;⑧员工纪律;⑨员工离职率;⑩合作程度;⑪承包人关系;⑫业绩标准。

监测内容一经确认,就需定位他们的测定措施以及绩效标准。在绩效标准中要对保障控制行动的观点或是界限进行明确。表7-5中体现了要测定的项目内容的可计量的特征。

表7-5 绩效标准实例

监测项目	业绩标准	测量标准
运行工作实际支出花费	预算支出的10%以内	承诺资金与预算资金
实际完成工作	计划完成工作的10%以内	利用进度给定数据,完成工作分解结构的工作包
质量测试通过率	保障90%以上	产品数量全部符合规格
迟发货数量	控制在5%以下	按照发货进度,产品应在时间确定后的5天之后到达
承包人关系	每周控诉超过1次,持续3周以上	员工控诉承包人行为

由此可见,规划数据需求对支持监控的重要性。以上数据需求的一些特殊要求包括:确保在合同中明确产品测试,保持开销/调拨记录,以合理深度规划工作分解结构,以及开展项目进度。

对数据收集程序的规划要注意:记录步骤,明确要执行某项职责的人是谁,需要对谁授权,需要的培训是什么,以及规划过程审查。同时,过程规划也涉及建立分析标准,确保阐述的一致性与结果的有效性,以及明确支持工具。

2. 监测

项目监测是对项目运行要获取数据的收集、记录、分析以及报告的处理过程。监测的主要意图是建立有效控制,其他意图包括:建立审计跟踪、评估经验累计记录、概括高层管理、公开联系项目。

(1)监测工具。实施监测与控制过程中,会运用到各种各样的工具。最浅显的就是在项目规划阶段制定的项目规划、工作分解结构、进度表以及预算。其他工具还包括有检验、审查以及会议。一些较复杂的工具,多是围绕挣值技术展开,它包括在大型项目中运用的成本/进度状态报告(C/SCS)。其他的工具还有:利用阶段报告,通过在项目总结进度表中,突出已完成阶段的方式测定进展状况。这更适用于复杂的设计项目。

(2)成本/进度状态报告。成本/进度状态报告(C/SCS)是美国于20世纪60年代制定的规划、监控与控制体制,并被全世界大型设备与建造业项目所应用。成本/进度状态报告主要涉及获取内部支出与进展数据,以及利用获取的数据预测未来支出与进度发展。

成本/进度状态报告的目标是由供应商和购买方共同制定的决策提供足够的依据。

成本/进度状态报告将利用一系列的标准引导建立与运行项目,这些标准可被分为 5 部分,以下对每一部分简要说明:①组织。制定一系列的标准,指导每一步的处理,界定要完成的工作,明确谁将去完成这项工作,以及这项工作将如何被分解。②规划与预算。制定标准,开展反映承包与组织需求的综合支出与进度基准,其目的在于明确工作完成的工时以及成本的状况。③核算。记录成本以及将其归结到之前确定的类别中,以实现报告意图。根据之前界定的工作,所用的支出必须有助于项目的实现。④分析。协助确定项目进展、偏差的过程。这些方法围绕挣值法开展,下面将对此进行详细介绍。⑤数据的修正与使用。分析之后进行更改的过程,确保项目没有偏离目标,重点依旧放在项目目标上。

(3)挣值法。挣值技术是成本/进度状态报告的一部分,但却可有效独立运用于许多的小型项目。它是一种测定进度的方法,利用这种方法可从项目基准预算与进度中提供偏差的测定。因此,挣值技术并不是一种监控综合技术,而是一种帮助监控整个工程运行的方法。

以下是 3 种基本的偏差测量方式:第一种是成本差异 CV,成本差异测定已完成的工作预算支出($BCWP$)与已完成的工作实际支出($ACWP$)之间的差异;第二种是进度偏差 SV,进度偏差测定已完成的工作预算支出($BCWP$)与规定时间内预定工作预算支出($BCWS$)之间的差异;第三种是完成偏差 VAC,完成差异依据当前的计划,测定完成项目规划预算(BAC)与完成项目预估(EAC)之间的差异。

第四种值得考虑的测量方式为:工时偏差。前 3 种偏差是测定资金上的偏差。而工时偏差是测定已完成工作的计划工时与实际工时之间的偏差。

因此,可将公式归结如下:

$$CV = BCWP - ACWP$$
$$SV = BCWP - BCWS$$
$$VAC = BAC - EAC$$
$$TV = STWP - ATWP$$

利用图示可对这些功能作充分说明。绘制图示的第一步是要规划规定时间内预定工作预算支出($BCWS$),即项目周期内,假定项目工作完成时,需要的预算累积规划支出。它是进度表制定的一种理想状态或基准。从进度表中获取的这些信息,显示了带成本信息的工作包。随后用曲线表示出 $BCWP$。由于数字主要来源于闭合的及开放的工作包的规划支出,因此在获取时,就比较困难。要对开放工作包的已完成工作的计划工时($BCWP$)估算成本,就需利用对已完成工作百分比的估算,再按比率扩大工作包预算支出的方法完成。$ACWP$ 是需要利用的第 3 条线,它是以按照财政报告制定的耗费的或承诺的资金为依据。$BCWP$ 与 $ACWP$ 都是按照当时的项目进展同步规划的。

图 7-16 为说明 $BCWS$、$BCWP$ 及 $ACWP$ 一系列图示,它显示了负面的成本差异,即在时间框架内,已完成的工作支出超过了原有预算。如不采取行动,将会导致项目支出超支。在图 7-17 中,这种超支的量值被投射为完成偏差。

图 7-17 显示了负面的进度偏差,即进行的工作少于时间框架中预算的工作。如不采取行动,将会导致项目进度中断;同时,图 7-17 也显示了负面的工时偏差。它是一种测定工作滞后(当前中断量值)的方法。

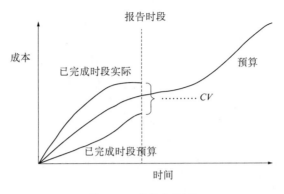

图 7-16　净值曲线图

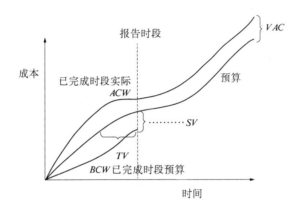

图 7-17　挣值曲线图预测

　　利用挣值技术的有利之处在于它通过获取虚线图上项目管理的 3 个基本要素——工时、支出及业绩,提供针对全部项目业绩的测定方法。通过预算的及实际的成本获取成本,通过完成的工作及同步的支出成本,分别得到工时及业绩。

　　挣值法提供给项目经理最高级的进展数据。项目经理将挣值法与之前讨论的较低层次的单个项目测定值,以及分析偏差起因的性能结合起来,就可针对项目总利益中的偏差进行更好的控制。

　　3. 控制

　　实施控制即是要使实际业绩与规划业绩相吻合[4]。控制实施越早效果越好。这是由于如果可在问题出现的萌芽阶段就将其制止,就能做到耗费较少的资金与工时。

　　实施控制并不是一件简单的工作。项目经理主要通过指挥员工进行更改来执行控制。员工可能对此公开反对,所以项目经理的控制倾向应回避这些冲突,将控制设置成程序与政策的文件化体系的一部分,便于控制实行,由此控制也落实了程序或政策,更容易被员工接受。

　　回到项目的前提下,控制需求应明显,包括:①损失最小化;②成果最大化;③支出最小化;④争端最小化;⑤改进沟通;⑥维护信誉;⑦避免分歧;⑧改善工作关系。

　　在大多数案例中,执行控制是通过与其他员工的相互联系实现的。目的是控制大量的资源,典型的如:①工作进展;②工作成本;③工作任务;④工作质量;⑤仪器;⑥设备;⑦服务;⑧供给;⑨行为。

同时,需要运行控制的数据以及其他基本要素还包括资源、政策与程序、职权以及管理技能,所有这些要素形成了需要规划其有效性的控制系统。

有效的控制系统将控制的大部分控制仪器安置在需要监测与控制的项目周围。因此工人可对监测的产品直接负责,这也就使得他们能够及时采取补救措施。项目经理需要谨慎确保控制系统不会过分偏向测定项目的简便性,而忽略了其重要性。

Meredith 与 Mantel[4] 在著作最后部分的注意事项中指出,项目经理应看清对项目输入的测定方法与项目输出的测定方法并不相同。支出的 50% 预算,并不会收到同等的 50% 项目成果。

第二节　合同管理①

一、合同管理②

(一)概述

本部分将对合同管理和承包商关系中的一些问题进行讨论,还介绍了合作和联合合同的概念。本段旨在使项目经理能够公平有效地管理合同和承包商,以使结果最大化,并且能够确切地计划和执行合同管理功能。主要内容有:①概述出合同管理的法律和管理方面内容;②阐述承包商绩效问题和处理争议;③了解承包商关系的重要性。

(二)合同管理

当与首选的投标人谈判取得成功时,就进入了一个新的采购阶段——合同阶段。一旦在合同中首先涉及新方法技巧,其中最重要的是处理承包商关系的能力。这种关系的质量将取决于对合同的明确解释,用一致且专业的方法进行合同管理,对会议和信件的结果及合同的解释进行经常而流畅的沟通。还有一个要素是如何处理承包商的表现问题。这些和其他因素将在下文中进行详细讨论。

1. 法律方面

一个合同是自愿方式达成的共识,并且由法律强制执行。双方有义务遵守合同中其角色对应的条款。当商业交易中涉及以下具体方面时,则形成一个合同,即:一个出价提议、考虑条件、接受或有意向、合法和有能力。

合同不一定是签署的文件。双方之间考虑是否存在一个合同主要是基于"一位适当的局外人认为双方有意向合作"。这是法庭上常用的一个客观测试。有时情况是承包商坚持其投标提交书中作出的说明,而对应的该部分在合同中是模糊的或者暗指接受那些说明。然而,一位项目经理应该永远遵守一些规则,如果有些东西足够重要,那么就应该通过合同进行整体修改。强制性要求在条款中使用"应为"。所有其他条款("应该"、

---

①根据澳大利亚吉好地集团公司(GHD)提供的英文培训教材《Generic Project Management Course Notes》翻译改编。
②参见参考文献[4][8][9]。

"可能"、"估计")都是可以更改的。永远要避免不确定性。

不幸的是,合同中的不确定性是一个普遍问题。这经常是仓促中准备的文件,未经法律部门审查,定义和条款表述不当,某一方的假设不正确,或者双方达成共识的基础不确实。当这样的合同存在时,意味着合同中不确定条款引发的争议将绝大部分都需要法律援助。这里需要牢记的是认真准备、阅读、审查并重新确定草案合同,在签署前得到法律部门的批准。

一个合同有多个目的。其中 3 个最重要的是:①陈述双方责任,协议合作达成不同或共同目标;②说明如何处理达成或违反的责任;③说明一方处理违反的责任机制。

合同可能还为未达成业绩工作提供了一个解决争议的方法。从略微不同的角度看,合同确保:①指定的工作由指定方按照制定标准和指定时间框架中完成;②支付完成工作的规定薪酬;③当工作没有按要求完成时有相应的补救方法。

补救方法通常都写入合同中用以处理未达成业绩以及被视为违反合同的其他情况。双方在合同中地位相同,因此任何一方都可以通过寻求补救方法而强制完成义务。这些补救方法包括:①扣缴款项的支付。在工作完成前避免支付款项;②命令。要求被告什么也不做;③具体绩效。强制被告完成合同中实行的业绩任务;④名义损失。未造成实际损失或损害的技术上的违反合同,为此支付一笔补偿金;⑤偿付的损失额。损失金根据客观确定的被告造成的损失或债务而确定。

2. 合同管理

合同管理涉及广泛的任务,关于合同过程的相关条款和程序的执行如下:①证明验收和递交;②处理支付单据;③处理合同更改建议;④控制合约状态;⑤数据和回应管理;⑥处理让步和允许应用;⑦根据价格和交付进度表记录承包商的进度;⑧实行报销凭证;⑨担保声明。

大多数合同条款包括信息、廉洁和关于上述其他活动的过程需求。相关问题在下面进行讨论。

3. 合同变化控制和结构

大多数复杂合同都会经历变更。这些需要简洁而专业的方式,以确保包含所有法律方面,并且相关利益者在合同文件中保持一致性。更改条款包括:①变化的客户需求(范围变化);②变化的项目要求(过程变化);③详述的更新(新技术);④价格变动(从汇率到 CPI 调整);⑤执行值控制(找到一个不影响产品又节省资金的途径);⑥变化的供应环境(价格、研制周期,或者供应需求水平);⑦变化的承包商能力(不与详述的变更相符合);⑧去除或解决争议条款;⑨明确阐述模糊条款;⑩语法错误;⑪法律的更改;⑫进度表变化;⑬超出成本。

管理变化需要运用正式的合同更改建议书(CCP)。典型的方法是如图 7-18 所示。承包商负责 CCP 内容,项目经理负责发布随后的合同修改。一旦经项目经理修改,CCP过程通常管辖任何项目功能性主体停止(财务、支持力、后勤、工程、运营)。CCP 可能还需要由项目赞助商的认可,并需要在项目时间框架内进行。CCP 过程应该具体到合同中的标准条款。

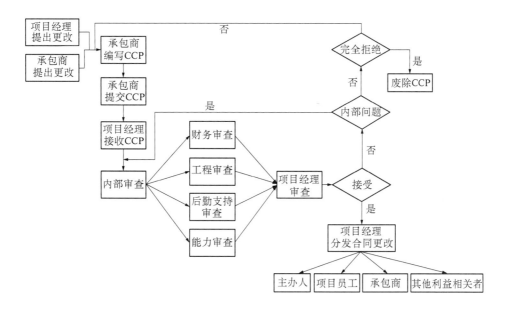

图 7-18　合同更改控制过程

根据项目性质,CCP 的内容应该至少包括:①CCP 数量和版本;②变更概述;③承包商签字和日期;④变更细节——为什么,哪项变更;⑤对项目的益处;⑥变更的影响——进度表、成本、成果;⑦支持和后勤的影响——文档、培训、供应支持和维护等;⑧具体合同修改。

CCP 的项目审查应该考虑内容的准确性,包括影响的理解和高估的利益。审查还应该根据合同指出变更以确保所有的条款都得到确切的修改。

CCP 经批准后,就需要进行正式合同结构管理程序,以确保所有方都更新合同的统一版本,并且对变更处做好完整的记录为审计和法律所用。由于合同包括许多电子文件,并有许多人经手(利益相关者),如果没有很好的规划,那么维持合同结构的统一性将成为一件棘手的事情。比如,过多的页数、章节号码、条款号码、版本号码等,这意味着合同的一处修改公布了一个新条款,可能需要后面许多条款许多页都进行调整,还有目录页、价格和交付进度表等都要一并修改。电子文件结构应该尽可能简化,利用尽量少的参考区域。一些基本原则有:①对合同篇章和条款进行分层编码;②避免页码;③目录页保持简略(只有章节标题);④不要使用日期或其他更新区域——尤其是页眉和页脚;⑤将合同保持为一系列不大的电子文件;⑥将电子合同标明版本并将旧版本存档;⑦保持电子合同文件夹永远与目前合同一致。

这些基本规则大部分都不需要加以说明。如果你有分层篇章和条款号码,那么你就不需要页码。要避免在页眉和页脚处使用多种信息,如日期、修改清单或者 CCP 号码。如果一个条款的变更必须记录的话,那么你根据具体条款进行变更。不管你做什么,都要首先寻求组织策略。

4. 资料和回应管理

资料管理是对所有资料进行安排和审查,这些资料都是承包商按照工作说明书必须提供的。该活动维持的记录对于规划员工需求和协调工作量使之与其他项目资料需求相称是必要的。从项目上看,资料管理涉及需要回应时的细节设计。这还协助了人员规划,并且事先确保利益相关者同意。

大部分合同应该说明资料产出最初和最后期限,以及更新频率、回应的时间框架。典型的资料包括:①合同规划(质量、后勤支持等);②使用者手册;③维护手册;④工程图纸;⑤进度报告;⑥分析报告(全生命期成本、备件等);⑦培训材料。

在添加和回应资料发出时,项目经理明确地指定权限和代表项目建议的员工的范围是非常关键的。这是为了防止员工不经意地按照未批准的变更实施项目,或者误导承包商。当项目试图请外部专家代表项目与承包商进行联系,却又没有确切地告诉他们其可作决策的范围时,经常出现这种情况。

在协议(合同规定)时间框架内进行系统的审查并对成果作出回应,可能得到承包商的支持,并且将发生意外的可能性降到最低。此外,当成果迟于计划承诺的进度完成时,承包商应该负责。维护资料管理的准确记录是解决争议、建立诚信和责任、回答制度问题并且改善合同管理等更加根本的问题。

5. 财务方面

优秀合同管理的财务方面围绕着证明支付票据的合格的过程,证明价格变化的凭证,根据合同定价标准制定和监督进程以及控制开支。其他方面包括维持资金可用性、委托以及开支记录。

定价标准应该密切反映项目工作分解结构,因为工作分解结构工作包通常是项目范围的消耗成本部分。还应该记录项目中谁负责证实完成工作包,也就是项目的组织分解结构(OBS)应该与定价标准相匹配。这可以通过从工作包匹配的员工中寻求授权从而证实支付票据。那位员工是根据合同要求评判是否完成的最佳人选。

价格变化主要是由汇率浮动和成本表现指数(CPI)调整造成的。这些通常都是根据合同中的公式进行调整的。需要在同意签署合同前注意理解这些公式的功能。对于大多数大型机构来说,这些都是合同标准化条款。

(三)承包商绩效

在整个合同管理过程中需要考虑两个方面的承包商绩效。首先与时间、成本和绩效标准相关的项目进度,将有独立段落进行讨论。其他与合同管理中承包商自身绩效相关。在承包商的管理绩效监督中,项目经理应该记录优秀和不良表现,因为这可能用于确定分发或扣留奖金级别,或者用于解决争端过程。值得追踪的问题包括:①早或晚于资料成果;②成果投入的意愿;③不断挑剔成果需求;④迅捷、意愿或者项目办的延迟要求;⑤处理问题或冲突时的合作与非合作;⑥专业与非专业的沟通方式;⑦严谨和松懈的通信联络与文件控制程序。

关于争议。在合同中,争议是由一方对另一方的合同解释提出疑义和挑战。然而问题或冲突不可解决时,也可以上升到争议。争议可能源于:①承包商绩效不良;②误导客户预期;③合同中对需求说明不充分;④不良的合同或合同管理;⑤一方没能完成其义务。

需要谨慎地以专业方式处理争议以避免任何进一步的升级。应该立即采取措施降低对问题的激化影响(可能需要其他方参与);如果仍然没有解决,而且不希望诉诸法庭解决,则可能就需要一方或者双方作出一定程度的相互调解。

如果双方在项目中持续做出以下努力,那么争议可以避免,或者得到更好地解决:①建立关系;②专业处理;③开放沟通;④理解合同;⑤理解彼此的需要;⑥客观并理智地讨论问题。

诉诸法庭应该是最后采取的不得已的办法。那样会耗费财力、人力资源,影响项目进度,并且最终影响未来关系以致无法进行合同余下部分。严肃认真地对待承包商关系问题,以防止争议上升或者无需律师即能得到解决。这些将在下面进行讨论。

(四)与承包商关系

正如上述讨论所说,项目与承包商关系的质量密切地取决于合同的性质内容和管理。然而,一个合同是基于有传统分歧利益的双方信任的承诺。正如 Meredith 和 Mantel 提出的,项目的目标是"以尽可能的最低成本达到成果",同时承包商的目的是"以最少的努力产出可能的最高利润"。[4]因此合同可以促进双方对抗关系。最近在许多大型机构中,采用其他相对较友好的方式来定义承包商关系。

1. 合作

合作,是在合同伙伴之间通过联合努力完成共同目标从而建立更加密切的合约关系的方法。当所有方确切又持续地执行时,它帮助减少对抗姿态和降低冲突程度,改善交流,减少合约的差异解释,以及减少起诉。它帮助项目按轨道进行,并且项目在时间预算等方面的冒险几率大大降低。

合作涉及多个关键参与者:项目组及其高级执行人员、主要承包商及其高级执行人员、主要子承包商。它需要不断努力进行开放性沟通、信任和共同目标,以及达成共识的解决过程;它需要各方以签署的项目特许的形式进行。为了达到这一点需要进行以下事项:①在投标要求阶段,项目应该说明其要求以形成合作关系;②主要承包商需要表达建立合作关系的明确意愿;③主要承包商需要子承包商同样支持达成合作关系;④应该在主要方之间召开研讨会以制定特许执照和任务说明书。

特许执照应该是许多方的意向承诺,然而它并不是一个法律文件,也并不象征法律的合作关系。合同仍然是细节设计工作和双方具体义务的主要机制,也是合作关系不能帮助解决冲突的最后一个可使用的方法。特许执照的内容包括:①任务说明;②共同的目标;③根据设计、进度计划和定价达到承包商的需求;④根据共同目标进行的联合绩效监督和评估程序;⑤参加团队和合作会议的沟通架构;⑥避免冲突和决定过程。

2. 联合立约

联合立约很大程度上推进了合作的概念,这是一种高度合作并且激励驱动的方法。联合立约的核心是由共同管理项目的买方和承包商代表组成的"联合","联合合同"强调的是买方和承包商之间分担的风险与回报。

联合立约最初开始于大型且高风险的石油天然气项目。传统合约并不适用于这个情况,因为承包商不愿意承担很高的风险,买方也不准备支付很高的价格来补偿这种高风险。因此,联合立约是分享承包商风险的方法,降低了他们的利润。然而这种方法还可通过利润激励承包商,从而增加项目成功几率。联合建立合约适用的项目有:①任务范围在合同签署前不能明确说明的项目;②风险高并且需要良好管理的项目;③承包商不能量化风险也不准备这样进行的项目;④工作安排需要灵活的项目;⑤客户需求可能变化的项目。

联合立约与合作之间的差异在于合作强调信任,开放的沟通和无约束特许执照;联合立约则运用强硬的合同条款和条件来提供经济激励。在联合立约中:①一损俱损,一荣俱荣;②需要高度信任和合作;③风险和回报成正比;④关注问题解决,而不是保护法律权益。

(五)总结

总之,成功的合同管理关系到项目经理处理承包商关系的能力、合同的明确清楚、合约管理的专业方法、共同的目标和频繁并客观的沟通。

拟定合同和建立管理程序的前期额外努力、维护关系和管理合同中进行的努力越大,稳步进行项目以及项目目标完成的可能性也越大。

二、风险管理

(一)概述

风险管理是最终确定的处理过程或原则,通过这种管理可确定与项目行动有关的潜在机会与相反效果,制订方案消除或减少这些效果的影响。多数主要的资本设备项目都具备以下的特性,其中的任何一条有可能导致机遇或是相反的效果:①依靠新技术;②政策、经济、财政限制或局限;③环境利害关系;④回报前大量投入资金。

本部分将说明风险管理的原因,以及描述风险管理过程的要素。主要内容:①说明风险管理的原因;②确定风险起因;③概括风险管理的过程。

(二)风险管理需求

与利益相关者有关的正式风险管理方案需具备以下内容:①用来评估风险的客观可靠分析技术;②向各机构报告形势的方式;③提供审计追踪;④能够制定行动优先级;⑤在混乱中维持秩序。

(三)风险类型

风险可划分为以下4种类型:技术、成本、进度以及常规。在一些层次上会出现重叠现象。见表7-6。

表 7-6　风险来源

技术	成本
系统的复杂性	不切实际的预算估计
技术的成熟性	意外工作
设计问题	范围更改
加工误差	通货膨胀
材质特性	汇率
	其他风险的敏感性
	没有估算误差
	监控与控制不充分
进度	**常规**
不切实际的时间估算	沟通问题
意外工作	缺乏承诺
范围更改	缺乏技术或人员
资源供给问题	政策更改
监控与控制不充分	决策制定延误
	外部环境变化
	承包人更换
	承包人关系(敌对的)

(四)风险专用名词的定义

风险——是指事件发生的可能性及其影响。在项目中,影响是指如财政的损失或获得,对仪器的客观损坏,人的死亡或伤害,交货的延误或是能力的降低。

风险鉴定——是确定发生了什么事情、什么时间发生的、为什么发生以及如何发生的过程。

风险分析——是指系统利用已有信息,确定特定事件发生的频率及其结果的量值。

风险评定——是确定风险管理优先顺序的过程,它是依据既定的标准或规范制定的。

风险评估——是风险分析与风险评定的总过程。

风险管理——是对潜在机遇与负面效果进行有效管理的文化、过程及结构。

(五)鉴定与分析风险的原因

风险鉴定是为了实现如下目的:①确定经济可行性;②论证所有的物质风险都可被评定,对那些可利用的风险可进行控制;③评定客户与承包人之间按照合同规定分担风险的不同方式;④最小化对目标产生负面效果的事件的可能性;⑤最大化对目标带来积极效果的事件的可能性。

风险管理是关于将不确定因素转换为可管理的事件(通常关注其负面成果)。风险管理关注要发生的事件是什么,为什么它会发生,以及我们对此能做些什么,即:①阻止其发生;②减少其发生的可能性;③使其结果能够被接受。

大型或复杂的项目在很多方面都会引发风险。与主要设备采购相关联的风险会对成本、进度、技术选取或性能探寻产生影响,甚至一些风险关系到政治的干预。一个项目其他可能会有风险的方面包括产业参与、支持与基础设施或者配置控制。发生特殊事件可能导致以下结果:①成本与进度的超支;②性能损失;③系统损耗;④人身伤害或生命伤亡。

风险管理的基本要求包括制定风险管理政策并成立机构对风险进行管理,明确管理承担义务、对措施标准进行审查以及拟定实施规划。

(六)风险管理过程

风险管理过程中有 6 个基本要素或步骤。首先划定风险的范围,对要评估的风险制定标准。只要确定了风险的范围,接下来的步骤就是进行鉴定。按逻辑顺序,紧接着的第三和第四步为分析与评估。如果没有对风险进行管理,就不需要对其进行鉴定与评估。第五步为处理风险。处理风险可采用多种形式,从系统地全部接受到系统地完全重设,以消除风险。最后一步需要与之前的步骤紧密联系,即对风险进行持续监控与审查,以检测负面效果在结果及可能性方面的改变(见图7-19)。在这个过程中,沟通与咨询非常重要。

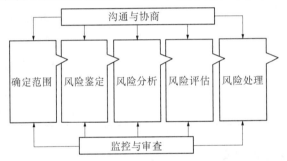

图 7-19 风险管理过程

1. 确定环境

确定战略环境。风险管理的第一个步骤是要确定项目存在的环境。这是指在项目所处的环境中,对其采取 SWOT 分析,即:S(Strengths)——内部优势、W(Weaknesses)——弱点、O(Opportunities)——外部机会和 T(Threats)——威胁。

战略环境包括项目行动的财政、运营、政治(包括公共观念与意识)、文化和法律等方面。同时它也包括对利益相关方的明确鉴定,确定利益相关方都包括什么人,并与他们分别建立确实有效的沟通。

环境检测的一个重要组成部分是确定项目能力,例如用什么资源来支持,用什么结构或过程可以修复,以管理项目进展过程中有可能出现的风险。

确定组织环境。不仅在项目办公室,风险管理也会出现在其他组织中。要为风险管理确定一个总的环境,项目组需要在更大的项目组织中,参照组织中其他项目并依靠其支持机构,评估项目职责。

确定风险管理范围。为设定风险管理的范围与界限,项目组应明确其目的与目标,并根据工时与成本确定项目范围。同时,项目组应通过分解项目要素,确定项目结构。工作分解结构(WBS)是一个理想的起点,因其提供了风险鉴定的框架结构。

这个过程中也涉及制定风险评估标准,并在其后运用于对风险的评估。

2. 风险识别

在管理手段能有效处理风险之前,需明确鉴定风险。在此阶段需对所有的风险进行鉴定,无论它们是否处在项目小组的控制之中。而所有风险的鉴定要求一个规范系统的方案,即利用第一阶段确定的结构。

过程鉴定阶段目的是确定什么会发生、为什么会发生和如何发生。

适用于风险鉴定的工具包括检验表,基于先前经验的判断、流程图、诸葛亮会、系统层次的分析等。

3. 风险分析

风险分析的目的在于区分可接受的(即次要的和一般的)风险和主要风险,并向之后的步骤——风险评估与应对提供资料。为了达到这一目的,每一个在之前一步被鉴定的风险都要结合事件发生可能性评估和可能造成的结果评估进行分析。如果对于某些风险能够建立有效的控制,项目小组可以得出这样的结论,即得到控制的风险比那些没有经过控制的风险更容易被接受。初次筛分出的次要风险,可节省对其不必要的详细分析。

风险分析可能是定性的、定量的或是半定量的。定性分析用于事件发展可能性和可能结果的简单描述,有利于快速筛选或分析出那些不会在分析上耗费更多资源的次要风险。

定量分析最适用于有足够有用数据的高级风险,分析的质量取决于有用数据的质量。事件发生的可能性可能表现为概率、频率或是方向和概率的结合。

4. 评估风险和风险管理等级

风险评估采用了风险分析的结果,并将其与在过程第一阶段建立的风险评价标准进行比较。风险评估和评价标准必须建立在相同的基础上,即它们必须是定性和定量的。评估过程的成果即是风险处理的优先顺序表,常常作如下分类:①次要风险——常通过例行公事或标准程序处理;②中等风险——规定并注明风险处理过程和责任,但不需要详细的风险行动规划;③主要风险——要求密切关注管理和制定正式的风险行动规划。

5. 风险处理

风险处理过程包括为要处理的风险鉴定选项、评估这些选项、编制风险处理规划以及将这些规划投入实践。

风险处理的部分选项为:①分摊——确定分担风险的方式;②转移——如果你不想接受这个风险,将它传给其他人(承包商或运营机构),尽管这可能引入它自身的其他风险;③避免——对项目进行必需的变更,从而避免风险介入;④(忽略或)接受——制定意外事故规划来应对风险的可能性;⑤减少——减少结果的可能性和影响。

评估风险处理选择是为了平衡每个选择的有利之处与实施它的花费及相关风险级别。

处理规划书应该包括职责、进度表、预期结果、预算、工作指标和审查程序。落实规划是那些负责控制风险的人的责任,应该在项目开始时或开始后尽可能早地被利益相关方认可。

(七) 风险管理

项目周期内,几乎没有任何项目能够保持不变。风险会增加、减少或是改变。因此,风险管理小组不仅要时时对风险进行监测和控制,以及监测风险处理的有效性,还要审查处理规划与风险管理规划,以确保项目周期内它们能够保持互相关联。

适当的文档编制可用来提供风险的记录状况,分配职责与义务,提供监控与审查风险和风险处理有效性的框架,提供审计追踪和综合合理管理过程的示范。

沟通、咨询、监控与审查构成了一个完整的运行体系。项目管理过程就是在周期性地重复这些步骤,以确保所有的更改都能够被鉴定以及合理解决。

三、采购管理

(一) 概要

本部分将略述采购的典型流程。目的是要让受训人员能够合理地规划和执行采购程序,使投标能够最好地满足项目的要求,从而赢得项目。

(二) 采购原则

资金的价值应该是管理采购的核心原则。核心原则由 3 个辅助原则支撑:①效率与有效性;②责任与透明度;③道德规范。

(三) 采购流程

采购是为了某一具体用途而获取货物或者服务的完整流程。它包括规划、预算、需求说明、供应商选择、资金获取与合同管理。并不是每一种采购行为都包含本节介绍的所有步骤,一些简单的采购行为就不需要要求报价或谈判;而一些复杂的采购行为将包括更多的步骤,需分阶段进行。典型的复杂采购行为包括以下步骤:①确定需求并准备需求说明;②决定采购方法并获得采购批准;③制定征询建议与评估的标准;④邀请报价;⑤评估报价;⑥推荐供应商;⑦谈判;⑧签订合同;⑨通报落选投标方;⑩随后进行的合同管理。

(四) 确定需求并编写需求说明书

买方为支持日常运营和满足项目目标而采购各种货物和服务。为了取得较好的采购成果,规划至关重要。一旦确定了需求,那么对其进行合理的定义则非常重要,这样才能够满足需求。对于简单的采购行为而言可能没什么困难,可是对于复杂的项目来说,就会需要一系列的解决方案来满足一个功能性需求。因此,需求说明书要对要求的服务或货物进行明确说明,这一点十分重要。

需求说明书将告知可能的供应商或承包商他们需要做些什么,它是向供应商邀请报价的基础。因此,说明书必须要尽可能详尽、全面地说明所有要求。

(五) 决定采购方法

不论你要怎样来采购货物,你都应该要确保采购方法有效且符合实际。这就意味着需要得到最多的资金来满足项目目标。一种采购方法不可能满足所有的需求,因为实际情况各异。需求在价值、复杂性、数量、时间与地点这些方面会有所不同。市场也会有所不同,因此采购方法要灵活,这一点非常重要,可以同时满足买方和卖方的需求。

采购的各种方法包括:①直接采购;②限定出价,在有限数量的供应商之中邀请报价;③公开出价,寻求最大限度的竞争。

直接采购效率颇高,它只需要最少的资源,但是可能使采购者面临廉洁问题。直接采购可能不是满足项目目标的最有效的途径,因为有可能错过采购者不知道的更好的解决方案。向限定数量范围内的供应商邀请报价可以平衡效率与有效性,但是除非采购者预先对整个市场进行了彻底的调研,否则这可能也不是最好的解决方案。如果供应商的数量过多,较之其他方法完全公开的征询建议书可以要求更多的资源,所以这种方法可能效率不高,但是较其他可能最有效,因为所有的供应商都可以竞相提供解决方案,这就意味着采购者将能够得到他真正需要的服务。

(六)制定邀请文件与评估标准

复杂的采购总是涉及向供应商征询正式报价。以下介绍几种邀请报价方式:①意向邀请函(ITR)是用来简要说明买方要购买货物或服务的意图,邀请可能的供应商表明购买意向以及满足这一需求的能力。通常意向邀请函(ITR)的使用还包括召开记者招待会,邀请可能的供应商就买方的意图进行提问或者提供建议。②建议书征询(RFP)是用来鼓励供应商提议满足买方要求的解决方案,建议书征询的意图是要提供范围给供应商,以建议新的、创新性的解决方案。③招标征询(RFT)主要用于为明确定义的需求获取标书,它可以用于意向邀请函(ITR)和建议书征询(RFP)之后,或者作为首次邀请。

邀请文件中的信息内容将根据采购性质和选择的采购方法来决定。但不管怎样,邀请文件应注意:①应该容易被理解,而不能含糊不清;②不应该不合理地限制资源的供应;③应该清楚明确地说明买方的要求和意图,包括给投标方的指示(投标条件)、需求说明、大概的供应条件(合同或采购订单)以及评估的标准。

制定邀请文件应该要注意考虑对供应商回复进行评估的方式,这一点十分重要。供应商需要知道买方重视的是什么,这一点通常会体现在评估标准中。一些典型的评估标准包括:①提出的条件满足需求说明的程度;②整体符合供应条件的程度(拟定合同或采购订单);③投标价格与定价结构;④投标者出示的满足需求的财务、技术和管理能力。

评估标准必须要体现在邀请文件中,在邀请文件发布后不能以任何方式进行更改。

(七)邀请文件

一般来说,公开的招标邀请会通过各种媒体登广告,包括主要的国家报纸、因特网上的政府或非政府网站。由于财务管理和诚信度法(FMA Act)要求政府买方选择能促进有效竞争的采购方法,公开的招标广告通常是传达买方意图的最有效的途径。

买方应该考虑给予可能的供应商回复征询的时间。通常给出回复的时间应该与卖方评估回复和公布首选供应商所需的时间相当,买方不应该要求在2周内回复而花4个月的时间来评估。

在政府采购中,投标的成本一直是供应商们提出来的问题。意向邀请函要求的信息量是最少的,应该对于供应商回复和买方评估来说都是成本最低的一种。建议书征询则要求提供足够多的信息,也就意味着供应商回复的同时会出现一定的费用开支。而招标邀请寻求的信息量是最多的,它要求提交投标方的质量定价(价格可以直接转化成合同)。那么供应商在回复招标邀请时将投入相当多的费用;一般的基准为合同价格的5%～10%。

(八)建议书评估

每次采购收到供应商的回复,应该对这些回复进行评估。评估的复杂性与时长、分配给该任务的资源都应该与需求的复杂性、回复的供应商数量以及采购的重要性相当。

评估应该公正、没有偏见并且符合要求,同时也要保密和诚实。评估必须使用邀请文件里确定的评估标准。

评估目标是要选择在以下方面最符合要求的建议书:①符合需求说明;②符合供应条件;③符合政策要求;④整体的资金价值较其他投标方更具竞争力。

评估通常分三个阶段进行:第一阶段一般包括首轮筛选,评估建议书确保其提供了重要信息;第二阶段是较为详细具体的评估,根据评估标准来对建议书进行评估;第三阶段进行建议书之间的比较,确定资金价值。

评估可以采用不同的评估方法。这些方法包括比较评估、最低成本评估、数值评分和矩阵选取。这些方法在技术上都有相似之处,适当的做法是在不同的评估阶段将这些方法结合使用。例如,首轮筛选可以采用比较评估法,而详细评估则可以采取数值评分和矩阵选取法。

(九)推荐供应商

评估的结果应该提交一份资源评估文件,向适当的委派代表推荐一名供应商。资源评估文件可以采取多种形式,并且由采购的复杂性和重要性决定。评估报告至少要说明以下内容:①采购方法;②采用的评估流程及方法;③对建议书进行比较评估的结果;④资金价值的考虑事项;⑤建议。

评估报告应该将评估过程与结果的重要细节结合起来。它需要提供信息,证明采购行为中已取得资金价值结果。此外,评估报告还要提供采购流程的正式记录,以供审核。

(十)谈判

采购过程中进行谈判协商,可以通过降低风险、减少时间和成本以及使之更加满足原邀请文件的要求来改进项目的成果。可以谈判协商的范围,因影响资金价值的不同因素和情况而各不相同。其中一些因素包括付款日期、供应条件、价格以及买方制定的规格。

谈判是一门艺术,它需要一套特殊的技能。谈判组成员需要经过精心挑选,以确保其谈判经验、合同、财务与技术能力的相对平衡。成功的谈判少不了预先的准备工作。

谈判组的所有成员应该在谈判之前进行会面,商量应该采取的妥善的谈判战略,并且达成一致。对于较为复杂的项目来说,需要按以下步骤对谈判进行规划:规划、准备、提议、价格谈判、同意、跟踪。

规划包括评估谈判情形和可能的谈判性质,确定适合参加的谈判组。准备包括了解双方的底线、识别低成本高价值的诱导、确定各种假设情况、了解产业能力。提议与价格谈判是一个说明招标方的要求、分析投标方对影响的要求,以及提出可选方案的迭代过程。一旦意见达成一致,必须要以书面形式进行跟踪,并且促成合同的签订。

(十一)签订合同

一项重要合同的签订通常具有报告价值,可以在合同签订后发布一则正式新闻。

如果招标方认为还有必要与其他的投标方进行再次交涉,在合同签订后听取他们的汇报也是个不错的办法。这次汇报应该坦诚、公正地进行,应该指出为什么建议没有被成功采纳、其强项与弱项、或者其没有符合需求说明的要求,投标方应该如何改进未来的建议书。

四、交接和完结概述

(一)概要

本部分概述了一个项目的交接和完结阶段。它包括交接计划和目的,使受训人员了解交接管理的复杂性。主要内容包括:①说明项目的交接和完结阶段;②说明交接计划需要考虑的事项。

(二)交接与完结

当一个项目开始接收到交付完成的成果时,交接阶段也就开始了。在很多方面,也标志着项目接近尾声。

交接是一种传递产品、支持资源、程序和职责给用户和服务支持机构的行为。完结则是所有行为、人员重新安排与分配以及最终成果报告的完成。

交接与完结通常被看做是项目生命周期中的一个组合的阶段。然而,本部分将它们分开讲述,以强调交接管理的重要性。看到项目交付的成果是件十分令人欣慰的事情,但也是在这个阶段能够看出规划阶段的决策是否正确。

交接阶段主要的工作是交接计划的实施。交接计划是围绕着项目交付的最初产品的轴旋转。通常有两种类型的规划工作需要为交接规划过程提供支持。

(三)交接管理

交接管理是有关对新产品或系统交接给用户与服务支持机构的过程进行规划、组织、执行和控制的行为。交接不止是项目产品的交接,同时还包括责任、管理政策与程序、财务、支持数据、文件、设施、培训或者其他新产品需要的事务进行交接。

从这一点来看,交接管理是一种新的能力。如果没有所有这些支持与准备,那么这种能力将得不到实现。更好的方法是将交接流程看做是将一种能力综合至其新的服务环境里。这就要求授权参与用户和服务支持管理层的交接管理流程。因此,交接管理需要采取整体的、全盘的管理方式。

(四)规划需考虑的事项

交接计划与支持规划有着密切联系。它们在以下方面相互联系:①支持规划分析能力可支持性的方方面面,列出需要采购的货物与服务;②交接规划审查交付能力的可支持性和效用的方方面面,检查现行的和建议的服务支持及运作机制,确定交接需要采取的步骤。因此,必须在划定范围和规划阶段就开始交接规划,在其他规划完善和实施时,应该再次回顾交接计划。

要让规划成功的重要条件是让最终用户和 ISS 机构在规划阶段开始一直到执行阶段全程参与。他们的参与十分重要,原因是:①确保规划考虑到了现行的操作和支持政策与实践;②取得有关机构的承诺;③确保规划验收程序及其适当性;④确保有关机构关注了资金筹集、人员安置和其他支持问题的规划;⑤确保新的或者"创新"的支持行为符合现有的支持环境;⑥帮助转变有关机构的关注重点,即从当前的问题转向今后的问题。

(五)复杂因素——人

其中也有与人有关的因素而引起的问题。交接阶段涉及对一些人进行调遣,发生某些变化,通常会引起不满情绪并且遭到抵制与反抗。用户和支持机构对于消除缓解这种情况有一定的帮助,但是却不能保证所有参与人员都了解情况。尽管有的人员接受了这种变动,但却需要时间来充分理解和适应复杂的能力以及"创新性"的支持原则。解决这种问题的一种途径就是进行有关"教育培训计划"的规划,包括演示、说明、示范等。一般在沟通规划中会涉及这一点。根据交接任务的复杂程度,交接阶段需要考虑一系列的沟通需求,从简单的报告到简介会以及召开全面会议。

另一个与人有关的问题就是原先对能力及产品性能规格的要求与实际交付成果之间的差距。在大型的复杂项目中,从项目概念阶段到验收阶段要花费超过 5 年的时间。用户的期望可能已经赶上了科技的更新与变化,但是原先定的规格并没有改变。虽然这种大型项目的合同发生了更改,但是性能规格却落后于用户的期望。那么,运用没有经过定义的用户需求或者期望作为验收测试的性能标准可能就行不通,因为要解决一套没有被认可的性能标准所带来的性能问题并不在项目范围之内。这种冲突和矛盾可以通过以下途径来解决:及时交付能力,或者让所有利益相关者了解交付的能力,以及让用户在概念、范围划定和更改过程都参与其中,避免其产生意外情绪。

(六)交接计划

交接计划是一种重要的方法,它可以显示交接任务和职责的记录,也可以勾画出交接过程。最主要的是,规划需要关键的利益相关方进行确认:项目经理、用户代表和 ISS 代表。交接计划至少要包括以下内容:①运行操作方面——确定用户责任以及规格是否符合要求(通过测试和评估来完成);②工程方面——工程管理政策与程序以及配置状况;③财务方面——确定终生资金支持需求和过渡资金的到位;④后勤支持——综合的后勤支持政策与物质、服务支持机制。

综上所述,规划的具体内容需要包括重要的交接事件和截止日期以及职责分配,需要包含汇报和会议制度,让利益相关方清楚地了解项目的进程。具体内容可以包括:①所有重要交接事件的时间安排;②操作和 ISS 终身任务的职责分配;③操作、工程和 ILS 任务的职责分配;④临时的和终身的产业支持机制;⑤有关物质处理的局限因素和规定;⑥主要知识产品的原始资料(设备和文件);⑦验收和其他测试与评估任务。

(七)项目结束

一旦交接开始进行,项目经理就会将重点转向项目的完结。通常在正式结束之前需要采取与项目直接相关的行动。在交接计划中会提到这点。然而一些有关项目管理的行动却不能在交接计划中体现,如:人员调换、资源的归还、未付资金的清偿等。

同样重要的还有要求提供总结项目交付成果的最终报告,其中包括项目成果与原需求(需求说明)以及用户期望的符合程度,正式确认项目的结束。

最终报告通常还包括一份独立文件,即经验教训报告,阐明在项目中遇到的问题,采用解决问题的方法,在其他项目中避免这些问题的建议。项目实施中的经验教训、日志或数据库使得这一报告的编制变成了更为有意义的过程,为今后的项目提供了经验。这类企业知识库的建立是项目式组织机构全面质量管理过程中不可或缺的组成部分。

如 Baker 的建议[7],最终报告和经验教训报告可以包含以下内容:①项目概述;②项目的修正;③主要成果总结;④较之原目标分析项目成果;⑤最终财务决算账户;⑥解释预算差异;⑦评估管理绩效;⑧团队绩效;⑨特别鸣谢;⑩问题类型总结;⑪问题描述;⑫问题成因;⑬对项目的影响;⑭决议方法;⑮应付处理方法;⑯深入调研的问题;⑰对今后项目的建议。

五、沟通管理

(一) 概要

沟通贯穿项目的整个过程,有效的沟通至关重要,沟通是指信息的交换,包括对于发送者和接收者双方的责任。发送者需要使信息清晰、明确、完整地让接收者接收。接收者必须确保信息以特定形式收取,并且按照传递者的原意进行理解。管理信息交换以获得最佳项目成果是一项艰辛的工作,这往往影响到项目的成败。本部分的主要内容为:项目沟通计划、信息传播、执行报告。

(二) 什么是项目意义上的沟通

如上所述,项目沟通是指信息的交换,并且如同所有交换一样,假设参与者是了解他们交换什么的,那么信息的交换是什么,为什么如此重要呢?

在项目背景中,沟通具有多重维度,譬如:①书面的和口头的,听的和说的,读的和写的;②内部的(项目组织内)和外部的(与客户、媒体、公众、项目相关方、其他利益相关者等);③正式的(报告与简报)与非正式的(便笺、即席谈话等);④垂直的(上下级之间)与水平的(与同级人士、专家等)。

项目沟通管理包括建立与组织为确保项目信息及时适当地产生、收集、传播、保存和最终配置所需的过程。项目沟通管理在成功所需的因素方面,包括人力、想法、指令和信息之间提供了一个关键链接。项目所涉及的每个人都必须准备,并且有能力以项目语言发送和接收沟通信息,如果必要,项目语言包括各利益相关者的语言,并且必须了解他们以个人身份参与的沟通是如何影响项目整体的。为做到最好的沟通效果,必须进行规划。

(三) 沟通计划

确定项目利益相关者的信息与沟通需求对于成功的沟通计划而言,是十分关键的,并且也是第一步工作。确定谁需要什么信息,何时需要,以及如何获得是至关重要的。虽然所有项目都要沟通项目信息,但是信息需求和传播方式具有相当大的区别。

在绝大多数项目中,沟通计划的大部分工作包含在项目前期的早期规划阶段之中。在项目程序部分,它作为促进功能中的一项被提及。如同规划进程中的全部要素一样,沟通计划的成果,有希望的计划,需要不时地被复查和修订,以确保持续的恰当性和适用性。

沟通计划经常与组织计划紧密相关并且联系在一起(另一项促进功能),因为项目组织结构对项目沟通需求有重大影响,这一点对大型的复杂性项目而言尤其如此。在这些项目中,利益相关者按照职能进行组织,并且依据各自功能具有特殊的信息需求。

如同前面监测与控制中提到的,一项有效的工具是工作分解结构。通过分析每个工作包中利益相关者的关注点,能够显示信息需求的变化种类。在分配任务和责任时,通过采用工作分解结构,可以迅速确定关键的利益相关者的关注领域。

在进一步改善的观念中,信息类型可通过包括特定责任和需求得以确定。X = 执行工作,D = 确定需从事的工作,C = 咨询需要,I = 必须获取的。以这些记号替代责任,信息需求变得更加清晰,如图 7-20 所示。

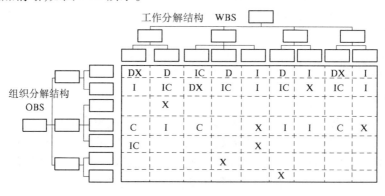

图 7-20　沟通需求计划

当计划沟通时,在所有项目活动中都必须考虑假设与制约因素。计划的主要影响或者输入是沟通需求和可用技术的需考虑事项。

(四)沟通需求

全部的利益相关者信息需求的总和就是沟通需求。他们通过综合信息需要的格式类型及价值分析得以明确。项目资源应该仅仅用于沟通信息上,沟通信息可使项目成功,缺乏沟通就会导致项目失败。决定项目沟通的所需的该类信息通常包括:①项目组织与利益相关者责任关系;②项目涉及的纪律、职业和专业;③内部需求——每个项目场所涉及的人员数量及他们的风险;④外部需求——涉及的媒体、公共关系计划、市场营销等。

令人吃惊的是,项目往往出现了太多的信息沟通不畅现象。

项目外的沟通常常通过发送每条信息给相关人员得以进行。团队成员和利益相关者很快就能知道仅有部分项目事项与之相关,而其他事项都被排除在外。项目经理必须明确谁需要信息,因而当项目人员收到相关信息后他们就能了解他们应该去读取信息。假如别的利益相关者希望加入该信息循环中,可以就此协商。同样,在项目中委员会和工作组常常被用做进行沟通。一旦被邀请参加,利益相关者更倾向于留在委员会中,即便他们已不再被需要,而委员会不断膨胀。更糟糕的是,有时那些对项目并无多大贡献的利益相关者却参与了大量沟通工作(说与写),仅仅是为了证明他们的存在。项目进出的沟通渠道要清晰确认并进行限制,就必须制定计划。

(五)沟通管理计划

通过上面的考虑和分析,计划可以用来管理项目的沟通。基于项目的需要,计划可以是正式的或非正式的、详细的或框架性的。它是早期讨论的整个项目计划的一个附属部分,也可以说是一种支持性计划。沟通管理计划提供了:

(1)一种信息收集和归档结构,详细规定收集和储存不同类型信息采用的方法,也可能包括更新和修正程序。

(2)一种发送结构,详细地说明信息将流向(状况报告、数据、进度、技术文件等)哪里,以及采用什么方法来发送各类信息(书面报告、会议、告示板等)。该结构必须与组织图表或组织分析结构中描绘的任务、责任和汇报关系相协调。

（3）一种发送信息的说明，包括格式、内容、详细的等级，以及采用的协议、定义和标准。

（4）沟通生成进度，显示各类型沟通何时产生（让项目成员为信息生成做好准备，包括聚集和分配相关信息与时间）。

（5）在列入计划的沟通之间信息存取的方法（如何处理特殊请求、需求和输入）。

（6）一种方法或系统，伴随项目发展和进程更新与优化项目。

（六）信息发送和绩效报告

信息发送是将所需信息及时地传送给项目利益相关者。对信息需求发送方式的一种优化是执行报告，其中关于资源如何使用以达成项目目标的特定信息被收集和传播。

发送信息时，项目经理可能使用：

（1）沟通技能。在项目团队中，一些团队成员可能通过口头沟通和会议在收集和传播信息方面十分有用，其他成员在文字表达和电子发送方面有过人表现。

（2）信息检索系统。团队成员可通过不同方式检索和分享信息，这些方法包括手工案卷系统、电子数据库、项目管理软件及可以检索技术文件的系统。

（3）信息发送系统。项目经理在发送网络中可能采用多种发送方法，包括项目会议、复印文件发送、电子文档发送、共享的数据库、传真、电话、声音邮件、电话和视频会议。

绩效报告在前面执行监测和控制章节有所探讨，特别在获得价值分析中有详细描述。

绩效报告一般应当提供项目范围、进度、成本和质量等信息。许多项目还要求提供包括风险和采购活动的信息。绩效报告可能很全面，也可能较为简单，就像异常报告一样。在报告执行情况时，该报告的目的应是促进它的内容和发送。报告的类型通常有：①状况报告——描述与事项范围相关的项目状况；②进展报告——描述相对于不同基线和项目目标，项目团队已完成的活动；③预测——预测项目未来的状况和进展。

执行报告或作为报告本身，或是作为项目分析的结果，常常在项目的一些方面产生改变的要求。这些改变要求会导致实施改变或者更深入地思考，这依赖于改变控制激活机制。例如，如果状况报告说明坏天气导致建筑活动的停止，且预测下周可继续进展，就可能会提出请求以改变项目完工日期，或者其他未受影响的作业将会被重新排定以使用闲置资源。

缺乏有效和易于理解的系统以传送信息，影响项目的决定就不能够被传播，并且收集的信息将不会被传达到适当的决策者来促进项目的成功管理。

（七）沟通技术

在项目成员、单位和利益相关者之间用来传递信息的技术或方法差异可能很大：从简短谈话到长期会议，从简短的备忘录到即时查询的在线进度和数据库。可能影响项目信息流的沟通技术因素包括：

（1）需求的即时性——就是项目的成功依赖于即时通知的最新信息，或无论何种形式的例行更新，这些信息在维护升级方面值得认真考虑。

（2）沟通技术的有效性——是指系统已到位，或者项目需求有正当变化理由，是否有其他更有效地促进信息流动的方法？关键利益相关者使用什么系统以及可以采用它们吗？

（3）项目员工安置——建议的沟通系统是否同项目参与方的经验和知识相匹配，是否需要进行培训、额外的专家人员，系统是否强加给员工额外要求（例如大量的会议时间占用了工作时间）？

（4）项目期间——在项目使用期限内是否会发生技术方面的变化而需要采用一个新的系统或是沟通技术？

从在考虑需求、技术、制约和假设时收集的信息开始，各类利益相关者的需求需要仔细分析，形成他们对信息需求的系统性和具有逻辑性的观点，以及符合那些需求的资源。应时常注意避免在不需要的信息或不适合的技术上浪费资源。

（八）项目管理信息系统

虽然项目管理信息系统可起到关键的沟通作用，可以提供更多的功能性。从沟通的观点看，项目信息管理系统支持信息的获取，把信息概括为报告，在一些案例中传递报告，并记录活动和责任。

1. 项目管理系统的功能

项目管理信息系统能够为项目管理规划、监督、控制提供重大支持，就如同沟通或者汇报的功能。任何复杂的项目都应该考虑使用项目管理信息系统来更好地运用这些功能。一个项目管理信息系统对持续运作小型项目的组织也具有重大价值。更具体地说，一个项目管理信息系统应该以下述方式支持这些及其他项目功能：

（1）计划。一个项目管理信息系统至少应支持安排任务、活动次序、关键路径法、工作分解结构以及日历的生成。它们应该以预测为目的支持计划评审技术分析和成本获取。一个丰富的项目管理信息系统也应支持数据库方法，来获得与计划相关的基于原文的信息。

（2）资源管理。一个项目管理信息系统至少应能支持活动成本和资源的分配。由于项目管理信息系统是在控制许多项目的组织中实施，它应能支持跨项目的资源分享以及鉴别跨项目的资源冲突。一个良好的项目管理信息系统也能支持预算控制。

（3）进展跟踪。一个良好的项目管理信息系统应该支持每项活动进展记录的能力，并且可提供整体项目进程状况。它应为监控变化支持挣值技术，并且预测和当预先设定限值被突破时提供警告。

（4）报告。一个良好的项目管理信息系统应能够提供易于理解的图形报告，内容包括进度、资源、预算和进展。它们也应支持记载风险、问题以及教训，并提供这些事项的状况和概括性报告。

（5）决策帮助。一个良好的项目管理信息系统应通过计算诸如风险率（基于预先确定的影响和可能的概率）等参数，以及允许情景建立（通过改变关键路径等）来支持决策帮助。

一些关于项目管理信息系统警示的语句：他们不再考虑你，也不再进行控制。在截止日期，项目经理必须评价系统显示的信息，必须确定和执行由评估产生的活动进程。一些在使用项目管理信息系统中经常发生的错误包括：在使用系统方面耗费过多时间，以至于缺乏足够的时间管理项目；过分依赖和数据一样的项目管理信息系统报告；向高层管理者提供过多的报告或者在报告中存在过多的系统数据；依靠项目管理信息系统与高层管理者进行沟通。

2．人际沟通

项目沟通计划中处理信息传播中的为什么、什么人、何时以及在哪里的问题,在个人层面沟通以及由接收者那里获得恰当反应的能力,几乎能作为一种艺术形式来划分等级。人际沟通对项目平顺进行起到了十分重要的作用。这包括信息发送者采用某种适合各个接收者的技巧,并且也包括接收者听取并完全在活动中理解运用消息的能力。

成功的人际沟通的关键是:①在推销决策时采用当面沟通方式;②告诉决策直接影响的所有人员;③为你的决策获得支持。

3．冲突管理

对项目经理的一类特别的沟通挑战是处理冲突的能力,冲突可能在项目团队(包括利益相关者)或更广泛的项目组织中产生。在团队和个人层面的沟通对防范和处理分歧都非常重要。

冲突就是观念的一种分歧,当事人的现实渴望不能同时得到满足,简而言之,它围绕着:①价值——信任对每个人都十分重要:严谨的、专业的,或者有道德的;②需求——心理安宁、自我胜任感、团队接受;③不相容——当一个人感受到"你在防备我从事我想做的事情,或达成我的目标时"。

与流行的观念不同,并非所有的冲突都是有害的。团队领导的一个任务是鼓励健康的竞争,也就是"好的"冲突,这有助于:①预防项目停滞;②激发兴趣与好奇心,鼓励创造力和创新性;③鼓励问题检测并激励解决问题;④通过对个人的挑战帮助人员成长与发展;⑤促进团体的一致性与凝聚力;⑥有助于减轻压力并稳定关系。

(九)冲突解决

当冲突变得尖锐时,或者冲突正在使项目团队偏离项目目标时,此时必须采取行动来安排和解决问题。争论解决和冲突解决的不同在于:①争论解决是为了涉及的每个人以及那些在他们周围的人的利益,通过仲裁或其他可能来解决争议(维持和平)。②冲突解决是不依靠强压并且是在充分了解情况下于当事者之间建立新的关系,这往往是通过谈判、调节或者其他方式达成的,例如教育或隔断等。

最有效的冲突解决战略是提前行动。这意味着,引导初步的分析、计划和准备,并且避免以自发、经常情绪化相应为特点的反应。任何干涉都需要在下述方面达成协议:①问题是什么;②干涉的目的;③干涉的程序;④感知:识别并且除去可能的分歧;⑤反应如何产生。

在解决程序中的首要目的包括不干涉的选择,是在所有活动中建立对话和信任机制。假如团队存在初步的信任和内聚力,这一点比较容易实现。

六、项目管理总结①

(一)概要

本部分提供了一个简单概要,以及关于成功或失败项目的原因的有用信息,为评估项目提供了一个核对清单及与课程材料相结合的指南。本部分内容主要概括了项目管理的主要方面,列示了项目失败和成功的因素。

---

①参见参考文献[7][11]。

项目管理涵盖许多方面。本部分仅能了解项目管理的基本原理,提供足够的知识、工具和技术,以理解项目管理的要求,并且至少已可以开始项目的进程。

总之,必须牢记大多数项目管理的目标。它不仅是简单地为迎合需求生产和交付产品,而且应该是生产并交付一种可以满足需求的能力。项目团队需要把这些可以交付物整合进环境内,这也许意味着需要额外的支持交付物、政策及指导交付物的供应,并且可能在过渡阶段获得关于责任和资助的临时协议。

(二)项目失败与成功的关键因素

在许多项目管理的教科书中,了解项目成败的原因是一个重要的讨论要点。同时,理解它自身为什么不能保证成功,这的确会带给项目经理对风险因素的评价,并且相应地帮助他们集中注意力。贝克[7]提出:

1. 项目为什么会失败

以下原因经常会导致项目的失败(不符合项目目标):①项目需求和目标不清晰;②过于乐观的项目执行、成本和时间需要;③项目计划过于简单、过于复杂或者不切合实际;④项目范围蔓延;⑤缺乏高层管理的支持;⑥不充分的资源、技能或程序;⑦风险分析不充分;⑧监督和控制的信息不充足;⑨没有适当考虑支持方面;⑩迟缓的决策程序;⑪内外沟通不力;⑫多此一举造成时间的浪费。

2. 项目为什么会成功

下面这些因素常常会有利于项目的成功:①准确定义项目需求;②努力进行准确的项目规划;③利益相关者及责任得以确定;④项目计划得到利益相关者的认可;⑤有效的监督、控制工具和技术;⑥问题得以解决或者得以迅速提高;⑦项目经理是有效的领导者和沟通者;⑧发生标杆(Benchmarking)与其他项目的脱离;⑨按照预定计划供给资源;⑩不存在官僚性组织及其控制。

(三)项目管理健康核对单

为帮助评估项目成功的可能性,下面提供了一个由 Cleland 和 King 开发的核对清单的缩写版本[11],并略做修订:

1. 项目经理的权力与责任

(1)存在对项目经理执行能力的限制吗?

(2)项目经理可以控制资源的超额分配使用吗?

(3)存在对项目经理制定技术和业务管理决策权力的限制吗?

(4)项目经理批准项目范围和进度吗?

(5)项目经理批准实现目标的计划吗?

(6)项目经理报告项目进展吗?

(7)项目经理在成员挑选方面起主要作用吗?

(8)项目经理决定项目结构吗?

(9)项目经理在任务分配时起主要作用吗?

2. 项目章程

(1)存在被项目业主组织或是主办组织的领导所批准的项目章程吗?

(2)章程指明了由项目经理负责的项目要素吗?

（3）章程为生产、财务、合同管理以及客户关系确立了界面和沟通渠道吗？

（4）章程指明了提供行政支持的组织吗？

（5）章程描述了权力的特别委托以及公司政策的豁免事项吗？

（6）章程清晰界定了项目范围吗？

（7）章程在项目经理和其他项目成员、职能团体及支持机构间明确了各自的界面和相互关系吗？

3. 项目优先事项

项目有中度和高度的优先事项吗？

4. 项目复杂性

（1）项目经理对项目目标比组织目标更感兴趣吗？

（2）项目经理同时管理一组项目吗？

（3）项目包含异常的组织复杂性或者技术进步吗？

（4）项目需要广泛的内部机构间的协作和支持吗？

（5）项目出现需要迅速处置以满足紧急需求的异常困难吗？

5. 历史数据

项目经理维护历史文件吗？

6. 项目可见性

转承包商是否指派了另外的"管理者"明确地并且独自管理合同工作？

7. 项目经理状况

当处理涉及外部组织的事情时，项目经理具有充分的执行等级以被认可为上级组织的代理人吗？

8. 项目经理的职员

（1）项目职员有高超的技术和管理能力吗？

（2）项目职员具有项目管理经验吗？

（3）项目关键职员在项目期间会保留在该项目上工作吗？

（4）项目职员是否把全部时间都分配给项目办公室？

9. 沟通渠道

在项目与支持机构间是否有直接的沟通？

10. 报告

（1）项目经理向高层领导提供关于项目进展、状况和问题的正式简报吗？

（2）项目经理在组织内参与其他项目经理的正式简报工作吗？

11. 项目审查与评估

（1）项目经理使用下述事项识别问题并且审视项目状况吗？①与关键下属的个人联系；②讨论会；③关键下属的正式的进度简报；④审查完成的进度报告。

（2）项目经理审视项目状况和进度的频率如何？

（3）项目审查和评估包括进度完成、技术性能、成本和后勤支持吗？

12. 管理信息系统

项目经理为有效控制项目,使用管理控制技术和开发的信息系统吗?

13. 财务管理

项目经理是否评估并考虑建议的结果,来增加或减少为完成项目而在成本、进度和执行目标上被批准使用的资源吗?

14. 计划

项目经理有项目总体计划吗? 位置是什么? 项目总体计划包含下列事项吗? ①项目摘要;②项目进度;③管理与组织计划;④运作理念;⑤采购程序;⑥设施支持需求;⑦后勤需求;⑧劳动力需求;⑨执行者发展和个人培训需求;⑩财务支持战略;⑪所有者信息保护的政策。

15. 技术指导

(1)项目经理的组织中谁实施配置变化的控制?

(2)项目经理如何确保下属事项的适当性? ①培训设施和装备;②文档;③测试装置;④安全措施;⑤安全;⑥测试设备的校准;⑦成本效果;⑧可靠性与可维护性。

16. 一般需考虑事项

(1)项目经理如何确保转包商业绩评估的充分实施?

(2)项目经理和项目发起人出席高层次的政策会议吗?

(3)在客户压力下,项目经理被高层人员否决了吗?

(4)项目是充分的内部公开吗?

(5)项目经理鼓励主要辅助机构参与有关论题的项目会议吗?

(6)有识别杰出贡献的程序吗?

(7)项目经理用什么保证让项目贡献者建立对问题的充分理解?

17. 与项目管理协会建立联系或取得成员资格

参考文献

［1］Stretton, A. M. MIE Aust. " Distinctive Features of Project Management: A Comparison with Conventional Management Institution of Engineers", General Engineering Transactions, 1981.

［2］Turner J. R. "The Handbook of Project-Based Management", 1993, McGraw Hill, Cambridge.

［3］Central Computer and Telecommunications Agency ("Managing Successful Projects with PRINCE 2", 1996, The Stationery Office, London.)

［4］Meredith J. R. and Mantel S. J. "Project management: A Managerial Approach", 1995, John Wiley and Sons, New York.

［5］Project Management Institute "A Guide to the Project Management Body of Knowledge" 1996.

［6］Australian Institute of Project Management "National Competency Standards for Project Managers" 1996.

［7］Baker S. and Baker K. "The Complete Idiot's Guide to Project Management", 1998, Alpha Books, New York.

［8］Hocker P. J. , Heffey P. G. "Contract Commentary and Materials", 1994, LBC, Sydney.

［9］Roman D. D. "Managing Projects: A Systems Approach", 1986, Elsevier, New York.

［10］National training Information Service, PSP 41204 Certificate IV in Government (Project Management)

［11］Cleland D. I. & King W. R. "Systems Analysis & Project Management", 1983, McGraw-Hill, Singapore.

Generic Project Management Course Note

PM1. 1 – COURSE OVERVIEW

Course Aim

The Project Management course aims to provide participants with the ability to apply general project management skills, techniques, and tools to properly plan and execute a single project. It also aims to explain what is required of a manager of any project, and to explain project management requirements in a broader organisational context.

Course Description

The Project Management course provides an overview of the project management discipline, as well as detailed coverage of the project life – cycle and the functions, skills, tools, and techniques used in the conduct of project management. The course focuses on planning, procurement management and project communications – three critical areas of project management. A competency – based approach is taken which allows participants to exercise key skills and embellish the learning process.

References

References used on this course are as follows:

Australian Institute of Project Management "National Competency Standards for Project Managers" 1996.

Baker S. and Baker K. "The Complete Idiot's Guide to Project Management", 1998, Alpha Books, New York.

Central Computer and Telecommunications Agency "Managing Successful Projects with PRINCE 2", 1996, The Stationery Office, London.

Hocker P. J., Heffey P. G. "Contract Commentary and Materials", 1994, LBC, Sydney.

Meredith J. R. and Mantel S. J. "Project management: A Managerial Approach", 1995, John Wiley and Sons, New York.

Project Management Institute "A Guide to the Project Management Body of Knowledge" 2004.

Roman D. D. "Managing Projects: A Systems Approach", 1986, Elsevier, New York.

Turner J. R. "The Handbook of Project – Based Management", 1993, McGraw Hill, Cambridge.

National training Information Service, PSP 41204 Certificate IV in Government (Project Management)

Structure

The course consists of the 14 modules roughly grouped as follows.
1. Project Management Principles (Modules 1. 1, 1. 2 & 2;
2. Concept and Initiation (Module 3)
3. Planning (Modules 4, 5, 6, 7, 9)
4. Procurement Management (Module 10)
4. Transition and Closure (Module 11)
5. Project Communications (Module 12)
6. Project Management summary and Lessons Learned (Module 13)

Content

The course has been structured around the systems approach to training, which broadly means that a needs analysis has been conducted and, from that, a course aim and supporting objectives have been developed. A competency – based approach is employed which encourages student participation and enhances the learning process.

The course quickly covers some project management fundamentals and then moves into sessions covering practical issues followed up with examples and exercises. The style is more facilitative and involving of participants, rather than a series of lectures. Feedback on the best ways to present the various sessions is always welcome.

Protocols

· Please switch mobile phones and pagers off during sessions.
· Please abide by times set aside for breaks.
· Ask questions any time.
· Please allow others to finish speaking.
· Please leave rooms in a tidy state.

Course Validation

This course incorporates two types of review for validation.

Firstly, a session by session critique sheet is provided and collected each day. This information is used to assess whether the instructor is "on target" and that all administrative issues are being addressed properly.

Secondly there is a final review in the last session to see whether the whole course has met student expectations.

Participant Introductions

There is always a wealth of experience within the participant group. Participant introductions help to open participants to the potential information available from the rest of the group. Participants are invited to introduce themselves briefly during this session and provide:

- Your Name.
- Your Position.
- Background (brief work history).
- Why you are on this course.
- What do you want to get out of this course.

PM1. 2 – PROJECT MANAGEMENT PRINCIPLES

Overview

This is the first of two sessions which together provide a familiarisation with the discipline of project management. This session defines key terms in project management as well as describes the principles of project management.

Session Objectives

On completion of this session the student will be able to:
· Define project and project management.
· Describe differences between general and project management.
· Describe the principles of project management.

Project Management

Project management is a specialised area of management which has developed in the building and construction, scientific and engineering professions to cope with the need to complete major projects of a detailed and complex nature to a fixed time frame, within the budget, and often with limited resources. It was found that general management principles and techniques were not effective in such undertakings, and the decision making mechanisms, organisation structures and management philosophies tended to result in not reaching the required performance expected, or in severe cost over – budget situations and/ or significant time slippages on target dates.

Modern project management as a discipline was first developed by the US Department of Defence in the 1940s and 1950s, along with a range of project management tools and techniques. The first modern project is thought to be the Manhattan Project which built the first atomic bomb, not to mention three plutonium production reactors, two plutonium extraction plants, test site infrastructure, and a number of uranium enrichment plants – all in three years and at $US20B (1996 dollars)!

What is a Project?

The difference between on – going management and project management, and the tools and techniques of project management, is the key to understanding how the management principles of planning, organising, coordinating, monitoring and controlling are applied in a specific way to the project environment.

Project management also involves creating a balance or compromise between the performance, time and cost criteria established at the start of the project.

The word "project" is now so much a part of everyday usage in a number of different contexts, that a good starting point to begin is with a definition. A Project can be described as:

· A number of related activities, carried out to a plan, in order to achieve a definitive objective within a certain time and which will cease when that objective is reached;

· It is a non – routine, non – repetitive undertaking, normally with explicitly defined technical performance goals, discrete and limited time, financial and other resources.

From this definition of a project it is possible to develop a picture of the nature of projects and project work, and where project approaches differ from those in general management. Allen Stretton describes the characteristic nature of Projects as being:

Unique – A project is usually a one – off, one time, specific undertaking with a single set of clearly defined objectives which is rarely, if ever repeated.

Finite – It has a definable start point, a finite duration and a definite end point at which it can be said to be completed, and its objective accomplished.

Multi – Disciplinary – It requires the involvement of many different disciplines and for the most part is also multi – organisational. Different mixes of disciplines, functions, resources, trades and other specialisations must be brought together to focus on the achievement of the objective of the project.

Complex – The targets set by the project are often complex and for the most part very technical, often seeking to achieve levels of technical performance not yet met elsewhere.

Dynamic – In a project the unexpected is always happening, and new problem situations must be addressed when they arise rather than in some periodic manner.

High Risk – Project high technology performance goals usually involve high technology development and computer programming which require extensive testing and proving – overall the time schedule and cost over – run probabilities are high.

Source: Stretton, A. M. MIE Aust. Distinctive Features of Project Management: A Comparison with Conventional Management Institution of Engineers, General Engineering Transactions, 1981.

General Management vs Project Management

Because projects are to achieve specific objectives, and have a time limitation, there are significant differences in the management philosophies, styles and work practices between general management people and project management people. Some of the comparison points are shown in Table 1:

The very nature of the performance criteria in project management, the need to ´make things happen´in accordance with a specific plan has given rise to the use of relevant terms such as:

Table 1   Comparison of General vs Project Management

GENERAL MANAGEMENT	PROJECT MANAGEMENT
Single Discipline Functional Areas	Multi – Disciplinary Teams
Stable Organisation	New team formations
Long term goals	Short term milestone goals
Stable Technology	New technology application
Fixed routines	Non – Routine activity – Creativity
Established problem solving	Flexible approach to problems

· Milestone – the completion of a significant achievement or stage in the project.

· Critical Path – the longest path and hence the shortest time it will take to achieve the ultimate completion of the project.

Time, Cost, Performance Balance

Project management concentrates on three primary facets of the project objectives. These are performance, cost and time. The successful project manager will maintain an appropriate emphasis between these requirements. The balance of these will vary between projects, and trade – offs between them are made continually.

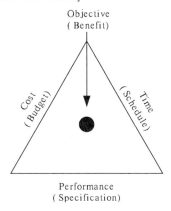

Figure 1   Project Management Triangle

One technique to explain the balancing process is by the use of the triangle with the performance, time and cost criteria at each side of the triangle. The project manager might find that after the project has been running for some time, decisions have to be made concerning the adjustment of priority between the three primary objectives. If performance or specification must take priority, it must be accepted that schedule and cost have to take a lower priority. Similarly, if schedule is most important then the implications are that compromises in either or both performance and the cost budget may have to be accepted.

Principles of Project Management

Fundamental Principles

There is a fundamental set of principles that all projects should be based on, and which form the core skill set that every project manager must possess. These skills are no different to that required of general managers, but are critical to the success of project managers, and consist of tools and techniques that are unique to the project environment. The fundamental principles are:

Plan

In project terms, planning is concerned with the analysis of how to achieve the objectives of the project in the required time, or by the required date and within a specific financial budget. The overall task is broken down into the individual tasks or activities that must be completed in order to achieve the objective. Significant investment in planning up front in a project can provide significant benefits downstream including cost and time control, as well as increase the chances of successfully meeting project objectives. The heart of most project plans is development a breakdown of project activities, scheduling these activities, and cost estimating these activities.

Organise

Organising is concerned with creating a suitable project structure consisting of a suitably skilled project team, access to specialist areas outside the project, properly defining responsibilities and allocating work.

Coordinate

In a project more than in general management, the project staff have to make things happen through careful and continued emphasis on coordination, cooperation and communication with those who actually do the work. This is in order to avoid schedule and resource conflicts, prevent rework, idle time, and wasted effort. In a project, poor coordination will most likely result in schedule slippage, which becomes very visible to stakeholders outside the project.

Monitor

Monitoring is concerned with keeping track of progress. This relies on good data gathering and reporting processes, as well as using analytical techniques to compare actual progress to expected progress and forecasting future progress. Monitoring also applies to indirectly related issues such as environmental, political, and organisational factors which could influence project objectives, increase risk factors, affect morale, etc. Monitoring also involves revisiting and reviewing plans and previous decisions to appreciate their effectiveness.

Control

Controlling is concerned with taking corrective action when progress and other factors are threatened. Controlling is obviously concurrent with monitoring. Controlling activities include making decisions and re – assigning resources to correct or prevent a problem. This includes problems directly related to a project such as a problem with a work package that threatens the schedule, as well as those indirect problems such as external attempts to change the project scope. Controlling is best implemented by way of comprehensive procedures and implementation plans.

Communicate

Last but not least, and intertwined with all the above, a project manager must be able to communicate effectively and do so regularly with project staff, suppliers, external agencies and stakeholders. The project manager must also build two – way communications paths between these people and set communications ground rules to protect project interests. A project manager must be familiar with all forms of communications including conversing, briefing, presenting, meeting, writing reports, and e – mailing.

Turner's Principles

J. R. Turner ["The Handbook of Project Based Management", 1993] describes an alternative set of principles for good project management. These are essential for a structured approach to project management and planning. A structured approach means that a project manager takes a project through defines phases by performing prescribed activities. PRINCE2 provides a structured approach to project management. These principles, loosely based on Turner's, are:

Use a Structured Breakdown

In later sessions you will see that the backbone of any structured project is the Work Breakdown Structure (WBS). The WBS is a tool for defining the scope of a project, from which a time line can be developed and costs can be determined. The WBS is a hierarchical breakdown of project activity. It theoretically begins with project objectives, from which an outline of the major project outcome can be sketched. Each major outcome can then be further broken down into elements. By managing against WBS elements, a project manager can best perceive and measure progress.

Focus on Results

Focusing on results means that a project manager should be most interested in what has to be achieved, not so much on how. The WBS assists in this manner as each WBS element is usually described as a deliverable (or outcome). More on WBSs later. Focussing on results helps keep the project within scope. This is done by ensuring that the effort in achieving a result (the how) is not disproportionate to the result required.

Balance Results across Project

Balancing results means ensuring that the amount of resources and emphasis placed in individual work areas is representative of the importance of specific results and consistent with the project objectives. This is again achieved through the WBS and understanding where the WBS elements or work packages are assigned within the project.

Explicitly State the Roles and Responsibilities of all Parties.

The most obvious form of this principle is the contract between a project and a supplier. However, it also applies to internal relationships between project staff and external relationships with stakeholders. For instance, the project manager should have been given Terms of Reference by sponsoring senior management. The project manager should also define duty statements for all project staff. Communications relationships should also be defined. Care should be taken to ensure responsibilities are unambiguous. The WBS is vital here by ensuring one person is allocated responsibility for each WBS element. Other roles and responsibilities should be laid out in various project plans. A session on planning will cover this in more detail.

Adopt a Simple Reporting Regime

Project management is complicated enough. As reporting is usually an activity provided to stakeholders who are away from the day – to – day functioning of the project, it is important that all forms of communications with the stakeholders are concise and simple. This includes project plans as well as presentations, briefs, and reports. It is important to keep stakeholders on side and properly informed of issues for which they may be called upon to commit more resources. Keeping stakeholders properly informed helps to build their trust in your ability and their commitment to the project.

Summary

Project Management is a special management expertise which is a composite of general management disciplines together with special emphasis on the need to achieve required results within a fixed time, within a fixed budget of financial and other resources.

Special project management tools and techniques for planning, scheduling, coordinating, communicating, monitoring and controlling have been developed which cope effectively within this difficult project environment.

In this session on project principles, the nature of the project and project management have been covered. The next session will look at the life – cycle of a project and the major project management functions. Following sessions will cover specific tools and techniques as applied through the various project life – cycle phases.

PM 2 – PROJECT LIFE – CYCLE

Overview

In this session the concept of a project life – cycle is examined. The session describes the distinct phases that can be recognised in a project life – cycle. It will also cover the various development models used in project management which play a part in the nature of the project life cycle.

Session Objective

On completion of this session the student will be able to:
- describe the different phases in a project life – cycle, and
- describe the different development models used in project management.

Project Life Cycle

Most projects go through various identifiable phases. These can be marked by changes in the nature of work conducted by project staff, in funding approvals and resource allocations, in tempo, and in the relationships between project staff and stakeholders or suppliers. These phases form the project life – cycle. The phases to be discussed in this course are:
- Project Concept
- Project Initiation
- Project Implementation
- Transition Into Service
- Project Closure

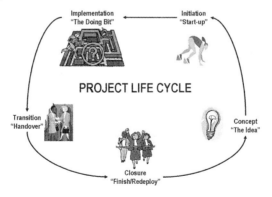

Figure 2 Project Life Cycle

Often other phases are added or removed from the above list depending on the nature of the project. For instance, transition may not be relevant for a project to manage the disposal of an obsolete platform. Also, in the case of the many Year 2000 projects recently finalised, most included a distinct test and certification phase because of the need for assurances of IT services.

A project life – cycle is closely related to a product life – cycle but they are not the same. A product resulting from a project may have a life of 20 or more years, whereas the project itself may only last 5 years. In general, the longer the product life – cycles the better, and the shorter the project life – cycle the better.

Concept

The Project Concept phase is the genesis of the project. In this phase, a need is determined and formalised into a broad statement of objectives. The length and level of activity in this phase is dependent on the nature of the need. For instance, in large armed forces Capital Acquisition projects have traditionally gone through a formalised and lengthy concept development process which involved the production of a series of documents that passed through a number of committees.

In a large organisation, it is most typically senior management who determine the project need and manage initial development work of the broad statement. A project manager appointed by senior managers tends to mark the move into the next phase.

Initiation

Project initiation is marked by the appointment of a project manager which usually occurs once senior management either approves the establishment of a project to meet specified objectives, or at least to conduct feasibility analyses or definition studies to help refine the objectives. At the very least, Project Initiation is recognition by senior management that a project concept has merit.

The Initiation Phase is also marked by the commitment of serious resources, apart from the appointment of a project manager. The project manager's major responsibilities during this phase could include determining scope and objectives if not clearly defined earlier, determining resource and schedule requirements, determining staff requirements, setting up project processes, and drafting project plans. Project plans are needed to cover key aspects related to achieving the project objectives such as a risk plan, configuration management plan, and SUPPORT-ABILITY plan. Planning is crucial and is covered in depth later in this course.

It is during this phase that most of the well – known project management tools and techniques are first used. Although some are quite complex in theory and practice, (such as PERT, GANTT, CSCS, & LCC) they are extremely useful for the monitoring and control processes performed in the next phase, and are nowadays more easily implemented using computer software.

Implementation

Senior management approval of project plans, budgets and schedules marks the beginning of the Implementation Phase. Through this phase the project ramps up to full strength and project plans are put into action. The major focus of the project manager during this phase is largely monitoring and controlling the project schedule and budget as well as performance issues related to project deliverables.

Whilst history shows that performance is given precedence over cost and schedule early in the project life – cycle, with cost taking precedence during the middle and schedule towards the end, this is no longer considered appropriate. Modern research indicates that performance and schedule should be given precedence over cost during all phases [Meredith and Mantel, p15]. Thus the project manager's role relies heavily on appropriately prioritising cost, schedule, and performance issues often against their own intuition.

Transition

The Transition Phase is not appropriate to every project. It is most appropriate for acquisition projects where there is a need to transition newly acquired equipment into general service. Transition may thus include: replacing old equipment, spares, procedures, skills, and training with new equipment, spares, procedures, skills, and training. It is often during transition that inadequate project planning bears its fruits. In particular, supportability issues come to the fore. Whilst supportability tends to take prominence during transition, it along with cost, schedule, and performance, has to be thoughtfully considered during the Concept Phase, and properly planned for during the Initiation Phase.

Transition is not only the handing over of physical items, but also of responsibilities the agency expected to manage the physical items through their in – service life. These responsibilities cover the actual equipment plus spares and support gear, and also ownership of courses and conduct of training.

Closure

Simply put, Project Closure is the shutting down of project activities. Although the ramp down may have commenced during the transition period, project closure involves the prior planning of that ramp down as well as producing Lessons Learnt Reports and a Final Report to describe the extent to which project objectives were met or missed.

Causes for project closure are varied. The most hopeful cause is that project objectives have been met, however often a project is closed very early if project plans are unable to gain approval. Other causes include a re – assessment of project objectives which has affected their strategic priority, or that new project options have surfaced which may warrant a re – investigation of acquisition strategies. More seriously, projects can also be terminated due to poor performance; namely the project objectives are not being met and are unlikely to be met within allowable budget and schedule tolerances.

Some projects never die. This could be intentional due to the nature of the acquisition strategy (evolutionary), but it is often a sign of poor project management and senior management unwilling to accept that a project is so off target that it should be ceased. These types of projects are often doomed to failure as by the time they meet their objectives the value of the outcomes are diminished by changes in technology, culture, and politics. Some never ending projects are subject to continual scope creep which sees objectives, schedules, costs and performance targets being constantly revisited.

Development Models in Project Management

The section describing the project life – cycle probably implies that a project is a linear sequence of activities. Whilst that description is applicable for traditional projects, other projects are more iterative in fashion in order to mitigate against specific risks related primarily to uncertainty in user requirements or rapid technological change. These iterative approaches attempt to build in feedback loops in order to shape the user requirement or performance specifications as the project proceeds, rather than try to define and fix these up front before the project gets underway. Such approaches are most suited to developmental or software intensive projects where a 'softy softly' approach ensures frequent assessment of progress and refining of requirement before committing resources to the next stage. These project approaches have been formally described as 'development models', as summarised below.

Traditional

The traditional model is one where the user requirements and performance specifications are fully defined and fixed at the beginning of the project. After fixing the requirements and specifications, the next steps to follow in sequence are design, build, test, and acceptance. Testing allows some refinement of the product where it fails to meet original requirements and specifications, but this could mean rework and schedule slippage. The process is very linear. In the software world, this is known as the Waterfall Method, implying that once the requirements and specifications are set, the rest of the project flows from there in the one direction.

This approach is best suited to mature products using well – understood technologies in relatively stable environments. From a management perspective, these projects are the simplest to set up and resource. They usually involve one contract for the entire project. Note that if the product being procured is not mature or if the environment or technology is not stable, then what could result is a fully functional product that fails to meet user expectations. This may also be the case if the user requirements or functional specifications are not properly or accurately developed beforehand. Some IT projects run along this approach have resulted in spectacular project failures.

Incremental

The incremental model is a variant of the traditional model in that user requirements and performance specifications are still defined up front, but project deliveries are handled in increments which allow assessment and feedback for the next increment of work. However, any feedback that results in change would then require a contract change.

This approach is suited to the development of large systems which may take several years, or systems requiring significant levels of integration. This is because an initial capability can be delivered early and user evaluation can feed back into the next increment. Hence it helps to mitigate the risk of a project going well off the rails, and of taking too long to deliver a capability. From the management perspective, the one contract is all that is needed, but the overall project could take longer because of the allowance for user feedback and refining requirements. There may also be a higher management overhead of having to manage different configuration states of the one system.

Evolutionary

The evolutionary approach is one where user requirements or performance specifications are not fully defined up front. Instead, requirements or specifications are developed 'as you go' in increments. The evolutionary model is also called the spiral model because all key steps in the project are revisited on each iteration (Figure 3). On the first iteration a prototype is built, and then developed on subsequent iterations until it evolves into the final product. Alternatively, rapid prototyping may occur where 'quick and dirty' prototypes are built primarily for the purposes of developing the user requirement, and then discarded.

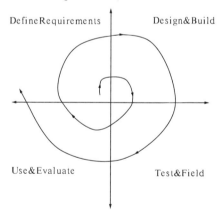

Figure 3   The Evolutionary (Spiral) Model

The evolutionary model is best suited to projects where the final product cannot be defined at the beginning. This could be for a number of reasons, but primarily it is because the technology in the product is advancing at a rapid rate, or because the product capability is so new that user requirements are bound to change as the users become familiar with the product in – service.

A project that uses an evolutionary approach needs well defined requirements for the first iteration of the product, together with a functional description of the desired final product. The advantages of this approach is that it allows early delivery of partial capability and user requirements are up – to – date. It also gives visibility early in the project if the final product is achievable, allowing the project's viability to be assessed on each iteration before too much time and money has been spent.

Management of an evolutionary acquisition project requires more time, money, and effort. It is best undertaken in close partnership with the user, project team, developers, and support staff. A number of options for building a working relationship with these stakeholders are discussed later in the course. The advantage with this approach is that it allows for competitive tender for the initial iteration, with subsequent work being awarded on satisfactory performance during this initial iteration.

Progressive Acquisition

The progressive approach is similar to the evolutionary approach except that the initial capability to be delivered is usually the total capability required. Subsequent iterations deliver enhanced capability. It is suited to when large quantities of an item are being procured over a long time period. Products are delivered in batches, with enhancements occurring for each subsequent batch.. Thus, there could end up being a number of different configurations of the product in service.

Project Approach and Development Model Checklist

Are the key project requirements and expected outcomes fully understood?

Have the different elements of the project been identified?

Have the sources of supply for the project elements been determined?

Has the development model best suited for each project element been determined?

Has the most appropriate contract type for each project element been determined?

Has an overall project approach been determined that is both practical and balances the needs of other factors?

If development is involved, is the proposed development model compatible with the likely project approach?

Will the proposed project approach provide best value for money on a full life cycle basis?

PM 3 – CONCEPT & INITIATION PHASE

Overview

This is the first of several sessions that discuss project management skills, knowledge and the tools used during the initial stages of any project, that is during the concept and initiation phase. This session gives an overview of these first two phases with particular emphasis on the Initiation Phase.

Session Objectives

By the end of the session the student will be able to:
- provide an overview of Concept Development, and
- provide an overview of Initiation activities.

References

Project Management Institute "A Guide to the Project Management Body of Knowledge" 1996.

Meredith J. R and Mantel S. J. "Project Management: A Managerial Approach", 1995, John Wiley and Sons.

"Managing Successful Projects: with PRINCE2", CCTA, 1997, The Stationery Shop, London

Relevance to Projects

The concept phase of a project is where most of the costs of the intended product are determined, and consequently where savings can be made. It is also where options for future phases are locked in. In organisations involved in very large acquisition projects the activities that take place in the concept and initiation (planning) phases draw great attention because of these factors.

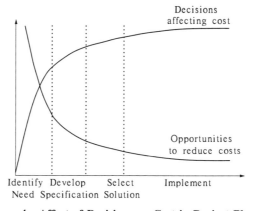

Figure 4   Affect of Decisions on Cost in Project Phases

For example many organisations emphasise the importance of concept development like this:

"Effective, early and continuing consultation between capability developers and in – service support agencies is also critical. A whole – of – life approach which considers upgrade paths, through – life support and costs will be an integral part of all capability development. Poorly informed decisions can result in missed opportunities to identify new and more cost – effective solutions. They can mean a lack of critical forms of support in conflict, and foregone opportunities for new employment and economic growth." Defence & Industry Strategic Policy Statement, June 1998

Defence & Industry strategic Policy Statement June 1998
Concept and initiation – an overview

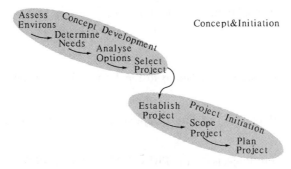

Figure 5   Steps in the concept and Initiation Phases

Concept

The concept phase of a project starts from the glimmer of an idea or suggestion and results in a decision, and commitment of resources to achieve defined project objectives.

The extent of activities in the Concept phase will vary with the project outcomes being considered. It may be as simple as a quick assessment of an opportunity in the newspaper, a few phone calls and research on the Internet, an assessment of the likelihood of success or failure, risks to the business and cost/benefit, a quick check of the workbook, and finally a decision to go (or not) with the accompanying commitment of resources. On the other hand it may entail a lengthy and intensive assessment and definition of need, with the accompanying development of a detailed business case, a phased feasibility study, further refinement of the need and business case before final acceptance or rejection by the executive.

Project Managers are usually appointed at the end of the concept phase, but may have been involved in some way during the development and consideration of the proposal. Formal assignment of a Project Manager, either full or part – time is often the first assignment of resources to a project.

Clear definition of the project outcomes is a key output of the Concept phase, for hand – over to the Initiation phase. The importance of getting the statement of the need and hence the project outcomes correct cannot be understated. It will have impacts on all future phases and elements of the project. The project's success or failure will be measured against these approved project objectives.

Where Do Projects Come From?

In the most general sense, projects are born when opportunities or needs are identified, resources are available (or obtainable) and there is a conscious decision to commit to a course of action to take advantage of the opportunity or satisfy the need.

In organisations large and small there is usually a mechanism by which ideas and suggestions, or new business opportunities are collected, analysed, sorted, and potential projects proposed. The executive authority can then decide whether to act upon the proposals, and what level of resourcing may be allocated. In more complex cases, proposals may show promise but more information may be required for the executive authority to confidently make a decision, and so a feasibility study or similar may be authorised before proceeding further.

In all cases projects are born from a 'need' that has been 'identified', and therefore defined in some way, and then 'authorised' by an executive authority which may also allocate resources to the new project. The identified need becomes the project's outcome and achievement of the outcome, hence satisfying the need, will be the measure of success or failure. The cause of the initial idea, suggestion or need can be from almost any area of interest to the organisation and includes the following:

· Market forces – satisfying supply and demand opportunities.

· Business needs – satisfying business objectives such as expansion, diversification, competition, efficiency, reorganisation, or strategic guidance from higher management, etc.

· Customer requests and feedback – responding to issues raised by customers to improve the organisations products or services to better meet their needs.

· Technological advances – requiring initiation of upgrades or R&D to new areas.

· Legal and statutory requirements – requiring actions to implement changes in order to comply with legal requirements.

Analysing options

An important activity in the concept phase is to carefully analyses the options available for the project. This usually means listing all the real options with the major stakeholders. The effort that is necessary to expend on options analysis will depends on number of factors, chiefly:

· Whether there are any major cultural barriers the face any option;

· Whether there are political or social barriers to overcome; or

· Whether there are any natural or structural barriers that might prevent an options from being realistic.

Stakeholders need to balance the expected benefits of each option against the effort and cost of pursuing that option before any one option can be selected for implementation. Obviously at this early stage of project the costs and efforts are probably going to only "ball park" estimates.

Project selection

When all factors are available for consideration, the selection, or choice to proceed (or not) with a project can be made. There are also times when several potential projects may need to be considered for addressing the same need or different needs but within a context of resource constraints. There are many models, methods and tools to aid the executive authority in deciding to proceed to initiation or not. Project selection models or methods should reflect reality, be capable enough to deal with and provide the information the executive authority requires, be flexible and responsive to variations, be relatively easy to use, and be cost effective.

Many large organisations have rigorous capability development processes to ensure that decisions for significant outlays are well defined and thought out.

The role of the project manager in the concept phase

The project manager is often not appointed until the concept phase is over and the stakeholders have at least settled on the option they want to pursue. It is helpful for the future project manager to have worked on the development of the concept but it is not essential.

Initiation phase

Project Initiation is marked by the appointment of a project manager by the executive authority (senior management) and issuing of a Project Charter authorising the establishment of a project to meet the specified objectives. The Initiation Phase is also marked by the commitment of serious resources — as is shown by the appointment of a project manager even if only on a part — time basis to begin with.

The Project Charter should be issued by an executive authority external to the project and at a level appropriate to the needs of the project. It provides the Project Manager with the authority to apply the organisations resources to project activities. When a project is performed under contract, the signed contract will generally serve as the Project Charter for the seller.

The Project Manager's major responsibilities during this phase could include determining scope and objectives if not clearly defined earlier, to determining resource and schedule requirements, determining staff requirements, setting up project processes, and drafting project plans. Project plans are needed to cover key aspects related to achieving the project objectives such as a risk plan, configuration management plan, and ILS plan.

Considerations

The Initiation Phase is essentially a setting – up, validation and planning phase where the future path of the project is mapped out, procedures and activities determined, future planning activities identified and scheduled, and adequate checks and controls are established. Some specific considerations for the Project Manager include:

- Stakeholders in the project.
- Organisation of the project team and/or staff.
- Information and advice available and/or required.
- Constraints and Assumptions.
- Scope or Project Definition (including WBS).
- Project Plan(s).

Stakeholders

All projects have stakeholders. They are the people, organisations or interest groups who are actively involved in the project, or whose interests may be positively or negatively affected as a result of project implementation or successful completion. The Project Manager and his team must identify the stakeholders, determine their expectations, then manage and influence those expectations to ensure a successful project. Key stakeholders on every project include:

- Project Manager.
- Customer – individuals or organisations who will use the project product. There maybe multi – layers of customers.
- Performing organisation(s) – the organisation(s) whose people are most directly involved in doing the work for the project.
- Sponsor – the individual, organisation, or group within the performing organisation that provides the resources for the project.

There are many different ways to name or categorise project stakeholders: internal or external, owners and funders, suppliers and contractors, team members, etc. Grouping or categorising stakeholders may aid in organising how stakeholders are managed and how their expectations can be best met.

In more complex projects, or where stakeholders needs and expectations cannot be met from the resources of the performing organisation, it may be prudent to look to raising Integrated Teams – that is; multi – disciplined teams including stakeholder representatives.

Organisation of the Project Team or Staff

Projects teams are typically part of larger organisations. Functional organisations seldom have management systems designed to support projects needs. Organisations that are 'project – organised' that is organised along project team lines are ideally suited to support project needs. Most fall somewhere in the middle and employ a matrix to meet project needs. The PMI [p18] show this concept in matrix form at Table 2.

Table 2　Projects Related to Organisational Types

ORGANISATION TYPE / PROJECT CHARACTERISTICS	FUNCTIONAL	MATRIX			PROJECTISED
		WEAK MATRIX	BALANCED MATRIX	STRONG MATRIX	
PROJECT MANAGER'S AUTHORITY	Little or None	Limited	Low to Moderate	Moderate to High	High to Almost Total
% OF PERFORMING ORGS PERSONNEL ALLOCATED FULL – TIME	Virtually None	0 – 25%	15 – 60%	50 – 95%	85 – 100%
PROJECT MANAGER'S ROLE	Part – time	Part – time	Full – time	Full – time	Full – time
COMMON TITLES FOR PM'S ROLE	Project Coordinator/ Project Leader	Project Coordinator/ Project Leader	Project Manager/ Project Officer	Project Manager/ Program Manager	Project Manager/ Program Manager
PROJECT MANAGEMENT ADMINISTRATIVE STAFF	Part – time	Part – time	Part – time	Full – time	Full – time

Organisation of the project team needs the support of the performing organisation and key stakeholders who can contribute to the workings of the team, either as workers, advisers or reviewers. The Project Manager must plan the organisation he needs to accomplish the project, the skill sets and expertise required, roles and responsibilities to be filled, and when the staff are required. From this understanding of what is required, the Project Manager can then acquire the staff for his project, develop his team and work towards the project objectives.

Where it is warranted, the Project Manager may seek to raise an Integrated Team(s) to assist in some project outcomes. These are integrated multi – disciplinary teams that bring together key stakeholders and their interests together with outside expertise to ensure the best outcome for an undertaking.

Organising the staffing of a project is one of the project human resource management activities.

Information and Advice Available and/or Required

Sources of information and advice are largely available in the performing organisation, supplemented by other stakeholders. The Project Manager needs to be aware that sources of information and advice should be treated like any other resource. Where the Project Manager identifies a shortfall in this resource, he needs to take action to rectify it. Common sources of information and advice include:

- Performing organisation staff and policies
- Industry or process representatives
- Statutory or professional bodies
- Research and academic bodies
- Business allies

Constraints and Assumptions

Constraints are factors that will limit the project team's options. The Project manager and his team will work in an environment of constraints and must identify the key ones early to minimise disruption further in the project's life cycle. Common constraints can include:

- Resources – time, budget, staffing, equipment
- Policy – requiring compliance
- Stakeholder interests
- Delegations – requiring constantly seeking approvals

Assumptions are factors that, for planning purposes, will be considered to be true, real or certain, and as such they include a degree of risk. Assumptions are used when information is incomplete. When used, assumptions should be clearly stated and acknowledged, and regularly reviewed in light of new information to check their validity. Assumptions that underpin early project decisions need to be particularly robust and monitored closely.

It is useful to identify and clearly articulate constraints and assumptions early in the project to not only the project staff, but also the executive authority and stakeholders. Their awareness and acceptance of the constraints and assumptions should aid in common understanding, aiding communication between all parties.

Project Scope (project versus product scope)

As stated earlier, clear definition of the project outcomes is a key output of the Concept Phase, for hand – over to the Initiation phase. The Concept Phase will generally deliver the 'product scope', that is the features and functions that are to be included in a product or service provided by the project. During the Initiation Phase this must then be refined and the 'project scope' developed, that is the work that must be done in order to deliver the product or service with the required features and functions.

Completion of the 'product scope' is measured against the requirements, while completion of the 'project scope' is measured against the project plan.

Scope Statement

Building on the product description and product scope from the Concept Phase, the project scope is developed in the form of a statement as the basis for future project decisions, in particular the criteria used to determine whether the project (or a project phase) has been completed. If all the elements of the scope statement are already available (eg a Request for Proposal (RFP) may identify the deliverables, and a project charter the project objectives) the process may involve little more than creating a covering document.

Developing the scope may include: product analysis to develop a better understanding of the product the project is to deliver; cost/benefit analysis to better understand the tangibles and intangibles; and identification of alternative approaches to the project.

The scope statement provides a documented basis for making future project decisions and for confirming or developing common understanding of the project scope among the stakeholders. As the project progresses, the scope statement may need to be revised or refined to reflect changes to the scope of the project. The statement should include (either directly or by reference):

· Justification for the project – providing the foundation and a basis for evaluating future trade – offs.

· Product description – that is the project output or the characteristics of the product or service the project was undertaken to deliver/create/provide.

· Project deliverables – the products and sub – products whose full and satisfactory delivery marks the completion of the project.

· Project objectives – quantifiable criteria to be met for the project to be considered successful, including at least cost schedule and quality measures

Note: in some areas project deliverables are called project objectives and project objectives called critical success factors.

The complexity of the project will further determine the amount of supporting detail required for the scope statement, and the degree and details of scope management. Scope management details would include how scope changes could be initiated and integrated into the project and will depend on the expected stability of the project.

Scope or Project Definition

Scope or project definition involves subdividing the major project deliverables (as identified earlier) into smaller, more manageable components in order to:

· Improve the accuracy and robustness of cost time and resource estimates.

· Define a baseline for performance measurement and control.

· Facilitate clear assignment of responsibilities.

Tools or techniques used to aid in scope definition include:

· Work Breakdown Structure Templates. Although every project is unique, WBSs can often be re – used, at least in part.

· Decomposition. Where suitable templates do not exist, subdivide the major deliverables into smaller, more manageable components until the deliverables are defined in sufficient detail for future activities such as costing, scheduling, controlling, monitoring, testing etc.

Both of the above provide the required degree of scope definition, that is a detailed work breakdown structure. More detail on this is provided in the next session. Suffice to say that proper scope definition is critical to project success:

"Where there is poor scope definition, final project costs can be expected to be higher because of the inevitable changes which disrupt project rhythm, cause rework, increase project time, and lower the productivity and morale of the workforce" (PMBOK, pg 52)

Project Plan(s)

A final product of the Initiation Phase is the Project Plan, which may include several subordinate or complementary plans. The Project Plan builds on the work done in Scoping and plots the future direction for the project. It may not be complete and should be dynamic in nature, adjusting with changes in scope and circumstances. Project Planning will be covered in a latter session. The Project Plan encompasses and should draw together all the influences on the project. With the development of the Project Plan the following, according to the PRINCE 2 Methodology, should be clearly stated and understood by all stakeholders:

· The project objectives;
· Justification for the project (the business case);
· Who the Customer is;
· Who is allocated which responsibilities and authority;
· The project boundaries, constraints and interfaces to external stakeholders;
· How the project objectives are to be met;
· Assumptions made or that can/may be made;
· The major risks that exist to prevent the project achieving its objectives;
· The delivery schedule for project products
· How much the project (including products) will cost;
· Control measures and mechanisms for the project;
· Details of any project stages and how they will be managed; and
· How project products will be assessed for acceptance.

PM 4 – WORK BREAKDOWN STRUCTURES

Overview

In this session, the concept of Work Breakdown Structures (WBS) will be discussed.

Session Objective

By the end of this session the student will be able to:

· Describe the benefits of Work Breakdown Structures.

Reference

DEF(AUST) 5664 – Work Breakdown Structures for Defence Materiel Projects

Draft Project Management Institute Standard Work Breakdown Structures

What is a WBS?

The WBS is one of the fundamental tools of Project Management. It provides a simple yet effective means of determining what needs to be achieved by breaking the project up into smaller components. By breaking the project up into ever smaller and more understandable elements, the WBS adds immensely to the understanding of the scope and extent of the project. Small project benefit from having a WBS, large and complex projects cannot succeed without one.

The WBS is simply a hierarchical breakdown of the project into products, deliverables, services and other outputs of the project. The top level usually represents the total project objective, and the 2nd level consists of the main elements. The 3rd level breaks these main elements into components. These three levels often form the basis for senior level reporting, monitoring, and controlling. Often lower levels are used but are of lesser interest to senior management. These lower levels describe actual work packages that make up the components of the main elements.

Usually the individual elements or components are identified according to some established functional, physical or organisational hierarchical basis. It consists of various layers, like an organisation chart, each increasing the detailed content, until at the lowest level a single task or group of tasks forming a work package can be identified.

Once this lowest level is achieved, the packages can be costed and their duration can be better estimated, so a properly formed WBS can form the basis of the cost estimate and time schedule for the total project. As such, the WBS can also form the basis for progress monitoring against the project budget and schedule.

By structuring the WBS to be outcome oriented, the project manager is then in a position to use it as the basis for cost, time and performance measurement as discussed above. The lowest level work packages can then be defined in terms of the resources, time, and performance specifications needed for their creation.

WBS Importance

WBSs are important because they:
- Provide a framework for the organisation and management of the project;
- Provide a framework for planning and control of cost, schedule and scope;
- Break the project down into manageable components (work packages);
- Provide a means of identifying all work that needs to be done;
- Provide a measure for ensuring all work is done;
- Are a very convenient means of allocating and tracing costs;
- Facilitates effective communications, configuration management, reporting;
- Are useful as a quantitative basis for pricing and tender comparison; and
- Are useful for allocating responsibility for achievement of the various elements of the total project.

WBS Format

As could be imagined, the size of a real WBS containing several hundred "blocks" prevents the organisation chart format from being used except when only the higher levels are shown, or where a partial view of the total chart is required (see Figure 6).

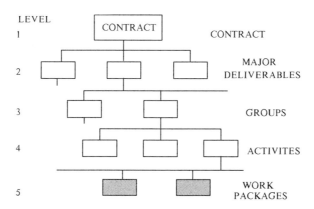

Figure 6   WBS Organisational Chart

A more convenient way to view the WBS for most practical purposes is the Outline Format. Similar to the outline of a document, the levels of indentation represent the succeeding levels of the structure (see Table 3).

Table 3   WBS Outline Format

LEVEL 1	LEVEL 2	LEVEL 3
Project	Prime Equipment	
		Sub – Assembly 1
		Sub – Assembly 2
		Assembly & Integration
		Sub – System Testing
	Project Management	
		Financial Data
		Management Data
	...	

WBS Considerations

· Excessive levels in a WBS can hamper control and confuse the reporting process. The levels should only go down as far as needed to identify resources and accountabilities for completion of work packages.

· Different stakeholders in the project may need different WBSs. For instance, senior management dont need to see below the top three levels, whereas a contractor producing deliverables for the project will need to take the WBS to the work package level. Subcontractors only need a partial view of the WBS pertaining to their contractual responsibilities.

The WBS should be product oriented, not resource or functional oriented. Resources are allocated to work packages. Functions that are ongoing should be clearly defined in outcome terms. For instance, systems testing.

Matching WBS and Organisation Charts

The WBS can be used in conjunction with the Organisation Breakdown Structure (OBS) to display project responsibilities against WBS elements. At the work package level, this matrix of responsibilities could show who is responsible for completing work. At higher levels, it could show who is responsible for monitoring, controlling, and reporting progress (see Figure 7).

Contract Work Breakdown Structures

Because the WBS is an ideal method of scoping all the work needed in a project, it can be easily used for contract definition and costing, and as a basis for defining contract deliverables. Related to this, various governments and organisations (such as the Project Management Institute) have developed standard WBS that project managers and bidders for work use. This ensures that the same cost basis for bidders' proposals are used, which allows comparisons to be made between bids. This standard WBS relies on the fact that the outcomes of each type of project can be structured in the same way to the 3rd level. The following sample (Table 4 is an extract from a Defence WBS and applies an electronics system.

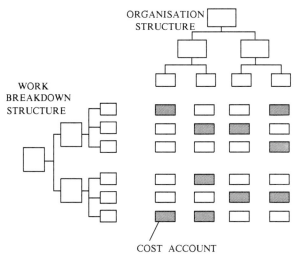

Figure 7   WBS and OBS

Table 4   Contract WBS

LEVEL 1	LEVEL 2	LEVEL 3
Electronic System		
	Prime Mission Equipment	
		Integration and Assembly
		Sensors
		Communications
		ADP Equipment
		Computer Programs
		Data Displays
		Auxiliary Equipment
	Training	
		Equipment
		Services
		Facilities
	System Test and Evaluation	
		Develop Test and Evaluation

LEVEL 1	LEVEL 2	LEVEL 3
		Operational Test and Evaluation
		Mockups
		Test and Evaluation Support
		Test Facilities
	System/Program Management	
		System Engineering
		Project Management
	Data	
		Technical Publications
		Engineering Data
		Management Data
		Support Data
		Data Repository
	Operational/Site activation	
		Contractor Technical Support
		Site Construction
		Site/Ship/Vehicle conversion
		System assembly/installation and checkout on site
	Common Support Equipment	
		Organisational/Intermediate
		Depot
	Industrial Facilities	
		Construct/conver/expand
		Equip Acq or Modernisation
		Maintenance
	Initial Spare/Repair Parts	
		Allow List/group or element

Outsourcing – Example WBS

Another example, this time for say outsourcing of government services is shown below.

1.0   NEEDS ANALYSIS

    1.1   Determine Need for Service

    1.2   Define & Baseline Requirements

    1.3   Develop Specifications

1.4　Develop High – Level Statement of Work

2.0　MARKET ANALYSIS

　2.1　Determine Internal Capability + Cost

　2.2　Identify Qualified Vendors

　2.3　Prepare RFI (Information)

　2.4　Evaluate RFI Submissions

　2.5　Conduct Decision Analysis (includes make/buy)

3.0　RFP DEVELOPMENT

　3.1　Develop Solution Criteria

　3.2　Finalise Requirements

　3.3　Finalise Schedule

　3.4　Finalise Budget

4.0　SOLICITATION

　4.1　Issue ITR

　4.2　Issue RFT

　4.3　Receive Bids

　4.4　Evaluate Response

　4.5　Qualify Tenderers

　4.6　Award/Select Preferred Tenderer

　4.7　Issue LOI(s)

5.0　CONTRACT

　5.1　Develop Master Agreement

　　5.1.1　Negotiate Contract

　　5.1.2　Finalise Terms & Conditions (use boiler plate)

　　5.1.3　Finalise Scope/Schedule/Cost

　5.2　Develop Contract Orders/Task Orders/CSOWs

　　5.2.1　Develop Specific Deliverables

　　5.2.2　Identify Resources

　　5.2.3　Define SLAs

　　5.2.4　Define Acceptance Criteria

　　5.2.5　Define Performance Measures

　　5.2.6　Issue PO/Task Order

　5.3　Execute Agreement/Signed Contract

6.0　SERVICES PERSPECTIVE

　6.1　Task Order/Contract Order SOW

Create a Work Breakdown Structure

Creating a Work Breakdown structure can be a challenge for people new to project management, but there a few tried and tested approaches that might be useful. Obviously if you can start from a clean sheet of paper and build a new WBS from first principles. This will be time consuming but will aid enormously in understanding the project completely. This will result in a WBs that is very specific to your needs and not to the needs of the last project.

You could of course reuse a WBS from an earlier project but be careful that you reuse one from a similar project or at least one that was in a similar sector and with similar objectives. One way of making good use of the intellectual capital invested in good work breakdown structures is to develop standard templates that follow best practise guides such as the PMBOK.

WBS Development Considerations

Important considerations in building a WBS are:

· Each element should be a single deliverable or discrete package of work that includes all the components of work, or products or sub assemblies that are necessary to complete the entire element;

· Each element is a sub – elemenet of the element above it in the hierarchy and only a sub = element of the elements above it, that is the work is logically subdivided;

· Allowing for flexibility in your WBS so that you can easily modify it when (not if) the scope changes;

· All work/deliverables/products are included;

· Monitoring and reporting on the project is included in every element;

· The WBS should only reflect the level of management that will apply, that is the WBS goes into enough detail without overwhelming management.

WBS Development Challenges

The major challenges in building a workable WBS are:

· Developing and maintaining logical relationships between elements;

· Balancing project definition with reporting requirements;

· Resisting the "need for speed" – there is a temptation to jump straight to Gantt;

· Maintaining 'deliverable' vs 'process' focus;

· Developing to appropriate detail;

· Including project management deliverables.

The Appropriate Level?

What is the appropriate level for a WBS. A well structured WBS:

· Will step down in detail until elements provide enough information to manage and control element

· Will have a level of detail commensurate with the size, complexity, risk, and the project manager's need for control

Preparing a Work Breakdown Structure
- Identify final products
- Identify major deliverables
- Incorporate additional levels for management insight and control
- Review and refine until stakeholders agree

Major Benefits
The major benefits of building a WBS are that only with some form of structured breakdaown will you really know about everything you have to do. So the WBS is a an effective:
- means of scoping a project
- means of assigning responsibility
- basis for cost estimating
- basis for risk assessment

PM 5 – PROJECT PLANNING

Overview

Project planning includes many activities, processes and disciplines. In its simplest form it produces the 'what, how, who and when' statement that can then be implemented. The more complex the task and more resources involved, the more important it is to ensure sufficient time, resources and rigour are applied to project planning to minimise the risks to project success. Planning also sets the rules for implementation, and provides the map, even if only in outline, for the life of the project. In the Initiation Phase the key output is the Project Plan.

Session Objectives

On completion of this session the student will have an understanding of:

· The benefits of project planning
· The project planning process
· The components of a project plan

References

Project Management Institute "A Guide to the Project Management Body of Knowledge" 1996.

Meredith J. R and Mantel S. J. "Project Management: A Managerial Approach", 1995, John Wiley and Sons.

"Managing Successful Projects with PRINCE2", CCTA, 1997, The Stationery Shop, London.

Why is Project Planning Important

Without effective planning, outcomes of complex projects cannot be predicted in terms of scope, quality, risk, schedule and cost. Providers of project resources cannot optimise their operations. In short, poorly planned projects lead to frustration, waste and re – work.

Project planning, then, is of major importance to a project because by its definition, a project is unique and involves something that has not been done before. As a consequence there is the potential for more risks, more unknowns, more opportunities to deviate from the original intent, and generally more paths to failure. Planning is important to show the way to the next project activities.

Benefits

Effective project planning has many benefits and before significant resources are committed, it identifies:

- Whether the targets for the project are achievable;
- The resources necessary to achieve the targets within a quantifiable timeframe;
- The activities necessary to ensure that quality can be built into the outputs; and
- The problems and risks associated with trying to achieve the targets and remain within constraints.

Further benefits of effective planning include:

- Avoiding muddle, confusion, unclear direction and ad hoc decision making (reduces management by crisis!);
- Aiding the project team and management to think ahead and hence prepare for future events, activities and requirements (forced to look ahead);
- Providing a baseline against which progress and achievement can be measured;
- Communication to all stakeholders, through distribution of the plan, of what, how, and by whom project activities will be done, including the monitoring and control mechanisms;
- Gaining commitment from the contributor and recipient of the plan (ownership);
- Providing personal targets for team members and stakeholders.

Ability to Influence Future Costs

The rigour associated with the Concept and Initiation Phases culminates in the planning activities that produce the Project Plan. After these phases there is little the Project Manager can do to influence the whole – of – life cost of the project outcomes. By the time a project has reached the Implementation Phase it is believed 85% of the decision to influence Life Cycle Costs have already been made, and there is little opportunity remaining to reduce overall costs (less than 20%).

Project Planning

Project planning can work through several iterations of a draft plan before satisfactorily stabilising. For example, if the initial completion date of a project is found to be unacceptable, project resources, costs or even the project scope may need to be redefined or adjusted. It is also worth noting that planning is not an exact science. The composition of the planning team, factors and influences at the time of planning, and experience of team members can vary, so that different teams (or the same team at different times) could come up with different plans to achieve the same project outcomes.

At the commencement of a project, there are usually too many uncertainties to write a complete Project Plan that sufficiently addresses all relevant aspects. The focus should therefore be on the nearest phase and the major milestones. The life of a project may up to 10 years, so it is clearly difficult to make detailed plans and procedures for all phases and activities. The Project Plan therefore is an iterative document that will require continual updating and refinement to reflect current schedule, financial and performance issues.

Project Planning Process

Planning, for almost any project, has some "core" processes. These processes have clear dependencies the require them to be performed in essentially the same order for each new project. For example, you have to know what it is you will do before you can cost it and schedule it. These core processes may be iterated several times during the planning activities of project Initiation, and will often be further iterated during the life of the project. Other "facilitating" processes that depend on the nature of the project support them.

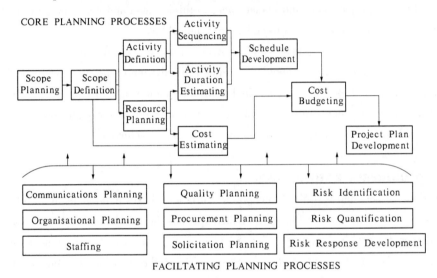

Figure 8   PMI Relationships between Project Planning Processes

Project Planning "Core" Processes

The core processes we will use come from the Project Management Body of Knowledge (PMBOK) and can be regarded as universally accepted. The names of the activities may change but their intent is universal. They include:

· **Scope Planing and Definition** – developing a written scope statement as the basis for future project decision, then subdividing the project deliverables into smaller more manageable components.

· **Scheduling Processes** – scheduling and scheduling tools will be covered in a later session, but the principle processes during planning are:

· *Activity Definition* – identifying the specific activities that must be performed to produce the various project deliverables.

· *Activity Sequencing* – identifying and documenting interactivity dependencies.

· *Activity Duration Estimating* – estimating the number of work periods needed to complete individual activities.

· **_Schedule Development_** – analysing activity sequences, activity durations and resource requirements to create the project schedule.

· **_Resourcing or Costing Processes_** – resourcing and cost estimation will be covered in a later session, but the principle processes during planning are:

· **_Resource Planning_** – determining what resources (people, equipment, materials, finance, facilities, etc) and what quantities of each should be used to perform project activities.

· **_Cost Estimating_** – developing an approximation (estimate) of the costs of the resources needed to complete the project activities.

· **_Cost budgeting_** – allocating the overall cost estimate to individual work items over the project duration.

· **Project Plan Development** – collecting the results of other planning processes and putting them into a consistent, coherent format, producing the Project Plan.

Project Planning "Facilitating" Processes

Running in parallel to the core project planning processes are many supporting processes that are more dependent on the nature of the project. For example, there may be little or no risk identifiable early in the process, until the team realises that the cost or schedule targets are too ambitious, and thus now involve considerable risk. Although the Facilitation processes may be performed intermittently and as needed during project planning, they are not optional. They include:

· **Quality Planning** – identifying which quality standards are relevant to the project and determining how to satisfy them.

· **Communication Planning** – determining the information and communication needs of the stakeholders: who needs what information, when will they need it, and how will it be given to them.

· **Organisation Planning and Staffing** – identifying, documenting and assigning project roles, responsibilities and reporting relationships, then getting the human resources required assigned to and working on the project.

· **Risk Planning** – including risk identification, quantification and development of responses to risks.

· **Procurement Planning** – determining what to procure and when, then identifying product requirements and identifying potential supply sources.

The Project Plan

The output of project planning during the Initiation Phase of a project is a Project Plan. The Project Plan is a formal, approved document used to manage and control project execution, that is, the Implementation Phase of the project. It should be distributed as required by the communications element (or sub – plan) of the Plan.

A distinction should be made between the Project Plan and project performance measurement baselines. The Plan is a document, or collection of documents that should be expected to change over time as more information becomes available about the project. The performance measurement baselines represent 'management control' that will usually change only with approved change of scope.

Project Plan – Contents

There are many ways to organise and present a Project Plan, but it will commonly include all of the following elements:
- Introduction.
- Aim (of the plan).
- Project Objectives.
- Background (why is the project happening).
- Scope statement, which includes the project deliverables and project objectives.
- Description of the project management approach or strategy.
- WBS to the level at which control will be exercised.
- Project schedule including major milestones and target dates for each.
- Budget and cost estimates.
- Risk assessment including a list of the key risks, including constraints and assumptions, and planned responses for each.
- Responsibility assignments to the level of the WBS at which control will be exercised.
- Performance measurement baselines for cost and schedule.
- Subsidiary management plans (scope management, schedule management, `quality management, risk management, etc).
- Open issues or pending decisions.

Supporting Documents and Details

The Project Plan, though a stand – alone document (or collection of documents), will have been derived from support documents and details. These may be referred to in the Plan or their development may be directed and so are required for implementation of the Plan. Supporting detail for the Plan includes:
- Outputs from other planning processes that are not included in the Project Plan.
- Additional information or documents generated during the development of the Project Plan.
- Technical documentation such as requirements, specifications and designs.
- Documentation of relevant standards.

PM 6 – RESOURCE PLANNING AND COST ESTIMATING

Overview

On some projects, especially smaller ones, resource planning, cost estimating and budgeting are so tightly linked that they are viewed as a single process (eg they may be done by an individual person over a short period). They are separated here as different inputs are required for each, and their influences on the scheduling processes in particular are related to the various stages.

This session will describe the importance of resource planning and cost estimation during the planning stage of a project. The Work Breakdown Structure (WBS) is a particularly valuable resource at this point. Other useful tools include Life Cycle Costs (LCC) models. The session complements the previous sessions on the WBS and Project Planning, and the following session on Scheduling and Scheduling Techniques.

Objectives

On completion of this session, students will be able to:
- · Describe the importance of resource planning,
- · Describe cost estimating and budgeting,
- · Describe cost estimating tools and techniques, and
- · Understand the importance of Life Cycle Costing.

References

Project Management Institute "A Guide to the Project Management Body of Knowledge" 1996.

Meredith J. R and Mantel S. J. "Project Management: A Managerial Approach", 1995, John Wiley and Sons.

"Managing Successful Projects with PRINCE2", CCTA, 1997, The Stationery Shop, London

Why Plan Resources and costs for a project?

The early appraisal of resources required allows the costs for the project to be more accurately determined in time, dollars and performance terms. The project can then be controlled or monitored against these requirements, and factors affecting them (staff shortages, disruptions to cash flow, finer tolerances required, etc) better managed as the flow – on impacts and relationships can be determined. Including resources in the Planning process provides both an awareness of the effect of resource availability on the project generally, but also forces managers to evaluate the use of resources which they may have taken for granted previously.

Resource and cost estimates are essential for:

· **Project Approvals.** It is necessary to determine the likely cost of a project for the Executive Authority to make decisions on its viability and approval to first be selected and then to continue. It is unlikely any decisions will be made without knowledge of the resource implications.

· **Budgeting.** Determining total cost for the purposes of budgeting and cash flow requirements. It is necessary to have an accurate estimate of total project cost to ensure that sufficient funds are available or appropriated for the project at the right times. It is also necessary to predict liability and expenditure rates for forward planning purposes.

· Limiting changes during production to those that are essential; ie the appropriation will reflect the approved scope of the project.

· Balancing cost, performance and schedule.

· Providing a means of planning and managing costs.

· Establishing a common cost basis for all project elements.

· Estimating costs at the lowest level practicable (and therefore as accurately as possible).

· Identifying and analysing risks; and

· Predicting cash flows.

Resource Planning

Resource Planning involves determining what physical resources (people, equipment, materials, etc) and what quantities of each should be used to perform project activities. It must be closely coordinated with activity definition and is essential for cost and duration estimation. The WBS identifies the project elements that will need resources and thus is the primary input to resource planning. As resources are defined broadly as anything that is needed to complete project activities, there is a need to look closely at the structure and characteristics of resources in order to understand how they are treated in the project management context.

· **People (Human Resources).** These can be a specific person, a specific skill, a group of more than one person acting as a resource pool, or an authoritative position in an organisation and can vary during the project. The human resources may be full – time, part – time, or used only for specific activities. Overtime may be available and planned absences known.

· **Equipment or Items.** These can be any item of hardware which needs to be available for use on a project activity, although it is usual to only include only special items not generally available in the workplace.

· **Organisational Resources.** These can be used to define an involvement by another organisation which might be needed to complete project activities without specifying precisely the person or group.

· (**Money**) **Financial Resources.** Cash funds needed. The categorisation of funds can usually be developed based on uses or sources so that specific records or control can be exercised. Funds can be paid on a time period basis, as a lump sum spread over a number of time periods, at the start, end or middle of an activity. It is often possible to define fixed costs, variable costs and overhead costs to projects or activities.

Once the resource requirements for activities are known costs can be estimated. The output from this process is a detailed description of what types of resources are required and in what quantities for each element of the WBS. Those that are not available can then be obtained by the time they are needed. The planning process can now progress to cost estimation.

Cost Estimating

Cost estimating involves developing an approximation (estimate) of the costs of the resources needed to complete project activities. When a project is performed under contract, care should be taken to distinguish between cost estimating and pricing. Cost estimating involves an assessment of the likely quantitative result, that is, how much will it cost the project organisation to provide the product or service involved.

Pricing is a business decision – how much will we charge – that uses the cost estimate as one consideration.

Cost estimates are continually refined. They are initially incomplete and uncertain. A rigorous and iterative cost estimating process, based on a thorough systematic collection and analysis of all data available at the time, is necessary.

Cost estimates are developed using several inputs to the process as follows:

· The Work Breakdown Structure (WBS).

· Resource requirements derived from the WBS.

· Resource rates – unit cost per use of resource (eg cost/hr, cost per cubic metre, etc). These may have to be estimated if not known.

· Activity duration – for time based activities and accrual of interest charges etc.

· Historical information – information on the cost of many resources is often available from project files, commercial databases, project team experience, or other sources.

Project Cost Breakdown Structure

Using the hierarchical levels in the WBS, a bottom up estimate of total project cost is established by aggregating all costs. This is referred to as the Project Cost Breakdown Structure (PCBS) and is used to display and define the cost elements that relate to products and work to be accomplished to the lowest level possible using all available data.

Estimated costs for off – the – shelf equipment can be obtained during market research/ technology reviews conducted by the Project Office staff. If Rough Order of Magnitude (ROM) costs that have been provided by prospective suppliers are used, a degree of accuracy should be stated.

Cost Management Plan

Cost Management Plan. With the development of cost estimates, a cost management plan may also be produced, especially for larger projects. This plan describes how cost variances will be managed and is a subsidiary element of the overall project plan. A cost management plan may be formal or informal, highly detailed or broadly framed based on the needs of the project stakeholders.

Estimating Techniques

Individuals involved in specific project cost estimating exercises should be using the same standard cost elements and estimating rules for the process. These should be established prior to commencement of the estimating process to ensure that items like contingencies are not included at multiple levels in the Project Cost Breakdown Structure (PCBS).

There are a number of recognised techniques in cost estimating. These methods may be combined or used in isolation, thereby producing varying degrees of accuracy:

· **Analogous Estimating.** Analogous, or top – down estimating, means using the actual cost of a previous, similar project as the basis for estimating costs for the current project. It is frequently used to estimate total project costs where there is a limited amount of detailed information about the project (eg in the early stages). Analogous estimating is a form of expert judgement. It is generally less costly than other techniques, but is also generally less accurate. It is most reliable when the previous project are similar in fact and not just appearance, and those preparing the estimates have the needed expertise. Analogous Estimating includes the:

· **Subjective Method:** This technique is based on experience and recollection without reference to recorded or analysed data from previous projects.

· **Parametric Modelling.** Parametric modelling involves using project characteristics (or parameters) in a mathematical model to predict project costs. Models may be simple (residential home construction generally costs a certain amount per square metre) or complex (advanced computer models with many variable and input rates etc). Both the cost and accuracy of parametric models can vary widely. They are most likely to be reliable when the historical information used is accurate, the parameters used are readily quantifiable and the model is scalable (for large or small). There are several iterations of Parametric Modelling including:

· **Parametric Method:** This technique uses formulae and ´rules of thumb´ based on historical and current information to relate the project being considered to known costs of previous projects.

· **Cost Estimating Relationships:** An extension of parametric estimating, which uses established relationships and experience. An example may be that the cost of building one story

· 294 ·

of a building may be a function of the number of stories above ground, the height of each story and the length and width of the building.

· **Comparative Method**: This technique uses detailed records from previous projects to make direct comparisons between actual costs for similar projects and the current project.

· **Cost Capacity Relationships**: A variation on the comparative method, this technique uses known unit costs to determine the cost of a similar item of different capacity or size.

· **Bottom – up Estimating.** This technique involves estimating the cost of individual work items, then summarising them or rolling – up to get a project total. The cost and accuracy of bottom – up estimating is driven by the size of the individual work items: small items increase accuracy, but increase the cost of estimation. The project team must weigh the additional accuracy against additional cost. This may also be referred to as the:

· **Synthesis Method**: This type of estimating breaks down the task into its smaller tasks, each of which is separately estimated using the best method available. The total estimate is then obtained by ´rolling – up´ the individual estimates to the appropriate level.

· **Indexing**: Indices can be used to convert historical costs to present day figures when relevant unit costs may not be available. A word of caution is necessary as indices are regularly derived from selective information and may distort the costs as applied to particular project needs.

Use of Historical Data

All of the estimation techniques use some form of historical data. Caution should be exercised when using historical data as either it, or your own situation may be influenced by a number of factors, some of which are listed below:

· **Start – up Costs**: The original cost may have been in a situation that had very favourable production run conditions.

· **Negotiating Position**: The original price may have been obtained under intense competition between alternative suppliers.

· **Bulk – buying Advantage**: Previous estimates may be effected by the size of the order allowing bulk – buying discounts.

· **Increased Material Costs**: Raw commodity prices or sudden shortages in special to type components may influence costs.

· **Changes in Government Policy or Legislation**: Imposition or removal of taxes or tariffs may effect the cost of an item as may the application of specific Government policies (ie: full manufacture in Australia may cost more or less than an earlier offset value).

· **Design Changes**: The historical cost of an item will not include a reduction in or additional features or effort required by specification changes or increased functionality.

Cost Estimating Accuracy

In the early days of a project (eg Concept Development and early Initiation) the cost estimate could be as much as 200 – 300% underestimated. Even during Implementation, the estimate can be as much as 20 – 50% underestimated.

This underestimation is largely dependent on the risk associated with the project and stakeholder's and project team's knowledge of the project and product outcomes required.

Inaccuracies in costing and optimistic liability and expenditure projections can cause big problems for financial management. One reason that costs are often underestimated is that the Project Manager may consider that, if true cost estimates are provided for the purposes of project approvals, then the project or some of its stages may not be approved.

Cost Budgeting

Cost budgeting involves allocating the overall cost estimates into individual work items in order to establish a cost baseline for measuring project performance, and for ensuring resources are available at the appropriate time and in the appropriate quantity. Though primarily related to financial costs, the basis all resources can be reduced to, the cost baseline also represents the availability and use of human, equipment and organisational resources.

The Cost budget is derived from:

- the cost estimate, providing the cost value for the work items
- the activity durations, to determine possible payment regimes or milestones, and
- the project schedule, showing sequencing, dependencies and peaks, and to assign costs to the time periods when cost will be incurred.

The cost baseline produced is a time – phased budget that will be used to measure and monitor cost performance on the project. It is developed by summing estimated costs by period and is usually displayed in the form of an S – curve. Many projects, especially larger ones, may have multiple cost baselines to measure different aspects of cost performance. For example a spending plan (or cash flow forecast or expenditure spread) is a cost baseline for measuring disbursements.

Life Cycle Costs

Life Cycle Costs (LCC) are the total cost of owning and operating the project outcomes through their operational life. LCC include the acquisition costs of equipment projects are well as:

- Ownership costs which include:
- Operating costs, which include personnel, training, support and test equipment, consumables (eg fuel);
- Maintenance costs, which include labour, facilities, spare parts, repair parts, documentation, support and test equipment, packaging, handling, storage and transportation.

· Maintenance program costs, which include preventative, corrective and modification maintenance.

· Disposal costs, which comprise inventory closeout, packaging, handling, storage and transport, hazardous materials, data management, refurbishment and deactivation.

Life Cycle Cost Model

A modelling tool can be a simple pencil and paper tool, a simple software spreadsheet or a database generated by the Project Office, to complex commercial software models.

LCC modelling may be undertaken at decision points through the life cycle of a project. This provides the financial information necessary to achieve a balance between the outcomes and financial constraints. Requests for tender often require suppliers to provide LCC information. The LCC data is then used to evaluate the tenders. LCC data is also used to update the Project costs.

Whatever LCC model is used, a statement of confidence in the LCC data should be made available. Software models allow you to conduct sensitivity analysis by varying the more critical cost drivers to establish their effect on the LCC.

The Facilitating Processes

Whilst resource planning and cost estimating is a vital part of project management, it cannot be taken in isolation. There is a clear relationship with scheduling, but also equally important is the ongoing and parallel consideration of the facilitating processes. Of these, risk and quality in particular need to be continually reviewed and developed during the resource planning, cost estimation and budgeting activities.

PM 7 – SCHEDULING TECHNIQUES & TOOLS

Overview

It is essential in project management to show project milestones, tasks and activities a-gainst a time scale in order to allow progress to be checked, among other advantages. This session explains the requirement for scheduling and covers the well – known tools and techniques of sequencing, PERT, CPM, Gantt, milestone charts, and resource levelling. A mention of useful tools is also made.

Objectives

On completion of this session the student will be able to:
- Explain the need for effective scheduling during project planning,
- Explain the processes involved in developing a project schedule, and
- Describe some tools and techniques to assist with schedule development.

References

Project Management Institute "A Guide to the Project Management Body of Knowledge" 1996.

Sunny and Kim Baker, "The Complete Idiot's Guide to Project Management", 1998, Alpha Books, New York.

"Managing Successful Projects with PRINCE2", CCTA, 1997, The Stationery Shop, London

What is Project Scheduling?

Scheduling is an important and integral part of the overall planning effort, as the scheduling process forces people to quantify their effort in discrete terms and to place tasks in proper relationship to each other. It also is important and interacts with resource planning, cost estimating and project budgeting. Scheduling facilitates the timely assembly of resources to undertake particular tasks and identifies when the resource pool is in surplus or deficit.

The overall objectives of project scheduling are to:
- Schedule work according to the defined dependencies and precedence.
- Match the available resources to project activities.
- Identify surplus or deficient resource requirements for project activities and resolve within time constraints, smoothing resource demand as appropriate.
- Calculate the total requirements for resources to aid cost estimating and budgeting.
- Determine the total project duration and timing of all milestones and activities.

· Establish a time baseline for measuring performance and ensuring resources are available at the appropriate time and in the appropriate quantity.

The Project Schedule can be presented in a number of ways at various stages in its development. Project Schedules are most commonly seen in the form of Network diagrams (CPM/ PERT) , Milestone Charts, or GANTT Charts.

Why Do Projects Need a Schedule?

"A Plan can only show the ultimate feasibility of achieving its objective when the activities are put together in a Schedule which defines when each activity will be carried out" ("Managing Successful Projects with PRINCE2", pg 213.)

The process of developing and building the schedule verifies the project's viability. As it is developed and built, if the time required is not matched by time allowed, the Project Manager may have to gain an extension in time or acquire more resources to allow the time constraints to be met. Working through the Schedule in the sequence, duration and resource dimensions, can reveal missing tasks or activities, such as acquiring a temporary resource before being able to use it. As the process is iterative, adjustments to costs, budgets, tasks, and resources should be expected.

Accurate, realistic and workable scheduling is what makes a project tick. The schedule shows who is doing what, and when they are supposed to be doing it. Scheduling involves converting the well – organised (via work breakdown structure) and sequenced (via network analysis) tasks plus resource requirements into an achievable timetable with start dates, finish dates, assigned responsibilities, and resources for each task.

Scheduling allows project performance against a time base – line to be monitored and reviewed. Without this base – line success is difficult to measure and there is no way of ensuring resources are available at the appropriate time and in the appropriate quantity.

How is the Schedule Developed?

The principle processes leading to schedule development are:
· Activity Definition,
· Activity Sequencing,
· Activity Duration Estimating, and
· Schedule Development.

The development of the schedule is iterative as these processes interact with each other and the other planning processes. In particular, the processes relating to resources and costs interact significantly.

On some projects, especially smaller ones, activity definition, sequencing, duration estimation and schedule development are so tightly linked that they are viewed as a single process, and may be performed by a single individual over a short time period.

Activity Definition

Activity Definition involves identifying the specific activities that must be performed to produce the various project deliverables identified in the WBS. It is obvious that like resource planning, a WBS is a logical start point. Unlike the WBS, Activity Definition produces a list of activities or action steps rather than a list of deliverables or tangible items. Like developing the WBS, use can be made of decomposition techniques and previous activity lists (templates).

The activity list from this process should be organised as an extension of the WBS to help ensure that it is complete, complementary and does not include activities that are not required as part of the project scope. If necessary, descriptions of activities may be required to ensure all project team members will understand the full extent of an activity.

Activity Sequencing (Networking)

Activity Sequencing involves identifying and documenting inter – activity dependencies. The activity list produced from the WBS must be sequenced accurately to support later development of a realistic, robust and achievable schedule. Sequencing can be performed manually or with the aid of a computer (software tool). Manual sequencing is often more effective on smaller projects and in the early phases of larger projects when little detail is available. Manual and automated techniques may also be used in combination.

Dependencies

In addition to the activity list, details of the dependencies between those activities is required. To establish the inter – relationships between activities it is useful to ask the following questions about each one as it is considered:

- **Precedence.** What activities must be completed before this activity can commence?
- **Sequence.** What activities cannot commence until this activity is completed?
- **Concurrence.** What activities can take place at the same time as this activity?

From here the activities can be laid out in a network. Whether the process starts with the last activity and works backwards, or works from start to finish is a personal choice, the result will be the same. The duration for each activity is not required to set out the network. Project networks in common with all other network methods, are not drawn to scale. All networks are, however, constructed with careful logical thought to ensure that they show as accurately as possible the relationship and interdependence of each activity or task with all others in the projects. For this reason, networks are sometimes called project activity logic diagrams.

Hard and Soft Dependencies. Caution needs to be applied when determining dependencies and inter – relationships. There are 'mandatory dependencies' (or hard dependencies) which must be identified, as they are inherent in the nature of the work being done. There are also 'discretionary dependencies' (or soft dependencies) imposed or defined by the project team and which should be used with care (and fully documented) since they may limit later options. Discretionary dependencies are often based on perceived ' best practices ' , or on unusual aspects where a specific sequence is desired even though there are other acceptable sequences.

Sequencing (Networking) Tools and Techniques

It is appropriate here to look at how we develop a project network diagram and the tools we use. Sequencing or networking is the first part of Network Analysis. Network analysis is a generic term for several project planning methods of which the best known are Critical Path Method (CPM) and Program Evaluation and Review Technique (PERT). Although both of these methods will be described, CPM is generally more widely used. However, most software scheduling tools can do both.

Network analysis techniques were originally used as operations research tools. Their full exploitation was first seen in the USA in the early 1960s, when they were developed as the basis of the PERT system used on the US Navy's Polaris Nuclear Submarine project. The PERT method of network analysis is the basic algorithm in all computer based project management systems. There are two basic techniques for building or representing networks:

· **Activity – on – Arrow (AOA)** where nodes in the network are represented by small circles identified with a number, showing where a task started and finished. Networks are made up of arrows and nodes to show the dependencies. AOA only shows finish – to – start dependencies and may require the use of dummy activities to correctly define logical relationships. This method is also called the Arrow Diagramming Method.

· **Activity – on – Node (AON)** uses boxes for activities with lines joining the boxes to show the dependencies – also called the Precedence Diagramming Method. A feature of the AON method (best used with computer systems) is the inclusion of additional relationships. These relationships eliminated the need for dummy' tasks needed in the AOA method and allow finish – to – start, finish – to – finish, start – to – start and start – to – finish relationships. Lags in time can also be applied to these precedence relationships.

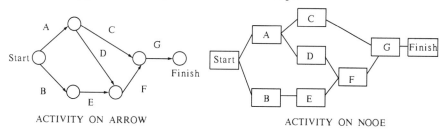

Figure 9   AOA and AON Diagramming Techniques

Figure 9 shows a simple network presented in both methods for comparison. AON has overtaken AOA as the most common diagramming technique, and is the basis for most network analysis software packages.

Activity Duration Estimation

Activity Duration Estimating involves estimating the number of work periods needed to complete individual activities. These will then be applied to the project network diagram developed previously. The individuals or groups on the project team who are most involved with the various activities should provide duration estimates.

Duration estimating is tightly inter – related to resource planning and cost estimating. The resources assigned to them will significantly influence the duration of many activities. Remembering the iterative nature of the planning process, resource requirements and availability can also generate options for activity duration and cost. For example, an activity that may take the two available engineers twelve days to complete, could also take only six days if four engineers were available, though the additional two engineers may come at a higher unit cost.

The capabilities of the various resources being assigned may also significantly influence duration considerations. An experienced engineer for instance may complete a specific task in less time than a junior engineer. Your regular staff may work a 40 hr week, whilst contracted staff may work say 80 hrs, including weekend work. Plant and equipment may need to have programmed down – time for maintenance. All these influences help build a more robust schedule.

Estimation techniques for duration are very similar to those for cost estimation, and the principles are the same. Techniques include expert judgement, analogous estimating, parametric estimating and simulation.

Schedule Development

Schedule Development involves analysing activity sequences, activity durations and resource requirements to create the project schedule. As an end result, it determines start and finish dates for activities and the resources required for those activities.

The Project Schedule may be presented in many forms, depending on the preference of the Project Manager and Project Team, and the needs of the stakeholders. Though it may be presented in tabular or list form, Project Schedules are more often presented graphically using one or more of the following:

· Project Network Diagrams with date information added are used to show the project logic, critical path activities and other levels of activity information. These are the end products of CPM/PERT techniques and tools.

· Bar Charts showing activities as 'bars' of time. That is, showing start date, finish date, duration and maybe some resource information. These are better known as Gantt charts. Dependencies can also be included if required.

· Milestone Charts that reduce activities to milestones. That is starts and finishes only. These are useful for senior management when a great deal of detail is unnecessary.

Tools and Techniques for Scheduling (Network Analysis)

CPM and PERT

CPM/PERT techniques now come into their own, in the development of the project Schedule. The network is now populated with duration and resource information and analysis of the implications undertaken and adjustments made before the schedule is complete. We will concentrate here on CPM and the development of the critical path, then look into resource allocation and levelling techniques.

Both PERT and CPM techniques calculate a critical path through a sequence network in equivalent manners. The difference between them is:

CPM – each activity is given 1 time estimate (most likely time), so that one critical path and length is calculated.

PERT – each activity is given 3 time estimates (optimistic, pessimistic, and most likely), and a 4th estimate is then calculated as the weighted mean of these. Thus, a number of critical paths may exist depending on the range of estimates. PERT can get more complicated by the consideration of variances, standard deviations, and probabilities in the process.

Critical Path Analysis

In any network there is one path from start to finish that is the longest – the Critical Path. This name is related to the fact that this path is critical to the achievement of the earliest completion of a project. This is the path that must be reduced if earlier completion is required. The following simple Precedence Diagram (Figure 2) will be used to explain the way in which network calculations are done and the concept of float.

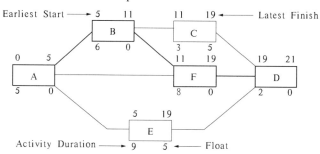

Figure 10   Critical Path Network Example

The Critical Path Analysis is done in the following steps:

· Calculate the Earliest Start for each activity moving from left to right. Earliest Start is the longest path possible for a task to begin.

Earliest Start = highest sum of durations of preceding activities

In our example, Earliest Start for D is 19 as it is the highest sum of durations of the preceding paths:

$$A + B + C = 5 + 6 + 3 = 14$$
$$A + B + F = 5 + 6 + 8 = 19$$
$$A + E = 5 + 9 = 14$$

· Calculate the project's Total Time, adding the last activity's duration to its Earliest Start. In our example, this is $19 + 2 = 21$.

· Calculate the Latest Finish for each activity, moving from right to left. Latest Finish is the shortest path remaining at completion of a task.

Latest Finish = lowest difference of Total Time minus duration of subsequent activities.

In our example, Latest Finish for B is 11 as it is the lowest difference between total time (21) and the durations of the subsequent paths:

$$21 - C - D = 21 - 3 - 2 = 16$$
$$21 - F - D = 21 - 8 - 2 = 11$$

· Calculate the Float for each activity

Float = Latest Finish − Earliest Start − Duration

In our example, Float for C is $19 - 11 - 3 = 5$

· Now all activities with zero Float are on the Critical Path!

Real dates can then be applied to the activities and allowances made for weekends or other breaks in the timeline. It is often more useful to view this information in the form of a Bar or Gantt chart, Figure 11: Typical Milestone Chart (MS Project) rather than the precedence diagram format we have seen so far. Figure 12 is a Gantt chart from our example precedence network, overlayed on a typical calendar month including weekends.

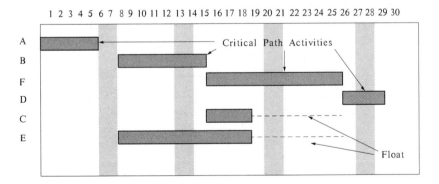

Figure 11   Gant Chart example

It is clear to see how computer applications come into their own for large and complex projects with many activities. Some known scheduling applications include Open Plan professional, Primavera, Microsoft Project, Timeline, KeyPlan and Super Project.

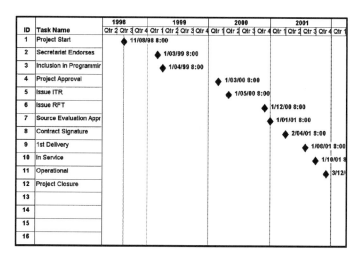

ID	Task Name	1998			1999				2000				2001				
		Qtr 2	Qtr 3	Qtr 4	Qtr 1	Qtr 2	Qtr 3	Qtr 4	Qtr 1	Qtr 2	Qtr 3	Qtr 4	Qtr 1	Qtr 2	Qtr 3	Qtr 4	Qtr 1
1	Project Start		11/08/98 8:00														
2	Secretariat Endorses				1/03/99 8:00												
3	Inclusion in Programmir				1/04/99 8:00												
4	Project Approval								1/03/00 8:00								
5	Issue ITR								1/05/00 8:00								
6	Issue RFT									1/12/00 8:00							
7	Source Evaluation Appr									1/01/01 8:00							
8	Contract Signature										2/04/01 8:00						
9	1st Delivery											1/08/01 8:00					
10	In Service												1/10/01 8				
11	Operational													3/12/			
12	Project Closure																
13																	
14																	
15																	
16																	

Figure 12   Microsoft Project Milestone Chart

In a large project of several hundred tasks it is not feasible for all tasks to be included in a report. Filtering can facilitate ʹexceptionʹreporting by locating only those entries that meet the selection criteria. Modern computer applications provide these filtering functions where once it had to be done by hand. The generation of reports with information relevant to the various project stakeholders is an on going task for the project team.

With the critical path determined, the tasks with float (that is, those not on the critical path) and with some flexibility, can be scheduled. The project manager (or team) may at this time look at the resources required to see the resource constraints that may now influence the schedule.

Resource Allocation and Levelling

By allocating resources to the activities in the schedule, the actual resource usage pattern can be determined. Many software packages allow quite detailed resource definition for each activity and can warn when resources are not available or in conflict.

The danger of not checking resources against the schedule can blind the project team to conflicting availability resources, potential overuse of key resources, conflicts in organisational and project priorities and even conflicts with other projects. The use of Resource Analysis and Resource Levelling can aid the project in effective and efficient use of resources.

Resource Analysis is the process by which the availability of resources is examined and the timing of activities is scheduled within that availability. It produces a schedule of dates for every operation in the project showing when they should start and finish and also produces totals for the usage of resources throughout the project.

Resource Levelling is the process of smoothing out the need for resources to reduce the o-verall amount of resources needed at any given time. The use of resource histograms can assist project managers to anticipate heavy and light use of resources and enable them to adjust their plan or prioritise accordingly.

In the case of our example project, if we assume the simplest case where each activity has a single resource type and each activity uses only one of this resource, we could represent the resources for our initial Gantt chart as follows, in a Resource Histogram.

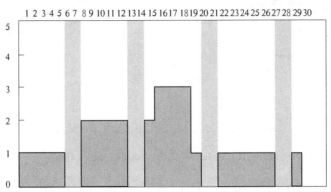

Figure 13   Resource Allocation Histogram

Figure 13 shows an uneven peak in the resources. If the float is used, these peaks may be able to be evened out. In our example project we would need at various times one, two, three of the resources we are using.

By forcing Activity C to use the same physical resource as Activity E, it then has to follow E, and the 'Levelled' Resource Histogram would now look like that in Figure 14.

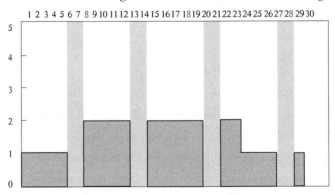

Figure 14   Resource Allocation Histogram after Levelling

We can now more economically utilise our resources; firstly only requiring a maximum of two, but also the increase from one to two is in a continuous block. Be aware that we have used up our float to achieve this levelling and our degree of flexibility has been reduced.

Including resources in the planning process can provide both an awareness of the effect of resource availability on the project generally, but also it forces managers to evaluate the use of resources which they may have taken for granted previously.

Resource levelling can be instrumental in reducing the overall amount of resources required at any given time during a project by cutting the 'peaks' which require additional resources or expensive overtime. It can also be effective in changing the payment profile of the project through scheduling, usually moving payment to a later rather than earlier time. The concept of resource levelling allows you to anticipate future pressures on the use of resources that can allow you to adjust your resource plan or to modify project target dates. It can also identify potential under utilisation of resources.

Facilitating Processes

Whilst schedule development with resource inputs is a vital part of project management, it cannot be taken in isolation. There is a clear relationship between resource planning and cost estimating, but also equally important is the ongoing and parallel consideration of the facilitating processes. Of these, risk and quality in particular need to be continually reviewed and developed during the resource planning, cost estimation and budgeting activities.

Advantages of Detailed Scheduling

Through looking at the processes and tools, there are clear advantages for committing project resources early on to detailed and thorough schedule development. Some of these can be summarised as follows:

· Reduction in Project Time Schedule. By formalising the project planning, the ability to schedule activities is more accurate, and complex operations can be more effectively coordinated to give significant reductions in project times;

· Closer Control of Complex Projects. The ability of the computer to deal quickly and accurately with the mass of data that is involved in the planning and progressing of complex projects and to produce meaningful management reports, leads to closer control of the projects;

· More Efficient Use of Resources. Resource allocation distinguishes between those activities which will have a critical effect on the schedule, and those other activities that are on a path having excess time (float) available. By re – arranging resources of manpower and facilities, the critical path can not only be shortened, but resources can be fully utilised;

· More Detailed Planning and Scheduling. The analytical approach and the discipline imposed in the construction of networks for a project automatically excludes unrealistic thinking and leads to more detailed planning and scheduling;

· Forecast of Potential Bottlenecks. The detailed planning and scheduling of a project will reveal both real and potential bottlenecks. During the progress of the project, the network analysis allows a continual detailed watch to be kept upon the effect of any delay that can be immediately highlighted. In many cases, the delay of one activity need cause no change in schedule, but if the activity is on the critical path, then urgent management action must be taken if delay is to be avoided;

· Ability to Test Alternative Solutions. Planning simulations can be evaluated to test the effects of a variety of changes in the sequencing of events or allocation of resources. This could enable an optimum project plan to be produced;

· Lists Critical Activities Requiring Management Action. Management action becomes more effective when directed toward trouble areas. Progress of whole projects can turn upon a short list of critical items; and

· Emphasis on Inter – relationships Between Activities. The concept of network construction highlights the inter – dependence and inter – relationships between activities and thus personnel responsible for control of individual activities. Project staff can see their position in relation to the rest of the project, and are better able to understand the timing and relationship of their responsibilities to those of other participants in the project.

Schedule Development Ground Rules

At this point it should be worth establishing what the ground rules of your organisation are before committing or levelling resources. An example list of resourcing aspects to consider include:

· Overtime and consecutive shift policies

· Allowances for holidays and vacations

· Definition of a 'day' (eg: 8 hours)

· Appropriateness of skill levels of staff allocated to tasks

· Accounting for education and training needs

· Accounting for participation in inspections, document reviews, project meetings

· Accounting for identifying, recording and displaying quality and process related performance measures

· Accounting for travelling time

· Accounting for availability of hardware, tools, support equipment, and other resources

· Accounting for realistic projections of personnel staffing

· Basing estimates for design, code and test on the productivity rates of an equivalent metric

· Accounting for ongoing support to products that are delivered for trial

· Building in sufficient contingency buffers into the schedule

On top of these, all assumptions that need to be made in the development of the schedule should be documented and presented with the schedule in the project plan.

Checklist

Finally, as a means of covering all bases, the following questions might prove handy in developing a schedule:

· Have we got all the activities that need to be performed?

- Is someone allocated as responsible for each activity?
- Is a duration allocated for each activity?
- Are there any concerns over the duration allocated?
- Have all predecessors for the activity been identified?
- Have all successors for the activity been identified?
- Do we have the right resources to complete each activity?
- Are the planned start and end dates for each activity reasonable?
- Are there any critical dependencies outside the project that should be reflected so that progress tracking is assured?

PM 8 – IMPLEMENTATION PHASE – MONITOR & CONTROL

Overview

This session provides an overview of the major activities and events that take place during the implementation phase of the project life – cycle. Implementation revolves around getting work done, knowing where progress is at, and taking remedial and preventative action to protect progress. As such, this session focuses on two major skills exercised during this phase: monitoring and control. The requirement for monitoring and controlling is explained, planning aspects to enable effective monitoring and controlling are discussed, and the Earned Value method for progress monitoring is explained.

Objectives

By the end of this session the student will be able to:
- Describe the nature and purpose of the Implementation Phase.
- Explain the purpose of monitoring and control.
- Apply the earned value technique.

References

Central Computer and Telecommunications Agency "Managing Successful Projects with PRINCE 2", 1996, The Stationery Office, London.

Meredith J. R. and Mantel S. J. "Project Management: A Managerial Approach", 1995, John Wiley and Sons, New York.

Roman D. D. "Managing Projects: A Systems Approach", 1986, Elsevier, New York.

Turner J. R. "The Handbook of Project – Based Management", 1993, McGraw Hill, Cambridge.

Implementation Phase

The implementation phase of any project is marked by a rapid escalation in activity, staff, and tempo. It is during this phase that approved project plans, budgets, and schedules are implemented, and most likely reviewed and refined to extensive detail. During this phase the bulk of the work is undertaken to deliver the project objectives, and most of the budget is expended.

The implementation phase tests more skills of the project manager than any other phase. The majority of the project manager's time will be spent interpreting data, reading and writing reports, controlling personnel and budgets, and solving problems of varying difficulty in order to keep the project on track. Managing the project through implementation can get very difficult if not enough attention to planning was paid during the previous phase.

Implementation Tools

Overall Implementation depends on the top – level project plan, its subordinate plans, the Work Breakdown Structure (WBS), the schedule, and the budget. The act of implementation is the execution of these plans. The plans are the major implementation tool, and the WBS, schedule, and budget are the major tools used to measure implementation progress. This progress, along with the risk log, quality and other procedures are monitored to forecast problems and determine if control mechanisms need activating. Control mechanisms revolve around the utilisation of the budget, schedule, and other resources to prevent, alleviate, or minimise the impact of problems. A methodology often used in monitoring and forecasting progress is the Earned Value technique to be discussed later.

Implementation Activities

The core of activities in the implementation phase can be summarised as getting work done, knowing levels of progress, and taking remedial or preventative action to protect progress. However, there are many other related activities. These and others are presented below:

- Execute Plans
  - Approving conduct of work and expenditure of funds.
  - Gather work and expenditure data.
  - Assess work, expenditure, & overall project progress.
  - Report on work, expenditure, & overall project progress.
  - Negotiate, resolve, or prioritise staff and resource issues.
- Procurement Management
  - Make requests for offers.
  - Evaluate offer responses.
  - Negotiate with contractor.
  - Manage a contract.
- Monitor
  - Perform regular reviews.
  - Inspect quality of work.
  - Check work is done to specification.
  - Inspect adherence to quality procedures.
  - Co – ordinate reviews of data deliverables.
  - Monitor progress, variance, risks, environment.
  - Make changes to plans, schedule, budget.
  - Take corrective action against problems.

- Take preventative action against risks.
- Execute contingency plans.
- Prepare for transition phase.
- Refine transition plan.
- Refine in – service support plan.
- Refine integrated logistic support plan.
- Refine test and evaluation plan.
- Fill in lessons learnt database.
- Control
  - Direct, delegate, allocate staff.
  - Communicate with project, contractor, & senior management.
  - Foster communications within project & with contractors.
  - Convene and control meetings.
  - Record and follow up agreed actions.
  - Manage delivery of products.
  - Handle disputes.
  - Forecast progress, variance, risks, environment.
  - Update project plans and risk log.

This list is meant to sketch a picture of a project manager's work during the Implementation Phase. The focus of which should be on monitoring and control, discussed next. Other items on the list will be discussed in later sessions on risk management, procurement management, and contract management.

Monitoring and Control

Project monitoring and controlling are processes that focus on letting the project manager know what the project status is, and allowing actions to be taken to keep the project on track. There are actually three processes connected in a cycle: planning, monitoring, and controlling. Exercising control drives the need for monitoring, as control decisions are based on outcomes of monitoring processes. These monitoring processes in turn drive the need for planning, as data inputs into monitoring processes do not just occur, they need to be planned to occur. The cycle is completed when the control processes result in any review or refinement of existing plans.

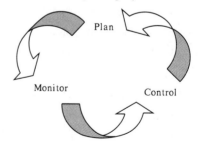

Figure 15   The Monitor and Control Cycle

Planning

Planning for monitoring and controlling requires understanding what it is that needs to be monitored to allow control to be exercised. This means identifying what items need to be measured, and identifying the performance criteria against each item. Once this is understood, the data gathering processes need to be developed, and procurement of any supporting gathering or analysis tools need to be planned for. Planning for controlling includes determining control system requirements (policies, procedures, authorisations).

Identifying data needs

In understanding what you are trying to monitor, there are various levels that need to be considered. At the top level, all projects should be interested in monitoring:

- The budget
- The schedule
- The products
- The risks
- The life cycle cost

As risk management is covered in a separate session, this discussion will focus on the remaining more tangible aspects of monitoring and controlling. At a more fundamental level, some aspects that most projects are interested in monitoring are:

- Dollars spent thus far
- Work completed thus far
- The level of compliance of work completed
- The schedule critical path

There are many other aspects that may warrant monitoring including:

- Number of late deliveries
- Number of specification changes
- Number of accidents
- Number of rewrites needed for data deliverables
- Number of bugs in code
- Qualification test pass rates
- Turnover rates of product
- Staff morale
- Separation rates of staff
- Levels of co – operation
- Contractor relationships
- Performance Criteria

Once aspects to monitor are determined, their measurement needs to be defined along with performance criteria. The performance criteria determine the points or thresholds at which control action is warranted. They are generally those quantifiable characteristics belonging to the items to be measured. Examples are shown in Table 5

Table 5 Performance Criteria Examples

ITEMS TO MONITOR	PERFORMANCE CRITERIA	MEASURE
Actual cost spent on work performed	Within 10% of budgeted cost for work performed	Funds committed Vs funds budgeted
Actual work completed	Within 10% of scheduled work to be completed	Work packages in WBS completed by the date specified in the schedule
Qualification test pass rate	Must be above 90%	Number of products in a batch that totally meet specification
Number of late deliveries	Must be below 5%	Deliverables in Delivery Schedule that arrive more than 5 working days after scheduled.
Contractor Relationships	More than 1 complaint a week over 3 weeks.	Staff official complaints lodged about contractor behaviour.

It can now be seen how vital it is to plan for data requirements to support monitoring. Some of the special planning needs for the data requirements above include: ensuring access to product tests is written into a contract, ensuring a spend/commitment log is maintained, ensuring the WBS is planned to the appropriate depth, and that a schedule is developed.

Planning for processes to gather data revolves around writing procedures, determining who will perform certain roles, who needs empowering, what training is needed, and planning for procedure reviews. Process planning also involves setting analysis standards to ensure consistency of interpretation and validity of results. It also involves identifying supporting tools.

Monitoring

Project monitoring is the process of collecting, recording, analysing, and reporting information pertaining to project performance. The major purpose for monitoring is obviously to allow for effective control, however, monitoring serves other purposes including: establishing an audit trail, evaluating for lessons learnt logs, briefing senior management, public relations articles.

Tools of Monitoring

There are various tools used in the monitoring and control process. The obvious ones are the project plans, WBS, schedule, and budget created during the planning phase of the project. Other ones include inspections, reviews, and meetings. Other more sophisticated ones exist, many of which revolve around the Earned Value technique, such as the Cost/Schedule Control System (C/SCS) used on many large projects. Another tool is to use Milestone Reporting which measures progress by highlighting completed milestones on a summarised project schedule. This is more suited to complex design projects where other performance indicators are not suited.

C/SCS

The Cost/Schedule Control System (C/SCS) is a planning, monitoring, and controlling regime developed in the United States in the 1960s and is applied by equipment and construction industries the world over in very large projects. C/SCS is primarily concerned with capturing internal cost and schedule data and using that data to forecast future cost and schedule progress.

The objective of C/SCS is to provide an adequate basis for decision making by both the supplier and the buyer. C/SCS provides a guide to setting up and running projects using a set of criteria that are grouped into five types. A quick explanation of each type is provided below:

Organisation. A number of criteria are specified to guide the process of scoping the work to be done, determining who is to do the work, and how it is to be broken up.

Planning and Budgeting. Criteria are specified to develop an integrated cost and schedule baseline reflective of contractual and organisational requirements. The aim is to determine when the work is to be done and at what cost.

Accounting. Recording of costs and summarising into pre – defined categories for reporting purposes. Costs must be attributable to work accomplished according to the work scoped out earlier.

Analysis. Processes that assist in determining project progress, variances, etc. These processes revolve around Earned Value which is detailed next.

Revisions and Access to Data. Processes to allow changes to be made resulting from the analysis processes to ensure the scope remains in tact and that the direction of the project remains focussed on the objectives.

Earned Value

The earned value technique is part of C/SCS, but is a valid independent technique used by many smaller projects. It is a method of measuring progress which provides measures of variances from the project baseline budget and schedule. Thus earned value is not a comprehensive monitoring technique but helps with monitoring overall project performance.

There are three essential variance measures:

· **Cost Variance.** CV measures the difference between the Budgeted Cost of the Work Performed (BCWP) and the Actual Cost of the Work Performed (ACWP) up to a specified time.

· **Schedule Variance.** SV measures the difference between the Budgeted Cost of the Work Performed (BCWP) and the Budgeted Cost of the Work Scheduled (BCWS) up to a specified time.

· **Variance at Completion.** VAC Measures the difference between the planned Budget at Completion (BAC) of the project and the Estimate at Completion (EAC) of the project, based on current projections.

There is a fourth measure that is worth considering: **Time Variance.** TV The first three variances are measured in dollars. Time Variance is the difference in time between the Scheduled Time for the Work Performed (STWP) and the Actual Time for the Work Performed (ATWP).

These can be summarised by the following formulas:

$$CV = BCWP - ACWP$$
$$SV = BCWP - BCWS$$
$$VAC = BAC - EAC$$
$$TV = STWP - ATWP$$

The functions of these are best explained graphically. The first step in the graphing process is to plot BCWS that is simply the accumulated planned expenditure of the budget over the life of the project, assuming all work packages are completed. This forms the ideal or baseline schedule. This information is obtained from a schedule that shows costed work packages. Lines are then plotted for the BCWP. This figure is more difficult to obtain as it is based on the planned expenditure for work packages closed and still open. To cost BCWP for an open work package, the budgeted cost of the work package needs to be multiplied by an estimate of the percentage work completed. A third line is needed, the ACWP. This is based on funds expended or committed according to financial records. Both BCWP and ACWP are plotted as the project progresses in time, for that point in time.

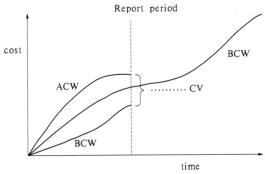

Figure 16   Earned Value Graph

Figure 16 above is an example set of graphs showing BCWS, BCWP, and ACWP. Figure 16 shows a negative cost variance. This indicates that more has been spent for work performed in the time frame that was budgeted for. The project is heading for a cost overrun unless action is taken. The magnitude of this overrun is projected to be VAC as shown in Figure 17.

Figure 17 shows a negative schedule variance. This indicates that less work has occurred in the time frame than was budgeted for. The project is heading for schedule slippage unless action is taken. Also shown is a negative time variance. This is a measure of how far in time the project is behind (the magnitude of the current slippage).

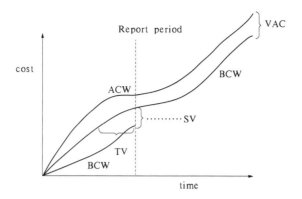

Figure 17　Earned Value Graph Showing Forecast

The benefit of the earned value technique is that it provides measures of overall project performance. It does this by capturing on the one graph the three fundamentals of project management: time, cost, performance. Cost is captured in terms of budgeted and actual costs. Time and performance are captured in terms of work completed and costs spent up to a point in time.

Earned value provides the project manager with top – level progress data. Combined with lower level individual item measures discussed earlier (in the planning section), as well as with abilities to analyse causes of variances, the project manager is now in a better position to control variances in the overall interests of the project.

Control

Controlling is acting to "bring actual performance into approximate congruence with planned performance" [Meredith and Mantel, p441]. The earlier that control can be exercised the better. This is because it costs less in dollars and time if problems can be nipped in the bud.

Exercising control is not easy. Primarily the project manager exercises control by directing personnel to change. Personnel may take affront at this, and the project manager's tendency may be to shy away from conflict. Where control is part of a documented system of procedures and policies, it is easier to exercise, as control then becomes the implementation of procedures or policy – a more readily accepted form of direction by personnel.

Getting back to the project context, the need for control should be obvious. Some of these needs are to:
- Minimise loss
- Maximise effort
- Minimise expenditure
- Minimise confusion
- Improve communications

- Protect reputation
- Prevent disharmony
- Enhance working relationships

Whilst in most cases control is exercised through interfacing with other staff, the intent is to control a number of resources and characteristics such as:

- Work progress
- Work cost
- Work assignments
- Quality of work
- Equipment
- Facilities
- Services
- Supplies
- Behaviour

As well as data, the other fundamental elements needed to exercise control are resources, policy and procedures, authority, management skills. All these elements form part of a control system, which needs to be planned for in order to be effective.

An effective control system is one that places most of the controls close to the items being monitored and controlled. That is, empowering the worker(s) directly responsible for a product being monitored, to allow them to exercise remedial action. A project manager also needs to be careful to ensure that the control system isn't overly biased towards the easy to measure items, and not to the important to measure ones.

One final word of warning from Meredith and Mantel [p534], the project manager should avoid a control system that assumes that measures of project inputs are the same as measures of project outputs. That is, a budget that is 50% spent does not mean that the project is 50% complete.

PM 9 – RISK MANAGEMENT

Overview

This session explains the reasons for Risk Management and describes the elements of Risk Management process.

Objectives

By the end of this session the student will be able to:

· Explain the reasons for risk management.

· Identify causes of risk.

· Outline the risk management process.

Risk Management Concepts

Risk Management is a formalised process or discipline by which management identifies the potential opportunities and adverse effects associated with its activities, and determines ways to eliminate or to reduce the impact of those effects. Many major capital equipment projects are often characterised by the following, any one of which could lead to opportunities or adverse effects:

· Reliance on new technology,

· Political, economic or financial restraints or limitations,

· Environmental concerns, and/or

· Large investment of funds before returns are possible.

Need for Risk Management

A formal approach to risk management, involving stakeholders in the process, has the benefits of:

· objective and sound analysis techniques to assess risks,

· means of communicating the situation to all parties,

· provides audit trail,

· allows you to prioritise efforts for most gain, and

· brings order to chaos.

Types of Risk

Risk can be classified into four types: technical, cost, schedule, and general. There is some level of overlap here. Examples of causes are:

Table 6   Sources of Risk

TECHNICAL	COST
Complexity of system	Unrealistic budget estimate
Technology maturity	Unforeseen work
Problems in design	Changes in scope
Manufacturing errors	Inflation
Material properties	Exchange rates
	Sensitivity of other risks
	Little margin for error in estimates
	Inadequate monitoring and controlling
SCHEDULE	GENERAL
Unrealistic time estimates	Communication problems
Unforeseen work	Lack of commitment (top cover)
Changes in scope	Lack of skills or staff
Resource supply problems	Changes in policy
Inadequate monitoring and controlling	Delays in decision making
	Change in external environment
	Change in contractor (staff, buy out, collapse).
	Contractor relationships (hostile).

Definition of Risk Terms

Some definitions may be useful at this stage (based on the standard).

Risk is the combination of the probability of an event happening, and the impact of that event. In the project context, impacts are those such as financial loss or gain, physical damage to equipment, death or injury to people, delays in delivery or reduction in the capability sought.

Risk Identification is the process of determining what may happen, and when, why and how it may happen.

Risk Analysis is the systematic use of available information to determine how often specified events may happen and the magnitude of their likely consequences if they do happen.

Risk Evaluation is the process of determining priorities for managing risks. This evaluation is made against predetermined standards or criteria.

Risk Assessment is the overall process of risk analysis and risk evaluation.

Risk Management is the culture, processes and structures that are directed towards the effective management of potential opportunities and adverse effects.

Why Identify and Analyse Risks?

· To determine economic viability,

· To demonstrate that all material risks have been assessed and controls for those risks are available,

· To evaluate different ways of sharing risks contractually, between the customer and contractor,

· To minimise the likelihood of events having an adverse effect on a set of objectives, and

· To maximise the likelihood of events having a positive effect on a set of objectives.

Risk management is about converting uncertainties into manageable events (usually focussed on adverse outcomes). It's about what can happen, why it can happen and what can be done:

· to prevent it happening,

· to reduce the likelihood of it happening, or

· to make the consequences acceptable.

Risk can arise in many areas of a large or complex project. Risks associated with prime equipment being procured may affect cost, schedule, technical solutions or the capability sought or there may even be risks associated with political interference. Other areas of a project that may have associated risks are industry involvement, support and infrastructure, or configuration control. The consequences of a particular event occurring may involve any or all of the following:

· cost and schedule overruns,

· loss of capability,

· loss of systems, and/or

· personal injury or loss of life.

The basic requirements of risk management include the establishment of a risk management policy and an organisation to manage the risk, a commitment by management to review measures, and an implementation plan.

Risk Management Process

There are six basic elements, or steps, in the risk management process. The first step is to establish the context for the risk and criteria against which risk will be assessed. Once the context is established then the risks can be identified. The next two steps follow on in logical order, that is, analysis and evaluation. There is no point identifying and evaluating risks if you don't do anything about it. The fifth step then is to treat the risk. Treating risks can take many forms from total acceptance to complete redesign of a system to eliminate all risk. The final step is not a separate step on its own; it really applies to all the earlier steps. Management should constantly monitor and review risks to detect changes in the consequences and likelihood of adverse events. Naturally, throughout the process, communication and consultation is very important.

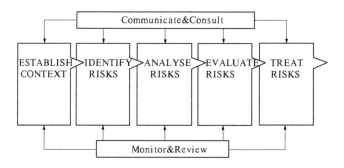

Figure 18   The Risk Management Process

Establish Context

Establish the Strategic Context

The first step in the risk management process is to establish the context in which the project exists. This means looking at the project in its environment and carrying out a SWOT analysis:

S – strengths **W** – weaknesses **O** – opportunities **T** – threats

The strategic context includes the financial, operational, political (including public perceptions and image), cultural and legal aspects of the project's activities. The strategic context also includes clear identification of the stakeholders. Identify who they are and establish solid and effective communication with each of them.

An important element of the environmental scan is to establish, for example, what resources might support, or what structures or processes might impair, the project's ability to manage the risks that are likely to arise during the course of the project.

Establish the Organisational Context

Risk management takes place within a wider organisation than just the project office. In establishing the total context for risk management, the project team needs to assess the position of the project within the larger parent organisation and with respect to other projects and support agencies within the organisation.

Establish the Risk Management Context

To set the scope and boundaries of risk management the project team should define its goals and objectives precisely as well as defining the extent of the project in terms of time and cost. The project team also needs to define the structure of the project, by separating the project into its elements. A Work Breakdown Structure (WBS) is an ideal starting point. This provides a framework for risk identification.

This stage of the process also involves the development of risk assessment criteria against which later assessment of the risk is made.

Identify Risks

Before management can effectively manage risks, the risks need to be clearly identified. All risks need to be identified at this stage, whether they are within the control of the project team or not. The identification of all risks requires a disciplined, systematic approach that uses the structure that was defined in the first step.

The identification stage of the process aims to identify what can happen, why it can happen and how it can happen.

Tools available for risk identification include checklists, judgements based on previous experience, flow charts, brainstorming, systems and scenario analysis, etc.

Analyse Risks

The aim of risk analysis is to separate acceptable (i. e. minor and moderate) risks from major risks and to provide input for the later steps – evaluation and treatment of risks. To achieve this, each risk identified in the last step (Risk Identification) is analysed by combining an estimate of the likelihood of the event occurring and an estimate of the likely consequences if the event did occur. If it can be established that controls are available, the project team may be able to conclude that some risks would be more acceptable than if no controls existed for those risks. Some form of initial screening for minor risks may save unnecessary detailed analysis.

Analysis of risks may be qualitative, quantitative or semi – quantitative. Qualitative analysis is the use of simple descriptions of the likelihood of an event occurring and the consequences of an event occurring. Qualitative analysis is useful for quick screening or for analysis of minor risks where the consequences do not warrant expenditure of more resources on analysis.

Quantitative analysis is best used for higher levels of risk where there is adequate data available. The quality of the analysis depends upon the quality of the data available. The likelihood of an event happening may be expressed as a probability, a frequency or a combination of exposure and probability.

Evaluate Risks and Risk Management Ratings

Risk evaluation takes the result of risk analysis and compares this result against the risk assessment criteria established in Step 1 of the process (Establishing the Context). The risk evaluation and the assessment criteria must be on the same basis, i. e. ; they must both be qualitative or quantitative. The output of the evaluation process is a prioritised list of risks for treatment, which are often categorised as:

· Minor Risks – usually managed by routine or standard procedures

· Moderate Risks – the risk management approach and responsibility for managing the risks should be specified and noted, but detailed Risk Action Plans may not be necessary.

· Major Risks – require close management attention and the development of formal Risk Action Plans.

Treat Risks

Risk treatment covers the identification of options for treating risk, evaluating those options, preparation of risk treatment plans and putting those plans into effect.

Some options for risk treatment are:

· **Share** – determine the means for sharing the risk.

· **Transfer** – if you don't want the risk pass it to someone else (the contractor or the operational authorities?) although this may introduce other risks of its own; and

· **Avoid** – making the necessary changes to the project to avoid the risk altogether.

· (**Ignore**) **or Accept** – establish contingency plans to cover the eventuality of the risk.

· **Reduce** – reducing the likelihood or the impact of the consequences or both.

Evaluation of the risk treatment options is a balance of the benefits of each option against the cost of implementing it and the level of risk involved.

Treatment plans should include responsibilities, schedules, the outcomes expected, budgets, performance measures and review procedures.

Implementation is, or should be, the responsibility of those who are best placed to control the risk and should be agreed between the stakeholders at the outset of the project or as early as possible after the project begins.

Risk Management

Monitor and Review

Few risks remain constant during the life of a project. Risks may increase, decrease or change. The risk management team must monitor the risks, risk control and the effectiveness of risk treatments continuously. The team must also review treatment plans and the risk management plan itself to ensure they remain relevant throughout the life of the project.

Proper documentation will provide a record of risks; allocate responsibilities and accountabilities; provide a framework for monitoring and reviewing risks and the effectiveness of treatments; provide an audit trail; and provide a means of demonstrating that a comprehensive and appropriate management process.

Communication, consultation, monitoring and reviewing are conducted as an integral part of performing these steps. The Risk Management process is then regularly repeated to ensure that changes are identified and adequately addressed.

PM 10 – PROCUREMENT MANAGEMENT

Overview

This session will outline in broad terms the typical process that is followed when procuring the services of a vendor. The aim is to enable students to plan and execute procurement procedures in a fair manner that results in tender most compliant with requirements winning the job.

Objective

By the end of this session the student will be able to:

· Describe the major steps in the procurement process.

Procurement Principles

"Value for money" should be the core principle governing procurement. This core principle is underpinned by four supporting principles:

· Efficiency and effectiveness;

· Accountability and transparency; and

· Ethics;

Procurement Process

Procurement is the entire process by which goods or services are obtained for a specific purpose. It involves planning, budgeting, writing a statement of requirement, selection of suppliers, funding and contract management. Not every procurement activity will involve all of the steps outlined in this session. Some simple procurement activities will not require a request for offer or negotiation. Some complex procurement will involve a greater number of steps through a staged process. A typical complex procurement activity involves:

· identifying the need and preparing a statement of requirement,

· deciding the method of procurement and obtaining procurement approval,

· developing the request for offer and evaluation criteria,

· requesting offers,

· evaluating offers,

· recommending the supplier,

· negotiation,

· signing the contract,

· debriefing unsuccessful tenderers, and

· managing the ensuing contract.

Identifying the need and writing a statement of requirement

Buyers procure goods and services of all kinds to support general operations as well as meet project objectives. In order to achieve a good procurement outcome, planning is essential. Once a need has been determined, it is important that it is properly defined, so that it can be satisfied. For simple procurement activities this may not be so difficult, but for complex projects, there may be a range of solutions that meet a functional requirement. Therefore, a statement of requirement that clearly identifies the services or goods required is essential.

The statement of requirement tells a potential supplier or contractor what they have to do and so forms the basis for seeking offers from suppliers. It is therefore important that the statement tells the whole story and is a complete statement of all the requirements.

Deciding the method of procurement

However you decide to procure goods you should ensure that the method is efficient and affective. This will mean that the maximum funds are available to satisfy the project objectives. No single procurement method will meet all requirements, as each situation is unique. Requirements will vary in value, complexity, quantity, time and location. Markets will also vary and it is important that procurement methods are flexible to meet the requirements of both the buyer and the supplier.

There are various methods of procurement including:
· direct purchase;
· restricted offers, where quotations are sought from a limited number of suppliers; and
· public offers, where maximum competition is sought.

Direct purchase is very efficient, it takes the fewest resources but it could leave the purchaser open to perceptions of corruption. Direct purchasing may not be the most effective way to satisfy the project objectives as there may be better solutions available that the purchaser is not aware of. Asking a restricted number of suppliers to make an offer, can balance efficiency and effectiveness, if the purchaser has thoroughly researched the full market before hand, otherwise it may not be the most effective solution. A completely publis request for offer can be inefficient, if there are a large number of suppliers, as it could require many more resources than the other methods, but could be the most effective in that all suppliers can propose solutions and that may mean the purchaser will get what it really wants.

Developing the Request for Offer and Evaluation Criteria

Complex procurements will almost always involve the seeking of formal offers from suppliers. There are several means of seeking offers including:
· Invitation to register interest (ITR) is used to outline the buyer's intention to purchase goods or services, and invites potential suppliers to indicate their interest and ability to meet the

requirement. The use of an ITR usually also involves the conduct of an industry briefing, where potential suppliers are invited to ask questions or make comments regarding the buyer's intentions.

· Request for proposal (RFP) is used to encourage suppliers to propose solutions to meet the buyer's requirement. The intention of an RFP is to leave scope for the supplier to suggest new or innovative solutions.

· Request for tender (RFT) is used primarily to obtain bids for clearly defined requirements. It may be the result of earlier responses to ITRs or RFP or can be used as the first invitation to industry.

The information contained in the request documentation will depend on the nature of the procurement and the procurement method chosen. Regardless, request documentation should:

· be easily understood and free from ambiguity;

· not unreasonably restrict sources of supply; and

· provide a clear picture of the buyer's requirements and intentions, including instructions to the tenderer (conditions of tender), a statement of requirement, draft conditions of supply (contract or purchase order), and criteria against which responses will be evaluated.

Evaluation Criteria

It is important in developing request documentation that consideration be given to the manner in which the responses will be evaluated. The supplier needs to know what is important to the buyer, and this is usually reflected in the evaluation criteria. Some typical evaluation criteria include:

· the extent to which the offer meets the statement of requirement;

· the degree of overall compliance with the conditions of supply (draft contract or purchase order);

· the tendered price and pricing structure; and

· the tenderer's demonstrated financial, technical and managerial capability to meet the requirement.

It is essential that the evaluation criteria are reflected in the request documentation, and are not changed in any way after the request documentation is issued.

Requesting Offers

Generally, public invitations to tender are advertised in a variety of media including major national newspapers and on the Internet on a variety of government and non – government sites. As the FMA Act requires Government buyers to choose methods of procurement that promote efficient and effective competition, public advertisement of tenders is usually the most effective way of communicating the buyer's intentions.

The buyer should give consideration to the amount of time given for potential suppliers to respond to requests for offer. Generally, the time given for response should be commensurate with the time taken by the buyer to evaluate responses and announce a preferred supplier. The buyer should avoid seeking offers in two weeks and taking four months to evaluate.

The cost of tendering is an issue consistently raised by suppliers in respect of Government purchasing. An ITR requires the least amount of information and should be the cheapest for both the supplier to respond to, and the buyer to evaluate. An RFP seeks a considerable amount of information and will involve some expenditure on the part of the supplier to respond. An RFT seeks the most significant amount of information, and requires the submission of tender quality pricing (ie prices that can be translated directly into a contract). Suppliers will invest a considerable amount of money in developing responses to RFTs; a common benchmark being 5 – 10% of the value of the resultant contract.

Evaluating Offers

Every procurement that involves the receipt of offers should also involve evaluation of those offers. The complexity and duration of the evaluation, and the resources allocated to the task, should be commensurate with the complexity of the requirement, the number of offers and the significance of the purchase.

The evaluation should be conducted in a fair, unbiased and competent manner while maintaining confidentiality and probity. The evaluation criteria identified in the request document must be used in the evaluation.

The objective of evaluation is to select the best offer in terms of:
- compliance with the statement of requirement;
- compliance with the conditions of supply;
- compliance with policy requirements; and
- relative overall value for money in comparison with other bids.

Evaluation is usually undertaken in several stages. The first stage usually involves initial screening, where offers are assessed to ensure essential information has been provided. The second stage usually involves more **detailed evaluation**, where offers are assessed against the evaluation criteria. The third and final stage is usually a **comparison of offers** to determine value for money.

There are various methods of evaluation using different evaluation methodologies that can be employed. Some of these methodologies include comparative assessment, least cost assessment, numerical scoring and matrix selection. Each of these methodologies has similarity in technique, and it may be appropriate to use a mix of these methodologies at various stages of the evaluation. For example, initial screening may be undertaken using a simple comparative assessment, while detailed assessment may involve a numerical scoring or matrix selection methodology.

Recommending the Supplier

The result of the evaluation process should be a source evaluation document that recommends a supplier to the appropriate delegate. The source evaluation document can take many forms and will depend on the complexity and significance of the procurement. As a minimum, the evaluation report should address:

- · the procurement method;
- · the evaluation process and methodology used;
- · results of the comparative assessment of the offers against each other;
- · value for money considerations; and
- · recommendations.

The evaluation report should bring together key details of the evaluation process and outcomes. It should provide information demonstrating that a value for money outcome has been obtained in the procurement activity. It also provides the formal record of the procurement process and forms the auditable trail.

Negotiating

Negotiation within the procurement process has the potential to improve project outcomes by reducing risks, schedules, and costs, as well as increasing compliance with the original request documentation. Potential areas for negotiation will differ from offer to offer with the varying factors and circumstances that affect value for money. Some of these factors include the terms and conditions of supply, the price, and any specification made by the buyer.

Negotiating is almost an art form requiring a special set of well – honed skills. The members of the negotiating team need to be carefully selected to ensure that right balance of negotiation experience and contractual, financial and technical skills. Preparation is essential for successful negotiations. All members of the negotiating team should meet prior to any negotiation to agree on appropriate strategies to be employed. For more complex projects, negotiation needs to be planned along the following sequence:

- · Plan
- · Prepare
- · Propose
- · Bargain
- · Agree
- · Follow Up

Planning includes assessing the situation and likely nature of negotiations, and determining the negotiating team to suit. Preparing includes knowing each other's bottom lines, identifying low cost high value sweeteners, confirming assumptions, and knowing industry capability. Proposing and bargaining is an iterative process of stating your requirement, analysing their requirements for impacts, and proposing options. Once agreements are reached, they must be followed up in writing and make their way into the contract prior to signature.

Signing the contract

The signing of a major contract is usually a newsworthy occasion, and it may be appropriate that a formal press release is issued after contract signature.

If you think you will need to business with any of the tenderers again it is a good idea to debrief them after contract signature. This debrief should be conducted in a frank and fair manner, and should address why the offer was unsuccessful, areas of strength or weakness or non – compliance with the statement of requirements, and what the tenderer can do to improve future offers.

PM 11 TRANSITION & CLOSURE OVERVIEW

Overview

This session provides an overview of the transition and closing phases of a project. It covers transition planning and aims to provide participants with an appreciation of the complexity of transition management.

Objectives

By the end of this session the student will be able to:
- Describe the transition and closure phases.
- Describe transition planning considerations.

Transition and Closure

As a project starts to receive or deliver finished products, the transition phase is commenced. In many aspects, this marks the downhill run of the project, leading hopefully to eventual project wrap – up.

Transition is the act of transferring products, support resources, procedures, and responsibilities to the user and the in – service support authorities. Closure is the finalising of outstanding actions, re – assignment of personnel, write up of final and lessons learnt reports.

Transition and closure are normally thought of as a combined phase of the project life – cycle. However, in this course they have been separated to highlight that transition management can be a significant undertaking. It can be a rewarding experience to see the outcomes of a project delivered, but it is also the point where many decisions made or avoided during the planning phase bear their fruit.

The major activity in the transition phase is the implementation of the transition plan. Figure 1 shows that the transition plan revolves around the prime product being delivered by a project, and the support resources needed to sustain the product. Related to this are two other types of planning activities that generally occur, and that are needed to feed into the transition planning process:

The supportability aspects of a major project tend to be amongst the first deliverables, as a result these are discussed in more detail in the next session.

Transition Management

Transition management is the planning, organising, implementation and control of activities related to the transition of a new product, system, or process from the project to the user and in – service support authorities. Transition covers not only the handing over of the project products, but of the responsibilities, management policies and procedures, finances, and of supporting data, documentation, facilities, training and other items needed to operate and sustain the new product in – service.

From this perspective, what is really being handed over is a new capability. Without all the supporting arrangements, the capability will not be realised. A more appropriate way to consider the transition process is as the integration of a capability into its new in – service environment. This mandates heavy involvement all through the transition management process of the users and of the in – service support managers. Hence a holistic approach must be taken to transition management.

Planning Considerations

Transition planning is closely linked to support planning. They relate to each other in the following ways:

· Support planning is analysing all facets of supportability of the capability and listing what needs to be procured or put in place to deliver that supportability.

· Transition planning is examining all the facets of supportability and utility of a capability being delivered, examining the current and proposed in – service support and operating arrangements, and determining the steps needed to introduce the capability and its supportability deliverables into the current in – service environment.

Hence transition planning must commence at the scoping and planning phase, and should be revisited as support and other plans are fleshed out and implemented.

Involve Authorities

Vital to the success of the plan is the involvement of the eventual user and ISS authorities from early in the planning phase and throughout the implementation phase. This involvement is critical for many reasons including:

· ensuring planning takes into account existing operating and support policy and practice,

· getting 'buy in' and gaining commitment of the authorities,

· ensuring acceptance procedures are planned for and appropriate,

· ensuring authorities have enough notice to plan financing, staffing, and other resource issues,

· ensuring new or 'innovative' support practices are compatible with the existing support environment, and

· assisting to shift the authorities' focus from immediate issues towards the future.

Complicating Factors – People

There is a human element that can cause problems also. Transition involves subjecting people to change, which is normally resisted. Bringing the user and support authorities onboard goes some way to smoothing the path, but there is no guarantee that the message reaches all staff involved in supporting the new capability. Even if staff were accepting of change, it takes time to fully understand and adapt to any complex capability and any ´innovative´ support philosophies. One way to tackle this is for planning to include an ´education program´ consisting of presentations, news articles, and demonstrations. This is often tackled generally in a communications plan, but needs to also specifically target user and support acceptance to get ´buy in´ and foster ownership by user and support staff. Depending on the complexity of the transition task, and of likely sensitivities, options for communicating transition requirements ranging from simple reports to briefing sessions and full – blown conferences need to be considered.

Another human related issue is the gap that grows between the original performance specifications for the capability and the products that are actually delivered. In large complex projects there may be five or more years between conception and acceptance. Meanwhile user expectations may have kept up with changes in technology, but the original specification may not. Even with contract changes that occur through such large projects, the performance specification generally lags the user expectation. Yet, using undefined user requirements or expectations as the performance standard in acceptance testing can be meaningless because it is beyond the project´s scope to rectify performance issues pertaining to an unauthorised set of performance standards. This conflict can best be managed by delivering the capability in a timely manner, by keeping all stakeholders informed about the capability being delivered, and by involving users in all conceptual, scoping, and change processes so as to avoid surprises.

Transition plan

The transition plan serves as a primary means of communicating the record of agreed transition tasks and responsibilities, and of mapping out the transition process. At the top level, the plan needs to be endorsed by key stakeholders: the project manager, the user representative, and the ISS representatives. In broad terms, the contents of the transition plan should cover at least:

 • Operational Aspects – identification of operational and user responsibilities, and specification compliance status (achieved through tests and evaluation);

 • Engineering Aspects – engineering management policies and procedures, and configuration status;

 • Finance Aspects – identification of through life support funding requirements and transfer of interim funds; and

 • Logistic support – integrated logistic support policies and material, and in – service support arrangements.

For the above, the specific content of the plan needs to include milestones and deadlines as well as responsibility assignments, and needs to detail a reporting or meeting regime for key stakeholders gain full visibility to progress. Specific content may include:

- Schedule of all key transition milestones.
- Assignment of responsibilities for operational and ISS through – life tasks.
- Assignment of responsibilities for operational, engineering, and ILS remaining tasks.
- Interim and through – life industry support arrangements.
- Constraints and regulations pertaining to materiel disposal.
- Baseline of prime and support products (equipment and documentation).
- Acceptance and other remaining test and evaluation tasks.

Project Closure

Once transition is underway, the focus of the project manager should turn to project closure. Often there will be direct product – related actions outstanding that need to be taken care of before formal close. These may be covered by the transition plan. However some project actions that are management – related cannot be covered in the transition plan, such as staff redeployment, return of resources, and acquittal of outstanding funds.

Also of importance is the requirement more often than not for a final report which summarises what the project delivered, the level of compliance against original requirements (the statement of requirement) and against user expectations, and a formal acknowledgement of project closure.

Another component of the final report, and often a stand – alone document, is a lessons learnt report which details problems encountered in the project, methods employed to counter them, and suggestions to avoid these problems surfacing in other projects. The use of a lessons learnt log or database throughout the project can make the compilation of this report a much more meaningful process, and something that is easily accessible by future projects. The building of this type of corporate knowledge is a vital component of the TQM process in any project – based organisation.

As suggested by Baker and Baker, the final and lessons learnt report contents might consist of the following:
- Overview of project
- Revisions to the project
- Summary of major accomplishments
- Analysis of achievements compared to original goals
- Final financial accounts
- Explanation of variances from the budget
- Evaluation of administrative and management performance
- Team performance
- Special acknowledgements
- Summary of issue types
- Problem descriptions

- Problem causes
- Impacts on project
- Methods of resolution
- Methods of coping
- Issues for further investigation
- Recommendations for future projects

PM 12 – COMMUNICATIONS MANAGEMENT

Overview

Through the entire life of a project, effective communications are vital. Communicating involves the exchange of information. It includes responsibilities for both the sender and receiver. Senders need to make the information clear, unambiguous, and complete for the receiver to "receive". The receiver must ensure the information is received in its intended form, and is understood as intended by the sender. Managing this information exchange to achieve the best project outcomes is an onerous task that can often influence the success or failure of a project.

Objectives

On completion of this session the student will have an understanding of:
- Communications planning for a project,
- Information distribution, and
- performance reporting.

References

Project Management Institute "A Guide to the Project Management Body of Knowledge" 1996.

Meredith J. R and Mantel S. J. "Project Management: A Managerial Approach", 1995, John Wiley and Sons.

Turner J. R. "The Handbook of Project – Based Management", 1993, McGraw Hill, Cambridge.

What is Communicating, in the Project Sense?

As mentioned above, communicating involves the "exchange of information", and as in any exchange, there is an implication that the participants understand what they are exchanging. So what is this exchange of information and why is it important?

Communication in the project context has many dimensions, such as:
- Written and oral, listening and speaking, reading and writing.
- Internal (within the project organisation) and external (to customers, the media, the public, related projects, other stakeholders, etc).
- Formal (reports and briefings, etc) and informal (memos, ad hoc conversations, etc).
- Vertical (up and down to superior and subordinate authorities) and horizontal (with peers, specialists, etc).

The management of Project Communications includes harnessing, developing and organising the processes required to ensure timely and appropriate generation, collection, dissemination, storage, and ultimate disposal of project information. It provides the critical links between people, ideas, instructions, and information that are necessary for success. Everyone involved in a project must be prepared to and capable of sending and receiving communications in the project "language", and if necessary various stakeholder "languages", and must understand how the communications they are involved with as individuals can affect the project as a whole. To get the best out of communications they should be planned.

Communications Planning

Determining the information and communications needs of the project's stakeholders is the key and first step to successful communications planning. It is vital to determine who needs what information, when they will need it, and how it will be given to them. While all projects share the need to communicate "project information", the informational needs and methods of distribution vary widely.

In most projects, most of the communications planning is included in the early planning stages, during the Initiation Phase. It is one of the facilitating functions mentioned as part of the Planning Process. Like all elements of the planning process, the outcomes of communications planning – hopefully a plan – will need to regularly reviewed and revised as needed to ensure continued relevance and applicability.

Communications planning is often closely related and linked to organisational planning (another of the facilitating functions) since the project's organisational structure will more likely than not have a major effect on the project's communication requirements. This is particularly true of larger complex projects where stakeholders may be arranged on functional lines and will have information requirements specific to their function.

A useful tool, as previous mentioned for Monitoring and Control, is the Work Breakdown Structure (WBS). Analysing the stakeholders' interests in each of the work packages can show the changing nature of information requirements. Overlaying this with an Organisational Breakdown Structure (OBS) when assigning roles and responsibilities can rapidly identify key stakeholders interest areas.

In a further refinement of this concept, the type of information can be determined by including particular responsibilities and requirements. If we overlaid the codes:

X = eXecutes the work, D = Decides work to be done,

C = Consultation required, and I = must be Informed.

Instead of ticks for responsibilities, the information requirements become clearer still, as shown in Figure 19.

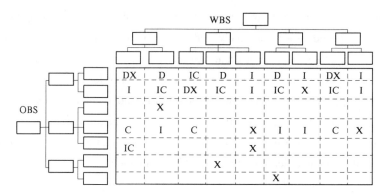

Figure 19   Communications Needs Planning

When planning communications, assumptions and constraints must be taken into account as with all planning activities. The major influences, or input to planning however are consideration of the communications requirements and technology available.

Communications Requirements.

The sums of the information requirements of all the stakeholders are the communication requirements. They are defined by the combining the type of format required with an analysis of the value of that information. Resources should only be used on communicating information that contributes to success or where lack of communication can lead to failure. The sort of information required to determine a project's communications requirements usually includes:

· Project organisation and stakeholder responsibility relationships.

· Disciplines, professions, and specialities involved in the project.

· Internal to project needs – how many people will be involved with the project at each project location and what are their stakes.

· External to project needs – media involvement, PR planning, marketing, etc.

Surprisingly, too much rather than too little often causes poor communications on projects. Communications out of a project is often achieved by sending every piece of information to everyone involved. Team members and stakeholders soon learn that only a few items are relevant to them, so all the rest are disposed of. The project manager must define those who need the information, so that when people receive something they know they ought to read it. If another stakeholder wishes to be included in the circulation of information, it can be negotiated. Similarly, committees and working groups are often used for communication into a project. Once invited to attend, stakeholders tend to stay on the committee, even if they are no longer required. Committees grow organically. Worse still, it is sometimes those stakeholders who have least to contribute or gain that do most of the communicating (talking and writing), doing so to justify their presence. Channels of communication into and out of a project must be clearly defined and limited, there must be a plan.

Communications Management Plan

From the above consideration and analysis, a plan can be developed to manage the project's communications. This plan may be formal or informal, highly detailed or broadly framed, based on the needs of the project. It is a subsidiary component of the overall project plan discussed earlier; it could be said to be a supporting plan. The communications management plan provides:

· An information collection and filing structure – detailing methods used to gather and store various types and categories of information. Updating and correction procedures could also be included.

· A distribution structure detailing to whom information will flow (status reports, data, schedules, technical documents, etc), and what methods will be used to distribute various types of information (written reports, meetings, noticeboards, etc). The structure must be compatible with the roles, responsibilities and reporting relationships described by the project organisation chart or OBS.

· A description of the information to be distributed including format, content, level of detail, and any conventions/definitions/standards to be used.

· Communication production schedules indicating when each type of communication will be produced (allowing project staff to be prepared for its production, both with relevant information and time to assemble and distribute).

· Methods for accessing information between scheduled communications (that is how to handle ad hoc requests, requirements and inputs).

· A method or system to update and refine the plan as the project develops and progresses.

Information Distribution and Performance Reporting

Information distribution involves making needed information available to project stakeholders in a timely manner. A refinement of the more general distribution of information requirements is performance reporting, where specific information about how resources are being used to achieve project objectives is collected and disseminated.

In distributing information, Project Managers may make use of:

· Communications skills – within the project team. Some team members may be most useful at collecting and disseminating information through oral communications and meeting; other may excel in the use of written words and electronic distribution.

· Information retrieval systems. Information can be accessed and shared by team members through various methods including manual filing systems, electronic databases, project management software, and systems allowing access to technical documentation.

· Information distribution systems. Project Managers may include in their distribution network various methods of distribution, including project meetings, hardcopy document distribution, electronic document distribution, shared database access, fax, phone, voicemail, telephone and video conferencing.

Performance reporting was covered in the earlier session on performance monitoring and control, and looked in particular at Earned Value analysis.

Performance reporting should generally provide information on scope, schedule, cost, and quality. Many projects also require information on risk and procurement action. The reports produced may be comprehensive or minimal, as in exception reporting. When reporting on performance, the purpose of the report will drive its content and distribution. The types of reporting usually include:

• Status reporting – reporting where the project now stands in relation to any range of issues.

• Progress reporting – describing what the project team has accomplished against various baselines and project objectives.

• Forecasting – predicting future project status and/or progress.

Apart from the reports themselves, performance reporting, either of itself or as a result of the analysis of a project often generates requests for change to some aspect of the project. These requests for change will then initiate action to either implement the change or further consider it, depending on the change control mechanisms activated. If for instance a status report indicated bad weather had halted construction and was expected to continue for the next week, a change to the project completion date could be requested, or other unaffected tasks rescheduled to make use of the idle resources.

Without an effective and well – understood system to distribute information, decisions affecting the project cannot be disseminated, and information collected will not make its way to the appropriate decision – makers to facilitate successful management of the project.

Communications technology

The technologies or methods used to transfer information between project members, elements and stakeholders can vary significantly: from brief conversations to extended meetings, from simple memos to immediately accessible on – line schedules and databases. Communications technology factors that my affect the project's information flow include:

• Immediacy of the need – is project success dependent upon the latest information being available at a moment's notice or will routine updates (weekly?) in whatever form suffice? There is considerable effort in maintaining updates.

• Availability of communications technology – are the systems already in place appropriate, or do project needs warrant change? Are there other more effective ways of facilitating the flow of information? What systems do the key stakeholders use and could you adopt them?

• Project staffing – are the communications systems proposed compatible with the experience and expertise of the project participants? Will training be required? Will extra specialist staff be required? Will the system itself place extra demands on staff (eg heavy meeting schedules take time away from doing the task)?

· Project duration – are there likely to be technology changes during the life of the project that may warrant adopting a new system or communication technology?

From the information gathered during the consideration of requirements, technologies, constraints and assumptions, the needs of the various stakeholders can be further analysed to develop methodical and logical views of their information needs, and the sources to meet those needs. Care should always be taken to avoid wasting resources on unnecessary information or inappropriate technology.

Project Management Information Systems

Although Project Management Information Systems (PMIS) can play a vital communications role, they can provide much more functionality. From the communications point of view, PMIS support the capturing of information, the summarising of information into reports, and in some cases the delivery of reports, and the logging of actions and responsibilities.

However, PMIS can provide significant support to project management planning, monitoring, control, as well as communicating or reporting functions. Any complex project should consider using PMIS to allow better execution of these functions. A PMIS is also of great value for an organisation which continually runs many small projects. In more detail, a PMIS should support these and other project functions in the following ways:

· **Planning.** As a minimum a PMIS should support scheduling tasks, activity sequencing, CPM, WBS, and calendar production. They should also support PERT analysis and cost capturing for estimating purposes. A well – rounded PMIS would also support a database approach to capturing the text – based information pertinent to planning.

· **Resource Management.** As a minimum, a PMIS should support the allocation of costs and resources to activities. For PMIS implemented in organisations that control many projects, it may also support resource sharing across projects and identify cross – project resource conflicts. A good PMIS would also support budget control.

· **Progress Tracking.** A good PMIS should support the ability to record progress on each activity and provide overall project progress status. It should support the earned value technique for monitoring variances and would provide forecasts and warnings when pre – set thresholds are breached.

· **Reporting.** A good PMIS should be able to provide easy – to – read graphical reports covering schedules, resources, budgets, and progress. They should also support logging risks, issues and lessons learnt and provide status and summary reports on these.

· **Decision Aiding.** A good PMIS should support decision aiding by calculating parameters such as risk ratings (based on predetermined impact and probability ratings), and by allowing scenario building (by changing critical paths etc).

Some words of caution about PMIS: they do not do the thinking for you, nor do they exercise control. At the end of the day, it is the Project Manager that must assess the information a PMIS displays, and must determine and execute the course of action resulting from that assessment. Some often – made errors in the use of PMIS include: spending too much time using the PMIS and not enough time managing the project; being too reliant on PMIS reports which are only as good as the data going in; providing too many reports or too much PMIS data on reports to senior management; and relying on PMIS reports for communicating with senior management.

Interpersonal Communications

Whilst development of a communications plan tackles the how, who, when, and where of information dissemination, the ability to communicate wants and needs at the personal level, and to gain the appropriate response from the recipient, can almost be classed as an art form at best. Interpersonal communications plays a very important role in the smooth flow of a project. It involves the sender of information employing certain skills that are tailored to each recipient, and it involves recipients abilities to listen and properly interpret the message into action.

The key to successful interpersonal communication is to:

- Do it face to face when you are selling your decision.
- Inform all persons directly affected by a decision.
- Get buy in for your decision.

Conflict Management

A particular communications challenge for the Project Manager is the ability to deal with conflicts which can arise either within the project team (including stakeholders) or within the greater project organisation. Communications at the team and individual level are important to both harness and cope with differences.

Conflict is a perceived divergence of opinions that the parties' current aspirations cannot be achieved simultaneously. In short it is centred around:

- **Values** – beliefs important to the individual: religious, professional, or moral.
- **Needs** – psychological well – being, self efficacy, group acceptance.
- **Incompatibility** – when one party perceives "you are preventing me from doing or being what I want to do or be".

Contrary to popular belief, not all conflict is bad. One of the roles of the team leader is to foster some healthy competition; ie 'good' conflict, that:

- Prevents stagnation
- Stimulates interest and curiosity and encourages creativity and innovation
- Encourages the examination of problems and motivate towards solving them
- Helps personal growth and development through challenging the individual

- Promotes group identity and cohesion
- Helps to release tension and thereby to stabilise relationships

Figure 2 – Conflict vs Intensity

Conflict Resolution

When the level of conflict becomes unhealthy, or the conflict is distracting the team (or individuals) from achieving its objectives, action must be taken to settle or resolve the issue. The differences between dispute settlement and conflict resolution are:

- Settlement is where disputes are settled by arbitration or other imposition for the benefit of everybody involved and those around them (peace keeping).

- Resolution is the establishment of new relationships between the parties, without coercion and in full knowledge of the circumstances. This is generally achieved by negotiation, mediation or other processes; eg education or amputation.

The most effective conflict resolution strategy is pro – active. This means; conducting a preliminary analysis, planning and preparation; and avoiding re – activity characterised by a spontaneous, often emotional, response. In any intervention, agreement needs to be obtained on the following:

- What the problem is.
- The purpose of the intervention.
- The process of the intervention.
- Perceptions: identify and remove differences where possible.
- How responses should be made.

The primary aim in the resolution process, including the non – intervention option is to establish dialogue and trust in all of the dealings. If there is a primary trust and cohesiveness in the team, this is made much easier.

PM 13 – PROJECT MANAGEMENT SUMMARY

Overview

This session provides a summary of the course as well as useful information about what makes a successful or unsuccessful project. It provides a checklist for assessing a project, and a guide to tying the course material together.

Session Objectives

At the end of this session the student will be able to:

- Summarise key aspects of project management.
- List factors why projects fail.
- List factors why projects succeed.

References

Baker S. and Baker K. "The Complete Idiot's Guide to Project Management", **1998**, Alpha Books, New York.

Cleland D. I. & King W. R. "Systems Analysis & Project Management", **1983**, McGraw – Hill, Singapore.

Project Summary

There are many aspects to cover in project management. Some universities offer full semester length courses on the subject. In a three day course, we could only touch on the fundamentals and aim to provide you with enough knowledge, tools, and techniques for you to at least understand the need for a disciplined approach to project management, and to at least kick off the planning process. The slide presentation will provide a graphical summary to project management.

Overall, it must be remembered what the aim is for most projects. It is not just simply to produce and deliver products to meet a need. It is to produce and deliver a capability which satisfies the need. This implies that a project needs to do more than just drop deliverables off in their in – service environment. The project team needs to integrate these deliverables into the environment, which may mean the need for extra support deliverables, provision of policy and instructional deliverables, and perhaps obtain interim agreements about responsibilities and funding during the transitional phase.

Critical Success Factors

Understanding why projects succeed or fail is a major discussion point in many textbooks on project management. Whilst understanding why will not guarantee success on its own, it certainly gives the project manager an appreciation of the big risk factors, and helps to focus his or her attention accordingly. Some reasons why projects fail or succeed, based on Baker and Baker with some extra additions, are presented below:

Why projects fail:

The following factors often lead to project failure (not meeting the project objectives):
- Project need and objectives vague.
- Optimistic performance, cost, time requirements.
- Plan is too simple, complex, or unrealistic.
- Scope creep.
- Lack of senior management support.
- Insufficient resources / skills / procedures
- Inadequate risk analysis.
- Inadequate information for monitoring and controlling.
- Support aspects not considered properly.
- Slow decision making process.
- Poor internal and external communications.
- Time wasted re – inventing the wheel.

Why projects succeed:

These factors often contribute to successful projects:
- Well – defined requirement.
- Effort put into accurate planning.
- Stakeholders and responsibilities identified.
- Plan agreed by stakeholders.
- Effective monitoring and control tools and techniques.
- Problems are dealt with or elevated quickly.
- Project manager is an effective leader and communicator.
- Benchmarking off other projects takes place.
- Resources supplied as planned for.
- Absence of bureaucratic organisation and controls.

Project Management Health Check – list

To assist in assessing the likelihood of success of your project, provided below is an abridged version of a checklist developed by Cleland and King, with some modifications.
- Authority and Responsibility of the Project Manager
  - Are there any limitations on the project manager's ability to executive authority?

- Does the project manager have control over allocation and utilisation of resources?
- Are there limitations on the project manager's authority to make technical and business management decisions?
- Does the project manager approve the scope and schedules?
- Does the project manager approve the plans for accomplishing the objectives?
- How does the project manager report on the progress?
- Does the project manager have a primary role in the selection of staff?
- Does the project manager determine the project structure?
- Does the project manager have a primary role in the assignment of tasks?
- Project Charter
  - Is there a charter approved by either the head of the organisation owning the project or the head of the sponsoring organisation?
  - Does the charter designate the project elements for which the project manager will be responsible?
  - Does the charter define the interface relationships and the communication channels for production, finance, contract admin, and customer relationships?
  - Does the charter indicate the organisations to provide administrative support?
  - Does the charter delineate any special delegation of authority or exemptions from corporate policy?
  - Does the charter clearly define the scope of the project?
  - Does the charter define the interface and relationships between the project manager are other projects, functional groups, support agencies?
- Project Priority
  - Does the project have medium to high priority?
- Project Complexity
  - Does the project manager appreciate the relationship of the project objectives to the organisation's objectives?
  - Does the project manager manage a group of projects concurrently?
  - Does the project involve unusual organisational complexity or technological advancement?
  - Does the project require extensive interdepartmental coordination or support?
  - Does the project present unusual difficulties which need expeditious handling to satisfy an urgent requirement?
- Historical Data
  - Does the project manager maintain historical files?
- Project Visibility
  - Do subcontractors have counterpart "managers" designated specifically and solely to manage their contractual efforts?

- Project Manager's Status
  - Does the project manager have sufficient executive rank to be accepted as the agent of the parent organisation when dealing with outside organisations?
- Project Manager's Staff
  - Do project staff have a high degree of technical and managerial competence?
  - Are project staff experienced in project management?
  - Will key project staff remain in the project for much of its duration?
  - Are project staff assigned to the project office on a full – time basis?
- Communication Channels
  - Is there direct communication between the project and support agencies?
- Reporting
  - Does the project manager provide formal briefings to senior management on project progress/status and problems?
  - Does the project manager attend formal briefings held by other project managers in the organisation?
- Project Reviews and Evaluations
  - Does the project manager make use of the following to identify problems and review the status of the project? (i) Personal contact with key subordinates; (ii) Conferences; (iii) Formal scheduled briefings by key subordinates; (iv) Review of outgoing progress reports; (v) How frequently does the project manager review the status and progress of the project? (vi) Do program reviews and evaluations cover schedule accomplishment, technical performance, cost, and logistic support?
- Management Information Systems
  - Has the project manager applied management control techniques and developed information systems for effective control?
- Financial Management
  - Does the project manager assess and document the effect of proposals to increase or decrease the resources authorised for the execution of the project upon cost, schedule, and performance objectives?
- Planning
  - Does the project manager have a project master plan? What is its station? Does the project master plan include the following? (i) Project summary; (ii) Project schedules; (iii) Management and organisation plan; (iv) Operational concept; (v) Acquisition procedures; (vi) Facility support requirements; (vii) Logistics requirements; (viii) Work force requirements; (ix) Executive development and personnel training requirements; (x) Financial support strategy; (xi) Policy for protection of proprietary data.
- Technical Direction
  - Who in the project manager's organisation exercises configuration change control?

- How does the project manager ensure the adequacy of the following? (i) Training facilities and equipment; (ii) Documentation; (iii) Test equipment; (iv) Safety; (v) Security; (vi) Calibration of test equipment; (vii) Cost effectiveness; (viii) Reliability and maintainability.
- General Considerations
  - How will the project manager ensure an adequate implementation of subcontractor performance evaluation?
    - Does the project manager attend top – level policy meetings with the sponsors?
    - Has the project manager been overruled by seniors under customer pressure?
    - Has the project been given sufficient internal publicity?
    - Does the project manager encourage primary support agency involvement in project meetings on related topics?
    - Are there procedures to recognise outstanding contributions?
    - What assurance does the project manager have that the project contributors have developed a full understanding of the problem?
- Gain associate or full membership to Project Management Institute.

第八章 培训材料之二——环境管理[①]

第一节 亚洲开发银行环境管理基本要求

根据中华人民共和国亚行贷款黄河防洪项目(贷款号:1835 - PRC)要求,黄委为该项目聘用的国际咨询公司的咨询专家,为其提供项目管理、环境管理、社会和移民管理方面的咨询服务。

作为环境管理咨询的一部分,要求进行以下各项的培训:①亚洲开发银行相关环境政策和要求;②亚洲开发银行环境指南;③环境保护措施的实施;④亚洲开发银行所要求的各种环境报告格式和内容,如季度进度报告、环境管理报告、完工验收报告、亚洲开发银行对环境和要求进行评估的最终报告等。

培训咨询专家就以下各项制定了一套培训计划:①介绍亚洲开发银行对环境管理的要求;②准备环境评估报告;③介绍关于环境管理制度的国际指南;④施工现场的环境管理。

编写本套课程材料是作为"亚洲开发银行环境管理要求说明"一般介绍的补充。本培训内容主要包括:亚洲开发银行环境政策,项目周期期间的环境评估,项目编制期间的环境评估,项目实施期间的环境管理,以及亚洲开发银行项目实施管理体系。

本课程材料主要依据亚行提供的信息编制[1],用于亚行贷款黄河防洪项目。

一、亚洲开发银行环境政策

(一)亚洲开发银行环境目标

亚洲开发银行主要的战略发展目标之一是促进可持续发展和环境保护。为实现本目标,亚洲开发银行采取以下措施:①对项目、计划、政策方面的环境影响进行审议;②鼓励发展成员国(DMCs)和执行机构(EAs)在项目设计和执行过程中采取必要的环境保护措施,亚洲开发银行并为此提供技术援助;③促进项目和计划工作以便保护、恢复及改善环境和人们的基本生活条件;④对亚洲开发银行和发展成员国员工进行环境经济发展方面的培训,并提供相关资料。

(二)环境政策

1. 环境政策需求

制定环境政策主要是因为:①亚太地区快速的人口增长、生产和消费模式的改变以及农村向城市移民的增加等现象对这一地区的环境和自然资源形成的压力越来越大;②环境质量普遍下降,如大气质量恶化、生物多样性减少、陆地下沉、地下水资源枯竭、水生生态系统和海洋生态系统受到严重污染、危险和有毒废物越来越多等;③对人们的健康、生活方式,特别是依赖自然资源的人们的影响越来越大;④尽管该地区经济发展取得骄人的

---

①本章根据合乐集团(Halcrow)和吉好地(GHD)有限公司提供的英文教材翻译改编。

成果,但是贫困人口依旧很多,占据全世界贫困人口总数的2/3;⑤资源枯竭和环境退化对贫困人口的影响不均匀。

亚洲开发银行认为仅仅依靠经济发展是不能根本解决贫困问题的。促进经济发展和经济、社会、环境政策还应考虑贫困人口的需求,以及持续增长所依赖的资源的可持续利用。在同利益相关者广泛商讨后,亚洲开发银行当前的环境政策于2002年11月8日正式批准下来。环境政策遵循以下两个战略原则:①亚洲开发银行减少贫困战略,即环境的可持续发展是促进脱困经济发展和减少贫困的前提;②亚洲开发银行长期发展战略框架(2001~2015年),包括对环境可持续发展的义务。

亚洲开发银行意识到从项目初期开始在所有的运作中提高环境综合利用的重要性,以便形成更有战略意义的、综合的方法,而不是仅仅在个体项目上注重环境评估。

2. 五项重要的挑战因素

将依据相关亚洲开发银行政策对以下5项重要的挑战因素逐个进行审查。

1)为减少贫困采取的环境干预措施的需要

环境恶化对贫困人口的影响程度不一。对农村贫困人口和城市贫困人口的影响效果不同。对于农村贫困人口,环境恶化影响农村经济发展所依赖的自然资源(森林、农业、渔业等)。如没有环境干涉,农村贫困地区可能放弃土地(有益于城市移民)或继续依靠消耗资源来维持生活。城市贫困人口可能因工业和城市建设发展(空气污染,固体废物处理,污水处理)而影响公众健康和工人的劳动生产力。

自然灾害和人为灾害使人类蒙受巨大的灾难,损毁基础设施,导致财政损失。贫困地区很容易遭受自然灾害,恢复能力最差。对于不良计划移民以及缺乏基本基础设施的地区,灾害程度会恶化,在防御、准备、减缓及反应能力差的农村,灾害程度则加剧。

亚洲开发银行更加意识到环境在减少贫困中的作用,并从起初的对环境问题采取积极应对措施转变为抢先采取行动的战略姿态,这将有助于发展成员国预计环境问题并采取应对措施。

亚行环境政策——为消除贫困而采取环境干预措施的需要

亚行将帮助发展成员国通过改善环境质量保护贫困人口的健康和劳动生产力,通过改善自然资源管理、维持生态系统长期的生产力、减少他们受自然灾害的危害来增强其谋生手段。在同发展成员国一起制定和执行贫困合作协议时,亚行应不失时机地通过参与的方式进行环境改善和可持续自然资源管理,从而达到消除贫困的目的。

---

2)经济发展中充分考虑环境因素的需要

环境目标应集中在经济发展和减少贫困政策上。据亚洲开发银行资料,许多发展成员国环境公共支出少于国民生产总值(GDP)的1%,而每年环境恶化的经济成本据估计为GDP的4%~8%。

现在,许多发展中成员国已确立了关于环境保护的法律体制和机构,并不是都采取了合适的政策、管理制度和机构安排以确保依法办事,有令必行。

环境考虑可能因发展过程而被具体化,这将导致不希望的后果。例如,政府对农用化学品的补贴将会导致过度使用化学用品、污染土壤和水资源、影响人们的健康。可持续的经济发展受到制约,从而阻碍了贫困的减少。

亚洲开发银行已注重同环境相关的能力增强的技术援助,包括亚洲开发银行将:①建立并加强国家环境发展机构和行业发展机构的能力;②介绍环境评估标准和指南以保证环境和发展计划同管理相结合;③执行政策、立法和机构改革。

> 亚行环境政策——在经济发展中加强环境考虑的需要
> 亚行将帮助发展成员国,以增强他们的政策、立法和体制结构,从而:(1)将环境目标纳入国家和行业经济发展中去;(2)介绍环境管理的政策和管理体系,包括利用手段;(3)加强当地政府和居民参与到支持环境可持续发展的行动中;(4)促进好的管理,以保证依法办事,有令必行;(5)动用国内的和其他资源来改善环境,包括私营行业的投资;(6)加强教育、公众意识和能力建设。

3) 维持全球和区域性生命维持系统的需要

"生命维持系统"是指调节气候、净化空气和水资源、节约用水、循环使用基本物质以及维持地球生命的生态过程。

人类活动正在改变这些过程,并降低净化环境和维持生命的能力。在发展成员国,最贫困地区很难应对这些变化,例如,气候变化和海平面升高或者恶化,以及在很长一段时期内对可持续发展的制约。

亚洲开发银行正注重研究全球、地区和当地在环境方面相互之间的联系,以及生命维持系统所需要的合作。亚洲开发银行支持地区间和亚区间通过技术援助计划在环境方面进行合作,并正在帮助发展成员国处理全球和跨地区环境问题,例如气候变化、生物多样化的保护、公海、沙漠化以及森林火灾所引起的空气污染,等等。

> 亚行环境政策——需要维持全球和地区性生命维持系统
> 亚行将通过以下措施帮助发展成员国维持全球生命维持系统和解决跨地区环境问题:(1)促进政府间的合作;(2)参加管理执行机构(MEAs)组织的专门机构;(3)加速技术转移和依据多边协议允许资源利用;(4)增强发展成员国的决策者和技术专家的能力,以维护发展成员国在国际谈判中的利益;(5)支持地区合作和亚区环境计划和机构。

4) 同其他机构进行合作的需要

相对于地区环境的需求而言,亚洲开发银行的财力和资源有限。因此,有必要同其他发展机构、非政府组织(NGOs)、私人机构以及学术团体进行协作,以扩大资源,通力合作。

> 亚行环境政策——增强合作
> 亚行将促进同其他机构的合作以便:(1)拓宽、增强和维持所采取的措施的影响;(2)吸取合作伙伴的优势,实现优势互补;(3)利用其他的知识和财政资源;(4)确保合作,避免重复建设以及使发展成员国的稀缺资源利用的效果最优化。合作伙伴将包括非政府组织、民间社会团体、私人团体、多边和双边环境和发展援助机构、亚区机构以及国际组织。

5）在亚洲开发银行运作中进一步增强环境考虑的需要

亚洲开发银行于1988年在运作手册中正式规定了环境评估要求,并继续在其运作中增强环境考虑。亚洲开发银行已经制定了行业和主题政策以指导亚洲开发银行如何融会环境问题进行运作。例如,关于渔业、森林、水资源的行业政策,这些政策涉及自然资源的环境可持续发展。根据20年来环境评估的经验,以下领域的工作需进一步增强:①国家战略和计划。国家计划、行业战略以及其他政策必须反映出环境问题,这将有利于获得环境贷款和实现项目环境目标。②咨询。应加强与当地利益相关者和受影响的组织咨询程序。环境初评和环境影响评估需要主要的利益相关者参与,同时要确保他们大力支持该项目。咨询的范围很大程度取决于国家具体的法律、法规和惯例。③实施。亚洲开发银行项目中环境减缓措施的实施需要加强,即要明确分工和责任、要专款专用、要提高执行能力和要获取当地利益相关者的支持。合同、资助协议和目标文件中的环境条款需要很好地体现环境减缓措施。实施过程中对环境减缓措施的修改需要用文件确定下来,并确保实施。因缺少识别或报告措施,一些未预料到的环境或社会影响可能没有记录。进度报告应根据标准方法进行改进,为亚洲开发银行提供相关的、可靠的信息。必须有清晰的、可监测的环境指标,并在项目设计中对此予以明确规定。发展成员国应经常加强制度建设以收集和使用环境数据。④环境评估过程。环境评估是指对目标建设对环境产生影响的评估过程。在可行性研究阶段,可能有设计、地点或项目性质等存在不确定因素。因为需要对这些不确定因素进行研究,所以应对设计环境影响进行评估。一旦在可行性研究阶段提交了环境初评报告或者环境影响评估报告后,环境评估应停下来,但在具体设计期间应继续进行。亚洲开发银行应加强环境贷款协定和审议力度,以将下游的风险降至最小。

亚行环境政策——在亚行的运作中应考虑环境因素

亚行将通过系统的应用程序来重视运作中的环境因素,以便:(1)进行国家战略和计划的环境分析;(2)对项目贷款、计划贷款、行业贷款、融资中介贷款、私营行业贷款进行环境分析;(3)对贷款是否符合环境要求进行监督和评估;(4)执行符合环保要求的采购程序。在政策对话文本中,亚行将积极介绍政策改革,并以此改善环境质量和加强自然资源管理的可持续性。

二、项目周期中的环境评估

（一）项目周期

1. 介绍

项目周期包括从最初对潜在项目的认定直到项目完成和评估的整个过程,见图8-1。

项目周期的主要阶段包括:①国家关于项目的战略和计划;②项目制定;③项目评估/批准;④项目实施;⑤项目评价。

在亚洲开发银行项目的每个阶段都应考虑到环境因素(参见亚洲开发银行运作计划,运作手册F1/BP中关于环境考虑部分),参见图8-2。

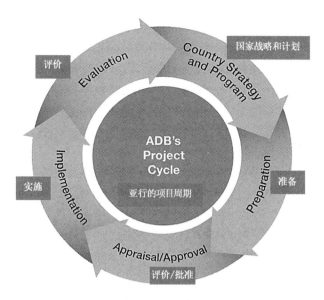

图 8-1　亚洲开发银行项目周期

业务流程	关键阶段	环境评估要求
国家战略和计划	国家战略和计划	国家环境分析
技术援助/贷款程序	项目确定	环境分类
	初步设计	快速环境评估
	项目设计	环境评估
	贷款处理	安全一致性
		编制贷款协议
贷款实施及监督	贷款开始	评审环境管理计划的实施
	中期贷款审议	
项目完工及评价	项目完工报告	评审环境管理计划有效性的实际影响
	后评价报告	

图 8-2　亚洲开发银行商业程序中的环境要求

2. 国家战略和计划

项目周期的第一阶段主要是制定国家战略和计划,简称 CSP。亚洲开发银行同每个发展成员国一起制定中期发展战略和运作计划。国家战略和计划须符合国家发展计划周期和减少贫困的目标。所有的国家战略和计划目录将在亚洲开发银行官方网站(http://www.adb.org)上登出。下列文本框列出了中华人民共和国的国家战略和计划大纲。

中华人民共和国 2005~2008 年国家战略和计划

目录

1. 当前的发展趋势和问题

    当前的政治和社会发展状况

    经济评估和展望

    国家战略和计划的执行

2. 国家战略和计划的执行

    减少贫困的进程

    国家战略和计划重点区域的进程

    (1)促进经济公平广泛的增长

    (2)做好市场工作

    (3)改善环境

    (4)促进地区合作

    (5)私营行业的发展和运作

    重视同外部资助和合伙安排的协调

3. 投资搭配管理问题

    投资的执行情况

    绩效监测和评估

4. 国家执行和援助水平

    计划的贷款水平

    非贷款计划

    贷款计划和非贷款计划概要

附录

    国家和投资指标、援助途径

    PRC CSPU 成果框架 (2006~2008)

    出租产品的概念书

    非出租产品和服务的概念书

    援助途径 2005~2007

通过以上分析,亚洲开发银行贷款力求符合借款成员国的需求,并符合亚洲开发银行自己的目标和政策。亚洲开发银行定期对国家战略和计划进行审查,并对亚洲开发银行援助的发展和影响进行评估。

亚洲开发银行的地区行业制定了国家环境分析(CEA),可作为国家战略和计划行动的意见。国家环境分析提供了关于环境因素、需求和发展成员国机会的理性决策制定所需的背景信息,主要针对同亚洲开发银行资助项目直接相关的市场行业和机构。国家环境分析重视同草拟环境敏感项目相关的问题,国家环境分析主要站在战略的高度(政策、程序和计划),而不是停留在项目水平。

3. 项目准备

项目准备包括两个阶段:对项目的评估和准备、对项目的审查。

成员国需要评估并准备合适的贷款项目。亚洲开发银行提供"项目/计划准备的技术援助(PPTA)"贷款以帮助成员国实现此任务。

亚洲开发银行在网站上摘要登出项目的真实情况,称之为项目介绍,并在适宜的时候更全面地对项目进行介绍。

在 PPTA 的早期阶段,应进行贫困和社会初评以确定哪些人将会受益或者将受到负面影响。

应准备一份技术援助报告,以便向亚洲开发银行提供关于对项目可行性的建议。

亚洲开发银行通常雇佣咨询顾问同参加合作的政府工作人员一道,讨论研究项目的可行性。咨询顾问将同各利益相关者保持紧密联系,包括政府、民间团体、受到影响的人群以及其他发展机构。亚洲开发银行对咨询顾问的工作进行监督。最后的草拟报告将在三方组成的会议上进行审议,三方会议将由政府、亚洲开发银行和咨询顾问派出的代表出席。

如果项目要求移民,或者可能对环境产生负面影响,应准备一些安全评估措施。这些评估结果应能为协商之前或者期间草拟的受影响的人群所接受,评估结果将在协商之后最终确定下来。

在项目准备阶段,亚洲开发银行将:①确定项目的环境类别;②要求进行环境评估,达到环境类别所要求的合适的水平;③制定安全遵守制度;④制定贷款合同,包括任何特殊环境或社会条款。

所有的亚洲开发银行资助项目将依据潜在的环境影响进行筛选,并归类到以下 4 个类别中:A 类:项目对环境有重大的负面影响。要求进行全面的环境影响评估(EIA)。B 类:项目对环境有一定的负面影响,影响程度小于 A 类项目或其意义比 A 类项目重要。要求进行环境初评(IEE),以确定是否有重大的环境影响,如有重大影响,则要求进行全面的环境影响评估。如果不要求全面的环境影响评估,环境初评报告便可作为最终环境评估报告。C 类:这些项目很可能带来重大的环境影响,但不要求环境初评或者环境影响评估,尽管仍然需要对潜在的项目影响进行审议(例如,进行快速环境评估 - REA)。FI 类:此类项目通过一家金融中介或者金融中介中的一个股本投资涉及到信贷限额。金融中介必须应用环境管理制度,除非所有的子项目不会产生重大的环境影响。

亚洲开发银行地区办公室将负责对亚洲开发银行资助项目进行归类,并制定一份项目环境筛选审查表,写明目标项目的类型、规模和位置。最终的类别由亚洲开发银行首席评审官员来确定。如项目出现新的情况,经亚洲开发银行批准,类别可以更改。

环境影响的重要性要依据许多因素来评判,特别是:①环境易受影响区域内或与其靠近的项目的位置;②项目的规模和性质,项目的规模、任务、活动或其他因素可能导致环境影响;③潜在影响的大小以及影响受体受到影响程度;④用来抵消、避免或减少负面影响的有效的减缓措施的可能性。

黄河防洪(行业)项目

该项目归为 B 类项目。

在准备阶段,应指定国际咨询顾问为三个"核心"项目制定环境初评报告——开封堤防、长垣村台和东平湖堤防。然后,黄委委托黄河勘测规划设计有限公司编制关于其他亚行资助子项目的环境初评报告。

中国国家环保总局(SEPA)和亚行已正式批准所有的环境初评报告。

B 类项目环境评估指南参见图 8-3。

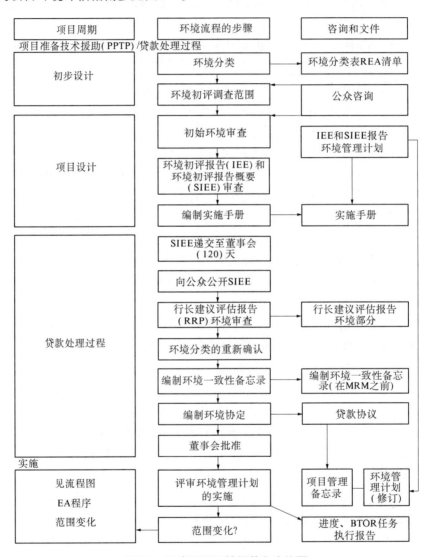

图 8-3　B 类项目环境评估和审议图

亚洲开发银行制定了关于环境考虑、非自愿移民以及本土居民的安全政策。如果环境初评或者环境影响评估表明将对环境或本土居民产生重大影响,应采取适当的措施来保护当地居民和环境。这些减缓措施应以特别条款写进贷款协议中。下列文本框给出了黄河防洪(行业)项目的环境贷款条件。

<table>
<tr><td colspan="1" align="center">黄河防洪(行业)项目</td></tr>
</table>

黄河防洪(行业)项目

执行贷款协议进度表 5 和其他事务包括义务等

● 环境

o 遵循国家、省级和地方政府法律法规和亚行环境指南。

o 实施子项目环境初评/环境影响评估规定的所有环境减缓措施。

o 减缓措施应包括但不限于:(1)统一每个子项目区域的水井位置,以最大程度地维持地下水位;(2)利用剩余的水用于灌溉,或循环使用淤筑施工泥浆过程所需的水,或者排放到黄河;(3)在鸟类迁徙季节关闭柳园口湿地自然保护区附近的取土坑以防止捕猎水鸟现象;(4)在新筑堤防、淤筑区域、土台斜面上覆盖丰富的表层土并种植草类;(5)在子项目建设区域临时道路上的行驶速度限制在时速 30 公里以内。

在项目审查期间,亚洲开发银行将通过咨询公司准备的报告对项目可行性进行评估,并进行实地察看。在实地察看期间,亚洲开发银行将同政府行业部门及其他利益相关者对项目技术、财务、经济、环境、市场、管理以及社会影响进行评估。

应用详细的项目风险及环境敏感性分析来对目标项目的生命力进行估计。将针对贷款生效的贷款条款和条件进行讨论,以提高行业部门的执行力度,处理主要的政策问题。

4.审定或批准

项目审定和批准阶段包括:项目审定、贷款谈判、亚洲开发银行董事会批准、贷款签字和贷款生效 5 个阶段。

在项目审查和实地考察之后,亚洲开发银行将进行项目审定,以便在必要的时候进一步进行实地研究、分析和商讨。项目审定后将制备一份贷款建议报告并起草一份草拟贷款协议供谈判使用。

草拟贷款协议以及草拟项目建议将提交给所有相关各方,包括中国政府。亚洲开发银行将集中所有反馈信息,并同中国政府进行谈判。

谈判结束后,贷款建议报告将提交给亚洲开发银行董事会进行审批,该报告被称为行长建议评估报告(RRP)。经董事会审批后,此报告连同相关法律协议将在网站上登出。

行长建议评估报告:PRC 33165

董事会关于目标贷款及技术援助授予给中国黄河防洪(行业)项目的行长建议评估报告

目录

Ⅰ建议报告

Ⅱ介绍

Ⅲ背景

Ⅳ目标项目

Ⅴ项目合理性判断

Ⅵ保证措施

Ⅶ建议

附录

在董事会审批后,行长建议评估报告将送交给借方国政府谋求内阁授权,之后,亚洲开发银行行长同政府代表签订贷款协议。

一旦满足一定的条件,贷款就生效,这被称为贷款生效。一般地,此条件仅限于法律要求。贷款协议将对法律要求和贷款生效的截止期限进行规定。

如条件满足,亚洲开发银行的律师和项目官员将进行审议,之后,可正式宣布贷款生效。通常,贷款协议生效之前的期限为 90 天。

> 中华人民共和国和亚洲开发银行于 2002 年 6 月 10 日签订了黄河防洪(行业)项目的贷款协议,并于 90 天后生效。

5. 执行

亚洲开发银行资助项目由执行机构(EA)根据协定的进度表和程序来执行。

> 水利部(MWR)被指定为黄河防洪(行业)项目的执行机构。
> 黄河水利委员会(YRCC)负责对黄河的水资源进行管理,并隶属于水利部。
> 黄河水利委员会(YRCC)已组建了项目管理办公室(PMO)来执行该项目。

项目管理备忘录(PAM)中详细制定了项目执行协议和详细资料。有必要聘请项目国际咨询公司以协助政府的工作。

> **黄河防洪(行业)项目**
>
> 聘请国际咨询公司从事以下服务:
> - 项目管理。在开发项目管理软件、建设管理和财务管理方面提供帮助。
> - 环境管理。根据亚行要求对环境管理程序提供建议,提供环境管理培训,对报告审批提供帮助,进行成本—收益分析,对最终报告的编写提供帮助。
> - 社会和移民管理。对管理和程序问题提供建议;执行和监督;以及后评估。

项目建设的准备工作需要 6～12 个月或更长的时间,并包括:①聘请咨询公司;②准备招标文件和详细方案;③采购设备;④选择建设承包商。

除了合同签字之外,这些工作应在贷款谈判结束之前结束,以便将项目执行的任何开工拖延降至最低。

亚洲开发银行将同贷款方和执行机构一起对实际执行的进程进行检查,并对开发目标的业绩进行监督。按照贷款协议规定,亚洲开发银行将对批准过的开支项目发放贷款。执行时间为 2～5 年,但具体的需要依据项目类型和性质来确定。在此期间,亚洲开发银行将以访问的形式对项目实施的进程进行检查,每年至少 2 次。如出现重大环境或社会问题,亚洲开发银行将经常要求借款方在提交进度报告之外,还需提交定期监督报告。在详细的设计或实施阶段,项目范围内可能出现重大的变化。这种情形下,应进行环境评估程序,如图 8-4 所示,以对重大影响和减缓需要进行评估。

6. 评估

一旦项目设施采购和技术援助工作结束后,亚洲开发银行将编写一份项目完工报告或者技术援助完工报告,记录实施过程。报告将在 12～24 个月内编写完成。

亚洲开发银行评估部门每年都将对各项目进行抽查评估。此活动在项目完工后 3 年或者在项目完工报告提交给董事会后两年的期限内实施。这些实施审计报告将在亚行网站上登出。

(二)公众咨询

亚洲开发银行环境政策对有效公众咨询的程序进行了规定,并要求在环境评估过程中公开相关信息。公众咨询是有关经济发展活动计划和实施的主要内容,在亚洲开发银行的环境管理政策、行业政策、安全政策、非自愿移民和本土居民都涉及此内容。

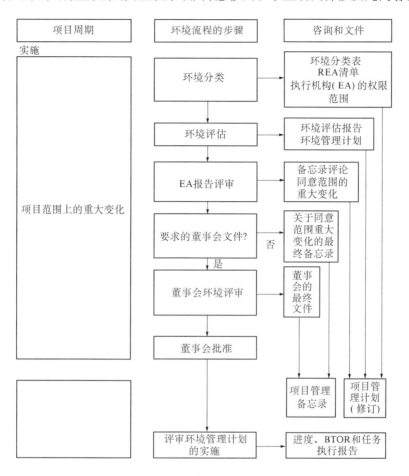

图 8-4　关于项目重大范围变化的环境评估和审议

　　关于公众咨询,亚洲开发银行坚持 5 项基本原则:①信息公开。应将信息以适当的方式公开。项目有利的和不利的信息应尽可能地向公众公开,并为公众留有充足的时间对信息内容进行理解,表达他们的意见。②信息征询。向当地居民和感兴趣群体征询意见,这样能收集到新的观点和现场特定信息。③信息综合。环境影响评估应综合利益相关者的观点,这样能提高环境影响评估的质量。④协调。好的项目团队能促进亚洲开发银行、执行机构和利益相关者之间的交流。⑤公众咨询应该是双向的信息和思想交流。应给予利益相关者表达观点和意见的机会,建议者可提供方案、好处和不利条件等方面的信息。

　　公众咨询的好处包括:①公众期望的管理、察觉任何严重的冲突、在导致冲突前解决问题、减少拖延和财政损失。②辨别潜在的负面影响和实施社会可接受的减缓措施或赔偿。③确定和评估方案,结合本地投入和技术知识加强环境管理计划。④通知到的公众应能很好地在项目好处和不利条件之间进行权衡;能够对项目设计作出有意义的贡献。⑤广泛的公众支持是项目长期可持续进行的基础。

　　成功的公众咨询包括确定相关利益人,发展和执行让公众参与的讨论。有 5 种类型的利益相关者:当地居民、民间团体、政府和当地政府机构、私营行业团体和其他机构。

一级利益相关者包括直接受到项目影响的人,其他利益相关者则是受到间接影响的人。其他利益相关者可能因项目范围和地点的改变而成为一级利益相关者。在制定公众协商方法时,很有必要顾及一级和其他利益相关者。

着眼于长期目标,公众咨询应主要集中在涉及合法利益等的人或者团体。即哪些人将受到直接的或间接的、积极的或消极的影响? 哪些人是最容易受到影响的? 哪些人对此有兴趣或者感到他们受到影响? 哪些人支持或反对项目所带来的变化? 哪些人的反对将危害项目的成功? 哪些人的合作、技术或影响会有益于项目的成功?

表8-1 列出了3个基本的公众咨询方法。

表 8-1 三个基本的公众咨询方法

	信息发布	信息征询	达成一致意见
途径	印刷材料、显示和展览、登广告、开座谈会	居委会联络官员、调查和调查问卷、会见、小型公众集会、公众听证会	顾问团、问题处理方法、达成一致意见、调停
好处	可得到多数听众的支持 可满足公众的最小需求 能提供详细信息	允许直接的反应和反馈 允许详细的和关心问题的讨论 显示社会资料,对意见、优先权和关心的问题进行量化 允许直接通信和资料交流和辩论	能很好地处理技术问题 帮助并达成一致意见 对未参与的各方也应公平对待
挑战	处理特殊利益的能力不够 拒绝文盲 准备和安置职工的费用	官员同雇员之间潜在的冲突 要求专家进行分析以避免偏见 能很好地处理特殊利益群体的需求	很难涵盖所有方面的意见 可能需要很长的时间 要求调停人经验丰富 很难确定可接受的中立方

对表8-2所列的A类和B类项目必须进行公众咨询。

环境初评报告/环境影响评估报告中应对公众咨询活动和建议进行总结。

亚洲开发银行将在项目审议以及随后的项目实施期间对公众咨询方法进行审议。

(三)环境报告

亚洲开发银行或者相关借款人将在项目周期的各阶段编制环境报告,见表8-3。

表 8-2　必须进行公众咨询的项目

A 类项目	B 类项目
公众咨询必须在编制环境影响评估报告的早期执行,并贯穿在项目实施的全过程,包括影响当地居民、非政府组织、政府和其他利益相关者的环境问题	亚行建议应在环境评估过程的早期阶段进行公众咨询,并贯穿在项目实施的全过程,包括影响当地居民、非政府组织、政府和其他利益相关者的环境问题
亚行政策要求在环境影响评估期间应进行两次公众咨询:一次是在环境影响评估调查工作的早期阶段。一次是在环境影响评估报告编制好时并在亚洲开发银行对贷款批准之前进行	
相关信息的形式和语言应能为被咨询人所理解	相关信息的形式和语言应能为被咨询人所理解
环境影响评估概要应能为公众所查阅,并在亚洲开发银行网站上登出	对于环境敏感项目,环境影响评估概要应能为公众所查阅,并在亚洲开发银行网站上登出
一经要求,应提供环境影响评估全文	一经要求,应提供环境影响评估全文
对公众发布的环境信息有效期为 120 天	对公众发布的环境信息有效期为 120 天

表 8-3　项目周期的各阶段编制环境报告

项目周期	环境报告	
	借款人	亚洲开发银行
国家战略和计划		国家战略和计划
编制	环境初评报告/环境影响评估报告	技术援助报告(由亚洲开发银行的咨询公司提供)
审定/批准		行长建议评估报告(RRP)
实施	环境管理计划 监测报告 季度报告	项目管理备忘录 任务实施情况报告
评估	项目完工报告	项目完工报告 关于项目实施的审计报告

三、项目准备阶段的环境评估

(一)环境评估程序

环境评估作为亚洲开发银行运作的中心措施贯穿项目周期的全过程。但是,在项目准备阶段才进行详细的项目环境评估。

项目环境评估最开始是进行快速环境评估,用于确定项目的类别。根据评估结果,项目将分别归为4类,包括A类、B类、C类、FI类。

下一步是委托环境评估,A类项目将进行全面环境影响评估,而B类项目则进行环境初评。制定环境评估范围、工作大纲,主要集中在重大的环境影响上。在国家自己的环境影响评估合法要求下,借款方可委托编写项目环境影响评估报告。但是,亚行可委托咨询公司对现有的环境影响评估进行更新,或执行作为技术援助贷款一部分的环境初评/环境影响评估。本节对快速环境评估报告、环境初评报告和环境影响评估报告的编写进行了概述。

(二)快速环境评估

在项目准备阶段开始时,作为确定项目环境类别的一部分,要着手进行项目潜在影响的初评工作。亚行地区办公室将提出一份包含有要调查问题的快速环境评估清单:项目区环境资源的敏感性与脆弱性,以及项目对环境带来重大负面影响的可能性。

登陆亚洲开发银行网站可在2003年环境评估指南附录中查询到清单实例。

(三)环境初评

1. 环境初评程序

在项目准备阶段应尽早实施环境初评,以便确定需要处理的重大环境问题。环境初评可能需要进一步研究,为此应委托进行环境影响评估。但是,如果经鉴定,没有重大影响或者可以减缓,可采纳环境初评报告作为环境评估报告。

环境初评报告应:①提供项目区一般环境背景作为基本资料;②提供相关的潜在影响以及影响的特点、程度、分配、受影响的人群、影响的期限;③提供潜在减缓措施以便将影响降至最小,包括降低成本;④评定最佳的备选项目,在财政、社会和环境方面成效最大但成本最低;⑤提供基本信息以便制定管理和监督计划。

环境初评报告的实施主要包括以下步骤:①范围研究。研究旨在确定项目相关的所有重大的环境问题,包括将在环境初评期间进行评估的项目位置、建设、运转活动。②基本资料收集。项目区的相关信息从可能有用的资源进行收集,例如参观勘测现场、资料源、政府机构以及通过讨论。③公众协商。很有必要确定谁是主要的利益相关者,并开展合适的公众协商。磋商应包括向磋商人提供项目信息、座谈会、获取现场特定信息、在项目设计中顾及磋商人的反应以及减缓需要,并向磋商人提供关于如何处理他们关心的问题的反馈信息。④潜在影响的评估。各种同建设相关的活动和项目运转可能对环境产生影响,应对这些影响进行辨别和评定。在此阶段,由于缺乏详细的关于项目和现场的信息,影响特征的描述可能只是定性分析。⑤制定减缓措施。应制定减缓措施以避免、减少或减轻项目的重大负面影响。⑥机构要求和环境监理计划制定。在项目建设和运作期间,应考虑机构和管理安排以保证减缓负面影响的发生。应制定一份监理计划来估量对环境的影响,并评估减缓措施的效力。

应用良好的用英文编写的环境初评报告概要,并在申请贷款之前至少120天提交给亚洲开发银行董事会。这样能保证在贷款审批之前公众有充足的时间对项目进行评论。环境初评报告概要将在亚洲开发银行网站上登出,向公众公开。

2. 报告要求

环境初评报告的结构和内容应符合亚洲开发银行的要求（参见文字框）。报告主体约 40～60 页，环境初评概要约 8～12 页。

```
              环境初评报告目录

         A 介绍
         B 项目描述
         C 环境描述
         D 对潜在环境影响和减缓措施进行筛选
         E 机构要求和环境监理计划
         F 公众协商和信息公开
         G 调查和建议
         H 结论
         环境初评报告概要(SIEE)
```

(四)环境影响评估

1. 环境影响评估程序

在可行性分析阶段应尽早进行环境影响评估，以确保项目的环境可行性。

环境影响评估旨在提供：①项目区环境、社会和经济条件方面的基本信息。②项目潜在影响、影响的特点、程度和分布信息，以及在项目期间哪些人将受到影响。③关于将影响包括减缓成本降至最低的潜在影响措施的信息。④评定最佳的备选项目，在财政、社会和环境方面成效最大但成本最低。除了项目的备选地址外，还应考虑项目设计或项目管理。⑤制定环境管理计划的基本信息。

环境影响评估的主要任务同上述环境初评相似，另外还包括对所选方案的评估和对环境影响的经济评估、减缓措施以及对尚未估价的影响的讨论等方面的概要。

1)范围研究

应最初对快速环境评估进行范围研究，然后是对环境初评的范围研究(如果其中之一已被实施)。很有必要对有用信息进行审议，包括项目设计和研究领域的最近信息，以便确定环境影响评估的范围。范围研究应包括以下方面的信息：①可能的环境影响和利害关系；②需要进一步研究的环境方面的问题；③实施环境影响评估所需的一般途径和方法；④在实施环境影响评估中将要商议的受到影响的利益；⑤需要将环境影响评估的成效编制成项目文本，特别是环境管理计划。

2)基本资料收集

基本资料应能描述相关自然环境、植物群和动物群，和居住在项目区的人群的社会和经济特征的性质和重要性。对于环境影响评估，应进行更加详尽的基本研究(同环境初评相比)，包括特别委托的调查(生活环境、土地使用、水质、土壤等)，同当地利益相关者的协商、详细的会议研究(如，关于水文、地下水、气候等方面)。基本研究应涉及受项目影响的所有方面，包括临时和永久占地、周围可能受到间接影响的区域以及赔偿区域。

3)公众咨询

分两个阶段来实施公众咨询活动，第一次在环境影响评估程序的早期，第二次在环境影响评估报告起草完毕时但在亚洲开发银行批准贷款之前进行。第二次公众咨询活动非常有必要,以保证能将所建议的减缓措施和监测计划通知给利益相关者,从而获得他们的支持,达成一致意见。如果方案涉及移民安置问题,应进行特别程序。

4)方案评估

如果对可行的方案已作考虑,例如关于项目位置、设计、技术或运作的方案,应对这些方案的环境影响、资本、运作成本、技术可行性、当地条件的适宜性、执行的机构能力等进行评估。

5)对潜在影响的评估

应对潜在影响进行确定和特点分析。可进行比环境初评更详细的评估。影响评估可在依据此影响的相关数据和性质进行一定程度的定性、半定性和定量分析,影响的程度将依据专业人士的判断、成本和是否可为社会接受来判断。

6)减缓措施的制定

应采取必要的减缓措施以避免、减少和减轻项目重大的负面影响。一些减缓措施是可行的,包括立法变化、项目位置和设计的改变、建设方法或计划的改变、建设期间好的保管措施、结构减缓措施和运作管理的变化等。

7)经济评估

环境影响评估应涉及对项目的经济评估,包括环境影响的成本和利益;成本、利益、减缓措施的成本效果和对尚未进行估价的影响进行讨论。

8)编制环境管理计划

环境管理计划写明如何在建设期间、运作期间对重大负面影响进行控制,哪些相关地方应舍弃。应对所有的减缓措施进行鉴定和计划,还需制定一份监测计划以监测重大的负面影响,以及对减缓措施的作用进行评估。监测计划应涉及本底(建设前)、建设和延续建设监测阶段,并贯穿运转的全过程。监测计划可用来对环境影响的范围和程度进行评估(同预计的影响相比较),对环境保护措施或者是否依法办事进行评估,以及对影响趋势和环境管理计划的综合作用进行评估。环境管理计划应包括报告和反馈机制,应考虑进行正确的机构和管理安排以便对环境管理计划确定的活动进行管理、实施和监督。

9)起草环境影响评估报告和环境影响评估概要

2. 环境影响评估报告

如有可能,亚洲开发银行将要求借款人按照亚洲开发银行规定的格式制定环境影响评估报告,以确保其结果是清晰和简明的,这有利于最有效地进行决策。环境影响评估概要还应按照亚洲开发银行的格式,这便于将文件提交给亚洲开发银行董事会成员阅览以及公众阅览。以下给出了亚洲开发银行的指南。

亚洲开发银行没有提供关于环境影响评估报告和概要长度的规定。主体报告最好100页左右,如报告超过150页,将难以处理,并给阅览带来不便。最好提供关于数据和背景的附录,作为主体文本的补充。

环境影响评估概要应为12~20页。应同主体报告的结构一样,并用标准的英文书写。还应将环境影响评估概要提交给亚洲开发银行董事会审批,并对公众公开120天。环境影响评估概要将在亚洲开发银行网站上登出。

```
环境影响评估报告目录
A 介绍
B 项目描述
C 环境描述
D 方案
E 预计的环境影响和减缓措施
F 经济评估
G 环境管理计划
H 公众参与和信息公开
I 结论
环境影响评估概要(SEIA)
```

四、项目实施期间的环境管理

(一)环境管理的内容

实施阶段初期首先进行各项前期研究工作,包括选定建设公司,现场建设工作的开始直到建设完成,现场的清理和恢复。

在实施阶段的早期,很有必要:①进行评审,在必要时加强实施阶段环境管理的机构安排;②根据环境初评报告/环境影响评估报告及环境管理计划章节内容制定一份综合文件,以阐明环境初评报告/环境影响评估报告中确定的环境减缓和监理活动以及如何实施;③草拟工作大纲、招标以及在实施期间各种组织所需的合同文件——包括承包人、监测公司、监理公司,有时也包括执行机构;④服务和设备的采购应根据招标进行。

在主要的实施阶段,重点放在建设相关的影响,主要采取以下措施:①承包商自己管理各项工作以及相关的环境和社会影响;②对承包商的各项工作进行监督和审计;③环境监测。

在建设期间,应同当地居民、环境机构、非政府组织等进行公众商议,以讨论环境和社会影响和相应的减缓措施。

在整个建设阶段,项目管理办公室需要对承包商各项工作对环境产生的影响进行监测和评估。为此,建设、监理单位应向项目管理办公室提交相关报告,进行信息反馈。项目管理办公室必须根据项目实施的进度定期向亚洲开发银行报告,通常要求通过培训加强项目管理办公室的制度建设。

(二)加强制度建设和培训

执行机构下应组建项目管理办公室。亚洲开发银行建议项目管理办公室职工应来自执行机构的长期全日制职工,以便能够长期进行建设。项目管理办公室应按照协定履行职责,以保证环境初评/环境影响评估的减缓措施和监测计划,并按照亚洲开发银行的要求进行报告。

成功的环境监理要求监理单位能够:①确定执行机构在实施项目时是否符合环境管理计划的规定;②发现问题;③制定纠正计划。

有时亚洲开发银行建议加强制度建设,以此:①帮助亚洲开发银行对环境管理计划的实施进行监督,包括对借款方或者代表借款方在减缓措施和监测要求方面所做的工作进行监督和评估;②提供在职培训以培养环境方面以及环境管理社会方面的技术专家;③引导项目管理办公室职工采取正确的技术进行项目检查和监测,使用现场监测设备,进行资料收集;④协助项目管理办公室同其他政府机构、当地居民、非政府组织以及其他利益相关者就项目环境方面进行协调和磋商。

(三)环境管理计划

1.概述

环境管理计划旨在制定程序和计划以确保项目期间依据减缓措施和监测要求进行施工和运作。亚洲开发银行非常重视环境管理计划的准备工作、条件的准备以及项目实施的目标。对此,亚洲开发银行要求环境管理计划在环境初评报告(对于 B 类项目可看做是环境易受影响(敏感性))和环境影响评估报告中单列一个篇章,以保证在项目可行性阶段能将这些意见考虑进去。

通常贷款协定对环境减缓和监测条件进行了规定。

但是,亚洲开发银行认识到在项目周期的项目准备阶段,用来估计潜在影响和减缓需要的项目设计和地址等相关信息经常不足。因此,亚洲开发银行要求借款方在实施阶段的初期对环境管理计划进行修订。

目标项目、潜在影响、计划减缓措施和环境监测建议应在建设前提请审议,以确定是否已发生重大的变化。这种情况是可能的,例如,因受项目的详细设计或者项目地点的环境变化的影响。任何项目范围内的重大变化应进行环境评估以及适合的减缓措施的鉴定。

环境管理计划应是一种"活着"的文件,应在实施阶段定期地提请审议和更新,并对以下特定事件作出反应:环境初评/环境影响评估未预计到的、现场发生的事故或者立法变化等因素所引起的不期望的影响。

应定期审议是否符合环境管理计划的规定,以便检查是否正确地实施环境管理计划。亚洲开发银行在其使命范围内或者包括项目管理办公室在内可执行这种"审计"工作。

2.环境管理计划的目录

亚洲开发银行对一个完整的环境管理计划的最少内容进行了规定,见下列文本框。

一份完整的环境管理计划目录

1.潜在影响概要

2.计划的减缓措施描述

3.计划的环境监测描述

4.计划的公众咨询程序描述

5.执行减缓措施和相关职责和权利、以及监测要求描述

6.关于工作计划的报告和审议职责,工作计划包括职工安排图、由项目施工队各成员参与的目标进度表、各级政府机构的投入和建议

7.对环境负责的采购计划

8.详细的成本评估

9.反馈和调整机制

---

1)潜在影响概要

在必要时,应对潜在影响概要进行审议和更新,重点是将要进行减缓的负面环境和社

会影响。

2）计划的减缓措施描述

环境管理计划必须提供对已计划好的减缓措施的介绍，以及关于影响和所要求的减缓水平之间的联系的说明。这些应清晰明了，并能证实对影响起到减缓作用。例如：

减缓措施	目标
准备和实施关于预防河道污染的程序	河务局没有出现关于河道污染的抱怨，或者因河道污染进行罚款
在临时道路上行驶速度控制在时速 30 km 以内	环境监理公司没有出现对行驶速度过快的抱怨
在气候干燥时，定期向土木工程喷水，控制灰尘	工人没有出现抱怨现象，环境监理公司也没有类似抱怨

亚洲开发银行提供了计划减缓措施一览表样板，参见表8-4 关于黄河防洪（行业）项目河道治理工程的减缓措施概要（摘录）。

3）计划的环境监测描述

本节介绍建议的环境监测计划，内容包括：①监测计划的目标；②用来衡量减缓措施效果的环境绩效指示参数；③监测计划概要，例如参量、方法、位置、频率、监测的局限性等；④环境标准和一致性；⑤需要采取纠正措施的污染物控制保证；⑥管理安排，例如职工安置、报告等。

监测和监理安排应符合亚洲开发银行和执行机构的要求，以保证及时地发现需要采取纠正措施的地方，对减缓措施和加强制度建设成效进行报告，以及对是否符合国家环境标准和亚洲开发银行环境安全政策的规定进行评定。

亚洲开发银行指南提供了如何对环境监测活动进行总结的样板，参见表8-5 关于黄河防洪项目河道整治工程一般监测要求概要（摘录）。

4）计划的公众咨询程序描述

环境管理计划应包含一个公众咨询的计划，包括以下内容：①通知当地居民开始施工；②将监测结果和其他利益相关者予以公布；③在必要的时候，向独立的第三方提供监测服务。

对于很可能产生重大负面影响的项目，公众咨询还应包括减缓措施设计和参加环境监测等内容。

正如上述，环境管理计划和公众咨询计划，可同移民计划要求的活动一起进行。公众咨询问题应和移民安置问题分开讨论和进行。

5）实施减缓措施和监测要求的职责和权利说明

应明确说明实施减缓和监测措施的职责。相关各方间的交流和沟通应划清界线，分清职责，包括在项目管理办公室内部交流以及同第三方的外部交流，例如承包商、监理公司、环境监测公司、当地立法机构、当地居民。

表 8-4 减缓措施概要——河道治理工程（摘录）

项目活动	潜在环境影响	建议的减缓措施	机构职责			成本估计（RMB）
			执行单位	管理单位	监督	
施工前						
准备工作		制定环境管理计划，就环境保护进行融资	项目管理办公室	项目管理办公室		
施工						
永久性建筑物占地	农业用地的永久损失（总计 2368 公顷，897 人受到影响）	对土地和附属设备损失而受到影响的人进行充足的及时的赔偿，提供其他当前收入水平相当的收入渠道	当地政府	项目管理办公室	移民安置监督	
土木工程期间，裸土的封闭	风和雨水对土壤的侵蚀。在刮风的天气里，空气含尘量升高，工地外淤积和排水堵塞	1. 定期向表面喷水以湿润尘土 2. 在堤防上铺上表层土，即，用黏土/含腐殖质，而不是松散的泥沙和沙 3. 在土木工程结束后，种上植被	承包商	项目管理办公室	环境监理	
运作和维护						
对耕作的破坏	完工后的第一年，受影响的人的收入减少	对受到影响的人进行财政赔偿	当地政府	项目管理办公室	环境监督	

表 8-5 一般监测要求概要（摘录）

| 减缓措施 | 需要监测的参数 | 地点 | 测量方法 | 频率 | 职责 | | | 成本 |
					执行	管理	监督	
建设前								
制定环境管理计划，针对环境保护进行融资	环境管理计划的修订	公司本部	新的 EMS 的完成和发布	正式投标以前检查一次	项目管理办公室	项目管理办公室		
指定监理和监测单位	工程发包				市河务局	项目管理办公室		
建设								
永久占地 对土地和附属设备损失而受到影响的人进行及时和充足的财政赔偿，提供其他收入渠道以维持当前的生活水平	参见移民安置计划							

减缓措施	需要监测的参数	地点	测量方法	频率	职责			成本
					执行	管理	监督	
风/雨水侵蚀 1. 定期表层喷水来湿润生土 2. 在堤岸上使用合适的表层土，例如黏土/含腐殖质的表层的土，而不是用松散的沙土和沙子 3. 在完成的土木工程上进行绿化	1. 喷水的频率 2. 表层土的质量 3. 植被区域 4. 空气质量，对尘土进行监测	1. 所有的土木工程 2. 将使用表层土的区域 3. 所有将种植被的区域 4. 离村庄最近的区域	1. 喷水的天数 2. 土壤可直观检验 3. 完成的百分比 4. 尘土含量	1. 在干燥天气，一天两次，或在需要时喷水 2. 当已覆盖表层土时，每天喷一次 3. 种植被后，每周进行一次 4. 一年两次，分别在4月和10月	前三项承包商，第四项监理公司	项目管理办公室	前三项环境监理，第四项项目管理办公室	
运作和维护								
对农田的破坏	参见移民安置计划							
临时道路和施工现场的恢复	农业生产	临时施工现场	农作物收益	完成后，头两年每年都进行	承包商	项目管理办公室	环境监测现场项目办	

属于外部各方负责的活动,如承包商或监理公司,应提供给他们招标文件,以便他们能在实施方法和成本上考虑应尽的职责和义务。

机构之间的协调应清晰明确,例如,项目管理办公室同中国水利部、国家环保总局、当地环保局(EPAs)以及附近自然保护区的组织之间的协调。一个好的项目应保持良好的惯例,同其他项目进行知识共享,互通有无。

有时,需要对项目管理办公室和其他组织的加强制度建设进行确定,这可以通过借调合格职工和培训计划来解决。亚洲开发银行提供了总结此类问题的样板,参见表8-6 关于黄河防洪(行业)项目加强制度建设和培训的摘要。

6)关于报告和审议职责的说明

环境管理计划需要对报告的各方面安排予以说明,包括相关的组织、报告准备、提交、审议和批准。亚洲开发银行建议应对报告结构、内容、截止日期予以规定,以便于报告编写和审议。应准备一份实施日程表,详细说明时间、频率、减缓措施的期限和施工进度。关于报告要求的总结样板,参见表8-7 黄河防洪(行业)项目进度和报告概要。

7)工作计划

应为项目管理办公室员工、施工队将参与的进度表以及相关的政府机构的活动制定成项目管理办公室工作计划,应包括关于承包商的职责和要求,以保证按照法律规定和招标文件进行施工。承包商自己应清楚各自的职责。重大环境协定应依据支出状况来执行。

8)对环境负责的采购计划

针对为实施环境管理计划中减缓和监测程序所需的特殊项目和设备,应起草一份采购计划。此计划应包含对环境负责的采购计划(在黄河防洪(行业)项目中,由于减缓和监测措施已经分包给合格的组织,所以没有采购要求)。

9)详细的成本评估

实施环境管理计划所需的成本应进行评估,正确利用充裕的资金。成本应包括职工的时间和资源,例如旅行、设备、试验分析、报告,等等;还应包括预算计划,以确定成本的数额。

10)反馈和调整机制

环境管理计划需指导如何对不一致的地方或项目实施期间出现的问题进行评估,以及采取正确的措施来加以纠正,并作示范。反馈机制是成功的环境管理的中心,旨在:①确定执行机构是否按照环境管理计划的要求来实施项目的;②识别环境问题;③为纠正错误制定计划并执行计划。

(四)服务和设备的采购

亚洲开发银行要求借款人和执行机构应保证亚洲开发银行资助项目下货物和服务应尽可能以负责的态度进行采购,以充分利用资源、减少浪费,保护环境①。亚洲开发银行建议采购的决定和合同的分配应部分依据环境标准、价格、质量和可行性进行。例如,环境负责任的采购包括:①要求承包商实施环境管理计划规定的环境减缓措施和监测计划;

---

①OM 节 F1/OP 亚洲开发银行运作中的环境考虑。

表 8-6 加强制度建设和培训的摘要

加强活动	责任单位	加强计划		进度表	成本评估
I 加强活动					
管理	项目管理办公室	1. 制定环境管理程序 2. 制定培训计划 3. 报告的审议和指南 4. 对工程的成本利益分析 5. 对项目完工报告提供帮助		6 月 5 日至 12 月 6 日	
减缓措施		无			
监测措施		无			
II 培训活动	参与者	课程	目录	进度表	成本评估
1. 环境管理计划实施、重新设计、冲突解决	黄河水利委员会亚行项目办环境社会部和省级亚行项目办	亚洲开发银行对环境管理计划的要求	亚洲开发银行指南 制定黄河项目的环境管理计划	将要被确定	
2. 环境程序、方法和设备	黄河水利委员会亚行项目办环境社会部和省级亚行项目办	亚洲开发银行对环境影响评估的要求，环境标准国际指南施工现场的环境管理	亚洲开发银行指南 ISO 14000 系列 实施环境管理指南	将要被确定	
3. 环境政策和计划	黄河水利委员会亚行项目办环境社会部和省级亚行项目办	亚洲开发银行对环境管理要求概要	亚洲开发银行政策和程序	将要被确定	

表 8-7 黄河防洪（行业）项目进度和概要报告

活动	2005 年				2006 年			
	一季度	二季度	三季度	四季度	一季度	二季度	三季度	四季度
减缓措施 承包商①	每月	每月	每月	每月	每月	每月	每月	每月
监理公司②			每月	每月	每月	每月	每月	每月
雇员			每月	每月	每月	每月	每月	每月
监测 监测中心③		6 月		11 月		6 月		11 月
制度建设加强		在 2005 年 4 月指定	初始阶段	实施阶段	实施阶段	实施阶段		实施阶段
培训				培训需要对课程进行评估和准备				
黄委亚行项目办向亚洲开发银行提交进度报告	3 月	6 月	9 月	12 月	3 月	6 月	9 月	12 月

注：①在冬天（1~2 月）和雨季建设活动可能因恶劣天气而暂停。
②将于 2005 年春天晚期指定监理公司。
③在 2004 年春天指定监测公司。

②对承包商的付款将同其实施环境管理计划的效率挂钩;③承包商的执行情况应同环境管理计划的实施与否挂钩。

黄河洪水管理(行业)项目
对以下各项服务进行采购: 施工单位 环境监理 环境监测 在本章第四节的培训科目"施工现场的环境管理"中提供了关于上述服务的采购以及如何进行改善的建议。

承包商必须明白他们在建设期间对环境管理所负的责任,特别是减缓措施和监测措施的实施期间。为此,合同文件应包括环境初评报告和环境影响评估报告所提及的减缓措施,承包商对此减缓措施负责。合同文件中必须含有关于环境保护的环境条款。

(五)与建设相关的影响的控制

亚洲开发银行要求实施环境管理计划中规定的减缓和监测计划,以及对承包商的环境监督。

黄河防洪(行业)项目
控制与建设相关的影响的方法 承包商 合同文件中的环境保护条例,包括 ● 环境保护计划(EPP)的编制和实施 ● 对员工安排应考虑环境问题,由承包商自行管理 监理公司 指定环境监理公司,以保证承包商履行合同义务以及实施设计报告中规定的减缓措施。 市级河务局 现场代表将对承包商的活动进行监督。 环境监测公司 每6个月执行一次监测活动,对下列各项进行评估:地表水的质量、饮用水(地下水质量)、污水质量、空气质量和噪声。

这些问题将在本章第四节"施工现场的环境管理"进一步进行讨论。

(六)报告和反馈机制

1. 概述

亚洲开发银行要求借款人实行报告和信息反馈机制(参见环境管理计划相关讨论),以确保正确地实施环境管理计划,以及在必要时采取纠正措施。项目执行机构必须就项目进度向亚洲开发银行报告。

2.现场报告

<table>
<tr><td colspan="1" align="center">黄河防洪(行业)项目</td></tr>
<tr><td>报告应按照以下要求进行:

a) 现场报告

1.由承包商向当地的项目管理办公室提交月报告

2.由监理公司向当地的项目管理办公室提交月报告

  3.由当地的项目管理办公室每月向地区项目管理办公室和黄河水利委员会项目管理办公室提交月报告

  4.由环境监测公司每6个月向黄河水利委员会项目管理办公室提交6月期报告

b) 向亚行报告

5.由项目管理办公室向亚行提交月报告

6.由项目管理办公室向亚行提交报告,直到贷款期限结束

关于承包商、监理公司和环境监测机构进行报告的特定指导参见本章第四节"施工现场的环境管理"。</td></tr>
</table>

承包商和监理公司应按照合同规定的义务每月对施工现场进行报告。承包商应对其环境保护计划(EPP)的实施情况进行报告,监理公司应核实承包商是否在按环境管理的规定履行义务。这些报告由市级河务局汇集并递交给省一级的项目管理办公室,然后由其递交给黄河水利委员会项目管理办公室。

报告应包括:①环境管理进度、职工安排、减缓措施的实施情况;②同合同文件不一致的详细情况,承包商自己的 EPP,贷款协议、中国的法律规定;③改善建议;④纠正措施;⑤执行以前的建议和纠正措施;⑥存在的突出问题。

当地的市级河务局和项目办公室应提供这些详细情况,以保证鉴定和处理这些问题,如出现任何严重的问题,须进行干预,并采取纠正措施。

在每次监理活动结束后,环境监测公司准备一份6月期限的监测报告。根据亚洲开发银行要求,环境监测报告应用来对以下各项进行评估:①同预计的影响相比,环境影响的程度和范围;②环境保护措施的实施同环境质量标准或者规定的条件相符;③项目环境管理计划的影响和综合效果趋势。

环境监测报告应包括以下内容:①项目和状况的概要说明;②研究区域的概要说明,包括容易受影响的人群;③监测方法和程序;④结果:同以前的监测相比,特别是本底值以及同环境初评预计的影响相比;对影响的重要性予以说明;超出标准、说明应采取的纠正措施;⑤结论。

黄河水利委员会亚行项目办将编写最终报告。此报告非常有用,概要介绍子项目、环境组织安排、建设期间的项目执行等情况,涉及承包商的执行情况、对监测的监督、环境和健康监测程序以及所总结的、将在以后的合同中采纳的经验教训。子项目完工报告还将有利于在贷款结束后准备最终报告。

3.向亚洲开发银行报告

亚洲开发银行要求借款方每季度都须准备季度进度报告,内容包括:①项目的所有方面的情况(包括环境和移民安置问题);②所遇到的问题;③在最后一季度采取的步骤或者计划对这些问题进行纠正;④下一个季度的活动和预计的施工进程。

季度报告所建议的结构在下列文字框中给出。

> **黄河防洪(行业)项目**
> 1. 概况
> 2. 财政计划
> 3. 实施进度表
> 4. 环境管理
> 5. 社会和移民安置
> 6. 签订合同
> 7. 存在的问题
> 8. 为下一个季度所计划的活动

环境部分应包括:①对环境组织安排的审议,内容包括概况和任何重大变化或者问题;②如有可能,对每个子项目应进行以下方面的评审:承包商的执行情况、监理人员提出的重要问题、重大的环境影响、意外事故和抱怨、纠正措施和反馈信息、监理结果以及同第三方联系,如当地的环保部门(EPA);③从照片库中精选出的一小部分照片。

4.项目完工报告

项目完工后,黄委亚行项目办必须编写最终报告,并提交给亚洲开发银行。本报告应阐明项目的执行情况,包括成本、黄河水利委员会对项目协议规定的义务的履行情况、目标贷款的完成情况。在起草报告时,应按照亚洲开发银行项目完工报告的要求进行,即:已完成项目环境方面的简明历史,包括项目实施期间环境指标的执行情况;对环境管理计划以及环境贷款协议的实施情况进行评估;对执行机构的执行情况进行评估。

五、项目实施管理体系

(一)前言

亚洲开发银行已介绍了一种项目实施管理体系(PPMS)来论证其运转的效率,并向内部和外部的利益相关者予以介绍和解释。在运转手册 OM 节 J1/BP 和 J1/BP 中写有项目实施管理体系。

项目实施管理体系是根据结果来对实施业绩以及项目周期内各阶段的开发影响进行监测和评估。主要内容有:①逻辑框架;②用来评定和记录项目期间实施情况的项目执行报告(PPR)和技术援助执行报告(TPR);③借款方的监测、评估(为主)、执行和代理述评;④项目/项目完工报告(PCR)和技术援助完工报告(TCR);⑤项目/项目和计划执行审计报告(PPAR)以及技术援助执行审计报告(TPAR)。

(二)项目实施管理体系的组成

1.逻辑框架

项目逻辑框架为监测系统的基础。见表 8-8 中给出的规划。此框架制定了执行目标、监测机制和完成 4 种级别项目特殊部分的潜在风险。最高级别是行业/区域目标,然后是特殊项目目标、项目交付成果以及项目活动或者投入(工程和资源)。

逻辑框架对项目主要信息的概括非常有用,然后才可用于跟踪项目实施期间的执行情况。

表 8-8　摘录自逻辑框架

设计概括	执行目标	监测机制	假设
1.行业/区域目标 通过改善防洪区防洪管理能力来促进经济发展和提高居民安全和环境质量	减少黄河下游因洪水带来的直接和间接的损失	国家、省级和县级政府数据统计和简单的移民安置实地检查	用充足的资金和居民支持来保证在上游和中游流域的土壤保持和节约用水计划
2.特殊项目目标 减少黄河流域下游因洪水的影响范围和带来的破坏	加固堤岸,不再提供质量差的建设和高发的渗漏所需的防洪标准	堤岸维护和管理制度	用参与计划和执行来提高居民对其作用、影响、维护要求和设施准入的满意度
3.组成/成果 通过隔水墙和放淤建设来加固堤岸	堤岸能承受设计防洪流量	项目进度报告和审议任务	不得拖延土木工程的采购和实施
4.活动/投入 土木工程	2.857 亿美元	项目进度报告	使充足的配套资金按时到位

逻辑框架应在项目开始施工之前制定,并在实施期间进行修订以保证按时更新。

2. 项目实施报告

项目实施报告提供了关于项目实施和实现项目开发目标进度的信息。项目实施报告的投入由逻辑框架提供,并制定目标、监测机制和行业及项目目标的风险、交付使用情况和资源。在项目实施期间,项目实施报告由亚洲开发银行的地区/常驻代表团针对所有的由亚洲开发银行资助或管理的在建项目制定。

第一个项目实施报告由贷款程序代表团团长在贷款获准后一个月内制定,项目实施报告应根据对执行机构提交的任务和报告的评审情况进行定期更新。

项目实施报告评审会议应至少一季度召开一次,以对项目进度进行审议。

3. 监测和评估

监测和评估机构主要汇集用来制定项目实施管理体系和起草项目完工报告的相关资料。正如上述,逻辑框架为项目监测和评估的基础。在贷款期间,借款方、执行机构和亚洲开发银行应就报告达成一致意见,并附在项目管理备忘录(PAM)上。项目管理备忘录在初期任务之前就应制定好,并包括项目资料、信息,以便让借款方、执行机构、贯彻机构和亚洲开发银行对项目的贯彻进行监督和对项目影响进行评估。

项目办公室应每季度定期编写进度报告,并包括借款方、贯彻/执行机构和亚洲开发银行进行项目实施情况跟踪所需的必要信息。报告应包括当前突出的问题和实现近期目标的风险。因此,季度报告应同亚洲开发银行所要求的信息相一致,并以此制定项目实施管理体系。

4. 项目完工

在项目完工后的大约一年的时间,亚洲开发银行地区部门编写一份项目完工报告

（PCR）。依据亚洲开发银行内部指南,主体报告全文不得超过 15 页。为保证正确地记录实际项目环境影响以及环境管理计划的成功实施,亚洲开发银行项目完工报告应包括完工项目环境方面的简明历史,包括项目实施期间的环境执行指标;对环境管理计划执行情况的评估以及环境贷款协议;对执行机构执行情况的评估。

项目完工报告环境部分是根据执行机构季度进度报告和亚洲开发银行自己的任务执行情况报告进行编制的。

5.运转评估

最后阶段是对项目运转的评估,此评估将在项目完成 3~5 年后进行抽查评估。项目逻辑框架是通过项目实施报告和项目完成报告对项目评估的基准。关于项目和计划实施的审计报告应写明此评估结果,并总结经验,以便为国家战略以及未来的项目和计划的制定服务。

亚洲开发银行还将促进借款方在项目结束后几年内持续进行实施评估,以帮助制定项目和计划实施审计报告和确定计划/项目审议的能力。

亚行项目完工报告目录

Ⅰ 项目描述

Ⅱ 对设计和实施的评估

    A 设计和制定的相关事宜

    B 项目成果

    C 项目成本

    D 支出费用

    E 项目进度表

    F 实施安排

    G 条件和合同

    H 相关技术援助

    I 聘请咨询公司和采购

    J 咨询公司、承包商和供应商的执行情况

    K 借款方和执行机构的执行情况

    L 亚行的执行情况

Ⅲ 绩效评估

    A 相关事宜

    B 目标实现的效率

    C 成果和目标实现的效率

    D 可持续性初评

    E 环境、社会文化和其他影响

Ⅳ 全面评估和建议

    A 全面评估

    B 经验总结

    C 建议

附录

(三)同公众咨询要求相符合的监测

在项目周期,亚洲开发银行将对公众咨询程序进行审议,并使其符合相关政策和程序,表8-9列出了一般的方法。

表8-9 公众咨询

项目周期	阶段	一致性
准备—审定/审议	安全政策一致性备忘录	RSES对行长建议评估报告和最终环境初评报告/环境影响评估报告进行审议,以决定是否同亚洲开发银行的安全政策相符。报告应包括公众咨询程序概要、同相关标准和制度的符合程度
	环境贷款协议	环境合同和贷款文件中应涉及环境初评/环境影响评估所确定的公众咨询的所有许诺
实施	贷款批准和实施	应对环境管理计划进行执行和监督,环境管理计划应包括公众咨询。有效的程序包括:①对抱怨的处理;②发现项目设计和环境管理计划中的任何变化,并予以备案;③采取纠正措施来减缓看不见的负面环境和社会影响。亚洲开发银行建议将监测结果向当地居民公开,当地居民能对周围环境出现的变化进行跟踪和监督
	中期检查	亚洲开发银行对执行机构的进度和执行情况进行检查。亚洲开发银行能和当地居民会见,以察觉环境初评报告/环境影响评估报告中任何未记录的影响;亚洲开发银行应对环境管理计划的作用以及任何所采取的纠正措施进行评估
实施/评估	项目完工和评估	每年的审议任务应包括与受到影响的人群相关的问题。执行机构每年所作的报告应包括公众咨询的进度,应对公众咨询活动进行检查,并以此总结经验用于以后的项目。项目完工报告中应对咨询的效果进行评估,执行情况审计报告中应包括总结的经验

第二节　亚洲开发银行环境评估基本要求

作为环境管理咨询服务的一部分,要求加强对以下各项的培训:①亚洲开发银行相关环境政策和要求;②亚洲开发银行环境指南;③环境保护措施的执行;④亚洲开发银行所要求的各种环境报告格式和内容,如季度进度报告、环境管理报告、完工验收报告、亚洲开发银行对环境和要求进行评估的最终报告。

国际咨询公司为上述培训制定了一套计划,主要介绍亚洲开发银行对环境管理、环境评估的要求,介绍关于环境管理制度的国际指南以及施工现场的环境管理。

本节课程材料是作为"亚洲开发银行环境评估基本要求"的补充,其内容主要包括编制环境初评报告和环境影响评估报告的详细指南。

本节主要依据亚洲开发银行提供的信息[1-3]来编制的,用于亚行贷款黄河防洪项目。读者可登陆亚洲开发银行网站阅读原文。

环境评估是描述环境分析程序、管理、规划的通用术语,用于解决发展方针、战略、方案及项目对环境所产生的影响。但是,环境评估是一个贯穿项目周期的一个过程而不是某一特定时间的报告。

项目周期包括从最初对潜在项目的审定直到项目完工和评估的整个过程。在亚洲开发银行项目周期的每个阶段都应考虑到环境因素(参看亚洲开发银行环境管理要求说明)。

一旦项目得到亚洲开发银行的资助确认,亚洲开发银行就会对此项目进行快速环境评估,项目包括以下4个类别:A类:项目对环境有重大的负面影响,要求进行全面的环境影响评估(EIA)。B类:项目对环境有一定的负面影响,影响程度小于A类项目或其意义比A类项目重要,要求进行环境初评(IEE)。如环境初评发现不存在重大影响,则可作为最终报告。但是,如发现存在重大影响,则要求进行全面的环境影响评估。C类:不产生重大环境影响,需要进行快速环境评估。FI类:通过一家金融中介来计划信贷限额,此金融中介必须应用环境管理制度。

亚行贷款黄河防洪项目归类为B类。到目前为止所有的子项目都进行了环境初评,同时也得到了黄河水利委员会、水利部、国家环境保护机构和亚行的批准。

一、环境初评

(一)环境初评程序

1.环境初评目标

环境初评有利于在项目发展中顾及环境因素。在项目准备阶段应尽早实施环境初评以便在项目设计阶段就能考虑到潜在环境影响,采取相应的减缓措施。环境初评的目标是:①提供项目区一般环境背景作为基本资料;②提供项目的潜在影响以及影响的特点、程度、分配、受影响的人群、影响的期限;③提供潜在减缓措施以便将影响降至最小,包括降低成本;④评定最佳的备选项目,在财政、社会和环境方面成效最大但成本最低;有时候并没有必要变更项目的选址,但是可改变项目的设计和管理;⑤提供基本信息以便制定管理和监测计划。

2.实施环境初评的主要任务

实施环境初评主要包括以下任务:

1)范围研究

研究的首要任务是确定所有项目相关的、在环境初评期间需要调查的重大环境问题。范围研究应包括以下方面的信息:①可能的环境影响和环境问题利害关系;②哪些环境因素需要详细研究;③为实施环境影响评估所需的一般途径和方法;④在环境初评期间所有需要进行商谈的、受到影响各方;⑤是否需要将环境影响评估的成效编制成项目文本,特别是环境管理计划。

2)基本研究和对项目区的描述

环境初评小组须收集到关于项目研究区环境、社会以及经济等方面的基本信息。研究区域包括项目可能存在潜在影响的所有区域,比如它须包括临时和永久占地、取土坑、补偿区及周围可能受到影响的区域,还有项目所影响到的河流的上下游区域。对于环境初评,这些基本信息通常是通过第二手资料、现有基本信息等方式来获取。收集到的基本资料应能充分反映出目前的环境状况,并且应集中在那些可能影响到项目的相关方面。

3)潜在影响的评估

环境初评主要用来阐述由各种施工活动和项目运行中所引起的环境变化。有多种评估方法,这取决于项目区、可获取的数据和影响的重要程度等因素。

4)制定减缓措施

影响及影响的重要程度一旦确定下来,环境初评小组就应采取必要的减缓措施以避免、减少和减轻项目的重大负面影响。减缓措施可采用环境、社会或者机构等形式。

5)机构要求和环境监测计划的编制

环境管理包括环境保护措施的实施、环境减缓措施的实施和重大负面影响的监测方案的实施。把这些措施及方案的实施编制起来,就形成了环境监测计划,该计划应涵盖项目的设计、施工、完工、完工后维修以及在适当的时候停止使用等整个阶段。计划还应列出具体实施的时间及实施人员,应明确不同机构间信息交流方式和具体职责。该计划还应包括机构加强等内容,例如新员工的指定、转包给第三方、对应基金安排。环境监测包括:①编制一个调查和抽样计划,以便对环境评估和项目管理的相关数据进行系统地收集;②执行调查和抽样计划;③对样本分析,并对收集到的数据/信息进行解释说明;④制定报告以便加强环境管理。

通常在项目施工建设之前(本底值)以及在项目施工期间和项目运行期间进行环境监测。监测的结果用来确定:①同预计的影响相比,环境影响的范围和程度;②环保措施的绩效或是否符合相关条例和法规;③影响的趋势;④项目环保措施的综合效力。

有效的环境监测计划的特征
1.实际的抽样方案(暂时的和空间的)
2.资源相关的抽样方法
3.质量数据的收集
4.同环境评估节省成本数据收集所用到的相关数据可进行比较的新数据
5.测量和分析中的质量控制
6.创新(例如,自动化监测站)
7.适当的数据库
8.对各种学科数据进行解释综合以提供有用的信息
9.对内部管理和外部检查须进行报告
10.允许第三方提出意见,并对意见进行回应
11.在公开场合介绍(外部评估)

6)对环境初评研究进行评述

环境初评和环境初评概要（SIEE）应符合亚洲开发银行和发展成员国的要求。如有可能，亚洲开发银行将要求借款方按照亚洲开发银行规定的格式制定环境影响评估报告以确保简明扼要地对环境评估结果进行论述,这将有利于最有效地进行决策。

（二）环境初评报告结构和内容

1. 概述

环境初评报告及环境初评概要报告的内容和结构须符合亚洲开发银行的要求。

环境初评报告目录
主体报告
A 介绍
B 项目描述
C 环境描述
D 对潜在环境影响和减缓措施进行筛选
E 机构要求和环境监测计划
F 公众协商和信息公开
G 调查和建议
H 结论
环境初评报告概要（环境初评概要）

亚洲开发银行没有提供关于环境影响评估报告长度的指导。如果现阶段的环境初评目标是确定主要的问题,并且,可行的环境数据不是很充分,那么,主体报告有 50～60 页已足够。如果有可能对环境造成重大影响,应对其做进一步研究,研究结果可编制成补充报告,或完整的环境影响评估报告,内容部分须包括:表格列表、数据和地图列表、缩略语和首字母缩写词和单位清单。

环境初评一般没有注解,然而,环境初评可采用一些图示或照片说明项目的位置,用一个流程图举例说明环境管理的组织安排。

2. 介绍

依照亚洲开发银行的要求,此部分通常包括下列的信息。报告目的包括:①项目的确认和项目的发起人;②对项目的性质、规模及位置和对中国的重要性做简要描述;③任何其他的相关背景信息。

环境初评的研究范围包括:①研究的范围;②努力的大小;③从事研究的环境初评小组成员名单;④确认。

3. 项目描述

1）亚洲开发银行要求

项目的描述应尽量详细,以便对下列各项具有一个清晰、明确的认识（只包括可行性项目）:①项目的类型;②项目的种类;③对项目的需求;④位置;⑤规模或运行的大小;⑥提议的实施时间表;⑦项目的描述。

2）建议

运用准确的描述性术语对项目的类型进行描述,例如:①对于黄河险工地带的控导工程应优先采用创新或施工方案;②黄河沿岸堤防加固施工建设;③堤防加固工程;④村台施工建设。

识别子项目是否属于 A、B、C、FI 类中的一类,以及分类的根本原因。

在报告中须明确指出工程实施的理论依据,这可以解释黄河下游的洪水风险和洪水在人员伤亡、失去的资产及对农业和人的生计方面所造成的损失。正文部分应阐述工程防御洪水的能力,工程设计使用年限内洪水的风险值。如果工程进行了翻新,应对工程的当前现状予以解释。此部分还应该指出如不实施项目,将会产生什么样的后果。

应详细说明建议项目的确切位置,包括:①县和管理的区域;②协调部门;③到最近大城镇的距离;④如合适,在黄河河段选择适当的参照物。

研究区域须包括方案直接或间接可能影响到的所有区域,这将包括所有永久和临时施工场地,包括取土坑、临时的运输路径场地和补偿区。间接影响可能延伸到施工场地以外方圆几十到几百米处,这取决于影响的类型。例如,项目施工期间噪声污染范围可能被限制到数十米至数百米,而对视觉的影响和水污染范围可能达到数公里。

此部分应提供一份地图来显示整个项目组成的位置及项目区附近任何"敏感"的区域,包括乡村、主干道、任何指定位置,如自然保护区、文化遗址、古墓等。

运行的规模应根据工程的主要尺寸表示出来,例如:①新土方的长度、高度和宽度;②新的或升级道路的长度、高度和宽度;③新桥或升级桥的长度、重量限制;④所要求材料的体积,例如用于填充的石头;⑤废弃物的体积;⑥防卫标准;⑦设计寿命;⑧景观美化细节,如植树数量及绿化面积。

应对项目施工计划进行简要说明,包括开工期和完工期、项目总持续时间、关键活动所导致的计划停工。计划的每次停工都应明确指出,例如,在洪水多发季节、寒冷的月份及在自然保护区避免打扰越冬候鸟。

项目描述须包括:①进一步详细说明主要项目组成。②项目施工期间主要工作描述、项目类型、要求的机动车辆和设备数额、施工工程机械化程度、施工限制因素如夜间工作、平均劳动力规模和项目工作高峰期劳动力规模、住所露营的要求和相关设施(饮用水,食堂,公共卫生)。对负责各工程的组织予以说明,指明是否需要现场清理、主体工程、辅助工程(包括植树)的分包商。指出项目第三方,比如完成特定施工任务的村民。③在运行期间的主要工作描述,包括维护和紧急活动;对负责各工程的组织予以说明。

4. 环境描述

1) 亚洲开发银行要求

在项目受影响的区域对环境的描述应详细明确,以便对目前环境资源有一个简洁清晰的了解。下列文本框为环境描述的摘要:

---

1. 环境资源,例如:

a. 空气质量和气候;

b. 地质和土壤;

c. 地表水;

d. 地下水;

e. 地质学/地震学。

2. 生态学资源,例如:

a. 渔场;

---

b. 水生动物生物学;

c. 野生植物;

d. 森林;

e. 稀有的或濒临绝种动物;

f. 保护区。

3. 经济的发展,例如:

a. 工业;

b. 基础设施,例如给附近的村庄提供用水和卫生设施,和现有洪水控制和应急措施;

c. 运输,例如,地方的和当地道路网络、道路质量、洪水撤退路径的有效性、火车旅行网络、在黄河上的航行;

d. 用地,例如,农业、村庄、天然的区域;

e. 电力的来源和传输;

f. 农业的发展,例如,土地使用权和拥有土地的规模、农作物种类。

4. 社会和文化资源,例如:

a. 在研究区附近的县、主要城镇、村庄和社区中的人口数量、人口增长和移民趋势、雇用和收入的主要来源;

b. 在研究区村庄和附近的城镇中的医疗设备;

c. 教育设施;

d. 社会经济状况,例如,社区结构、家庭结构和族群;

e. 环境或文化遗址;

f. 现有的土地使用和资源状况;

g. 历史建筑物或遗址、考古、古生物及建筑的意义。

2)建议

有利的和不利的影响的重要程度取决于资源的价值或重要性、对资源影响的大小和影响的效果。因此,在进行环境描述时,对环境资源的价值或重要性表述应清楚明了。现举例如下:①说明任何指定的野生植物区的等级;②说明表层和地下水资源的水质等级;③说明当地社区的贫穷指数,作为判断他们易受伤害的一个指标。

环境描述应该把重心集中在与洪水预防相关的那些要素,例如,黄河的水文和洪水泛滥问题;可能受方案影响的项目周围地区任何被指定的位置;现有的洪水防卫情况;项目区的农业发展;人员和社区,项目周围地区的人口数量及发展趋势、乡村特征和农业社区的社会经济描述。

此部分还应该说明有关数据信息的不完善或缺陷,这些问题应该在完成环境评估之前解决。

5. 潜在环境影响和减缓措施的筛选

1)亚洲开发银行的要求

通过使用项目不同部门的环境指示参数检查表,依照下列因素或运行阶段中对每一重大负面影响相关环境参数的评审,从那些具有重大负面影响的活动中把无重大环境影响的部分筛选出来。由于项目选址与项目设计、施工和运行有一定关系,因而在适当时候应建议使用减缓措施。此部分还将包括潜在环境加强措施和另外的考虑事项。

2）建议

此部分须识别子项目对环境、人员和社区的潜在影响；根据对环境影响的程度（轻度、中等、重度）进行定性评估，如有可能，也可进行定量评估；为减缓措施提出建议大纲。须对减缓措施的结果进行概要并列表显示，见表8-10。

表 8-10　潜在影响和减缓措施检查表/摘要表

影响环境资源和价值的行为（A）	对环境的损害（B）	所建议的可行减缓措施（C）	环境初评(IEE)D			
			无重大环境影响（D1）	影响效果（A）		
				轻度	中度	重大

A – 列出在项目施工、运行和维护过程中对环境产生潜在影响的活动；

B – 如有可能，使用量化的数据描述对环境造成的影响；

C – 确定潜在减缓措施；

D – 识别影响的重要性（没有减缓措施）。

相关人员应对环境影响的性质进行描述，如有可能进行定量评估，例如，受影响人员数量、占地区域、用泵抽水时地下水可能下降的深度、所产生的固体废弃物和废水的体积。利用这些信息可确定对环境影响的程度。由于缺乏关于项目或环境方面的信息，通常运用轻、中、重或不重要等术语来进行定性评估。也应考虑采取措施减缓重大负面影响。

通过在可行性阶段对潜在的减缓措施的识别，在制定计划时应考虑一些减缓措施，例如，项目选址或设计的变化。应确定哪些特殊减缓措施可以避免建设影响，或使其降至最小，相应的，施工合同和相关文件也应做一些修改以适应这些要求。在项目早期识别项目施工活动的环境因素，并把这些信息以一定形式提供给承包商，这样承包商可以更好地制定他们自己的环境保护计划。

潜在减缓措施的确定还有利于识别：①不能采取减缓措施的那些影响；②一旦考虑采取减缓措施，项目的其他影响。

减缓措施本身所带来的影响也须加以考虑。例如，为在黄河沿岸建立绿色长廊，子项目有大面积植树的计划。然而此计划占用了农民的土地，对农民造成了影响。对于子项目中那些无重大环境影响的因素应进行识别、解释、筛选，在环境初评和将来的环境影响评估中不作进一步研究。

为了使项目做的更好,对采取哪些措施就可能提高环境状况的项目指标也须加以考虑。还应考虑项目的"增强"问题,它可作为项目的一部分,借此提高效益,或在需要进行影响减缓措施时,作为改善环境条件的措施。

6.机构要求和环境监测计划

1)亚洲开发银行要求

此部分须说明将要采取减缓措施的影响及实施减缓措施所进行的活动,包括实施的方式、时间及地点。实施的机构安排也须说明。环境监测方案对减缓措施的影响加以描述,其中也包括对环境管理和监测成本的描述。

2)建议

此部分旨在说明在项目施工和运行期如何识别和控制潜在负面影响。编制环境管理计划的主要任务包括:确定不利影响和减缓措施;在项目施工/运行期间编制项目监测计划、确定负面影响;确定在项目的不同阶段项目实施、管理和监督等活动的职责;建立良好的反馈机制和纠正措施;对环境管理计划各个要素的成本进行评估,厉行节约;确定机构的不足之处,确定是否需要进行能力建设和开展培训活动。

在项目周期的不同阶段需要实施不同的减缓措施。一些减缓措施可能在设计阶段通过变更项目位置、设计和施工等措施来实现。与施工相关的影响通常在现场通过良好的管理措施和承包商的严密监管来减缓。在项目运行和维护期间须实施一些减缓措施,例如,死亡树木和草地区域的重新种植、在建立植被保护层之前控制土壤侵蚀、沟渠进一步加深和取土坑的永久恢复。

某些特定的减缓措施由于受季节的限制需在每年的适当时间来实施。例如,生态保护减缓措施通常受季节的限制,为避免施工影响的柳园口自然保护区在 10 月到次年 3 月禁止干扰越冬候鸟。还有一些减缓措施受天气的影响,所以特定工程应避免在雨季或寒冬施工。

负责实施减缓措施的组织在项目周期中可能发生变化。项目施工前,减缓措施应由黄委亚行项目办和市、县级河务局负责实施;在施工期间,承包商负责实施所有与施工活动相关的减缓影响措施;交付使用后,负责项目工程的管理与维护的组织应负责任何当前的减缓措施。

一些减缓措施需要同当地社区进行讨论。下面这些与补偿措施相关的临时与永久占地、附属物、收入损失的补偿等都属于这种情况。这时应制定一份单独的移民安置计划。其他应同当地社区讨论的减缓措施包括:与施工相关的交通疏通;农民与农田的通行和断开;噪声和灰尘;健康和安全。根据具体情况,当地项目办、承包商或两者一起可针对减缓措施的实施进行协商。

环境监测计划旨在评估计划对环境产生的实际影响。环境监测计划须解决所要监测的每一个负面影响。此计划须对监测方案进行说明,包括样本的位置、监测参数、抽样频次和持续时间、样本数量(包括重复使用的次数)、环境质量标准(如合适的话)。该计划也须指出哪些组织将负责监测计划的管理、监督和实施。这些组织对环境减缓措施的管理、监督和实施各有分工。

7. 公众咨询和信息公开

1）亚洲开发银行要求

此部分将会对以下方面进行概述：①描述项目设计中公众参与程序和为使公众继续参与的推荐措施；②从受益方、当地政府、社区领导、非政府组织和其他相关方的主要意见，描述如何解决这些意见；③公众参与的重要事项，例如，公开会议的日期、出席者和议题；④此文件（环境初评报告）和其他与项目有关文件的收件人；⑤应同公众参与的相关要求相符；⑥其他相关材料或活动，例如新闻稿和通知。

2）建议

必须明白，在亚洲开发银行环境政策中，要求将有效的公众咨询和信息公开视作环境评估程序的一部分，这一点十分重要。此部分的环境初评须给出到目前为止信息公开的一个概要和将来的公开程序。

环境初评应明确哪些人将负责移民安置工作，这是十分有益的。他们将对受影响人员进行社会经济调查，与当地政府、村委会和当地党派代表进行联络，找出当地社区所关心的问题及解决方法。因此，他们将能够发觉亚洲开发银行真正需要的问题，并为环境初评提供更多课题。

表8-11列出了从第三方获取的意见，以及如何在环境初评中予以解决。

表 8-11　环境初评阶段公众咨询要解决的问题

组织名称/联络人	协商过程中提出的主要问题	环境初评中解决这些问题的方式/位置
村委会	及时发放补偿	关于移民安置计划的详尽信息，请参见第八章
环保局	对自然保护区野生植物产生影响	在10月至次年3月应避免施工

在环境初评中进行公众咨询和信息公开是亚洲开发银行的一个要求。借款方必须同受项目影响的人员和当地非政府组织（NGOs）进行商议（参见运行手册 F1/OP[4]）。咨询应在项目周期内尽早进行，以便受影响人群对项目设计和环境减缓提出好的建议。在项目实施期间应进行进一步的商议，以便解决施工期间出现的问题。

环境初评和环境评估报告应向利益相关方和受影响人群公开，由其查阅。环境初评和环境评估报告概要须在亚洲开发银行网站上登出，向世人公开。对公众发布的环境信息有效期为120天，由于所有的 A 类项目和 B 类项目都属于环境敏感项目，故必须进行公众咨询。

环境初评和环境影响评估中的信息公开程序包括：①环境初评报告和项目区的其他相关文件的副本；②需要多久才能查阅这些文件；③采取什么方式通知当地村民可以查阅这些文件；④实际阅读这些文件的人数；⑤文件副本将寄给哪些人员，例如，所有村委会人员、当地政府领导；⑥对这些文件的反馈信息。应注意，环境初评和环境影响报告所采用的形式和语言应简明易懂,能为受影响人所理解和欣赏。对于在文化程度较低的区域,有自己语言的少数民族及其他"难沟通"的人群,应采取特别措施,以告知项目区的人员及项目所带来的后果。这些措施可能包括:与当地村委会和当地党派的一系列会议、基层非政府组织的参与、与当地政府负责社团信息传播的领导的联络、通过广播给当地村民的通知。

8. 调查结果和建议

1) 亚洲开发银行要求

依照亚洲开发银行的要求,此部分将包括对筛选程序的评估,并提供是否存在重大环境影响的建议、是否需进一步研究或进行环境影响评估。如果没有必要做进一步研究,那么,环境初评本身,有时可能需要一个对有限的、但是重要的影响的专门研究,作为补充;这时环境初评将成为一个完整的环境评估并且不需要任何后续的环境影响评估。如果需要环境影响评估,那么此部分将包括一个很简明的、需要做后续环境影响评估的注释,包括对工程任务的大致描述、所需的专业技能、所需时间及估算成本。亚洲开发银行环境指南对不同项目编制工作大纲起到指导作用。

2) 建议

此部分应对方案的主要负面和正面影响进行概述。很有必要对影响进行优先次序确定和分组,例如,主要负面影响、轻度负面影响、不重要的负面影响及正面影响。此概述应指出在实施减缓措施后残留影响的程度。

如果环境初评确定了主要负面影响,应考虑对这些影响作进一步研究,包括编制一个完整的环境影响评估报告。

9. 结论

此部分将对环境初评的结果以及需要额外研究或进行环境影响评估的理由(如有的话)进行讨论。对项目来说,如果环境初评或者对其进行额外研究后足以达到项目的要求,那么,此环境初评报告(含推荐机构和监测方案)则可作为完整的环境影响评估报告。报告结论应短小精悍,总结项目完工后可能遗留下来的正面和负面影响,并对是否需要进行进一步研究提出建议。

10. 环境初评报告概要

环境初评报告概要(SIEE)是环境初评报告的要点总结。它阐述了环境初评报告的重大调查结果和对这些结果进行处理的建议。环境初评报告概要须用词准确、条理分明,此报告将单独地提交给亚洲开发银行董事会,并向公众公开。

环境初评报告概要大纲	
A. 介绍	半页
B. 项目描述	半页
C. 环境描述	2 页
D. 预测的环境影响和减缓措施	2~4 页
E. 机构要求和环境监测计划	1 页
F. 公众咨询和信息公开	1 页
G. 调查结果和建议	1~2 页
H. 结论	半页
总长度	8~12 页

环境初评报告概要是一个总结性报告,它应同主体报告的结构一样,对重要的调查结果进行总结。环境初评报告概要必须是一个独立的文件,即使它仅限于环境初评的框架范围内,这是因为环境初评报告概要的公开范围更加广泛,所以应自成一体。

环境初评报告概要须用良好的英文书写,因为它要提交给亚洲开发银行董事会,初评报告概要须在亚行网站上登出,向世人公开。

二、环境影响评估

(一)环境影响评估程序

1. 环境影响评估目标

环境影响评估(EIA)的目的与环境初评目标大体相同,为保持材料的完整性,下面第二部分对此部分内容作了重复,即提供项目区环境背景信息,作为基本信息;提供项目潜在影响,影响的特点、程度和分布信息,以及在项目期间哪些人将受到影响;提供将影响降至最低的潜在减缓措施的信息,包括减缓成本;评定最佳的备选项目,在财政、社会和环境方面成效最大但成本最低;除了项目的备选地址外,还应考虑项目设计或项目管理以及提供制定环境管理计划所需的基本信息。

与环境初评相似,在项目准备阶段应尽早实施环境影响评估以便在项目设计阶段对潜在环境影响加以考虑并采取一些减缓措施。

环境初评和环境影响评估的主要区别是:只有在对项目可能产生重大负面影响的时候才用环境影响评估,为了提供这些负面影响的全面估价,须对这些影响进行更详细的评估,并且制定详细的减缓计划。所以,环境影响评估要求:①潜在影响的全面分析;②制定实际的减缓措施;③对影响进行全面深入的经济评估,从而筛选和评估出最佳选项;④通过全面深入的分析,从而制定出一个适当的环境管理计划(EMP)。

2. 实施环境影响评估的主要任务

实施环境影响评估的主要任务同实施环境初评的主要任务同样也很相似,现概述如下:①范围;②项目区的基本研究和特征;③潜在影响的评估;④制定减缓措施;⑤编制环境管理计划;⑥编制环境影响评估研究文件。

根据亚洲开发银行的要求和建议,下面将对环境影响评估中提及的信息予以说明。

(二)环境影响评估报告结构和内容

1. 概述

1)亚洲开发银行要求

环境影响评估报告须符合发展成员国和亚洲开发银行的要求。但是,如有可能,亚洲开发银行要求借款方按照亚洲开发银行规定的格式制定环境影响评估报告,以确保其结果是清晰和简明的,这有利于最有效地进行决策。

2)建议

亚洲开发银行没有对环境影响评估报告的长度作规定。主体报告最好100页左右,如果报告超过150页,将难以处理,在这种情况下,报告撰写人须考虑对主体报告进行编辑,删除不必要的信息,把相关补充信息编辑到主体报告的附录内。

```
┌─────────────────────────────────────────────┐
│ 亚洲开发银行所要求的环境影响评估报告内容      │
│     A 介绍                                    │
│     B 项目描述                                │
│     C 环境描述                                │
│     D 替代方案                                │
│     E 预测的环境影响和减缓措施                │
│     F 经济评估                                │
│     G 环境管理计划                            │
│     H 公众参与和信息公开                      │
│     I 结论                                    │
│     环境影响评估报告概要(SEIA)                │
└─────────────────────────────────────────────┘
```

通常情况下,人们会花费很多资源对环境和项目进行描述,而此部分是环境影响评估中最简单的部分,对以后章节的注意力也不够多。这些环境影响评估是不平衡的,章节 B 和 C 过于冗长,而章节 E～H 又过于简短。后边的这些章节是非常重要的,故编制环境影响评估报告时须对此加以考虑。

环境影响评估报告概要(SEIA)是环境影响评估报告的要点总结。应用良好的英文书写,因为环境影响评估报告的公开范围非常广泛,所以须是自成一体的。

2. 介绍

介绍应该包括下列各项:①报告的目的,包括项目及其提议者的确认(例如,黄河水利委员会),对项目性质、规模、位置及其对中国的重要性的简短陈述及其他有关背景信息;②项目准备阶段(例如,项目建议书、可行性研究、制定详细的工程设计);③环境影响评估研究的范围,包括研究范围、劳动强度大小、进行研究的人员/专家或机构及相应的人月数;④报告内容的概要大纲,包括识别问题、评估影响和设计环保措施的一些专门技术或方法。

3. 项目描述

1) 亚洲开发银行要求

项目须根据它的基本活动、位置、规划和方案进行描述(按照项目周期)。此部分的环境影响评估报告须对下列各项提供充分的详细资料:①项目类型;②项目需求;③位置(运用地图显示项目的大致位置、详细位置、项目边界和项目场地布置);④运行的规模或大小包括项目所要求的一些相关活动;⑤所提议的进度表的正式批准和实施;⑥项目描述包括显示项目布置的图示、项目构成等。为了对项目及其运行进行清晰说明,所给信息应同拟议项目的可行性报告中的类型和研究范围相同。

2) 建议

由于在这期间已制定出了项目设计,故项目的描述可能比环境初评报告里的更详细一些。尽管如此,项目描述应集中在规模、性质和位置等可能引起环境影响的方面,而不是集中在工程的详细设计上。项目的平面图、断面图和高程有益于对项目进行说明,这样可减少相应材料的详细解说。

4.环境描述

1)亚洲开发银行要求

此部分包括对研究区域的描述,这样我们能够对受到影响的现有环境资源和价值有一个清晰的认识。收集信息(包括数据来源)的详细方法应扼要说明,基本信息应尽可能以地图、数据和表格的形式体现。基本环境数据应包括在文本框确定的相关信息。

基本数据

环境资源,例如:

a.空气质量和气候;

b.地质和土壤;

c.地表水;

d.地下水;

e.地质学／地震学;

生态学资源,例如:

a.渔场;

b.水生动物生物学;

c.野生植物;

d.森林;

e.稀有或濒临绝种动物;

f.保护区。

经济的发展,例如:

a.工业;

b.基础设施;

c.运输;

d.用地;

e.电力的来源和传输;

f.农业的发展 ;

社会和文化资源,例如:

a. 人口和社团;

b.在研究村庄和附近城镇中的医疗设备;

c.教育设施;

d.社会经济状况,例如,社区结构、家庭结构和族群;

e.自然或文化遗址;

f.现有的土地使用和资源状况;

g.历史建筑物或遗址、考古、古生物及建筑的意义。

---

2)建议

环境影响评估报告应对收集基本信息所采取的方法进行概括。这包括:来自黄委和二级组织现有数据的收集,出版文件和信息的审核,现场参观,专门委任调查,与当地政府、非政府组织和受影响人群的讨论。

环境描述的详细程度通常要比环境初评的要求更高,这反映出其比较广泛的信息搜寻和专门的委托调查,例如:关于空气质量、噪声、土壤、表层水质和地下水质等基本数据的收集,用地调查、农业系统的详细评审、须清除的树木和植被调查,项目研究区评估野生动植物的栖息地调查,受影响人群的社会经济调查。

环境、生态和社会文化资源的价值应进行说明。资源的价值将取决于一系列因素,比如:资源特征,资源是否是特有的或者是它"类型"中的一个标本,所有资源(例如栖息地类型)或要素(植物和动物群的种类)中稀有资源的价值,资源的"完整性"及科学价值。资源的价值应根据其重要性分为国际的、国家的、地方的、省的或当地的级别。例如湿地国际公约列出的湿地和联合国教科文组织列出的世界遗产遗址都是国际性重要的遗产。黄河渔场可能只在当地比较重要,因为它只能提供极少量的渔业资源和小规模的捕鱼。

资源一旦被分类,就应对分类情况进行说明,例如河水水质、考古遗址或旅游场地。

案例调查——生态调查

生态调查主要用于评估现有栖息地的状况,识别需要进一步调查的需求,制定减缓措施并且为以后在项目实施期间的监测提供一个基线(本底)。

生态调查通常因物种的存在/离开和物种对影响的弱抵抗力而受季节的限制。例如,在筑巢期,表8-12 表明了进行调查和施工活动的首选季节,以及在英国动植物栖息地工程受限制季节和保护物种的季节。

在亚行贷款黄河洪水管理项目中,子项目中最敏感的场地是柳园口自然保护区,这个保护区对于大量迁徙和越冬的鸟类非常重要。这个保护区有超过 90% 的土地种植了其他作物,只有很少的天然植被能留存下来,环境初评建议在项目施工前期、中期和后期对鸟类作监测调查。按照每年 1 月定期举行亚洲水鸟普查的方法,确定施工活动是否对鸟类生活产生了重大影响。

淡水湖鸟类调查(英国)

环境描述须含有环境变化趋势讨论的内容,比如,气温变化对水资源的影响、小浪底水库设计使用年限、人口动态或农村经济。此类信息是评估项目和"无"或"无所作为"项目的环境变化趋势和将来的潜在影响所必需的。

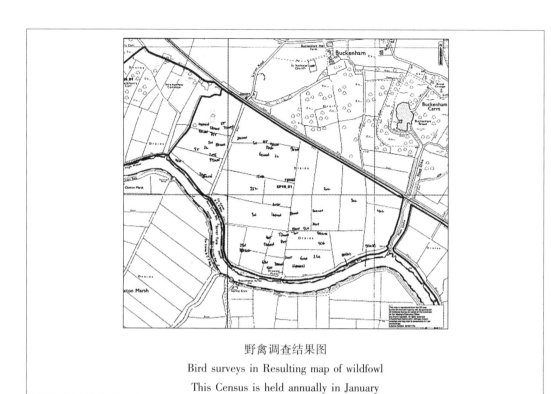

野禽调查结果图

Bird surveys in Resulting map of wildfowl

This Census is held annually in January

表 8-12　环境初评阶段公众咨询要解决的问题

保护种类	1月	2月	3月	4月	5月	6月	7月	8月	9月	10月	11月	12月
栖息地与植被	只是地衣及藓苔类植物的建议调查时间			对栖息地的建议调查时间						只是地衣及藓苔类植物的建议调查时间		
	种植和移植的最好时间		大多数未建议种类的种植和移植							种植和移植的最好时间		
鸟类	鸟类筑巢期,如果发现筑巢鸟类,停止工作							对一些鸟类延长停止工作期				
	若发现筑巢鸟类,立即停止植被清理工作									若发现筑巢鸟类,立即停止植被清理工作		

保护种类	1月	2月	3月	4月	5月	6月	7月	8月	9月	10月	11月	12月
獾类	禁止接近獾洞						捕獾许可季节					禁止接近獾洞
	野外调查的最好时间				仍然可进行调查,但不一定有效						野外调查的最好时间	
	构筑人工獾洞			可进行诱捕调查								构筑人工獾洞
蝙蝠类	冬眠期禁止工作					繁殖期禁止工作					冬眠期禁止工作	
水鼠类	避免在水鼠栖息地工作			可在水鼠栖息地工作	避免在水鼠栖息地工作			可在水鼠栖息地工作		避免在水鼠栖息地工作		
			调查的最好时间									
爬行动物（蛇）	避免工作			最优抓捕期				最优抓捕期			避免工作	
大冠蝾螈	禁止在栖息池工作	最优许可抓捕和调查期									禁止在栖息池工作	
				陆地工作最好时期								
黄条蟾蜍类	不干扰其栖息地				禁止在其栖息或产卵池工作,未经许可,不能转移黄条蟾蜍					不干扰其栖息地		
				在池内调查的最好时间			可池内调查,但控制次数最少	陆地调查成年黄条蟾蜍				
鱼类					应明白这是鱼类产卵期和鲑鱼洄游期——寻求建议							

5. 方案

1) 亚洲开发银行要求

对替代方案加以考虑是环境评估一个较为积极的方面,即通过检查各选项来提高项目的设计,而不是只把注意力集中在减少单个设计的负面影响的防御任务上。这就要求对建议项目的场地、技术和运行的可行方案进行一个系统的比较。各替代方案应就潜在环境影响、资金和经常性费用,与当地情况、机构、培训和监测要求的适宜性等方面进行比较。对于每一个方案,须对环境的成本和效益进行最大量化。对可行性方案须进行经济评估,并阐述方案被选中的原因。

对替代方案的审查涉及以下 3 个问题:替代方案的内容、与每一个替代方案相关的环境影响、选择优先替代方案的基本原理。

替代方案的考察和选择标准应包括环境因素,环境影响评估报告必须阐明选择方案的依据和原因、决策程序。

替代方案的选择需要进行详细的技术分析,技术分析不只局限于环境因素,最好编制一个附录专项说明此技术分析,此附录应包含替代方案选择程序的结果和概述。例如,把替代方案列在表格的一个轴上,另外一个轴上则列出标准,如可信度、成本、绩效、固有的环境效果和必要的减缓措施等,这样利用此类表格可实现有效的概括。

有时,很有必要考虑项目的"替代方案"。但是,如果项目与发展成员国的发展策略、亚洲开发银行的国家和策略方案相一致,并且基于一个部门策略和路线图已经制定好,则可不考虑替代方案。环境影响评估报告应阐明项目如何适合这个更大的战略计划背景。此背景有利于为项目提供证明,并且对限制替代方案(可行的或是许可的)的要求进行论证。

然而,在项目可能引发争议时,公众可能会认为此项目不是实现发展目标的最好途径。除此之外,一部分民众如果认为环境影响评估报告没有考虑项目的替代方案,或者认为优先替代方案的假定前提存在缺陷,他们对此项目可能会持否定观点。因此,如果存在的争议涉及项目的基本问题,环境影响评估报告则必须对项目替代方案进行讨论。

"不成功"替代方案须受到特别的关注。有时候,此方案也许是该项目能真正执行的替代方案。

2) 建议

在评估"替代方案"时,通常有 3 个基本选项:一是无所作为。无所作为就是"不成功"或无项目方案。对"无所作为"方案进行分析是十分有用的,它可为方案选项提供评估基准。无所作为方案,可作为成本—效益分析的一部分来调查。在洪水防御方面,无所作为方案意味着将没有新的工程,并且对现有工程也无任何维护。随着时间的推移,这将导致现有防御设施的持续恶化,同时洪水泛滥的风险和与洪水泛滥相关的损害都将会增加。二是最小作为。最小作为方案一般是指不做新工程,但对现有的防御系统进行不断的维护。这个方案虽然维持了现状,但是不能保证洪水长期不会泛滥。三是有所作为。有所作为方案涉及为改善洪水防御的新工程的施工。在此类方案中,有几个子方案供考虑:①防御水平。基于防御水平的方案选项将对逆程周期内提供洪水防御的各工程进行比较。在英国,防御水平通常可划分为:20 年一遇、50 年一遇、100 年一遇和 200 年一遇,这主要取决于土地使用情况和潜在洪害区受洪水破坏的程度。防御水平还应考虑因气温变化或黄河上游的工程而引起的环境的变化。防御水平选项将主要影响工程的规模。②工程的选址。对于洪水防御工程,替代方案的防御位置将依据"保持现有防线"或重新部署防线来确定。例如,在开封洪水防御工程中,方案旨在通过对堤防防线的重新部署来加强、缩短和改善现有防御系统。在东平湖工程中,方案旨在通过提高现有的防御水平来"保持现有防线"。对于村台项目,新村台距离原有村台不应该太远,这样当地村民可继续在他们的农田里工作。尽管这样,也有可能存在替代方案,比如,为几个村庄修建一个大村台或几个小村台,在不同的场地之间为新村台选址。③工程设计。根据维护的面积、材料和需求,在工程设计中可能有工程选项。例如,控导工程的高规格要求可能减少其维护费用和提高其安全性,从而实现结构长期的可持续利用。④施工方法。替代方案的施工方法可能对工程问题(减少施工和费用)产生重大影响,以及对环境产生影响。例如,在黄河流域使用的小型气吸式挖泥机或是用水泵从河沿抽取高含沙、河水,与在滩地开辟取土坑相比,就不会对农业造成重大影响。

对"有所作为"替代方案的评估须集中在那些可行的替代方案上,去评估那些不太实际或是代价太高的替代方案的环境影响毫无意义。对选项方案的评估可以结构表的形式总结出来,选项方案成列、环境问题成行排列并分别进行对比,见表 8-13。如有可能,每一小格应填入量化的数据,比如永久和临时占地的面积、受影响人员数量,并指出影响的大小和减缓的范围。这种方式提供了一个对环境影响有效总结的一个方法。

对优先子项目的选择必须予以论证,此选择不仅依据环境影响,而且还需依据资金和运行成本、成本效益比分析、易于施工、施工方案、安全性等因素来进行。

亚洲开发银行指南将参考项目的替代方案,但是由于黄河的水域和地貌特点、滩区的永久移民、大面积有潜在影响的地区,这些替代方案对于黄河是不太现实的。在上游和中游河段的多功能方案的施工将会改变河流的水文情况,但是即使是中等规模的洪水泛滥就可破坏黄河下游的防御。滩区居住人口密集,分布也很广泛,所以使人们永久移出洪水危险区是不现实的。抑制洪水、建设乡村平台、制定紧急事故的响应措施和准备是减轻洪水泛滥对环境和社区影响的主要措施。

6. 预期的环境影响和减缓措施

1)亚洲开发银行要求

(1)每一环境影响特征的评审。本节应评估该项目(以尽可能量化形式)对每种资源和其价值产生的预期影响,可用评估预期产生重大影响(包括环境风险评估)部分的环境指南进行评估,见图 8-5。以下内容都须对其环境影响进行调查:①项目选址;②由可能的意外事故引起;③和设计有关;④在整个项目的施工、日常运行和最后退出运行或修复期间。

项目的负面影响一旦确定,就需讨论采取什么样的措施把这些影响降至最低或消除并且想法提高自然环境价值。我们也应该对直接和间接作用给予考虑并指出这些作用所影响到的地区。

表 8-13　结构表示例

问题	影响	无所作为	最小作为	方案 1	方案 2	方案 3	评论
水							
土地/陆地							
植物/动物群							
人类							
污染指数							

案例研究:Fordingbridge 洪水研究

以下是 2000～2001 年秋冬季 Avon 峡谷严重的洪水泛滥情形,合乐集团公司被委任为 3 个特定区域(大同、浅滩桥、Ringwood)设计和评估洪水防御方案。

由于所研究区域是国际指定的河流和滩地中的湿地动植物栖息地、国家指定的具有历史意义的建筑和地区重要的风景区,因而此地环境非常敏感。从项目的开始阶段,环境因素就和工程解决方案结合在一起。

每一个城镇都识别和评估了几个洪水泛滥防御方案,在 Fordingbridge 地区,对 4 个基本方案进行了技术、经济和环境方面的估价:

- 无所作为;
- 最小作为;
- 方案 C——埃文河的防御,Ashford Water 和 Sweatsford Water 洪水泛滥的设计标准为 1:100 年.
- 方案 D——对于埃文河及其支流的防御,有两个防御标准,1:75 年和 1:100 年。

案例研究:Fordingbridge 洪水研究

经济和环境问题选项评估概要

选项	什么也不做	最小作为	C 100 年	D 75 年	D 100 年
经济利益					
全部生命成本	0 英镑	30000 英镑	525 万英镑	491 万英镑	493 万英镑
洪水损害	1380 万英镑	450 万英镑	160 万英镑	80 万英镑	80 万英镑
可避免的损害	—	940 万英镑	1220 万英镑	1298 万英镑	1300 万英镑
利益:成本比率	—	8:1	2:4:1	2:7:1	27:1
环境考虑					
无受影响的土地拥有者	—	—	全部无影响	40% 有影响	40% 有影响
防御加固	—	—	有	750m	750m
创建动植物栖息地	无	无	无	4 km 河岸 25 hm² 湿地	4 km 河岸 25 hm² 湿地
Defra 资助的合格性	无	无	无	有	有
改善栖息地	无	无	无	有,如鱼类及其他	有,如鱼类及其他
改善步道网络	无	无	无	有	
结余削减:填写	无	无	无	有	有

環境事務局決定採取 D100 年方案,這是因為:它具有更高的防御水平,額外費用相對較少而收益,成本比例不變,同時還可採取環境加強措施和將對土地所有者的影響降至最低。由于洪水模型制定的不確切,受影響的土地所有者的數量相對而言也很難確定。在英國,土地所有者可以向 Defra(環境部門、食物和鄉村事務所)申請資金來管理農田,從而提高生態環境。方案 D 中,將穿過農田的支流/旁通溝渠穿過農田,這也為濕地動植物栖息地的產生提供了可能。

在環境影響評估報告中對這些分析將做主要的介紹,如果報告中對這些影響的分析不是很充分,那可能會導致項目的延期。報告中也有必要呈現一張關于人力資源使用和生活質量提高的全面的圖片,生活質量的提高是由于利用、改造和受項目影響的自然資源的削弱而引起的,以便能夠對項目的資本净值作出一個公正的評價。

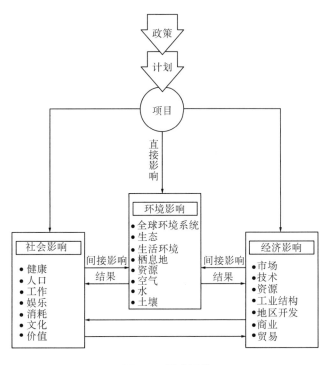

图 8-5　影响评估

(2)不利影響的減緩。對每個重大負面環境影響而言,環境影響評估報告須詳細闡述項目計划/設計是如何把負面影響降至最低,除此之外,在可行的程度上,項目計划/設計應說明如何消除負面影響或對其造成的損害進行補償,并且積极提高項目效益或環境質量。如果減緩措施的費用較大,應尋求替代方案并對費用進行審核。

(3)不可抵抗和不能還原影響。環境影響評估報告須識別出目標項目致使環境潛在發生不可逆轉的削弱的程度。例如,濕地區域的項目可能對此地區的水和生態產生不可逆轉的影響,在某種极端情況發生時,將使項目區社會和經濟的特征發生巨大的變化。

(4)項目施工期的暫時影響。如果項目施工階段涉及特定環境影響(將會在項目完工時終止),這些影響包括被提議的減緩措施將會被分開討論。

2)建議

(1)評審每個環境的影響特征。此部分要求對項目影響進行詳細評估。項目的主要影响应在快速环境评估、环境初评研究或环境影响评估的范围研究阶段确定下来。这些影响须在环境影响评估期间进行评审和更新,在环境初评包括项目的设计阶段考虑展开新研究。环境影响评估小组可以利用亚洲开发银行制定的部门指南来帮助识别洪水减缓工程的潜在影响。

潜在影响的特点可以用多种描述来描绘和总结,例如:①方向/趋势——不利或有益的;②量级——高、中、低;③持续时间——短期、长期;④频次——只有一次、偶尔、周期性、极少;⑤直接或间接的;⑥易于减缓——是或否;⑦可逆性——是或否。

如有可能,应使用量化的数据或评估对影响的大小进行阐释,例如,受影响的土地面积、地表或地下水模型的成效、实施方案人员的潜在收入。

解除洪水防御工程是不现实的,因为该工程将必须无限期维持下去来保护人、土地和附属物。然而,工程的维护和生产恢复是两个相关的阶段,这将会受到工程设计的影响。

我们应该努力识别出影响所作用到的区域,这将因影响的类型而不同。例如,与施工相关的损坏,对当地社区来说,工程附近100米以内的村庄可能会受到影响,然而泄漏可影响到几百米的河道地区。

为了对项目的整体价值进行公正评价,影响评估应包括正面影响和负面影响。施工期的正面影响通常局限在当地村庄的利益上,例如,就业机会和物品服务供应方面(住宿、食物及与施工相关的材料)。这些主要利益发生在提高洪水的防御能力和减少与洪水相关损害的风险之后。

(2)减缓负面影响。一旦减缓措施得到实施,环境影响评估须提供一个关于减缓提议和项目完工后预期的遗留影响的描述,例如:①设计特征,例如因斜坡侵蚀保护的需要,对被提议的设计进行描绘,必要时可附加注释,以及对设计目标的阐述。或者施工方法的改变,例如在滩区以挖泥代替开放取土坑,这种做法对农业无任何影响并且对河水水域或生态的影响很小。②财务补偿,例如假定补偿是按照及时的方式偿付的,那么补偿数额是根据中国的法律法规和对家庭收入的可能影响来确定的。③项目区良好的内部管理措施的实施确保了与施工相关的损害程度得以减轻,例如噪声、灰尘和交通的控制方法,减少洪水泛滥和意外事故发生的风险,减少劳动力和当地村民的健康和安全风险,把影响降至最低或不造成重大影响。

这些缓和措施的建议需要资金。

(3)不可撤回和不能还原的影响。环境影响评估应识别出不可撤回的任何潜在影响。对于黄河洪水管理项目,所有的方案都要求永久占地,这需要得到说明。然而,一般说来,占地不会对唯一的或特定的场地造成影响。在柳园口自然保护区的施工活动则是一个例外。

如果占地确实影响了唯一的或受保护的场地,必须提供影响的性质和继续这个子项目的正当理由。例如,在柳园口自然保护区的任何影响都必须进行详细的解释,并对那些长期存在的影响进行特别强调。

(4)项目施工期的暂时影响。项目施工阶段所出现的很多影响都是短期的危害或是潜在的风险,这些都是由事故或局于方案完成的未预见到的问题所引起的。通过实施良好的管理措施,这些影响中的许多都是可以减少或避免的。这些做法在世界许多地方都是很普遍的,应该大力支持亚洲开发银行子项目的承包商采用这些程序。这种方式涉及承包商对环境管理计划的编制和实施及独立监理人员的监督。在本章第四节将对这些方法进行详细讨论。

7.经济评估

1)亚洲开发银行要求

此部分源自作为项目可行性研究一部分的经济分析。在对项目的综合经济分析中应顾及这些要素:环境影响的费用和效益,减缓措施的费用、利益和成本效益,如有可能,那些还没有用货币来衡量的影响的讨论(例如污染物质体积的重量估计)。

2)建议

项目应建立和加强黄河河床的洪水治理能力来对目前的洪水减缓体系进行升级和拓展,这些体系对主要的城市地区、主要资产和工业、重要的农业用地和滩区几百万人民的生计起保护作用。每一个项目不仅要保护当地淹没区,而且能对河床的洪水控制整体策略作出积极的响应。经济评估应协助识别出项目的优先次序以便对必需的投资资金予以论证,这批资金将有利于防汛计划的有效实施。

经济分析须符合以下推荐的指导方针,旨在对每个项目投资收益以及对当地经济的影响进行评估。确定和量化项目的成本和效益对于"有"和"无"项目情形是非常重要的,因为这二者之间的不同将对每一个项目的经济合理性论证起到决定性作用。保护工程的经济生命假定是建设完工后 40 年。在以不变价格从成本和效益趋势得出的经济价值中,建议采用下面的转换因素:①影子汇率因数为 1.07;②无技能劳动的经济工资率为财政工资率的 90%,这些价值和其他事项都应该进行定期评审和调整,结果须取决于适当的敏感性测试,从而对主要参数的变化的影响进行评估。

费用应该包括土地征用、移民、土建工程、电力和机械设备、调查和设计、施工监理、环境减缓措施、项目管理、机构能力建设和自然的不测事件。费用评估须基于最近的费用信息,包含与中国法律要求和亚洲开发银行指南相符的移民和补偿价值。

对于"有"和"无"项目情形,工程的效益与洪水的规模和重现期有关,根据项目区每年造成的损失价值对项目进行评估。效益评估取决于可得到洪水泛滥所造成损害的估价及其他经济数据的适当性和准确性,这些估价包括:①避免对现有资产和基础设施造成损失;②避免对农业和工业产品造成损失和破坏;③破坏正常的商业活动和信息交流;④紧急救助服务和清理现场的操作费用;⑤避免对现存堤防和其他防洪设施进行大的修整;⑥可能发生洪水泛滥区域潜在经济增长的影响,它得益于"有"项目情形使洪水泛滥的风险减少。有些项目也产生了重大的逐渐增长的环境效益,这种效益表现为湿地区域的增加,对自然资产损害的减少,野生动植物的保护,增长的渔业和水产业,为当地社区和流域民众的整体利益,水资源管理水平的提高。

经济评估也应包含其他 3 个重要成分:成本最小化分析、环境减缓措施的成本—效益、在经济评估中没有进行量化的其他影响。

为了确定一个可使效益最大化的长期方案,成本最小化分析应对每一个子项目的不同防洪方案的成本(资本和周期性发生的)进行比较。环境减缓措施须集中在两个关键的因素上:第一,充足的经费和机构能力使重要环境资产的保护达到最优化,第二,对减缓措施进行适当的监理和监测以确保已识别出的环境效益得到实现和长期维持。最后,评估应包括项目中没有量化影响的讨论,例如,减少损害和生命丧失,改进的旅游活动及其他外在影响。

8. 环境管理计划

1) 亚洲开发银行要求

为了提高环保效益,环境管理计划描述减缓措施和其他措施将如何得到实施。它阐述了这些措施的运作方式、实施人员及实施的时间和地点。环境管理计划须对以下要素进行描述:①项目设计阶段减缓措施的落实;②承包商所落实的减缓措施及在材料采购中如何预防这些影响;③社会发展方案(例如移民计划、社团培训);④为解决自然或其他灾害和项目中所出现的紧急情况的意外事故响应计划;⑤环境管理和监测费用,包括减缓费用。

环境监测计划对监测活动进行描述以确保把项目的负面影响降至最低和环境管理计划得到实施。环境管理计划将包括挑选的环境参数以显示其对环境影响的级别,它也对监测活动的方式、时间、地点、执行活动的人员和应接收监测报告的人等都进行了描述。更重要的是,它包含了一个监测活动须遵从环境的建议。

对实施环境管理计划执行机构的当前职能须明确阐述,实施的费用也须明确的界定。

2) 建议

环境管理计划应对在施工和运行阶段为进行环境管理所作的机构的安排进行描述,例如负责减缓措施和监测方案的实施、管理和监理的组织。环境管理计划也应对任何制度上的薄弱环节进行描述,以及通过培训、安置职工或采购设备来加强制度的必要性。

环境管理计划应该明确识别出所有必需的减缓措施去减轻或修正负面环境影响,计划也需列出减缓措施的费用。环境管理计划应说明如何控制材料采购以避免对环境造成负面影响,例如,在未经批准/授权的区域开挖取土坑。如果发生突发事件,环境管理计划应包含一个意外事故响应计划。最有可能发生的是洪水的泛滥。在洪水泛滥季节,承包商可能撤出两个月,在这种情况下,就不需要意外事故响应计划了。

环境管理计划也应包含一个环境监测计划以便评估减缓措施的有效性和项目实施的整体环境绩效。

9. 公众咨询和信息公开

1) 亚洲开发银行要求

本部分须:①描述项目设计中公众参与程序和为使公众继续参与的推荐措施;②总结受益人、当地领导、社团领导、非政府组织及其他利益相关者的主要意见,并给出这些意见的解决办法;③列出公众参与的里程碑(例如日期、出席人员、公开会议的议题)及报告和其他与项目相关文件的接受者;④说明公众参与应遵循的相关法律要求;⑤如有可能,总结民众对建议项目的接受率或意见;⑥说明其他相关材料或活动(例如发布新闻、通知等),这些是为公众参与所采取措施的一部分。

此部分应对当前公开的信息以及以后公开的程序进行总结。

2) 建议

对于 A 类项目,应进行两次公众咨询,一次是在环境影响评估调查工作的早期阶段,一次是在环境影响评估报告编制好时并在亚洲开发银行对贷款批准之前进行。

公众咨询涉及很多组织和个人,例如,项目受益人、当地政府官员、社区领导和非政府组织,为使此程序有效进行,可对环境影响评估和移民计划中的公众咨询活动进行协商,环境影响评估报告中应对公众咨询活动的结果进行总结。

环境影响评估也应在项目施工前和施工阶段对以后的公众咨询活动提出一些建议,这些活动与移民研究联系也很紧密。

10. 结论

1）亚洲开发银行要求

环境影响报告必须得出研究结论,包括:①证明项目实施所取得的效益;②说明如何把负面影响降至最低或者消除,并为使这些影响能为民众所接受作出补偿;③对任何不可替代资源的使用进行解释;④为下一步的监督和监测做准备。

对项目影响的类型和大小进行简单的介绍对决策人可能有帮助。

2）建议

报告的结论应该短小精悍、概括性强,并且不包含任何新信息。结论须明确表达出项目的利益所在,如有可能,应对其进行量化。结论中须对项目的负面影响、所建议的减缓措施和项目完工后所遗留下来的影响进行概述。如果有必要用不可代替资源,比如自然保护区的粒料,在报告中须对此进行论证。结论也应该阐述减缓和监测的进一步措施并在环境管理计划中进行讨论。

为了对方案的主要问题有一个全面快速的了解,可采用符号把方案负面影响的特征表示出来,见表8-14。

表8-14　影响摘要表

影响	方位	大小	持续时间	直接/间接	可缓和性	可逆性
永久占用农业用地236.8公顷,影响到897人	—	大	较长	有	有	无
场地清除期损失的树木	—	小	短	有	有	无
对柳园口自然保护区野生动植物的干扰	—	小	短	有	有	有

11. 环境影响评估报告概要

1）亚洲开发银行要求

环境影响评估报告概要是环境影响评估报告的执行综合,对环境影响评估报告里的关键事实和重大发现以及详细的解决办法进行了阐述。读者应能理解问题的重要性和范围及合适的解决办法。环境影响评估报告概要语言须清晰简明并自成一体,以便将文件提交给亚洲开发银行董事会审阅以及公众阅览,见表8-15。

表 8-15　环境影响评估报告概要

部分	议题	页数
A	介绍	1~2
B	项目描述	1~2
C	环境描述	2~3
D	方案	1~2
E	预测的环境影响和减缓措施	4~6
F	经济评估	1~2
G	环境管理计划	1~2
H	公众咨询和信息公开	1~3
I	结论	1
总计		12~20

2）建议

环境影响评估报告概要须按照环境影响评估报告的结构并对每一章中的主要调查结果进行概述。此报告所含信息不应超出环境影响评估报告的范围。对项目的正、反两方面的影响应公正、客观地描述，并采取措施去减缓和监测这些影响。对于在环境影响评估报告和环境影响评估报告概要里所确定的环境影响，须委托借款方负责实施所有的减缓和监测措施。

因为环境影响评估报告概要提交给亚洲开发银行董事会审阅，故须用良好的英文书写。环境影响评估报告概要将在亚洲开发银行网站上登出，供世人查阅。

第三节　环境管理体系国际指南

作为亚行贷款黄河防洪项目环境管理咨询服务任务的一部分，需要在以下方面提供培训服务：①亚行相关环境方针和要求；②亚行环境指导方针；③环境保护措施的实施；④亚行所要求的各种环境报告的格式和内容，例如季度进展报告、环境管理报告、完工后验收报告、环境最终报告和亚行评估要求的报告等。

国际咨询公司的专家就下列主题制定了一系列培训方案，即：①亚行环境管理要求的介绍；②制定环境评估报告；③关于环境管理体系国际指南的介绍；④施工场地的环境管理。

本套培训材料是环境管理体系国际指南介绍的总体说明的补充，见图 8-6。这个培训方案介绍了：①环境管理体系（EMS）；②制定环境方针；③规划环境管理体系；④实施和运行；⑤检查与纠正措施；⑥管理评审与持续改进。

一、环境管理体系背景

（一）介绍

由于人们对环境问题和单位对环境影响意识的日益增强，各种类型的单位已开始注重对这些影响进行控制和监测。

　　一个环境管理体系就是在一个单位内部对环境管理进行规划和实施的一个体系方法,旨在实现该单位自身环境方针与控制那些对环境有重大影响的业务。一个环境管理体系需要应用标准的管理惯例去处理环境问题。一个环境管理体系是一个持续循环过程,旨在提高环境绩效。持续的改进循环分为 4 个简单步骤:策划、实施、检查、审核。

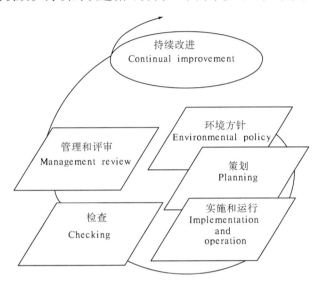

图 8-6　环境管理体系的持续循环过程

　　环境管理体系提供了一个定期性监测和审核单位的环境绩效的框架,进而确保有合适的机制来采取纠正措施或预防措施。

　　环境管理体系最初应关注单位活动中那些能引起最大的环境影响、不利条件或开支的活动。一旦这些影响得到控制和降低,环境管理体系就能进一步控制所有对环境造成影响的业务。这样,就可以实现对环境的持续改进。

　　一个单位可将环境管理体系同现有的管理体系例如质量控制融合在一起,从而对其产生潜移默化的加强作用。决定一个环境管理体系是否有效、有价值的最重要的因素之一是它融入一个单位的能力。如果不能保证与单位兼容,那么,利润随之降低,并导致额外的开支。

　　环境管理体系是一个完全自发的过程。各单位实施环境管理体系的动力包括:管理要求的提高、处理外部资源影响所带来的压力、在市场内部和风险管理方面单位地位的提升。

　　(二)ISO14000 标准

　　国际标准组织(ISO)负责制定环境绩效国际标准,以确保全球所有公司按照同一标准去运行。ISO14000 标准旨在帮助实施环境管理体系,并提供一个单位能建立环境管理体系的总体框架。这些标准同 ISO9000 系列质量管理方面有密切的联系。现将环境管理的主要标准列举如下:①环境管理体系——使用指南要求;②ISO14004:2004,环境管理体系——关于原则、体系及支持技术的一般指南;③ISO14015:2001,环境管理——场地和单位的环境评估;④ISO14003:2000,环境管理。环境绩效评估——指南;⑤ISO19011:2002,质量指南和/或环境管理体系审核。

为了识别环境管理体系的关键要素,环境管理体系 ISO14001 于 1996 年引入并于 2004 年做了进一步修订。如果一个单位试图得到认证,那么此标准只是一种必须遵守的建议性指南。例如:此类标准没有涉及单位必须遵从的、绩效或污染物质限制的管理级别。"……明确说明环境管理体系的要求,以促使一家单位制定和实施具体的方针和目标,该目标需要考虑法律相关要求和重大环境信息。"

环境管理体系国际指南报告是基于 ISO14001 及配套的 ISO14004 来制定的。

(三)环境管理体系历史

1.背景

在 20 世纪 90 年代,环境管理体系引起人们的兴趣,并日显重要。大多数的环境管理体系在工业组织内部已得到实施,在中国同样也反映了这种趋势。世界范围内,认证数量持续增长,现列举如下:1995 年认证个数少于 2500 个;2000 年接近 20000 个认证;截至 2003 年 12 月达到 66070 个认证。

截至 2003 年底,113 个国家的一些单位已实施了环境管理体系,认证数量排在前 10 名的国家中,欧洲占 6 个,其中中国位居日本和英国之后,名列第三,排在美国的前面,见图 8-7。

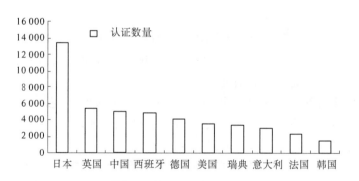

图 8-7　截至 2003 年 12 月,ISO14001 国际认证数量居前 10 名的国家

2.环境管理体系在中国的发展

在 20 世纪 90 年代,随着中国环境商标体系的发展,城市和工业内部吸尘器生产系统和废物处理能力的进一步发展和提高,中国有能力在单位内部提高环境管理体系。

随着 ISO14001 标准的颁布发行,第一批环境管理体系已由 55 个不同的企业依据这些方针进行实施。为了形成一套与中国相适应的标准,1997 年国家修改了 ISO14001 标准。不仅如此,1997 年环境管理体系认证的中国筹划指导委员会在北京成立。此筹划指导委员会又下设了两个委员会,他们负责对认证机构和环境审计机构进行授权,即:环境管理体系认证机构为中国认证委员会,环境审计机构为中国注册委员会。

截至 2001 年底,在众多参与环境管理体系的单位中,有 1024 个获得了 ISO 认证。中国环境管理体系 EMS(2003)共有 28 个认证机构和 3834 个环境审计员。

二、初始措施

(一)介绍

在 ISO14001 下,单位如希望实施环境管理体系,则必须:①制定适宜的环境方针;②识别单位活动中哪些方面对环境造成或可能造成重大影响;③识别相关的法律法规和单位应遵守的其他要求(例如贷款合同、环境影响评估研究的环境合约、许可证、执照等条件);④确定优先改进事项并建立适宜的环境目标和指标;⑤建立组织机构、制定方案,以实施环境方针、实现目标和指标;⑥开展策划、控制、监测、预防和纠正措施、审核和评审活动,以确保对环境方针的遵守和环境管理体系的适宜性;⑦具备一个适宜的、能灵活应变的机制。

一个单位内部环境管理体系的实施是一个漫长的、成本高的活动,它潜在影响了单位内的所有员工。故而最高管理者的承诺显得至关重要。在制定环境管理体系之前,单位需要进行初始环境评审,目的是维持环境现有状况。

(二)管理承诺

为了更好地实施环境管理体系,最高管理者的承诺连同对公司成本及效益的正确评价都是很重要的。承诺要求很好的领导才能,集中表现在:①通过对单位环境责任的牵制,以便使财政风险降至最低;②应遵守环境法规和管理制度;③商业公司应立足于市场并创造合理利润。

(三)初始环境评审

初始环境评审的目标就是把单位活动中所有环境因素都看做是制定环境管理体系的前奏。初始环境评审应该做到:①指定场地;②建立法律、法规要求,来规范单位操作;③识别那些单位活动中能够影响人和环境的环境因素,这些影响的重大性以及相关义务;④审核目前如何处理环境问题;⑤评估单位目前的环境绩效;⑥获取先前事件、投诉、审核、评审等方面的反馈信息;⑦了解单位潜在的风险和相关职责;⑧考虑那些对环境管理体系成功实施产生实质影响的问题,比如需求、资源和企业文化。初始评审应该涵盖一切运行条件,包括日程活动和紧急情况。

初始评审可基于许多不同方法,比如:①采访单位内不同部门的关键工作人员;②运用选举人名册;③现场调查;④评审现有文件;⑤基准测试。

环境管理体系可在单位内一些或全部部门予以实施,环境管理体系的范围由单位本身来决定,但是,其范围应该切实可行,否则环境管理体系将变得毫无意义。

三、环境方针

(一)ISO14001 要求

环境方针是单位实施环境管理体系的驱动器。此方针旨在确立与环境绩效有关的单位的整体目标和努力方向。

环境方针须:①适合于该单位活动、产品和服务的性质、规模和环境影响;②包括持续改进、污染预防和遵守法律、法规等承诺;③提供建立目标和指标的框架;④形成文件,付诸实施,并予以保持;⑤传达到所有为单位工作及以单位名义进行活动的人员;⑥可为公众所获取。

（二）指南

环境方针是单位内高层管理人员发布给内、外部的利益相关者的一项公开声明，旨在显示他们对提高环境绩效的承诺。这是有效实施环境管理体系的基本要求，以便向所有雇员和利益相关者传送正面的信息，并确保诸如金钱、时间、劳动力等资源在实施环境管理体系中能有效地利用和合理地分配。

方针中含有大量的信息，一般含有以下内容：该单位及其产品或服务、环境管理承诺纲要、为提高环境绩效设定的单位目标和承诺、环境问题。

制定环境方针包括单位最高管理者依据企业的要求所作的承诺、初始环境评审、方针文件的起草、评审及最后定稿。环境方针必须由最高层管理者签署通过。

环境方针的特点见表8-16。

表8-16　环境方针重要特点的摘要

环境方针必须	环境方针不可
实事求是,切实可行 浅显易懂 有效的沟通 可测试性——能对环境绩效进行评估	条理不清,含糊其词 缺乏对环境管理活动的详细描述 缺乏对方针实施的支持 一次性 避免重大影响

四、策划

（一）简介

ISO14001在规划阶段开始对下列活动提出要求：①识别环境因素；②识别法律及其他要求；③建立目标及指标；④制定一个环境管理方案。

这些任务在下列章节中分别进行描述。

（二）环境因素

1. ISO14001 的要求

环境因素是一个单位的活动、产品或服务的要素，它们与环境互相影响。例如工厂向大气的排放或施工时产生的噪声。

由单位的环境因素引起的对环境的改变，无论其有益还是有害，都称之为环境影响。根据上面已给出的例子，气体的排放可引起大气污染，施工噪声可增加周围的噪声污染程度。

在单位环境因素和环境影响中，这是一个因果联系。

在 ISO14001 的指导下，单位必须建立和遵从这样一个程序：①识别单位能够控制和能施加影响的环境因素；②判定那些对环境具有重大影响或可能具有重大影响的因素。

单位应将关于环境因素的这些信息文件化并保持更新。例如,依据新施工项目的介绍,制成品或法律中的变化,单位应确保在建立、实施和保持环境管理体系时对重要环境因素加以考虑。

2. 指南

应以系统的方式对在一定条件下的单位活动、产品或服务的环境因素进行识别,这些条件包括正常的和不正常的运作条件、事故和紧急情况、过去的活动、未来计划的活动(如引进新产品或建设新的子项目)。

单位应集中精力搞好那些可以控制的(如单位自己的活动)或可施加影响的活动(如分包商的活动)。过于关注单位控制外的活动显然是不合理的。

识别环境因素有多个不同的方法:①考虑资源或排放,例如向大气的排放、向水体或土地的排放、能源使用、废物和副产品。②考虑商业活动或服务,例如制造、包装和运输,或产品生命周期分析,对每一项活动,识别出几个环境因素是可能的。

识别环境因素一般按照以下几个步骤进行:①单位的初始环境评审;②不同部门关键员工的参与;③对单位信息的搜集;④文件评审;⑤具体施工项目的 IEE/EIA 研究;⑥法律、法规要求;⑦考虑第三方的意见,例如立法机构。

环境因素一旦被识别,就应界定它们对环境的影响及影响程度。环境影响可能是直接的、间接的、负面的、次要的、渐增的。影响的程度取决于:

(1)环境问题。比如:①环境的敏感性,例如受保护区动植物栖息地;②影响的规模,例如受影响区域;③影响的严重程度,例如强度;④影响的持续时间,例如短期、长期;⑤影响的可逆性;⑥减缓措施的有效性;⑦对环境资源或受体的影响;⑧发生的概率。

(2)从经营方面考虑:①与法律不一致,违反环境标准或准则;②财务保证人的反应;③减缓措施或清理成本;④对单位的公众形象的影响;⑤对多数利益相关方的影响,包括项目区的农民。

对环境问题的评估一般是通过拟建基础设施项目的环境影响评估程序来进行的。例如,亚行资助的黄河防洪项目子项目的 IEE 报告对建设期间和完工时环境影响的重要性进行了评估。

对于环境管理体系(EMS),单位可能希望考虑对经营、与赞助商的关系、立法机构和公众能产生影响的其他因素。

单位可制定自己的、用来评估环境影响重要性的程序。这一点可通过一个简单的、基于所选择的环境和经营的等级评定系统或得分系统来实现。表 8-17 对此进行了举例说明。一旦单位制定出一个程序,就应该坚持使用。各环境因素应依据其影响的重要性来进行优先次序区分。同样,环境因素的重要性评估对单位而言是相对的,而不是绝对的。在对目的和目标进行说明时,以及在环境管理计划中应考虑优先次序清单。

(三)法律、法规和其他要求

1. ISO14001 的要求

单位应建立、实施并保持一个程序:以①用来确定和获取与其环境因素相关的适用的法律以及其他应遵守的要求;②明确这些要求如何应用于环境因素。

表 8-17　用来评估环境作用重要性的系统举例

施工活动:本表以滩区取土场的开挖施工为例
环境因素:征地
环境影响:农田损失

从环境/经营考虑	事项/风险	分数
影响规模	30公顷土地。与滩区相对来说面积较小	10
影响的严重程度	低质量农田每年损失一次收成;受洪水/水淹影响	20
影响的持续时间	持续时间取决于洪水的复发频次,由于上游大坝的修建洪水得以减少,可能15~20年爆发一次	20
采取减缓措施的范围	为使对鸟类的影响降到最低,应避免在冬季施工;长期洼坑的修复在洪水期将主要通过自然填补完成;对失去生计的农民进行财务补偿;生物多样化的中期效益	5
邻近敏感或制定区域	非常接近柳园口湿地自然保护区	5
潜在的制度公开	应遵从中国移民安置和补偿程序	10
遵从亚行政策	应遵从堤防环境和移民安置方针	20
考虑当地团体	为失去生计人员安排补偿。乡村团体对方案的高接受率	10
合计		100

可能影响因素	可能性
可选择的施工方法,例如对河道疏浚	10

　　单位应确保这些适用的法律和其他应遵守的要求在建立、实施和保持其环境管理体系中加以考虑。

　　2.指南

　　环境管理体系(EMS)核心承诺是遵从法律、法规。此程序旨在确保单位内相关人员意识到在环境问题上是否合法和具有哪些义务,并确保采取措施以保证依法办事。单位还应能预料到法律和其他要求的发展变化,以确保单位内部对新要求有一定的规划。

　　ISO14001建议单位建立一个法律和法规要求的登记表,它必须具有可读性、浅显易懂、及时更新的特点,它可由一系列相关法律法规和其他要求组成,例如:环境法;其他机构、许可证、执照;非官方标准;行业标准;贷款协议等。

单位不一定必须储存现场运行的全部信息的复制文本,但须把获取信息的渠道记录下来。信息来源可能是网站、专业刊物和行业协会。

单位须确保环境管理体系(EMS)同法律、法规的要求相符合,例如采取一些措施以保证符合排放标准和环境质量标准。单位希望制定更高的标准,超出法律或部分法规所要求的标准。

(四) 目标、指标和方案

1. ISO14001 的要求

单位应针对其内部相关职能和层次,建立、实施有文件依据的环境目标和指标。

目标与指标在可行时应予以量化,并与环境方针保持一致。包括对污染预防,符合适用单位的法律与其他要求及持续改进的承诺。

单位在建立与评审环境目标和指标时,应考虑法律与其他要求,它自身的重要环境因素、可选技术方案、财务和经营要求,以及各相关方的观点。

单位应建立、实施并保持用以实现环境目标指标的环境管理方案。管理方案应包括规定相关职能和层次的实现环境目标和指标的职责以及实现目标和指标的方法和时间表。

2. 指南

目标和指标是环境管理体系(EMS)的一个基础部分。它们是依据环境方针的承诺和目标、初始环境评审、法律和其他要求、重大环境因素制定的。

目标就是指在一特定学科领域将要实现的东西,它是对提高整体环境绩效的一个承诺。目标是为了个别重大的环境因素、法律或其他要求,或者一个方针而设定。目标对于单位一部分或全部的现场和活动应是可以实现的。为了不断取得进步,当现有目标达成时就应设定新的目标。目标必须从实际出发、切实可行。

例如:预防水体污染指标量化目标,用具体的测量数字设定目标。指标反映出在一段时期内通过个人的行动就可以实现的具体目标。指标常被看作为实现目标的基石,指标应设置在那些最需改进的区域,并符合法律、法规的要求。

例如:没有出现与水体污染相关的投诉、惩罚或罚单现象。

设置指标时通常会想到 SMART 原则:S – 具体的;M – 可测量的;A – 可行的;R – 相关的;T – 受时间限制的。

目标与指标可能属于下列种类中的一个:①调查——着眼于适用的目标和指标,对具体的环境因素进行进一步调查研究;②保持——使某些环境因素的绩效可满足法律或法规的要求;③改进——使某些环境因素的绩效高于法律法规的要求。

目标和指标一旦被设置,单位须考虑识别可测量的环境绩效指示参数。绩效指示参数用于测量环境管理体系(EMS)的绩效和进度。监测环境管理体系(EMS)须对管理规划做评估,并且必要时对规划做一定的修改。故不可能处理没有权衡过的规划。

绩效指示参数须适用于被测物,对任务本身来说,它们须是有意义的、可认证的。例如,利用有用的信息比如缴费通知单来监测用电数量可以节省时间、金钱。指示参数也应说明单位内的变化,例如关闭期。有两个类型的绩效指示参数:一是管理绩效,例如所实现的目标和指标数额;二是运行绩效,例如具体排放数额,比如尘埃浓度。亚行贷款子项目关于运行绩效的指示参数在他们的月报表里有所反映。

为了实现目标和指标,需要制订一个环境管理方案,这样在方案中可确定将要采取的措施、实施人员和实施时间。方案需涵盖以下内容:①目标和指标;②实现目标和指标所采取的措施;③作用和职责;④截止日期;⑤分配资源;⑥绩效指示参数。

环境管理方案应为动态的、容易定期修改。例如每间隔一年,或者按接下来的审计或事变做出相应的修改。修改可能会涉及目标或指标的完成或增加、新的或修改过的措施、截止日期等。

一个有效的环境管理方案中不仅须明确指明达成单个指标的职责,而且要明确设定整个方案的实施职责。职责可以分配到单位不同层次的人员,全部相关方需意识到他们的职责。

截止日期应是切实可行的。为了采取行动须分配充足的资源,包括人员、设备和资金。

表8-18列举的是黄河洪水管理项目亚行贷款子项目施工环境管理方案的例子。

五、实施和运行

(一)简介

在实施和运行过程中的关键任务是:①资源、作用、职责和权限;②能力、培训和意识;③信息交流;④文件;⑤文件控制;⑥运行控制;⑦紧急响应和准备。

ISO 14001对上述这些问题的要求和使用指南将在以下章节中阐述。

(二)资源、作用、职责与权限

1. ISO14001 的要求

管理者应为环境管理体系的建立、实施和改进提供必要的资源,资源包括人力资源和专项技能、单位基础设施、技术以及财力资源。

为便于环境管理工作的有效开展,应当对作用、职责和权限做出明确规定、形成文件,并予以传达。

单位的最高管理者应指定专门的管理者代表,无论他(们)是否还负有其他方面的责任,应明确规定其作用、职责和权限,以便确保按照本标准的规定建立、实施与保持环境管理体系要求;同时向最高管理者汇报环境管理体系的运行情况以供评审,包括改进的建议。

2. 指南

环境管理体系的成功实施在很大程度上取决于对单位内各员工所制定的职责的有效性和适用性。

环境管理体系的作用、职责和权限应予以明确规定,并就此与单位内那些工作与环境管理相关的人员进行信息交流。指定给个人的职责类型应与他们自身所执行的任务及他们在单位内的级别相一致。

表 8-18　关于亚行资助子项目建设的环境管理方案

参考 条款	目标	措施	指标	职责	附加信息	监测/观测	进一步措施
A	遵从合同文件中的环境保护措施						
	一般条件						
20.1	确保所有现场施工活动期间的安全	制定安全问题指南	施工期无严重受伤事件	项目经理	事故记录		
20.2	保护施工场所内、外部环境,避免承包商的施工对人员和财产造成伤害或损害	制定和实施涵盖现场安全和环境保护各个方面的环境保护方案,为确保达标,承包商应作日间检查和周检查	没有对施工场所之外的环境制造任何不必要的损害 完工时需对所有的施工场所予以恢复 没有出现当地村民对施工的投诉或索赔现象	项目经理	日、周检查报告 环境月报告 意外事故/索赔记录		
20.4	项目经理所制定出的规定符合国家和省的立法及其他法律、法规	识别相关环境法和环境质量标准,制定文件为活动的控制提供依据和指导,将相关要求通知员工	没有出现因违反环境法而对承包商子以制裁的现象	项目经理	环境保护计划立法		

参考	目标	措施	指标	职责	附加信息	监测/观测	进一步措施
20.5	遵守对鱼类、野生动植物保护、森林防火、森林旅游、抽烟及废弃物的法律规定，保护现场没有出现火警报警	通过入门课程和现场公告的方式提高环保意识；人员的环保意识；监督员工活动；实施一个报告意外事故系统	没有处罚和罚单；没有关于市河务局、环保局、当地村民或环境管理人关于环境损害的起诉	项目经理	培训记录；场地公告；意外事故记录		
20.6	预防对水道的任何污染	制定和实施关于预防水道污染的程序	没有关于市、县河务局、环境管理人或当地村民关于河道污染的起诉和处罚	项目经理	水体污染预防；意外事故诉/投诉记录		
20.7	对燃料和石油进行安全的处理	制定和实施一个控制蓄水池的选址和储存，燃料及废油处置程序	没有关于处理燃料和石油或误用而导致污染的处罚和罚单现场管理的安全储存	项目经理	燃料和石油安全处理；日/周检查报告；意外事故诉/投诉记录		
20.8	对杀虫剂和其他有毒材料进行安全的处理	杀虫剂和其他有毒化学物质在项目经理批准后方可使用	没有关于使用尚未批准杀虫剂和其他化学物质所产生意外事故方面的报告	项目经理	原材料的安全处理；订单/运输记录（由项目经理签字）		

参考	目标	措施	指标	职责	附加信息	监测/观测	进一步措施
20.9a	场地清除方面好的做法	制定和实施一套关于场地清除和水土保持的程序。监督取土场的运行，以确保保留有一个缓冲带的休闲堤沿的缓冲带；制定和实施一个关于原材料的库存安全方法说明；使场地内树木的损失最小化	在河道沿堤至少保持一个3米宽的缓冲带；没有关于斜坡负担过重失败的意外事故和索赔要求；没有关于树木损失的事故或索赔	项目经理	挖掘斜坡保护、水土流失控制的措施；日和周检查报告		
20.9b	保护自然河道不受施工的污染	除非在指定取土区，否则不能从河床或沿堤迁移砂砾、土料和石头	没有关于河流中原材料损失的事故和索赔的报告	项目经理	日和周检查报告；意外事故要求记录		
20.9c	使对机动车辆的损害/破坏降到最低	对司机和机动车辆的使用进行监督；通过入门课程和场地公告提高环保意识	无机动车辆驾驶在未经批准路线上的报告	项目经理	交通信号；现场公告；意外事故记录；培训记录		

参考	目标	措施	指标	职责	附加信息	监测/观测	进一步措施
20.10	车辆行驶的安全速度	建立速度告示;通过入门课程和场地公告提高安全意识 车速限制在每小时30公里以内	无超速报告	项目经理	交通信号 现场公告 意外事故记录 培训记录		
21	保护文化遗产	一旦发现考古遗迹要采取必要措施以确保其保存价值		项目经理	已发现的考古遗迹		
	现场灰尘控制	干旱季节应定期向土垒喷水润湿灰尘	无员工的投诉;无环境管理者的评议	项目经理	投诉记录		
	对接受/流入水域进行保护,以免大量沉积物和含碱废物生产污水的流入	在废水处理之前通过固定水槽将其排出,挖出沉积物将其埋在垃圾场	保持干净的排水灌溉通道 符合环境管理者的指示	项目经理	水体污染的预防		
	保护自然排水道	确保任何工程不会影响、切断、堵塞排水通道	无对自然通道损害的意外事故	项目经理	日和周检查报告		

续表 8-18

参考	目标	措施	指标	职责	附加信息	监测/观测	进一步措施
	施工完工后，使浅取土坑恢复	清除表层土和堆积物，清除取土坑中的沉积物，对各侧进行平整，并填入表层土（为农作物提供一个适宜的土层质量）	所有用于临时施工场地的土地都应进行恢复，并达到雇主和环境监理单位及当地村委会的满意	项目经理	完工时，对现场进行清理		
	对临时施工场地、道路等进行恢复，并达到以前土地使用前的水平	清除施工废弃物，疏松夯实的土壤	所有用于临时施工场地的土地都恢复其原本用途，并达到雇主和环境监理单位的满意	项目经理	完工时，对现场进行清理		

在管理过程中,在分配资源时,还应考虑到当前和未来的需求,以便及时有效地实施环境管理体系。应对资源及其配置进行定期评审,以确保为环境管理体系提供充足的资源,并在预算中对未来的需求有所规划。

最后,把环境管理体系纳入现行的管理体系,可使一家公司掌握实际的成本和效益,确保环境管理体系的有效实施。

(三)能力、培训与意识

1. ISO14001 的要求

单位应确保其工作中可能带来单位所确定的重要环境影响的人员,包括为其工作或代表其工作的所有人员,应具备能力。能力应基于适当的教育、培训或经验。单位应保存有关记录。

单位应确定与其环境因素和环境管理体系相关的培训需求。单位应提供培训或其他措施来满足这些需求,并保存相关的记录。

单位应建立、实施和保持一个程序,使为其工作或代表其工作的人员都意识到:①符合环境方针与程序和符合环境管理体系要求的重要性;②他们工作活动中实际的或潜在的重大环境因素,以及个人工作中改进所带来的环境效益;③在实现环境管理体系要求中的作用与职责;④偏离规定的运行程序的潜在后果。

2. 指南

最高管理层的主要职责是保证员工对环境方针所述的单位环境价值有清醒的认识,并发挥主观能动性,以实现环境目的和目标。"在共享环境价值观的背景下,正是个人的承诺把环境管理体系从书面文字变成有效的行动。"(ISO14004,第4.4.2段)。

单位内为其或代表其工作的人员必须意识到:①环境方针的重要性;②工作场所出现的重大环境影响;③在实现环境绩效中的作用和职责;④偏离程序的潜在后果。

执行有重大环境因素和影响的任务的工作人员必须意识到他们执行任务所带来的后果,并具有执行这些任务的能力。

这些能力可通过不同的方法来获得,如教育、培训或基于以往的经验。应把能力作为招聘选拔员工、承包商和其他为公司工作的单位的一部分加以考虑。个人在执行任务时任何能力上的不足须通过培训来加强。

培训是培养员工环境意识和加强管理的基础工作。确保全体员工对环境管理体系的意识可发扬主人翁精神,发挥主观能动性。

单位须确定其员工对环境培训的需求,并针对单位内部不同部门和层次的员工,因材施教,同时考虑到那些为代表单位的人员所进行的活动对环境影响的重要性。

单位须制定一个培训方案,该方案应能反映环境管理体系(EMS)的要求和全体员工当前对环境管理的理解水平。

由于环境培训方案或多或少地影响到全体员工,因此它的实施通常是实施环境管理体系,实现 ISO14001 认证耗时最长、耗资最多的一部分。

(四)信息交流

1. ISO14001 的要求

单位应建立、实施并保持程序,用于有关其环境因素和环境管理体系的单位内各层次和职能间的内部信息交流或与外部相关方联络的接收、文件形成和答复。

单位应决定是否与外界沟通其重要的环境因素,并将决定形成文件。如果决定是需要外部沟通,单位应建立、实施与外部沟通的方法。

2. 指南

单位在环境事务方面的意向和程序的交流是环境管理体系一个重要部分,单位应建立一个关于环境活动的内部和外部的信息交流程序。

内部交流对于确保环境管理体系的有效实施至关重要。例如合作活动、解决问题、后继措施及制定环境管理体系。同时,内部交流在激发员工的主动性,并鼓励他们改进环境绩效、促进完成单位的环境方针、目标和指标等方面也是一个有力的工具。单位应鼓励员工反馈信息,对员工提出的或关心的问题应积极回应。应将环境管理体系绩效监测和评审的结果同单位内相关人员进行及时交流。内部交流可通过例行的工作组会议、电子邮件、内部报刊、互联网及公告牌等途径来实现。

ISO14001 要求单位建立一个程序,该程序用来接收来自外部环境问题的交流信息,并做出回应。但是,对外部所提供的信息类型则由单位决定。应注意的是,如果单位与利益相关方未能进行任何交流,批评的人认为该单位对自身的环境管理体系缺乏诚实。

如果单位决定进行外部交流,它可以制定一个涵盖常规和非常规的信息交流计划(如在事故或紧急事故期间)。在制定外部信息交流计划时,单位应考虑自身的特点和规模、重大环境因素、利益相关方的特点和需求,可按照以下步骤进行:①信息的收集,包括来自利益相关方的信息;②确定目标听众和相关信息需求;③选择与听众相关的信息;④确定将与目标听众交流的信息;⑤确定适用的信息交流方式;⑥定期评估交流程序的有效性。

外部信息交流可通过不同的机制来实现,例如:与利益相关者进行讨论、设立开放日、社区会议、通讯、年报、传媒和网站。

内、外部信息交流可涵盖很大范围内的信息,比如:①关于单位的一般信息;②环境方针、目标和指标;③环境因素信息;④环境绩效信息;⑤遵循法律要求;⑥与环境事故有关的信息;⑦更多的信息来源。

环境管理体系有几个方面的效益,因为它阐述了对环境管理体系的承诺和环境问题的意识,传达了环境管理体系内、外部相关方的想法,解决了公众关心的问题和活动中环境因素方面的问题。

(五)环境管理体系文件

1. ISO14001 的要求

环境管理体系文件应包括:①环境方针、目标和指标;②环境管理体系范围的描述;③环境管理体系主要要素和他们的相互关系的描述,及参考的相关文件;④本标准所要求的文件,包括记录。

2. 指南

为确保环境管理体系易于理解和有效实施,应不断提供充分的文件。可依据或不依据 ISO14001,将环境管理体系制成手册。其他文件可能包括:①关于环境方针、目标和指标的说明;②对方案和职责的说明;③关于重要环境因素的信息;④程序;⑤单位机构图;

⑥现场应急计划;⑦记录(可提供活动运行的结果或证据的一种特殊类型的文件)。

文件可编制成多种形式(例如,报纸、通信、照片),但此形式须是有益、清晰、易于理解、能够让需要信息的人员访问。

如将环境管理体系同其他管理体系并行使用,例如质量认证体系,那么,单位可把相关环境文件与那些需要其他管理体系的文件相结合。此方法可简化所要求的文件数量。

(六)文件管理

1. ISO14001 的要求

环境管理体系及本标准所要求的文件应得到控制。为了实现这一点,单位应建立、实施并保持一套程序,以便:①文件发布前得到批准,确保文件的适用性;②必要时对文件进行评审与更新,并再次批准;③确保文件的更改和当前修改状态得到识别;④确保使用处可获得适用文件的有关版本;⑤确保文件保持清晰,易于识别;⑥确保对环境管理体系的策划、运行所必须的外来文件得到识别,并控制其发放;⑦防止失效文件的误用,处于任何保存的目的而留存的文件应适当标识。

2. 指南

应对文件进行管理以确保:①应能通过文件识别出单位内相应部门或个人;②在文件发布前,能对文件(不是记录)进行定期评审、修订和批准;③需要文件的人员能访问文件的现行版本;④及时将所有的作废文件剔除,最大程度地保证文件的效率。(在有些情形中,例如因法律原因,需将作废文件保存起来。)

为方便对文件的管理,可按照以下方式进行:①制定一个文件格式,此格式包括独特的标题、页数、日期、修订历史及为那些负责编写、检查和审批文件的人员进行签名留出的位置;②确保合适的、合格的人员参与文件的编写、检查和审批;③确保一个有效的文件分发系统,这样能明确谁已接收到文件、文件状态、分发文件目的、接收者需采取的措施、档案文件留存位置等。

环境文件的管理应与质量控制程序紧密配合、协调一致。

(七)运行控制

1. ISO14001 的要求

单位应根据其方针、目标和指标,识别并策划与确定的重要环境因素有关的运行,并确保他们在程序规定的条件下进行:①对于缺乏程序指导可能导致偏离环境方针和目标与指标的情况,应建立、实施并保持一套以文件支持的程序;②在程序中对运行标准予以规定;③对于单位所适用的产品和服务中可表示的重要环境因素,应建立并保持一套管理程序,并将有关的程序与要求通报供方,包括承包商。

2. 指南

运行控制具有多种不同的形式,例如:程序、工作指导、起用经培训的员工和管理人、物质控制。具体控制的选择取决于多种因素,如运行的性质和复杂性、企业文化、员工的实际能力等。制定程序是对运行控制过程进行系统化的一般途径,程序自身也形成环境管理体系文件的一个主要部分。对员工进行培训,以便使运行控制得以正确地执行,单位也应确保在进行内部监测和审计时考虑到运行控制的相关要求。单位应考虑运行控制过程所要求的领域,并重点考虑具有重大环境问题的领域。这些领域可包括签订合同、原材料处理和储存、产品储存、运输、与施工相关的活动。

（八）准备和应急响应

1. ISO14001 的要求

单位应建立、实施并保持一套程序，确定可能对环境产生影响的潜在的事故和紧急情况，及单位将如何响应这些事故和紧急情况；单位应对实际的紧急情况和事故进行响应，并预防或减少可能伴随的负面环境影响；单位应定期评估，必要时修订其应急准备与响应程序，特别是在事故或紧急情况发生后。

可行时，单位还应定期测试上述程序。

2. 指南

应急情况比如火灾与偶然性泄漏，这些可能导致严重的负面环境影响。ISO14001 中规定每个单位都有责任制定一个程序，该程序可识别出潜在事故与应急情况并采取适当的补救及响应措施。

应急预案需关注因单位的性质和其他可能影响单位的活动外部刺激物（例如洪水或地震）的原因所导致的、很可能发生的事故和紧急情况。应急预案应包括：①现场危险品的性质，例如洪水、易燃液体像燃料等的储运、土壤腐蚀与沉淀、农田毁坏等；②水体及饮用水供给；③紧急情况可能的类型和规模及所产生的后果；④周边设施发生意外事故的潜在可能性；⑤处理紧急情况或事故的最合适的应急措施；⑥把环境损害降到最低的措施；⑦应急响应程序实施人员的培训；⑧紧急工作的组织及相应职责；⑨疏散路线和集合地点；⑩关键人员名单和联系方式；⑪救援机构列表，比如救护车、消防部门、渗漏清理部门；⑫针对不同类型的事故或紧急情况的减缓措施和响应措施；⑬事故后的评估、纠正和预防措施，以及追踪调查；⑭对应急响应程序进行测试，如模拟测试；⑮培训计划与有效性试验。

当意外事故发生时，单位应对他们的应急程序进行审核、修改，并在适当的时候采取相应的纠正及预防措施。

六、检查与纠正措施

（一）简介

检查与纠正措施的主要步骤：①检测和测量；②评估法规的符合性；③不符合、纠正与预防措施；④记录控制；⑤内部审核。

对上述这些问题，ISO14001 的要求和使用指南将在以下章节中阐述。

（二）检测和测量

1. ISO14001 的要求

单位应建立、实施并保持一套以文件支持的程序，对可能具有重大环境影响的运行的关键特性进行例行检测和测量。程序应包括在文件中的相关监测信息，包括环境绩效、适宜的运行和对目标指标的符合情况。

单位应确保得到经校准或验证的适用的检测和测量设备，设备应得到维护，并保存有关记录。

2. 指南

单位应定期对环境绩效进行系统地监测和测量。监测信息可用来判定单位运行的好坏,且可识别出在环境绩效里哪些方面是成功的,哪些方面是需要改进的。

监测涉及定性、定量数据的测量和收集,这个信息可用于以下目的,如:①对实现方针的承诺、完成环境目标和指标及持续改进的进展进行跟踪;②收集可识别重大环境因素的信息;③对排放到大气中的物质及排出的污水进行监测;④监测水、能源和原材料的消费;⑤提供用来评估环境绩效的数据;⑥提供用来评估环境管理体系绩效的数据。

单位应对测量内容、测量人员、测量方式及测量时间进行计划。为确保监测结果的有效性,须在能控制的条件下进行监测。这就需要仪器和软件的维护和校准的程序及样品的收集与分析的程序。

(三)评估法规的符合性

1. ISO14001 的要求

为符合其遵守法规的承诺,单位应建立、实施并保持定期评价其对适用法律法规符合性程序。单位应保存定期评价结果的记录。

单位也要定期评估应遵守的其他要求的遵守情况。单位可以将上面提到的这种评价与法规的符合性评价一起进行,也可以分开进行。同样,单位也应保存这种定期评价结果的记录。

2. 指南

单位应定期检查是否符合法律和其他要求,例如贷款协议。此评审过程可采用不同的形式,例如:审核、评审文件和记录、检查施工现场和设施、采访关键的员工、评审项目、环境监测和直接观察。

法律和其他要求的符合性的评审方法(例如频次和途径)应与单位的大小、性质相配套。有时,外部相关方也可进行评审。

为了提高效率,符合性评估需要结合其他活动,比如内部审核。

(四)不符合、纠正与预防措施

1. ISO14001 的要求

单位应建立、实施并保存一套程序,用来处理实际和潜在的不符合,采取纠正与预防措施。程序应包括以下要求:①识别和纠正不符合,并减少其环境影响;②调查不符合,确定其产生的原因,并采取措施避免其再次发生;③评价需采取的措施宜预防不符合,实施相关措施防止偶然发生;④记录所采取的纠正与预防措施;⑤评审所采取的纠正与预防措施的有效性。

所采取的纠正措施应与该问题的严重性和伴随的环境影响相适应。单位应保证任何有必要的变动在环境管理体系文件中都有反映。

2. 指南

单位应对不符合做出校正,并采取纠正措施和预防措施进行系统地识别,以确保这些问题不再发生。有两种类型的情形须考虑:①系统绩效,例如,未建立目标和指标或为关键人员划分职责的失误;②环境绩效,如未完成目标和指标或与环境质量标准,比如施工期的噪声水平的不符。

判定不符合的最通常的方法是对其进行审核。一旦判定了不符合,就须找出原因,作出相应的变动,以确保不符合不再发生。所采取的预防和纠正措施的性质和花费时间需与不符合及环境影响的性质和规模相适应。

有时可能会发现潜在的问题,但没有不符合。在这种情况下,建议采取一些预防措施,以防止以后出现问题。管理过程中,应采取纠正和预防措施,随后,对这些措施的有效性进行评估。此活动将导致环境管理体系发生一些改变,对这些改变应进行备案,并与相关职员进行沟通交流。

对不符合、纠正与预防措施的书面程序的制定可以保证方法的连贯性。

(五)记录控制

1.ISO14001的要求

单位应建立并保持必要的记录来证明对环境管理体系和本标准的符合性,及其所取得的结果;应建立、实施并保持一套程序,用来标识、保存、保护、恢复、保留与处置记录。环境记录应字迹清楚,标识明确,具有可追溯性。

2.指南

记录是环境管理体系连续运行及结果的证据。它们是永久性的,一般不会修改。这些记录包括:①法律和法规要求;②目标和指标的符合性的证据;③许可证、执照等;④环境因素和影响;⑤环境培训,例如参加培训人员;⑥检查、监测和校准数据的结果;⑦不符合性;⑧审核和管理评审。

记录管理与质量保证密切相关,记录管理措施包括标识、收集、编目、收档、储存、维护、恢复和保留记录。

(六)内部审核

1.ISO14001的要求

单位应确保按计划的时间间隔进行环境管理体系内部审核:①判定环境管理体系是否符合对环境管理工作的预定安排和是否得到了正确的实施和保持;②向管理者报送审核结果。

审核方案的策划、制定、实施与保持应立足于所涉及运行的环境重要性和以前审核的结果。

审核程序应建立、实施并保持,并规定:①策划和实施审核、报告审核结果、保存相关记录的职责与要求;②确定审核准则、范围、频次和方法。

选择审核员及实施审核过程应确保审核的客观性和公正性。

2.指南

应正确实施环境管理体系的审核工作,并使其符合ISO标准。获得认证或以认证为目标的企业,应着重审核环境管理体系中不符合ISO标准的方面。

可由单位或认证机构的外部人员进行审核。审核的频次取决于活动的类型、单位的环境因素和影响的性质。不必在个别评审中涵盖环境管理体系的所有要素,但审核的方案须浅显易懂。

从事审核的人员都应具备适当的经验和必要的能力。有时必须由一些技术专家对具体的问题进行审议。必须保证审核过程的专业性、客观性。

应由指定人员按照规定的截止日期将审核结果写成报告,并提供一套进行纠正和预防的行动方案。最高管理者须把审核结果纳入环境管理体系的评审中。

七、管理评审与持续改进

(一)管理评审

1. ISO14001 的要求

单位的最高管理者应按其规定的时间间隔,对环境管理体系进行评审,以确保体系的持续适用性、充分性和有效性。评审应包括环境管理体系改进的机会和对环境管理体系的修订的需要,包括方针、目标与指标。

应保存评审的内容,管理评审的内容应包括:①内部审核的结果,对发挥及其应遵守的其他要求的符合性评价的结果;②与外部相关方沟通的情况,包括投诉;③单位的环境绩效;④目标与指标的实现程度;⑤纠正与预防措施的状态;⑥前次管理评审的后续措施;⑦外部环境的变化,包括与其环境因素相关的法律与其他要求的发展;⑧改进的建议。

管理评审的内容应包括因环境方针、目标与指标的修订后做出的决定和措施,并与持续改进的承诺相一致。

2. 指南

单位应定期评审并不断改进环境管理体系,以改进总体环境绩效。为此,管理者须了解体系中有哪些漏洞及存在漏洞的根源。管理评审范围应包括单位的全部活动、产品或服务的各个方面。评审的结果可能包括以下决策:①体系的适用性、充分性及有效性;②人力、物质或财力资源的变化;③同环境管理体系变化有关的行动,例如,单位的环境方针、目标和指标、程序等。

单位须决定参与管理评审的人员名单,这可能包括:①实施环境管理体系,编制文件、记录并负责内部审核的环境人员;②负责重大环境因素活动的关键部门的经理;③最高管理者、负责公司发展方向、评估环境管理体系绩效、识别环境改善的优先次序、合理配置资源,确保有足够的反馈信息和后续行动。

(二)持续改进

环境管理体系体现了持续改进的思想。通过环境目标、指标的完成以及整个环境管理体系或其构成部分环境绩效的提高,从而实现环境的持续改进。

管理者须找出环境管理体系中的漏洞并优先采取措施对其进行改进。关于持续改进的有用的信息资源包括:①纠正和预防措施的反馈;②外部基准;③立法的变化趋势;④结论的符合性和内部审核;⑤环境绩效关键指示参数的监测结果;⑥完成目标和指标的进展;⑦利益相关方包括员工的意见看法。

对改进环境的机遇须进行评估、确定优先次序并付诸实施。

八、结论

(一)环境管理体系的主要组成

单位实施环境管理体系涉及以下步骤:①初始环境评审;②制定环境方针;③策划;④实施和运行;⑤检查和纠正措施;⑥管理评审。

一旦实施环境管理体系,就应对其进行定期评审、修正并保持更新,以便达到单位对环境绩效的持续改进。

一个好的环境管理体系通常有以下特点：①高层管理者对环境管理体系的效益感到满意，并对在单位中的实施做出承诺；②单位里的全部员工都清楚环境管理体系的需求，以及各自在完成单位环境方针、目标和指标中的职责；③对重大环境因素和影响有一个清晰的认识，并且具备一个适当的运行程序对他们进行控制；④重大的环境因素和影响对环境管理体系中的其他因素有推动作用，这样，环境管理体系可实现对主要问题的重点关注；⑤现场人员具备很高的环境意识；⑥把环境管理视为中心的管理活动而不是一个外围活动。

（二）实施环境管理体系的不利因素

实施环境管理体系经常引用以下成本：①对资源的持续需求贯穿环境管理体系实施和监测的全过程，在环境管理方案和环境管理体系的实际运行中对资源的需求量是最高的；②实施的时间范围因单位而异，达到认证水平则平均需花费 9 个月时间；③单位的规模、输出及效率决定开支大小，认证成本范围为 500～160000 英镑，而维护成本范围为 275～500000 英镑。

在专业媒体里有关环境管理体系驱动环境绩效改进的有效性一直存在着争议。环境管理体系的实施可以实现对环境风险、对环境的破坏性因素以及团体财务开支的控制。但是，这种做法对重大环境影响的控制给予密切关注：①缺乏承诺，特别是来自最高管理者的承诺，员工实施环境管理体系的积极性不高；②在初始认证和保持阶段缺乏足够的人力、财力资源；③认为投资环境管理体系回报率不高；④尽管付出很大努力，环境绩效没有得到改进；⑤太注重做表面文章；⑥认为环境管理体系难以承担；⑦单位内环境问题优先级不高。

（三）实施环境管理体系的效益

以下效益与环境管理体系有关：①法规的符合性可降低起诉风险的可能性，从而改善与环保局和监管机构的关系；②改进环境绩效，减少对环境的负面影响；③节约资源，避免浪费，并提高材料和资源的利用效率，这些措施可以实现节约成本；④单位内整体效率提高；⑤通过增强员工的主人翁意识，鼓舞士气，提高整体工作效率。

一家单位应努力提高环境绩效，并借此来提高其市场竞争地位；这有利于带来新客户（商业公司），特别是那些要求他们的供应商和承包商实施环境管理体系的客户。

第四节　施工现场的环境管理

本节内容包括：对施工期间亚洲开发银行对环境管理的要求进行审议；承包商的环境管理职责；环境监理单位的环境管理职责；环境管理和监测；反馈信息和纠正措施。

一、实施期间环境管理概述

（一）对亚洲开发银行要求进行审议

在本章第一节"亚洲开发银行环境管理基本要求"中，对实施阶段的亚洲开发银行要求进行了讨论。此部分扼要介绍了承包商、监理单位的义务以及现场环境监测。

实施阶段可划分为两个阶段，即研究准备阶段和主要实施阶段。研究准备阶段包括设置机构安排、对环境管理计划进行修订、对服务和设备的采购；实施阶段包括控制与施工相关的影响、正在进行的公众咨询、报告和反馈。

（二）研究准备阶段

黄委已组建了项目管理办公室（PMO）（简称黄委亚行项目办），以便对亚洲开发银行资助子项目的实施进行管理。黄委亚行项目办的人员组成来自黄河水利委员会。黄委亚行项目办聘用国际咨询顾问对其管理方面的能力构建提供帮助。

环境管理计划（EMPs）已制定好，并作为子环境初评（IEE）报告的一部分。所有的环境初评已由中国国家环境保护总局（SEPA）和亚洲开发银行进行了审批。

环境管理计划（EMPs）阐明了将在子项目施工之前、期间和之后予以推广的环境减缓和监测措施，以及负责这些措施的实施、监理和管理的各具体单位。环境管理计划为施工期间环境管理的基本指导文件。

环境管理计划在实施阶段，应对以下服务进行采购：①施工单位：每个子项目的一个或多个承包商。②环境监理单位：将负责对承包商实施的环境保护措施进行监理。③环境监测单位：将负责监测施工现场内及周边的环境质量。

对施工单位的采购将由黄河水利委员会分包给专业采购单位。环境监理单位则由当地项目办指定。环境监测单位则直接由黄委亚行项目办指定。

（三）实施阶段

在主要实施阶段，超过40个子项目的施工由亚洲开发银行出资。

对施工相关的影响的控制最初可通过施工单位实施的补救措施来实现。监理单位则在现场办公，以核实补救措施是否正在实施。6个月的环境质量监测将在每年的4~5月到10~11月期间进行。

审议和反馈将通过施工单位和环境监理单位制定的月报告来实现。这些报告将送达给市河务局、省亚行项目办和黄委亚行项目办。环境监测活动将每6个月向黄委亚行项目办直接报告一次。

这些报告是将现场环境绩效通知给亚行项目办的基本内容。这些报告应为亚行项目办提供充足的信息，以估计现场发生的主要问题和对应的纠正措施，以及是否采取辅助行动。

黄委亚行项目办还将使用此信息来制定季度报告，并提交给亚洲开发银行，由亚洲开发银行对项目绩效进行评审。

因此，承包商和监理单位制定的月报告十分重要，可以将信息传递给亚行项目办和亚洲开发银行。这些报告必须简明和精确，并对承包商的环境绩效进行足够详细的叙述，同时对已发生的所有环境问题、环境破坏和对应的处理措施（包括现场清理以及为保证此类问题不再发生而采取的措施）都进行了叙述。

最后，有必要同当地居民进行持续对话，以保证实施对其收入和生计损失的赔偿，并识别施工工程对当地居民的影响。移民安置问题应在各培训课程中涉及到。

二、环境管理和承包商

（一）概述

此部分主要讲述了承包商在控制环境相关的环境和社会影响中起到的作用。需要讨论的主要问题包括:承包商在控制施工相关的环境影响中的作用;承包商的指定;承包商的义务;实施和自律;月报告。

(二)承包商的作用

为亚洲开发银行资助子项目编写的环境初评报告都显示出:负面环境和社会影响最有可能发生在施工阶段。这些负面影响是因各种施工问题所引起的,包括工程地点、施工方案、施工活动、所需材料、垃圾处理、众多劳动力所带来的住房和生活问题等。许多由环境初评报告识别的影响可通过良好的管理措施和施工方法调整来减缓。补救措施之后所遗留的影响一般都是轻微的或不重要的。由于征地以修建新的工程和从滩地获得沙石材料,可能会对当地的农民产生重要的影响。这些影响可通过对农民的财政赔偿、生计赔偿、改变施工方法(如通过从黄河泵取泥浆,而不是在滩地上开挖大的取土坑)、在完工后将取土坑恢复成农业用地等措施来减缓。

承包商主要负责通过管理各自的施工活动来控制施工相关的负面影响。因此,承包商好的施工习惯是预防负面环境和社会影响发生的"第一道防线"。

(三)承包商的指定

1. 采购程序

黄河水利委员会已将黄河洪水管理(行业)项目的招标程序分包给专业公司。这种现象在中国已成为惯例。对承包商的评估则不属于黄河水利委员会的职责,包括对承包商环境管理能力的评估。

对施工服务的采购是依据招标程序进行的,招标程序包括招标文件的制定、招标通告、对来自施工公司的招标人进行评估。合同将授予那些技术分数合格的、出价最低的承包商。而施工公司则必须提供他们环境管理方面的信息,但此材料不属于技术分数考评的范畴。

此亚洲开发银行贷款是贷给黄河水利委员会的、要求在施工期间进行环境管理的第一批贷款。施工公司中应有一定的环境管理经验,并且按照招标方法,在环境管理中经验不足的公司也应有赢得施工合同的可能。

以下是关于对承包商的环境管理能力进行评估的指南,采购公司可采纳此指南。

2. 向投标人提供的信息

向投标人提供的信息包括:①合同格式,包括总则和技术规范;②施工图纸;③设计报告(应包含环境初评规定的所有的补救措施)。

承包商必须意识到施工工程的潜在环境和社会影响,特别是关于对这些影响实施工程和非工程补救措施的要求。

将环境初评或环境影响评估作为招标文件的一部分,此做法是目前世界公认的标准惯例。此惯例能保证承包商了解到现场环境信息和所有将在施工期间实施的环境义务,便于他们在投标时进行准确报价。

3. 对环境管理能力的考虑

应依据表 8-19 中的问题对承包商的环境管理能力进行评估。

表 8-19　承包商的环境管理能力评估

课题	需考虑的问题
施工公司的能力	此公司是否经过一项环境管理体系认证,如 ISO 14001? 此公司是否有一个内部的、已形成文件的环境管理体系? 此公司以前合同中实施的环境管理方面的跟踪记录有哪些?
此合同的环境保护途径	人员配备资源 　分派了多少职工来从事此项目的环境保护工作? 　是否已将特殊任务和岗位分配给指定的职工? 　在具体岗位上的职工的经验水平、资质和培训情况如何? 环境保护计划(EPP) 　承包商是否提交环境保护计划作为其投标的一部分? 　EPP 是否包括合同中规定的所有方面? 　EPP 是否对技术规范相关问题的控制进行了详细说明?
综合评估	

职工的环境管理能力应取决于经验多少、正式和非正式培训和资质。在英国,对现场职工的一般要求如表 8-20 所示。

表 8-20　职工的环境管理能力评估

任务	资质的最低要求
环境经理	至少有 10 年相似任务的现场经验 环境工程或环境科学的专家 是一家相关的专业机构的成员
环境工程职员	至少有 5 年环境领域的经验 至少有 2 年现场监理的经验 是一家相关专业机构的成员 具有环境管理资质

4. 建议

建议如下:①将环境初评作为招标文件的一部分;②制定用来评估公司的环境管理能力的标准;③对承包商的环境管理能力进行打分,并作为招标评估程序的一部分。

(四)合同义务

黄河子项目的施工合同包含合同一般条件和技术条件方面的环境管理条款。

合同的一般条件要求承包商将:①采取合理步骤以保护现场和非现场环境,并尽量限制由于污染、噪声和其他施工等对人们和财产造成破坏和损伤。②确保承包商施工中气体排放、地表排泄物和废水不会超过规范和法律规定的限值。③符合相关(环境)立法要求。④禁止某些职工活动(例如打猎、射击、携带火器),并对出现的环境事故进行上报。⑤防止对河道的污染。⑥采取具体措施以处理燃料和石油、杀虫剂和其他有毒材料,清理现场和施工,所发现的化石或者考古遗迹。⑦将驾驶速度限制在每小时 30 公里范围内。

技术规范包括对环境保护和管理的进一步要求,包括:①符合国家和地方政府立法、法规和制度;②指定专人负责承包商施工范围内的环境问题;③制定环境保护计划(EPP);④每月环境进度报告。

(五)施工和自律

1. 承包商的管理框架

在合同开始时,承包商应负责一系列的初始任务。

1)识别项目环境义务

这些应在合同文件内清晰地写出(由雇主进行),并包括国家、省级和当地立法、环境初评和设计报告内规定的义务、合同规定的环境条款、同施工影响明确相关的亚洲开发银行贷款协议。

2)识别现场特定的环境风险,包括紧急事件

承包商应对项目文件进行审议,同当地主管部门进行协商,并进行现场访问以确定现场存在什么样的环境风险(如果有的话)。许多国家的习惯做法是对现场环境、健康和安全风险进行记录。对于每个风险而言,承包商应制定特殊的程序以避免风险的发生,并在风险发生时提供补救措施。这些风险包括外部危险事件(例如洪水),同施工方案相关的风险(例如污染事故)。职工应在施工现场指导讲话中意识到这些风险的存在。

3)识别环境职责

承包商应确定所有现场职工各自的环境职责。在现场职工和那些负责制定环境保护计划的人员之间应保证有明确的交流方式,以便环境保护计划中的主要内容能传达给职工。不同的职工将有不同的职责分工,详见表 8-21。

表 8-21 现场职工各自的环境职责

个人	任务
所有的现场职工	依照好的惯例,激励员工提供反馈信息和改进建议,符合现场环境保护计划
现场经理	现场环境管理的主要职责,指派一名管理人员,对环境惯例进行说明、监测和控制
现场工程师/工长	应能通晓环境义务和惯例措施,并遵从它们。对培训需求进行审议,并酌情安排相关培训
中层管理	向公司提供关于环境立法、好的惯例和公司环境政策方面的建议,确保公司决策能在施工现场实施
公司执行机构	指导、制定和审议公司的环境议定书
客户	制定现场环境管理标准,此标准须符合合同的相关要求

4)制定环境保护计划

环境保护计划应在施工开始之前完成。

5）在整个合同期间，监测并贯彻实施环境保护计划

承包商应有一套高效的监测体系，以保证能正确实施环境保护计划。所有的监测数据应予以存档，以便日后检查之用。在这里，监测是指许多领域的活动，例如审计、对培训记录的维护和审议、垃圾的集中和处理、纠正措施和后继措施。

6）环境管理体系

现有环境管理体系方面的国际标准，例如 ISO 14001。

承包商应在施工合同早期同协调人员保持联系，并在整个合同期间同它们保持友好合作的关系。协调人员可针对当地具有重要意义的环境问题提供建议，承包商在制定其环境保护计划时考虑这些问题。承包商应及时将现场所发生的事件及发生的原因通知报告给协调人员。

在有些情形中，承包商应指定分包商和供应商，以便提供附加服务或者采购设备和材料。承包商应向分包商和供应商讲明合同规定的环境管理信息，以便他们能意识到各自的环境义务，并同承包商一道努力，力争符合环境管理要求。表 8-22 为承包商应实施的活动清单。

表 8-22　承包商应实施的活动清单

清单——分包商和供应商
分包商应提供其过去的环境业绩的证明材料，以及以前的和未决的起诉
分包商在现场施工前应有一份环境保护计划的副本
确保分包商参加环境培训课程
确保分包商能意识到环境义务
合同应包括依据好的环境惯例进行施工的要求
主要承包商应对合同期间分包商的业绩进行审计

承包商应致力于提高施工人员在现场施工时的环境意识。"好的环境管理源于知道将要做什么以及培养现场职工的正确态度"（引自 CIRIA，2005[①]）。

意识的提高可通过以下各种方式实现：①现场指导讲话。一种简短讲话，20～30分钟，提出对问题的概述，包括施工项目摘要、潜在环境问题和为避免或减缓重大负面影响所需的措施、健康和安全问题等。现场指导讲话必须在所有的职工进行现场施工的第一天进行。②"工具箱"指导介绍。一种针对施工相关的特殊问题的介绍，10～15分钟。这些讲话针对所有施工领域的全体职工，并在发生事故时、经审计发现问题时或者在其他能表明需要进一步培训的场合进行重复介绍。

成功培训则要求：①培训人员应具有相应课程的知识和技能；②培训需要有针对性，因材施教；③培训应多次重复，并随着立法和操作规程的变化而不断更新；④培训将侧重于具体合同中关注的问题：废物管理、应急程序、具体设备和设施的使用、工作方法的选择、好的管理措施、提供建议的来源、个人的职责和义务。

在此应特别指出，客户和设计人员也有相应的职责。特别是客户负责制定现场要求

---

①CIRIA，2005. 环境好的惯例现场指导。

的环境标准,例如,通过合同文件中规定的限制和要求。如果承包商希望改变施工方法或针对项目的环境限制,例如自然保护区内的施工,承包商应同客户进行讨论。设计人员负责对设计的环境因素进行审议。如果承包商认为设计各方面将对环境产生影响,承包商则应将此问题提交给客户或设计人员。

2. 计划和现场管理

承包商应审议、计划和制定关于处理以下对环境有潜在影响的问题的程序:

1)合同开始时的工作

承包商应同协调机构进行对话,以确保对法定义务的理解,以及所有的执照和许可证都已具备。承包商还应在现场清理之前对现场进行调查,对于在收获季节或因生态限制的,则在安排清理之前进行。

2)现场办公室和食宿安排

有众多施工人员的现场办公室和食宿地点将对环境产生重大影响,特别是由于对废水和固体废物的处理。承包商应考虑到为职工租房或修建临时住所的好处。后者应能保证有充足的供水和卫生设施,并保证饮用水不会受到卫生间和污水处理的污染。

3)管理和现场控制

事故和伤害事件会因无知、粗心、疏忽或故意行为而发生。承包商应确保职工能意识到环境、健康和安全问题,并对现场进行管理,以避免出现问题。承包商设立奖惩机制,奖励好的做法,惩罚坏的做法。可能用到表8-23所示的清单。

表8-23 管理和现场控制清单

管理和现场控制清单
对环境职责进行定义说明
确保所有的职工能意识到各自的职责和义务
向每一位现场施工人员或访问现场人员进行现场介绍
所有的职工都应接受应对紧急事件方面的培训,包括污染和泄漏
保护现场,以防蓄意破坏、盗窃和损坏行为的发生
确保已获得主管当局对排放的书面同意等
为临时和永久工程制定一份排放计划
识别周边河道并对它们进行定期检查
在所有的燃料储存库和燃料补给区域提供燃料配套设施
提供一个垃圾堆放区域,和隔离垃圾的设施
在现场入口,提供车轮冲洗设施
标示出进入现场的运输路线,并保证司机熟悉运输路线
在现场周围张贴环境意识标语和公告
在现场周围设置警告标志
应让职工能了解公司的环境政策

4)材料的管理

好的材料管理方式能提高材料的利用效率,减少事故风险和污染风险,减少浪费,节约成本。在现场,承包商应就储存管理方面考虑以下各项:①遵循供应商的说明进行储存;②将贵重材料和危险材料储存在安全区域;③对危险材料应采取特殊程序;④材料的储存应远离垃圾和移动车辆,以避免事故发生;⑤采取保护措施,以防大风的破坏和风吹;⑥对于易腐材料应遵循"先进先出"原则,如水泥。

5)交通和进入路线

交通能导致对其他道路使用者和临近的社区造成重大伤害。承包商应同协调人员和当地社区一同协商,来确定进入现场的运输路线。在道路穿过或临近村庄时,应采取特别保护措施,如限速或者在夜间禁止使用喇叭。应考虑设置具体的停车区域,燃料补给区,装载/卸载区,以避免造成对第三方的伤害。

6)完工时的现场清理

此方面应特别注意,它可能对当地居民造成重大伤害并对环境产生影响。除非客户另有说明,承包商必须将其设备、材料清除,包括设备、过多的材料、废物、污水坑、垃圾、标记、临时工棚、临时工程。

7)同社区联络

在许多国家,人们希望承包商制定一份持续交流计划,并在整个施工期间同当地社区保持联络,以避免负面影响,并及时处理投诉。亚洲开发银行要求在项目实施期间必须一直同当地社区保持联络。表8-24 所示的清单列出了承包商可能进行的活动类型(摘自移民安置行动计划)。

表 8-24　同当地社区保持联络清单

清单——同当地社区保持联络
识别当地社区代表,例如村委会和党支部,并及时将施工进度通知给他们
访问易受影响的大楼里的居住者,如学校,并将施工进度通知他们
准备用来分发给当地社区的信息,例如乡村广播、海报、传单
在当地开会时介绍或向学校孩子介绍
在现场入口树立一块关于项目信息的布告牌,包含电话号码、投诉联系人等信息。用此类布告牌还可发布其他消息,如现场施工进度、招聘启事、事故数量
组建并维持投诉体系。这样,可迅速处理投诉并检查投诉问题是否得到充分解决

3.现场主要活动

在施工合同期间,承包商应负责每天的环境管理工作。这包括:①确保在环境管理方面责任到人,专人专管,各负其责;②经常进行现场视察和检验,以保证补救措施的实施,并且现场不会出现重大环境影响;③如因施工活动导致环境影响,则应立即采取纠正措施;④采取后继措施以保证补救措施正确适时执行,类似事故不再发生;⑤执行环境管理培训,特别是针对现场发现的问题;⑥应定期召开管理会议,包括环境管理职工,以讨论环境问题;⑦指定月报告,并提交给客户。

(六)环境保护计划

1.合同要求

施工单位必须制定环境保护计划(EPP)。此计划旨在确保及时采取正确程序以控制与施工相关的影响。同样,环境保护计划如同一个特定的现场环境管理计划。依据合同环境保护计划必须包含以下内容：①施工碎石和弃土的利用和堆放；②护坡和水土流失的控制措施；③施工期间噪声、飞尘、废气、废水、废油等的控制措施；④在施工和生活区域的卫生、粪便和垃圾的处理措施；⑤完工后的现场清理；⑥施工区域内野生动物保护措施。

2. 国际惯例

承包商制定环境保护计划或类似文件已成为许多国家的一般惯例。在英国，多数承包商都认可 ISO14001 环境管理体系，并已制定了施工现场环境管理计划的标准模式，然后针对特殊合同来对标准模式进行增减。

环境保护计划（或环境管理计划）的设计应能保证项目计划阶段出现的所有环境义务能得以履行，并在实施阶段得到进一步的履行。这些义务包括：①符合国家立法和相关政策；②环境初评和环境影响评估中规定的减缓和监测计划；③计划主管机构对计划获得审批而设定的系列条件；④国际机构资助的项目，签订的贷款协定；⑤客户自己对环境管理和保护提出的要求。

下列案例研究中给出了关于环境保护计划的两个范例大纲。

3. 环境保护计划的改进建议

1）内容和结构

环境保护计划模式将在下面讲述，包含一个简短的主体报告，其相关资料来自附件 A 中的系列配套文件。主体报告正文大部分可以提前撰写，一旦合同被授予，可以再添加详细信息。此方法相对减少了撰写文字量，并为计划提供了一个可信而实用的框架。

英格兰和威尔士环境保护机构防洪工程环境行动计划

环境保护机构的咨询专家主要负责研究环境影响评估（EIA）和负责起草环境影响评估报告。作为此报告的一部分，咨询专家可依据标准模板来起草环境行动计划。表 8-25 给出了一个范例副本。表格内每一行是指各种环境和社会影响。表格包括了施工之前、期间和之后所采取的措施。表格中各栏的特点包括：

　　– 客户目的

　　– 为符合目标所采取的行动

　　– 为检测目标是否已经实现而采用的指标

　　– 负责完成此行动的职工

　　– 进一步的信息源

　　– 监测和观察注释

　　– 对进一步行动的需要的评论

此表格总结了所有将要实施的主要行动。合同文件中含有环境行动计划，承包商应能很快识别其各自的义务。

有利之处	不利之处
浅显易懂的步骤	对于复杂项目过于简单化
容易理解和实施	假定承包商已有了自己的环境和健康安全指导方针
总结所有的主要问题	
避免不必要的文书工作	
一旦准备好了，表格能够被使用	
作为监理公司的核查表	
如施工期间发生新的影响，可对表格进行修订	

主体报告

主体报告旨在说明施工期间的环境管理框架。此结构遵循 ISO14001 环境管理体系的一般要求(计划、执行、检查、审议),并可根据具体项目进行增减。

道路方案

道路方案的招标文件要求承包商在现场施工开始日期之前的 4 个星期内准备并提交一份"施工环境管理计划"(CEMP)。合同附录内给出了施工环境管理计划的内容。

施工环境管理计划必须包括:

– 有法定和无法定商议对象的咨询安排,包括公众

– 方法陈述,特别是:

o 废物管理计划

o 污染控制和意外事故计划

o 风景和生态管理计划

o 文化遗迹管理计划

– 承包商的环境政策陈述

– 承包商环境团队的简历

– 确定所提供的环境培训

– 对分包商环境能力的评估和监测安排

在整个合同期间,每年必须对施工环境管理计划进行审议和更新。在施工结束时,承包商必须准备一份关于公路边界内所有风景和生态区的未来维护的移交环境管理计划(HEMP)。

有利之处	不利之处
适应为每个施工项目 制定的 ISO 9001 和 ISO14001 标准模板	利用 1~2 个星期的时间来准备 要求另外的书面材料,如方法陈述 对于简单工作而言,过于复杂 应把主要精力放在施工上,而不是书面文件工作上

计划。此部分应涉及施工单位环境方面的政策(如果有);识别同施工项目相关的环境因素,所产生的影响和补救措施;环境立法;环境目标和指标;环境管理方案。

执行。实施章节应包括环境单位和施工项目的职责;培训和环境意识提高活动;外部和内部交流;环境记录;运行控制包括参阅所有相关方法陈述;环境事故和应急措施。

检查。承包商和第三方(如知道的话)执行的监测、测量和检查程序;审计、反馈和纠正行动。

审议。高级管理人员对施工合同的环境绩效的审议程序。

进度安排清单

环境、健康和安全政策,将该政策文件副本存档。

环境因素。可通过相关的环境初评将环境因素信息提供给承包商,或者承包商必须准备自己的环境因素。

环境立法和其他义务。列出相关立法的清单,承包商应获得他们自己的副本,确保其职工能意识到关于环境保护方面的法律要求。

环境行动计划。承包商应要么制定自己的环境行动计划,要么依据一般模式(参见附件 A)来制定一个环境行动计划。

环境管理组织图

确定哪些人负责哪些工作、交流方式和各自的职责。

环境保护程序。列出所有的实施方式说明,并辅以各自的副本。

环境报告。列出环境保护计划涉及的所有文件,以及记录存档情况的参考目录。

施工现场通知。由承包商执行的检查情况摘要。

现场检验。对承包商进行的检验情况进行总结。

2)环境管理方面的人员配备

根据合同,承包商必须组建负责环境保护的环境保护组织。为此,承包商应:①识别环境管理的主要任务;②列出每项任务及每项任务的主要职责大纲;③任命具体个人来负责执行这些任务;④确保所任命职工有足够的时间和资源来执行这些任务。

承包商应提供一份职工"组织方案",以显示承包商组织范围内环境队伍和项目管理职工各自的职责和相互的交流方式,以及同客户和第三方的主要交流方式。承包商应立即将环境队伍或其职能的变化情况通知雇主。

3)环境行动计划

环境行动计划应作为环境保护计划的核心内容。此计划对承包商为控制负面影响而执行的所有活动进行了概要总结。此计划对立法、合同、环境初评、亚洲开发银行贷款协议提出的环境义务进行了概要总结。承包商可用此形式来跟踪环境补救措施,环境监理工程师可用此形式来保证这些补救措施的执行。

4)记录

环境保护计划的实施将要求对一系列文件和记录进行制定、发行和存档。例如:①环境保护计划文件本身;②每月环境报告;③检查注释/现场日记;④职工的病历卡;⑤事故记录;⑥环境培训记录;⑦环境审计报告;⑧投诉、索赔、事件登记;⑨会议记录;⑩材料订单、交货记录;⑪废物处理注释。

此文件对所作的工作和签订的协议提供了证据。应对这些关于环境管理制度的国际指南介绍 ISO 14001 规定的记录进行细心管理和编制。雇主和环境监理单位应能对此材料进行检查。

5)方法陈述

环境保护计划另一个重要组成是方法陈述。这些陈述旨在说明某些任务如何进行,以便依据设计来建设工程、避免环境破坏和事故。合同项下,需要许多方法陈述。每个方法陈述应简洁明了、有针对性。简单任务的方法陈述可能不到 1 页,而复杂一点的任务可能是 2~3 页。

应向一名或多名职工分派任务,以确保工程施工依照方法陈述来进行。应通过管理人员指导、工具箱讲话、阅读方法陈述和其他方式来对施工人员进行培训,以熟悉和掌握这些方法。如今,许多施工单位有自己的为执行标准施工任务而制定的成文程序。在英国,国家组织,如环境保护局,还制定了自己的关于防止河道污染的指导方针,即其他相关方针。施工单位已为自己的成员单位制定了关于最好惯例的指导,例如英国组织 CIRIA 出版的环境好的惯例现场指导 2005。以下案例研究中给出了培训材料的一个范例。

表 8-25 Fordingbridge 镇防洪研究而制定的环境行动计划范例,客户——英格兰环境保护局

环境行动计划

环境评估计划必须对项目每个阶段的指标进行清晰说明

参考号	目标	行动	指标	职责	参考更详尽信息	监测和观察	(Y/N)所要求的进一步的行动
上述各栏必须在评估工作结束时所进行的对环境评估计划的批准之前完成							
					上述各栏必须在施工监测阶段完成		

施工之前(在计划申请之后)

1.A	人类						
1.A.1	确保将方案通知当地居民,特别是那些受方案直接影响的居民	撰写并分发当地居民简讯。将以下重要信息通知当地居民:洪灾问题,方案操作概述,现场联系方式,程序,列入日程表的工程,工作区域,应同当地社团和社区组织商议如何通过协定的惯例在规定的时间内将破坏降至最小	确保所有受到直接影响的居民能收到简讯。在公众场所将简讯分发给其他人	项目经理	交流计划		

环境行动计划

1.A.2	将对公众的影响降至最小	应在开阔的场地（Fordingbridge 镇娱乐场所）和公众可进入的区域（镇中心、人行道、当地道路等）设置进入通道；应最大程度地减少人行道的改道或关闭数量，并应提前获得 NFDC 的书面同意；应采取安全的隔离措施，确保公众的健康和安全；同 Fordingbridge 镇委会联络，提前制定方案，以减少每个施工区域内的破坏时间	没有发生当地居民/使用者的正当投诉现象	承包商	设计规范

施工期间

1.B	人类				
1.B.1	所有的施工工程和进入路线都应确保公众安全	所有的施工区域应采取安全防范措施，以避免公众进入，或配有防止公众进入的控制程序，并应充分地标示出来。主要区域包括 Fordingbridge 娱乐场所所有公众可访问的区域中心和	没有公众意外事故的发生或者公众对安全问题的正当投诉	承包商	方法陈述

施工之后

1.C	人类				
1.C.1	恢复所有的改造过的人行道和进入点	将所有的改造过的人行道（Avon Valley long distance footpath）和公园（娱乐场所）及其他限制进入的公众活动区域恢复复到以前的路线或状态	恢复工作结束没有出现正当的投诉	承包商	方法陈述

6)环境保护计划的使用

环境保护计划的编写和审批应在现场施工开始之前进行,以保证所有合适措施已经到位,控制负面影响。雇主(在这里指市河务局)应负责对环境保护计划的审批,尽管由环境监理单位对环境保护计划进行详细评估。

同环境管理计划一样,环境保护计划应是一个"动态"文件,即需要承包商对其进行定期审议和更新。在施工开始日期之前,没有必要完成整个的文件,相反,应完成那些同最初施工任务相关的部分,并在施工合同的执行过程中,增加新的部分。

环境保护计划副本应保留在每个施工现场办公室和承包商的项目办公室。应指定专人负责对报告的所有"动态"副本进行更新和修订。

(七)每月报告

承包商应编写每月环境进度报告。这些报告的目的是:①总结承包商在前几个月进行的环境补救工程;②报告任何环境问题、事故、投诉或其他事务,以及在对其改进之前所采取的纠正措施。

在初审中需要此信息,以对现场环境管理标准进行记录,包括任何失误。其次,每月环境报告向雇主和亚行项目办提供了承包商的环境业绩的反馈信息。此信息可用来检查是否符合合同要求,发票开出情况,以及对所有环境问题的审议情况。这些报告可作为亚行项目办向亚洲开发银行呈报的季度报告的信息源。

承包商的每月环境报告应详细说明在前几个月进行的实际行动。这些报告应尽可能提供量化和核实的信息,例如,清除废物的量、现场废物清除的最后地点、会议日期。报告应避免对一般行动或理论行动进行描述。

三、环境管理和监理单位

(一)概况

本部分将讨论以下问题:①环境监理单位的作用;②环境监理单位的指定;③施工现场的监理活动;④每月报告;⑤制定环境监理的工作大纲。

(二)环境监理单位的作用

环境监理单位的主要作用是确保承包商根据其签署的合同,履行其所有的环境义务。环境监理单位应该确保向承包商尽快指出并改正所有未能达到这些要求的地方。环境监理单位应确保出现合同文件外的任何新的环境或社会影响由承包商尽可能解决。每个月,环境监理单位都必须将承包商的环境业绩告知雇主。

(三)环境监理单位的指定

根据子项目的环境初评,指定的环境监理单位要检查承包商在施工期间所实施的环境补救措施。一些项目施工开始之后,监理单位由当地亚行项目办指定。监理单位和承包商的指定应该几乎同时进行。在他们的中期检查报告中,亚洲开发银行提出了下列几点意见:①环境监理工程师在处理与承包商之间的关系时还不是十分有效。②亚洲开发银行建议制订一份关于环境监理工程师指定的权限草案,并陈述:需要达到的法律要求(包括要达到国家和各省环境法规、标准,以及涵盖环境施工管理的制度和标准);要求的资质;协调承包商与环境监理工程师之间的关系所必需的程序;工作范围;对报告的要求。

表 8-26 工具箱讲话案例

工具箱讲话（TOOLBOX TALK）

第 5 号	水污染——泥沙

是什么？
- 泥沙是用于极细颗粒土壤的专用名词,泥沙和水混合能够形成泥浆冲走,成为河道和排水沟的淤积泥沙
- 雨水冲刷未覆盖场地、泵抽、开挖脱水、隧洞开挖作业以及沟渠和排水道清理所引起的泥沙污染
- 恰当规划将防止这些污染事故

为什么？
- 避免环境伤害:水中高浓度泥沙能堵塞鱼鳃而使鱼窒息,能使水中氧气减少,并能阻止阳光透入而使水中植物、动物和昆虫死亡
- 避免环境伤害:泥沙常常携带如油、化学物质等其他污染物质,造成比其本身更大的污染
- 避免诉讼:由于存在伤害的可能,在法律上是不允许将泥沙排入河道或排水沟的,从河道上出现污染的地点,是容易追溯到泥沙的产生地的;在过去,这往往成为诉讼的主要原因

是	否
√ 挟沙水流只排入指定排沙系统 √ 检查排沙道和沉沙系统不连续工作意味着高污染荷载 √ 如果遇到问题即停泵,并和管理员联系 √ 注意你管理的地面被淤或覆盖上泥浆,都要确保清理干净 √ 如果泥水进入河道或排水道,应立即努力阻止或引开（如使用沙袋）	X 未得到管理人员允许,不要开挖排水 X 不要将泥水直接泵入河流、沟道或地表水排水道 X 不是绝对必要,不要剥离土地植被 X 不要在离河道或排水道 10 米之内储存土石料或类似材料 X 不要挖沟将积水排到河道或排水道中 

由英国 CIRIA 施工研究机构制定的培训材料范例

对于以后的子项目,应依据已审批的工作大纲,邀请监理单位参与监理服务投标。

有时,监理单位需要在指定承包商期间确定,但确定时间最晚不能迟于现场施工开始之前的一个月。合同在完成施工项目前一直有效,这样监理单位可以检查施工现场的修复和清理。

(四)施工现场的监理活动

1.概况

环境监理单位的任务将在施工合同期间发生变化,从施工前阶段,到施工期间以及清理和修复各阶段都不同。

1)施工前阶段

要做一些准备性研究以便对施工项目的环境因素进行正确评价,并制定一套监督承包商的方法:①审议项目文件以及承包商的环境保护计划(EPP);②走访施工现场以正确评价施工现场的布局;③制定用来监督承包商的议定书。

2)施工阶段

施工阶段是观测和监测施工现场的主要时期,要:①经常巡视所有的施工现场,检查河内是否存在大量沉积物、溢出物,确保弃土正确堆放,沉降池正确使用,等等。②经常在附近村落和田地巡视,检查对农民的影响,并与他们讨论施工情况。③观测施工活动,尤其是所有新施工活动的开始,应保证其方法正确,并采取了得力的补救措施;所有可能会带来一定环境影响的活动,如噪声,空中扬尘;在每个施工阶段结束时,确保对施工现场的清理。④观测环境补救措施,如清理餐厅、居住空间、厕所等;固体及液体废弃物的集中;防治害虫活动。⑤检查对废物的最后(施工现场外)处理情况。⑥检查环境保护计划生成的记录和文书。⑦经常与承包商和雇主定期会谈。

3)施工完成后阶段

确认清理和修复活动完成,并准备一份最终报告,对承包商环境业绩加以总结。

施工现场监理活动的级别包括全职和兼职,取决于一系列因素,例如:①潜在的环境负面影响。如果出现重大的、潜在的环境负面影响,必须加强对施工现场的监理。②施工阶段。合同期间,施工级别和类型会有所不同,在具体实施阶段中有时施工活动可能会多一些,有时则可能会少一些。比方说,在加固堤防或村台施工期间可能会有很多活动,但在放淤施工中,施工活动的级别就稍微低一些。③停工期,例如在雨季的停工期。现场施工工作可能由于某些原因暂时停止。④施工现场的面积。视察大面积施工现场或有大面积间隔的多个施工现场时会花费更多时间。

监理工程师在施工现场时,每天必须开展一系列的活动。然而,如果环境监理工程师只在施工现场兼职工作,他的作用就变得更像是巡视员或审计员。

2.技术问题

1)环境管理

施工开始前,监理单位需要审议承包商制定的施工期间人员配备和环境管理方面的条款。这将包括对承包商的环境管理队伍和环境保护计划的审议。

若承包商完全理解了施工期间对环境保护的要求,并建立了一支能胜任的环境队伍来实施这些措施,环境监理工程师应该感到满意。监理工程师应该对以下与人员配备相关的问题进行核查:①承包商是否在其投标书中指定了环境管理职工?这些职工是否具备足够的资历和经验以胜任这些工作?②这些职工是否具有详细的职责描述?他们是否理解自己的权责所在?③在各职工中是否存在职权交迭或是缺口?

需要对环境保护计划和承包商其他所有文件进行审议,以控制在施工过程中的环境和社会影响,以便监理单位能够就计划的有效性对雇主提出建议,并提供改进建议,同时制定自己的议定书以便检查施工期间计划的实施情况。在现场施工开展前,雇主应完成审议工作,并对环境保护计划进行审批。确定这种时限是必要的,以保证只有在完全理解潜在的环境影响,以及所有必要的补救措施已经到位后,才能进行施工活动。

监理单位应确保施工过程中要正确执行环境保护计划。比如,监理工程师应该检查环境保护计划是否正在执行;环境保护职工是否执行分配给自己的任务;承包商对内部监理、环境审计、改正措施、后继措施进行了哪些安排;对高级管理层汇报环境工作都有哪些已经安排到位;做了哪些安排与雇主、外部管理部门(如环境保护局)或当地居民会晤。

在监理施工现场时,环境监理工程师应该注意到工人、管理者和劳工对保护环境的态度。他们尤其应该考虑到员工是否理解他们的工作对环境造成的潜在影响,以及采取行动确保负面影响不会发生的需要。

监理单位需要审议下面描述的具体技术问题的管理工作。

2)饮用水供给

环境监理工程师应该进一步确定为工人和当地居民提供施工现场饮用水的安排。他应该注意到水井附近的卫生和其他可能造成污染的潜在来源。其他水源,如瓶装水,也应该经过检验。

环境监理工程师应该证实水处理的措施,包括水源的保护,处理方法(包括具体的剂量),以及其他的水处理方法,如煮沸。

环境监理工程师应该证实饮用水地区的卫生,确认所有的水质测试,包括总结方法和阐释结果,并提供实际的结果。

3)废水处理

环境监理工程师应该确认洗涤用水和污水的采集及处理安排。环境监理工程师应该核实从施工现场排出废水和淤泥的大概数量,以及对废水和淤泥进行最后处理的地点,如地方废品处理站、农用地等。环境监理工程师应该证实是否需要执照或许可证来处理污水,并保证承包商已经取得了必要的正式文件。环境监理工程师应该注意到废水是否排入河道,一旦如此,要通过视觉观测来核实是否对水质产生影响。

4)施工废水

环境监理工程师应该考虑施工用水的来源,如来源于黄河,或泵抽的地下水。环境监理工程师应该注意到水的使用目的,如淤筑,搅拌泥浆,混凝土,洗涤用水或除灰,并确认潜在的污染物。比如,水泥工的废水具有高度碱性,可能会对植物和动物产生很大影响,因此不可被排入河流或灌溉水渠中。淤筑用水或暴雨水可能含有极易沉积的物质,会充塞水沟。环境监理工程师应注意不同用途的施工用水被处理和排放的方式,比如,之前决定将收集到的废水排放到接收水源或直接进行路面排水或排放到灌溉水渠。环境监理工程师还应该依据视觉观测的情况来描述施工用水排放到接收水源所带来的影响。

5)施工和生活固体废物

施工废品可以被重新利用、回收或清除出施工现场。环境监理工程师应该留意施工现场产生了何种废品,是怎样采集和存放的,以及是否将他们分别排入不同的废品渠道。环境监理工程师应该核实产生废品的量以及处理途径。环境监理工程师应确认将废品清除出施工现场外是否需要执照或许可证,并确保承包商已获得了必要的书面证明文件。同样,环境监理工程师应留意采集、存放和清除生活垃圾的安排工作,包括饮食废品和办公废品。

6)空气和噪声污染

空气污染可能会对施工工人和附近村民带来损害。环境监理工程师应留意如土方工程、混凝土搅拌或车辆排放的气体。他们还应留意天气情况,尤其是否有雨和大风情况。这些都会增加空气中的扬尘。环境监理工程师还应留意承包商开展了哪些活动来减少空气污染,如经常在土路和土方工程上洒水,或使用防风设备保护存放的施工材料。承包商应留意工厂排放的所有黑烟,这些都会带来空气污染,需要处理。

高强度的噪声污染会导致工人永久性听觉丧失,强度低些的也会造成伤害,并且尤其在夜间会扰乱人们的正常工作生活。环境监理工程师应核实施工现场的所有主要噪声来源,包括夜间的噪声来源。他们应留意敏感地区的交接地带,如住房或自然保护区。环境监理工程师应留意噪声控制措施的使用,如使用声学防护和工人的个人保护设备。

7)保健和疫病防护

保健和疫病防护方面需要包括:①体检。环境监理工程师应核实工人体检的次数和一些发生的使工人无法进行工作的疾病,包括传染病和艾滋病。所有职工应参与体检,尽管个人体检的结果会保密,承包商仍应作出施工现场总结,列出参加体检的工人数目,无法工作的工人数目和无法工作的理由。②检查厨房、器具和生活区的卫生。环境监理工程师应不时检查烹饪、就餐状况和居住条件。所有卫生检查都应上报,并附上检查日期、使用拖把数目、所执行的分析和结果等详细信息。③杀虫计划(蚊子、苍蝇、老鼠和田鼠)。环境监理工程师应检查出现的害虫以及杀虫计划的详细情况。

8)环境保护措施

环境监理工程师应检查环境保护计划、环境管理计划和合同期间规定需要采用的所有环境保护措施的实施情况。环境监理工程师应核查是否具备方法陈述,并观测施工现场上的活动以决定是否按照方法陈述来开展这些活动,如堆放材料、保护水道、水土保持以及燃料补给。

9)环境保护培训

环境监理工程师应核实都进行了哪些环境保护培训,并应提供有关培训课程数目、培训内容、参与者名单、日期等详细信息。环境监理工程师应留意培训需要,辨认重要的环境因素、对施工现场的环境影响以及提供培训课程。

10)内部审议、纠正措施和防护措施

环境监理工程师应留意已经出现的所有环境问题,以及承包商解决这些问题的方法。问题可能涵盖施工现场的污染事件或事故,环境监理工程师对不力行为的观测,比如当地政府部门或当地居民等第三方的投诉。对于每一个问题,环境监理工程师都应核实:①问题的性质;②是否造成环境损害或人员伤害;③都采取了哪些措施来弥补;④采取了哪些措施确保问题不再出现;⑤保证改正措施圆满完成;⑥对所需的进一步行动做出评价(无论是何人何时)。

3. 开展施工现场审计的指导方针

1) 审计过程

审计(审议)过程涉及开展一系列活动,分别在审计过程开始前、进行中和结束后进行。所需活动的主要类型在表 8-27 中列出。对于每一种审计来说,这些任务并非都需要,审计员需要决定审计的目标以及达到该目标需要完成的任务。

审计时,审计组应牢记以下几点:①要精确,以便所有问题都清晰体现并容易定位和补救。②审计工作要彻底,覆盖所有重要方面。③与施工现场人员沟通良好,保证能够良好沟通信息,并理解施工现场的活动。④在审计前做好充分准备。⑤确保已经做好所有的审计后勤安排。⑥专业地进行审计。保证能够高度评价审计对象的优点,直接指出问题,以便进行讨论并快速解决。⑦进行审计时要小心谨慎,未被发现的问题可能会带来环境损害,伤亡或处罚。

表 8-27　审计过程所需活动的主要类型

审计前	审计中	审计后
范围和目标	首次会议	审计后检查
信息索取	体检	准备报告
实地搜集	审计文件的记录	报告
施工现场环境/污染途径	与员工面谈	审计后续活动
法律审议	审计员会议	
审计前会议	结束会	
审计小组遴选		
评审文件并完善审议草案		
起草审计议程		
核实承包商的安排		

2) 审计前活动

审计前活动是指:确认审计目标和范围;信息搜集和审议;为进行审计而进行的后勤安排。这些活动大多都是在审计员本人办公室进行的。良好和彻底的准备对于达到审计工作的目标十分重要。集中在关键问题上,并保证在施工现场审计时最好地利用资源。

在竞标期,应向监理组提供相关文件,如环境初评、环境管理计划、承包商合同文件、贷款信息等。监理组应了解国家、省级以及当地与施工现场相关的环境保护的立法。一旦被指定,他们应当还得到承包商提供的环境保护计划等信息。环境监理工程师可以要求承包商提供额外信息,如:①施工现场地点和边界;②施工现场人员,尤其是环境管理人员;③开展的主要施工活动;④施工现场存放的材料和废物;⑤执照和许可证复印件;⑥记录复印件;⑦计划,如施工现场布局、污水临时排放、燃料补给地点;⑧附近村落和其他敏感地区的位置。

需要提供的信息应集中在需要进行审议的项目,可以合理获取不会给承包商造成财物和时间不当损失的材料。环境监理工程师还可以由其他渠道得到信息,如雇主、施工合同上的网址以及当地政府机构。

监理组应该审议施工现场布局,污染物潜在的途径和潜在的受体。这就是来源—途径—接受的理念。通过查清潜在的污染源、传播途径、影响的人员和方面,监理组可以确定施工现场的污染危险。施工现场的污染危险见表8-28。

作为该工作的一部分,监理组应考虑项目的各个方面,如:①施工现场位置,接近居民区、地下饮用水源以及野生动物保护区等敏感地区的程度;②地形;③以往土地用途;④地质和水文特征;⑤排放线路和地表河道;⑥环境危害,如洪水、暴雨和地震。

准备指导方案,如清单等,用以充当审计时的备忘录是一贯做法。这有助于查清相关领域,并集中在关键问题上,当需要多个检查时,应将检查的覆盖面标准化。

在黄河子项目中,相同的施工现场将会被多次检查,在监理开始之初准备备忘录会极大有助于保证贯穿合同始末的监理工作的水准。至少要有一个监理单位准备了检查清单,清单将基于合同条款中所列的具体项目。另外一个方法是使用环境管理计划,如环境保护计划中给出的范例。

表8-28   施工现场的污染危险

来源	途径	接受者
车辆和机械排放气体	摄取	人(工人和村民)
施工噪声	呼吸	土壤
施工废水排放	吸附	地表河道
混凝土搅拌	溢出物	地下水
污水排放	材料和废物的堆放	植物和动物
溢出物	流失	建筑物
	渗透	

监理组必须审议实地访问的安排。这可能包括:①设立日程;②要求与具体人员就环境责任进行面谈;③指出要参观的地点;④在施工现场审议的文件;⑤结束会议;⑥对健康和安全要求的特殊需要;⑦特殊衣物的需要,如安全帽;⑧在工作时需要使用的办公用具。

3)施工现场审计活动

典型的施工现场审计将包括首次会议、检查施工现场、与员工面谈、在施工现场审议文件、终结会。

在英国,出于健康和安全原因的考虑,所有到访施工现场的人员都应按照标准规定,在到达和离开时在接待处签到。第一次到访施工现场时,必须告知访问者安全问题,并且要求他们在施工现场四处走动时必须穿戴合适的个人防护设备。

施工现场审计经常是由首次会议开始的。这次会议的目的是"设定场景"。这将包括:介绍,日程安排,待见人员,待审议文件,并就审计员或承包商的特殊需要达成一致意见。首次会议可以很短,并且所有的监理人员和承包商的主要员工都应该参加。

对于可能产生环境和社会影响的地区,如正在进行的施工现场、材料设备存放地区,住宅区等,应该涵盖在对施工现场的检查内。如果监理组由承包商的代表陪同,环境监理工程师将会有机会提问。要记住以下各项:①检查正在进行主要施工活动的地区。②到施工现场边界处,查看施工现场的边缘部分,以保证没有不安全活动地带,如废品排放。

③在相关工作期间进行观测。对于一些施工活动,应该预定好观测时间,以观测最有可能发生环境影响的时段,如机械的启动、旱季的土木工程施工。④从远处观测施工现场。当出现如噪声、扬尘、施工现场外河流淤塞、非法倾倒固体废物等明显问题时,从外部远处审视施工现场是有效的。这还能使环境监理工程师了解到施工对当地社区带来的影响。⑤观测采用的应急方案。承包商应该列有应急方案,如保护和清除溢出物,并分阶段实施这些方案。监理组可以要求检查一次演习或操练,以观测承包商的员工在紧急事件发生时的举动。这将需要与承包商事先协商。⑥观测减缓和监测措施。监理组应观测如清理固体废物等活动。

监理组希望采访员工时,他们可以事先作出安排,以便员工作好面谈的准备。受访者应事先得知面谈目的,将要讨论的问题,以及将要审议的文件类型等,以便做好准备,或向审计员推荐另外一名更加合适的受访者。

采访员工应在施工现场进行,受访个人要放松,可以带有自己的文件;环境监理工程师可以观测工作环境,受访人对其他员工的态度,以及信息是如何保存的。

审计员应该留意受访者。他们可能会有紧张感和自卫感。审计员提问时应该采用建设性、尊敬又不偏激的方式。一些指导采访技术的条款在下面的文本框中列出。

个案研究——采访技巧指南

1.建立亲善关系,并保持与受访者的对话。

采访者和受访者可以通过以下途径达到有效的交流:

友好,可亲近的方式;

留意受访者;

直接介绍;

镇定。

2.问题类型

封闭式问题。问题能够由一个"是"或"不是"很快地回答。封闭式问题不提供太多信息,但是可以用来确定很具体的事情。很多封闭问题都很像是审问。

开放式问题。邀请受访者就问题进行自由作答。开放性问题常由:怎样,何时,在哪,为什么,请告诉我……开头。采访者可以打断答话以引导对话。

追踪问题。可用来寻找具体问题的更多信息。

直接问题。这些问题需要一个明确的答案,与封闭问题相同。预计受访者可能会避开一些问题时,可使用此类问题。比如:"你为什么……?"

探索性问题。如果采访者感觉信息遗漏时,可使用此类提问。此类提问可能会使受访者感觉不适,因此避免破坏和谐、挫伤受访者,这一点很重要。

放慢速度。如果受访者说得太多,采访者有必要提出封闭式问题,或者通过肢体语言以及打断等方式重新控制局面。

3.完成采访,保证采访礼貌性结尾

4.避免

引导性问题;

多项提问;

陈述自己观点;

自己的预想和偏见。

审计员应该在审计时审议文件,尤其是很难带出施工现场的信息,如承包商的施工现场日志、环境会议的记录、员工医疗记录和证明、废品处理文件、环境培训记录等。

某些记录可能是保密的,不可提供给审计员,或带出施工现场外。

施工现场审计结束时,应开一个终结会,在会上,主要审计官应将审计主要结果告知施工现场管理者。这使施工现场管理者有机会获悉存在的问题,并直接加以解决,不需要等待报告批示。并且,还可以对评论进行反馈,尤其是管理者认为被误解或不正确的地方。

4)审计后活动

审计后活动经常包括审计后检查、准备审计报告、后续行动。一旦审计结束,审计员需要检查所有从审计前和访问施工现场时得到的信息,并就审计结果写出报告。在这个时期,审计员可以指出需要进一步解释的问题,他们还应接洽施工现场管理者以获取更多信息。

即使是内部使用,并不提交给雇主,审计组也应该准备一份施工现场审计结果报告。很多情况下,审计组可能需要在一月内进行很多次施工现场考察,才写出每月报告。如果用刚取得的最新信息,写出每次访问后的简短报告,并跟随每月环境报告的安排的话,审计组将会更容易写出每月报告。

写施工现场审计报告时,审计组应该考虑以下方面:①报告应该简明扼要,主要讨论关键问题。②报告应该精确无误。③在会议讨论、实地考察、验证文件、抽样或视察活动时,所有的结果都应有"证据"支持。④所有问题都应解释清楚,以便定位和解决。⑤区分没有达到必要规定的问题和行动不力的问题是很重要的。⑥对问题的性质和规模所提的建议必须合适,不应带来额外的费用。

(五)报告

每月报告的主要目标是:①验证承包商每月报告中所做的声明;②验证是否进行在不同项目文件和承包合同文件的环境保护条款中规定的环境补救措施;③验证对人类和环境带来的突发的和不可预计的影响;④对纠正和后续行动提出建议;⑤将承包商施工现场表现告知项目办公室。

很重要的一点是要记住这些报告提供的信息将会用于两种目的。第一,项目办公室需要这些信息作为他们管理过程的一部分,以审议承包商业绩和子项目施工对人和环境带来的负面影响。第二,这些报告应该提供各个项目的足够信息,以供项目办公室提交给亚洲开发银行的季度报告使用,以及亚洲开发银行自身的项目审议所用。

在准备每月报告时应该考虑以下各点:①在合同初期准备一份标准的报告格式,并遵照执行。主要报告要简短明了,不涉及细节。报告内容不应超出 20~25 页。②报告开头应该具备一份执行摘要,并在结尾附上一份建议表。这些部分应集中在报告讨论部分的主要发现上,包括所有重要的观测结果和不一致之处。③报告应该避免对环境管理的基本要求或承包商应该从事的或将要从事的活动做出声明,相反,应集中在承包商在上个月实际完成的工作上。④应该避免使用空泛、模糊的句子,这些不能很好地传达信息。相反,作者应使用具体的信息,如地点、日期、数字、数量等,来描述事件、活动和问题。⑤应指出良好范例和不好范例。当描述达不到硬性要求的问题和实际操作中的失误时,报告还应清晰明了。⑥使用图片来解释好坏之处(如清洁施工现场和污染、缺乏防护服)时十分有效,并能比文字传达出更多信息。⑦附录应包括环境监理工程师开展的活动列表。环境监理工程师没有全天待在施工现场时,报告应指明何时环境监理工程师在施工现场,以供读者对施工现场被检查的频率有所评判。还应具备一个被审议的文件列表,即与承包商、雇主和当地群众及其他当地政府单位(如环境保护局和公众健康机构)等第三方召开会议的列表。⑧报告提到个人时,应使用其工作头衔而不使用其姓名。⑨提供的体检信息应该简明,如上个月接受体检的人员数字,未通过体检人员的数字和原因。为了保护个人隐私,个人的具体信息不应给出。⑩如果需要支撑材料佐证文中观点,如涉及饮用水质量时,请将该信息写入附录中。无需在不能解释自身的报告或材料中插入表格。⑪在合适之处,报告需要给出对纠正措施的建议。报告还应与之前报告中所提建议保持一致。如果承包商未能采取足够行动,这需要清晰写出,以便项目办公室继续调查。⑫环境监理工程师需要避免给出法律建议,这是合格律师应考虑的事情。

(六)制定环境监理的工作大纲

该部分将按亚洲开发银行所提建议,考虑准备一份草案,讨论监理单位工作大纲。该工作大纲将需要考虑以下问题:黄河水利委员会环境法律义务以及其他义务;公司在环境管理方面的经验;监理组的资质;责任和交流方式;监理单位要完成的任务以及报告要求。

1. 环境法律义务及其他义务

监理单位需要承担与子项目施工承包合同相关的所有环境法律义务及其他义务。这些环境法律义务及其他义务包括:①国家、省级和当地的环境保护法规和环境质量标准;②环境保护的合同条款;③黄河水利委员会在环境初评和环境管理计划中对保护环境所做的环境和监测方面的承诺;④亚洲开发银行贷款协议有关施工中环境管理的条款。

监理单位需要审议这些要求,以便决定施工现场所为是否与这些义务相左。

2. 公司在环境管理方面的经验

工作大纲应该具有公司从事环境管理监理单位经验的信息。公司的经验应包括:①对减洪工程的监理情况进行跟踪记录。②公司对环境管理制度的了解,包括:对环境初评和环境影响评估准备工作的正确评价;环境补救措施的设计与实施;环境管理计划的准备和实施;对中国环境立法的了解;对环境管理体系的了解,如通过对公司环境管理体系的实施;以及公司对职工培训和发展环境管理体系的承诺。

3. 监理组的资质

工作大纲应该包括监理单位小组每个成员的详细资质。表8-29对总监理工程师和监理工程师的资质提供了一些建议。

4. 职责和交流途径

工作大纲需要清晰规定职责和监理组与其他利益相关者的交流途径,尤其是:①雇主——市河务局,包括雇主的施工现场代表(如果有的话)和雇主的项目管理者。②承包商。需要确认监理单位和承包商之间的交流途径,监理单位需要为承包商提供审议结果的反馈,尤其是需要承包商开展纠正措施的观测和建议。③其他政府机构,如环境保护局。④当地团体和非政府组织(注意:亚洲开发银行对施工期间进行的与当地居民的磋商的要求)。

工作大纲应指明指定给监理单位的权力。比如,如果发现不安全操作,监理单位是否有权终止施工活动。

5. 监理单位要完成的任务

监理单位要完成的主要任务为:①审议所有项目文件,包括环境初评、环境管理计划、起草报告、亚洲开发银行贷款协议和合同文件。②审议承包商技术提案和环境保护计划,尤其注意环境管理计划包括项目文件需要的所有补救措施,并且向雇主提出建议,比如就文件的涵盖性对雇主提出改变建议。③在施工每阶段开始之前进行审议,保证适当的补救措施均已到位,承包商已为员工提供足够培训,可避免产生环境影响的行动。④监理承包商日常活动。⑤检查承包商违背其环境保护计划的活动,包括他们自己对环境保护和环境管理计划的方法陈述。⑥周期性审议所有承包商环境保护计划的实施记录,包括但不局限于事故和事件记录、培训记录、医疗记录和施工现场日志。⑦负责指认不一致之处,并对矫正措施提出建议,并延续这些建议确保其得以实施。⑧与在施工现场的雇主代表和承包商一起,同当地村民联络,并考虑他们的评价或抱怨。⑨定期(每周)参加和雇主与承包商一起召开的讨论和每月的进度会议,以讨论环境保护问题。⑩为承包商提供环境保护措施方面的建议和技术培训,以解决施工现场发生的问题。⑪核实承包商提供的每月在环境保护措施方面费用支出的详细信息。⑫准备每月报告一次承包商环境方面的表现,并将此报告与承包商的每月报告一同提交。

表 8-29　监理组的资质

总监(副总监)	监理工程师
1. 高级工程师 2. 至少有 10 年施工类经验 3. 至少有 5 年环境保护经验 4. 具备环境管理的良好了解,并能体现在其工作经验中	1. 工程师或环境专家 2. 至少有 5 年在施工行业进行环境管理的工作经验 3. 至少有 2 年在具体环境管理问题如环境影响评估、设计环境补救工作、准备环境管理计划、施工现场监理、施工现场审议等方面的工作经验 4. 对环境管理方针基本理解

6. 报告要求

报告应符合以下几方面要求:①每月将承包商在每个工地的表现向雇主报告一次;②将具体的事件上报,如事故、泄漏和抱怨等;③反馈给承包商,尤其是关于观测结果和建议,以供改进和改变;④随后采取的纠正行动。

四、环境管理和监测

(一)概况

环境监测的目标为:①参照之前预测的影响,评估环境影响的区域和程度;②评估环境保护措施,或相关条例法规的执行情况;③评估项目环境管理计划可能产生的影响以及整体的有效性。

研究案例——Barnstaple 西分水道环境建设监督

任职

– 一名全职环境建设监督员;

– 需要水文和地貌专家。

视察

– 日常巡视施工现场,出现特殊问题,需另外视察;

– 培训;

– 准备施工现场的所有环境培训。

报告

– 需要报告的事件;

– 参加每月会议,准备记录;

– 更新施工环境管理计划;

– 保留计划所需的所有记录;

– 计划的环境审计;

– 准备环境报告。

研究案例——英国 Fordingbridge 防洪工程环境监理的作用与责任

任职

– 一名兼职环境建设监督员。

视察

– 每周视察两次施工现场;

– 每月与客户的环境专家巡视一次;

– 在施工之前要进行专门的生态调查;

– 培训参与有关环境问题的"工具箱"指导讲话。

报告

– 每周电子邮件报告一次施工现场走访情况;

– 事件发生后迅速报告该事件;

– 每月报告一次环境行动计划的执行情况;

– 参与每月的会议;

– 根据实际影响、目标完成情况和施工前后图片对比,做出最后报告。

黄河水利委员会防洪子项目包括监测以下项目:①施工监测——由承包商和监理单位进行监测;②对施工现场的环境影响监测——空气质量,地表和地下水质量;③社会监测——重新安置行动计划。

该部分侧重环境监测环节。

(二) 指定环境监测服务部门

环境监测是专业化服务。需要高水准的技术员工,收集、处理和存放样品所用的场地设备,对某些指标的分析,分析大量的实验设备,以及严格应用质量控制程序。

对于黄河水利委员会的子项目,亚行项目办决定将环境监测任务分包给一个具备高资质的专业公司,该公司曾在黄河流域水库进行过很长时间的环境监测工作。

（三）环境监测计划

1. 环境管理计划中的监测要求

根据亚洲开发银行的要求,减缓和监测方案必须在可行性阶段作为环境影响评估和环境初评的组成部分提出。这些可以在审议环境管理计划的实施阶段开始时进一步完善。

环境监测包括:①安排搜集与项目系统相关的数据;②调查、取样和分析;③分析和解释结果;④报告。监测计划应该在3个阶段中实施,在施工前决定本底情况,在施工中评估环境影响,在施工后评估长期影响。

环境监测计划应包括:①监测计划的目标;②环境工作指标,可衡量补救措施在减轻影响方面的效果;③环境监测计划的大纲;④环境标准和遵守情况;⑤纠正行动需要触动的信号级别;⑥行政安排。

环境监测计划应该以概要形式给出,使用亚行列出的模板,见表8-30。

表8-30   总结监测要求的环境管理计划模板

补救措施	参数	位置	测量	频率	职责	费用
施工前						
施工中						
施工后						

2. 有效的监测方案

根据亚行的要求,有效的监测方案应具备下列特征:①实际的采样计划(时间和空间);②与来源相关的采样方法;③收集质量数据;④新数据与环境评估所用的其他相关数据可以进行对比;⑤成本收益性数据的收集;⑥对测量和分析的质量控制;⑦创新(如追踪污染物、自动化);⑧恰当的数据库;⑨对各学科数据进行解释,以提供有用信息;⑩为内部管理和外部核查做出报告;⑪允许并接受第三方的投入;⑫在公开场合介绍(外部评估)。

（四）报告

监测公司必须每6个月,分别在每年的5月和11月准备环境监测报告。报告应包括下列信息:①简要概括项目和现状。②简要概括研究地区,包括敏感受体的位置。③监测方法、计划及质量保证措施。④结果。⑤对结果的解释,尤其是与之前的监测所做的对比,环境初评中预测的本底和影响,对影响意义、补救措施效果和趋势的评论,超过标准、解释和采取纠正行动的数量。⑥结论。

监测公司准备的报告一般都会被接受。

五、反馈和纠正措施

(一)概况

环境管理体系遵循四步法:即计划—实施—检查—复查。"检查"内容包括反馈和纠正措施。主要目的是:①监测环境工作;②保证环境问题都已得到注意并采取了行动加以弥补;③保证措施得力,可以避免将来出现问题;④推动环境管理工作不断进步。

(二)机制

黄河水利委员会的子项目中,给黄委亚行项目办的反馈是通过:①承包商和环境监理工程师每月每个施工现场的报告;②当地市河务局每月报告;③监测公司半年一次的报告。

施工现场的报告将会用于:作为亚行项目办继续开展活动的基础,以及用以告知亚行项目的环境业绩。因此,报告将具备下列特征:①平衡。报告需要保持施工现场环境工作的平衡,对得力的工作和没有环境影响和问题的地方给予应有的重视。②信息性。报告需要具备信息性,以使读者可以理解问题的性质和大小、环境的潜在或实际影响,以及已到位解决问题的措施。③准确无误。报告所提供信息必须正确。④可被证实。报告所提供信息必须有实际依据,以便进行证实。

确定并实施纠正措施是下述单位的职责:①承包商。负责审议单位自身的行动,开展自查和纠正行动。②监理单位。负责监理施工现场日常环境管理,对承包商提出非正式的建议,通过每月报告提出正式建议。③当地亚行项目办。负责施工合同的日常管理,包括审议环境工作,采取纠正行动的需求,以及适当补救措施的实施。④省亚行项目办/黄河水利委员会亚行项目办。总体负责审议施工现场报告,保证负面影响都已在发生区清查出,推荐并开展了正确的纠正行动。

六、项目结束

(一)概况

亚洲开发银行对该批项目中每个项目的环境管理进行评估。项目业绩管理体系的机制在本章第一节《亚洲开发银行环境管理要求说明》中进行了描述。要求进行评估是为了显示亚洲开发银行业务的有效性,以及显示对亚洲开发银行内部和外部利益相关者的责任感。

在实施期间,亚洲开发银行对贷款的评估将基于亚行项目办的季度报告,以及亚洲开发银行自身的代表团访问。

在贷款终结时,借款方需要准备一份最后的报告。报告将包括一份子项目对环境长期影响的大概总结。准备一份好的月份公司报告对准备最后的报告意义重大。

在贷款完成一年内,亚洲开发银行将根据亚行项目办和亚洲开发银行自己的检查团所提供的信息,准备自己的项目最终报告。

良好的施工现场环境管理,加上与亚行项目办内部以及亚洲开发银行外部的报告和反馈,都对贷款取得成功十分重要。

七、附件 A

(一)环境保护计划实例

本实例主要内容已分别编入本节,略。

(二)关于承包商每月环境进度报告的指南

1. 指南注意事项

合同文件明确说明了承包商每月环境进度报告的最少内容。

报告旨在描述在前一个月发生的行动或事件及其带来的后果,所以对其所采取的措施必须在报告中详细叙述。报告中不得描述应该或者即将采取的一般行动。

2. 月进度报告内容大纲

1)施工工程概述

为项目命名。对上个月执行的主要施工活动提供一个简洁的概述。描述主要活动发生的地点,比如,村台或者堤坝现场,取土坑地点,获取土壤及其他材料的场所。评论在现场操作的设备型号与数量,特别是:施工的机械化程度;卡车数量/现场及非现场运输原料的其他交通工具;现场使用的设备数量及类型,比如推土机、拖拉机;抽水安排。评论上个月劳动工人数量;当地居住在家里的工人、租赁房屋的工人及在施工工程营地居住工人之间的比例。

2)环境管理组织

列出负责环境管理者的姓名。描述负责环境管理者在上个月所完成的主要任务。上个月举行会议的次数,以及讨论的与环境管理相关的问题。对管理者提出的任何特殊条例进行评论。评论项目经理本月提出的与环境相关的任何注意事项及其评论结果。附加与环境保护相关的绘图。评论所有与外部相关方举行的会议及主要议题,例如:当地村居委会,或村支部;监理公司;以及当地环境保护局。

3)饮用水供应

(1)供水系统。描述每个工作区及生活区饮用水系统的规划。罗列出水井的数量、位置、深度及从水井中取水的方式,例如,水桶、管体式水塔。此内容可以表格的方式表示。描述井口周围的环境条件,例如,是否整洁;水井周围牲畜及其粪便的分布情况;井口周围地面上其他一些污染材料。描述饮用水的其他来源,例如,购买瓶装水。

(2)水处理措施。描述饮用水保护方面的工作,包括对水源的保护、消毒以及对水储存、配给、转移设备的管理。陈述氯的用量及在过去的一个月里处理水的次数,例如,每天、每两天、每周。对于其他水的消毒方式也进行评论,例如,通过煮沸。

(3)饮用水的卫生设施。描述用于检测饮用水质量的措施。这包括取样点,处理过的水被检测次数的数字;列出测试的结果;残留的氯和被处理后的饮用水中大肠菌的含量。

4)废水处理

(1)卫生设备。描述洗涤用水的收集与处理安排(用于洗澡、洗涤、煮饭等的生活用水),例如在沉降坑的收集物。描述每个办公区与生活区的厕所与下水道处理设备。陈述上个月厕所被打扫干净的次数。

（2）废水处理。描述污泥被送往的地点，例如，送往农民的麦堆聚集地、送到一个繁华区、送往市废物处理区。陈述上一月去除的污泥量的近似值，例如装载量或体积。描述污泥被处理的方式，例如，不处理，与农民的麦堆混合在一起、添加石灰、掩埋。使用化学处理方法时，要陈述药剂的用量及应用的次数。如果肥料与农民的麦堆混合在一起，陈述麦堆大概被保留了多长时间后用于施肥。

（3）对河流的影响。陈述污水是否对河流或者其他水体有任何的影响。

5）施工废水

陈述施工废水的来源，例如黄河工地，由取土坑抽取地下水。对于取土坑，应陈述其位置及与施工现场的距离。陈述如何使用施工用水，例如放淤；用于制造灌桩或打孔所需要的泥浆；搅拌混凝土；用于彻底冲洗混凝土搅拌区及停车区；用于喷洒土方与道路的水箱用水，以减少灰尘。对各种使用类型，描述施工用水是被怎样处理并运离工地的，例如：①对于任何使用混凝土及斑脱土的工程，该工程产生的废水须首先排入一个沉降池，然后将沉淀挖出并处理掉；②对于放淤工程，干净的地表水必须排走；③关于喷洒水，则渗入土壤或蒸发了。描述施工废水对河流带来的影响，如大量用水排出的地方，要对施工废水排放的地点作出说明，例如灌溉供给水道、灌溉排水沟、地面排水沟；描述肉眼观察到的排放的废水质量；描述水道出口的淤泥是否有必要去除，如有必要，记录下水道清除的次数，清除淤泥的近似体积和放置淤泥的地点。

6）施工及生活废物

施工废物：描述废物的收集、储存，如需要，描述一下施工废物的分离，例如，脏土、碎石或石头、木料、废料、金属、废油。描述上一月收集并处理的各类废物的大致数量；描述各类废物的处理途径，例如，廉价卖出的金属残料、把碎石送给农民用以建筑、将废土送给或卖给农民用以养地、重新使用或卖出木料。描述生活垃圾箱及垃圾收集的安排，包括垃圾箱的数量，不同垃圾箱中废物的分离，例如，废纸、腐烂食物、垃圾箱被清空的次数以及对垃圾数量的大致估计。描述对生活垃圾处理的场外处理线路，例如，施工现场的填埋、转移至废物处理地点进行填埋、转移至指定地区进行集中处理或填埋。

7）噪声控制

施工噪音：描述上一月喧闹的施工活动，尤其是高噪声的活动，夜间噪声，例如，抽水机和施工车辆。对发生在自然保护区内任何喧哗作业及其对野生动植物的影响进行评论。描述上个月运用了何种措施去减低噪声的分贝，例如，消声器设备、建造噪声控制器、使抽水机远离住宅区、控制车速。评估施工现场的噪声是否会超标。耳塞的应用。

8）空气污染控制

评估上个月的总体天气状况，例如，天气是否总的来说较湿润或者干燥、下雨的天数、多风。描述用于喷洒道路及土方的水箱的使用天数。评估其他一些用于减少灰尘的措施，例如，将水泥储存在建筑物中、运用挡风墙、对运输工具进行包裹。对设备及运输工具的工作质量进行评估，看是否有必要采取一定的措施提高其质量，例如，维护设备、替换运输工具或抽水机。

9）健康与流行疾病的预防

（1）体检。身体检查的状况及其结果，传染疾病的发生。对健康状况的检查提供一个统计摘要,包括:①上个月新来工地的施工工人的数量;②上个月在工地现场施工工人的总数;③上个月进行的完整及部分医疗体检的总数;④患有传染疾病的工人总数,包括流行性感冒、水传播病、艾滋病;⑤因患病缺工的总天数和请病假的工人人数;⑥上个月由于身体状况拒绝工作的总人数。

(2)蚊子与苍蝇的根除。评估上个月蚊子与苍蝇的密度;描述根除蚊子和苍蝇行动的次数,抑制蚊子与苍蝇的方法,及化学药物的用量。

(3)老鼠的根除。评估发现或未发现老鼠;描述根除啮齿类动物行动的次数、使用的方法及化学药物的用量。

10)环境保护措施

评论环境保护措施的实施及其影响的意义:①损坏原料的使用与堆积;②评估废料堆是否被正确堆积。对被挖掘斜面采取的保护措施及对水土流失的控制:描述防止边坡塌陷的恰当措施;控制用水流失及其消耗的措施;控制土壤浸蚀的措施,例如,放淤堤坝边坡上的集水沟。在用于暂时施工的用地及生活区采取的控制水土流失的措施:一是补给燃料;二是评估运输车辆补给燃料的地点,若在工地上,那里是否有恰当的特殊控制,是否有泄漏溢出现象,泄漏溢出物是怎样被处理干净的。

11)环境培训

描述工人接受的环境培训的所有活动。例如:①施工现场指导讲话的次数;②施工现场"工具箱"指导讲话的次数;③外部主管当局的特别培训,比如业主或监理公司。陈述培训的主题、举行的次数、日期及出席的人数。

12)内部检查、矫正及预防措施

描述上个月出现的主要问题。例如:①污染事件;②造成工人或村民受伤的事件;③由业主、监理公司、监测单位、卫生督察、环境保护署等提出的改进工作习惯及工作条件的建议;④农民抱怨的问题,它是否引发了环境破坏、健康威胁,损害了村民的利益;采用何种措施来补救;高级环境经理确认问题已结束;或评论下个月要求进一步采取的措施。该信息可被总结为一个表格的形式。

13)结论

对以下几方面作出全面的陈述:①承包商是否履行了他们的环境职责,上个月是否出现了对环境或当地居民的重大影响;②下个月是否将会采取具体的环境保护行动。

14)表格

前一个月用于环境保护措施的费用表格。目标、指标及措施表格,并在表格的最后一栏加上承包商对执行情况的评论。

第五节　经济评估方法与举例

培训课程的主要目的是:①在洪水控制项目中引入经济评估的主要原理;②论述并阐明执行该评估所需的技术;③在评估过程中集中解决关键性问题。

经济评估的主要目标是:①提供相关优质项目设计与筛选的框架,优质项目应定位于相关性、有效性、可行性、可持续性、不断为社会福利做出贡献。②将被提议的子项目放在当地或地区的一般经济环境中进行评估。③对"有"和"无"项目进行确认并量化。④对同样可以实现子项目目标的备选方案进行比较。⑤评估子项目的成本与收益。⑥对子项目的分配和贫困影响进行评估。⑦对潜在风险、不确定性以及减少这种影响的措施进行识别和评估。

对亚洲开发银行资助项目进行经济分析的主要参考资料为,见本章参考文献[5]~[11]。

一、课程组成

(一)经济背景

在准备子项目时,应将它们设置在以下适当的背景中:项目地区的社会经济背景和黄河流域的水资源及洪水治理领域。审议主要涵盖以下4个方面:①对过去10年及未来5~10年中有关项目区的宏观、微观社会经济发展的正确评价;②对江河流域水资源和洪水治理的总体评估,包括与中国防洪部门的总体战略及亚洲开发银行的部门战略的联系;③评估"有"及"无"子项目的未来发展前景;④在"有"及"无"子项目的情况下,水资源和洪水治理领域的发展。

在上述的背景中,应重视被提议项目干预的基本原理,这一点十分重要。

社会经济审议应涵盖以下主要课题:①人口、就业及住宅的发展 —— 尤其是在子项目强调的区域(城市和农村);②当地经济的总体经济形式,尤其是子项目区域的总体经济形式;③人均国民生产总值和家庭收入;④主要经济部门的业绩,如工业、农业及成长中的服务行业;⑤投资和获取资本来源,尤其是在水资源和洪水治理方面;⑥经济、法律和机构发展领域的主要政策的启动,对未来在项目区发展开放型经济的实施和持续驱动有很大的影响作用。

未来发展前景的评估应将集中在第十个五年计划的成果,及第十一个五年计划的长远目标上。

应从多方面对水资源和洪水治理进行考察:①在针对黄河流域水资源管理的第十、第十一个五年计划中,评估黄河流域的整体发展及子项目干预的潜在影响;②部门成长与发展,包括在水资源及洪水治理方面的投资;③针对国家、省及亚洲开发银行目标,行业项目的相关性和合理性论证,包括具体问题及其相应的解决方法;④项目基本原理,用于处理公共安全设施、经济发展、环境污染、就业等问题;⑤未来发展目标、项目及财政要求。

必须强调的是,子项目原理及目标主要是依据部门分析来确立的(详见本节以下部分)。

(二)项目原理

子项目干预原理应试图回答以下问题:①为什么需要新的或是改进的防洪措施呢?主要有以下几个原因:如目前没有很好的防护措施,或现有的设备不足够,或是需要维修等;②洪水易发地区的人口增长和经济发展;③需要更多的水资源和防洪的综合管理;④项目需要公众部门的建设性干预;⑤针对社区存在的不利因素提出合理化的防护标准;⑥实施国家、省级及地方计划,来解决子项目地区的洪水治理问题,尤其是黄河流域的规划;⑦其他事件和因素。

（三）目标和范围

为被提议的子项目提供明确的目标和范围：①为了改善人们的生活和提高经济增长率；②为了降低洪水风险和改善江河流域的管理；③为了保护重要的城市区域；④为了保护人口众多的农村区域，农产品生产和野生动物资源等；⑤其他事件和因素。

显示出被提议子项目在黄河流域防洪计划中是如何发挥作用的。

（四）备选方案

这部分主要是解答：处理被提议子项目的最有效方式是什么，可以依据类型、发生地点、不同等级、所需时间及持续要求等特点来评估不同的设计方案。解释被提议的替代方案为什么优于其他方案（最低成本）。

（五）子项目描述

提供被提议子项目的描述摘要，并附带含有其主要组成的表格及计划或图纸：①防洪标准：防御重现期为多少年一遇的洪水。②物理特性。堤坝的尺寸（长度，横剖面等）；修复和维修工作；其他特点（如：出口结构、水闸门、附加道路和其他基础设施等）；运行和维护设备及执行程序；其他。③防洪区域。防护区域的大小和特点；保护的人口；其他。详见表 8-31。

为了查阅方便，水利部对中国城市和农村地区现有的防洪标准进行了摘要总结，详见表 8-32。

（六）方法论

1. 概述

评估旨在为建议投资提供正确的经济判断。本段文字将提出方法论的大纲概要，并列出评估中将使用的主要参数和假设。

2. 方法论概要

评估着重于：①建议投资的经济判断；②财政成本及其暗示。

1）经济分析

对某一时期的成本和收益进行评估和对比，从而得出建议投资的经济收益，这一过程应包括一系列灵敏度测试来巩固基础情况。强调"有"项目和"无"项目两种情况之间的对比也是非常重要的，因为两者之间的差异为子项目提供增值收益。

应该在建设完成后 40 年的使用期限基础上进行分析。所有成本和收益都应以固定价格来表示，用国内价格计价标准来衡量（详见：《项目经济评估指南》第七章，亚洲开发银行，1997 年 2 月；《项目投资可行性研究指南》第十六章，中国国际工程咨询公司和国家发展改革委员会，2002 年 1 月）。贸易商品的财政成本、所有税收和关税的净值等，都应根据影子汇率因数（SERF）计算出的各自经济价值来进行调整。其他投入的影子汇率因数也应被采用（如非技术劳动力）。假定扣除税收和关税之后，所有其他国内成本均等于他们的经济成本。

依据一系列洪水规模下每年预期洪水损坏的减少情况来估计效益。项目准备技术援助报告（2000 年 11 月）和亚洲开发银行行长建议评估报告（RRP）（2001 年 8 月）清晰地表明洪水损坏方面的数据是很有限的。因此，建议用概括方法来估计效益。这就要求：①亚行项目办和相关政府对洪水影响及其特点的评估；②采用从省级及县级年鉴中得到的经济数据。更理想的办法是，将效益预算建立在具体洪水事件和多次社会经济调查后收集到的实际数据基础上。

主要效益区域划分如下：①人口疏散；②农业损失；③工业损失及工业资产的损坏；④公共基础设施的损坏；⑤家庭日用品的损坏及资产损失。

表 8-31　子项目——主要组成及特点

组成	单位	数量
防洪标准： 子项目	洪水重现期（频率）	…. 年
堤坝： 长度 水闸（门） 其他（具体说明）	千米 数量 数量	
洪水保护区： 总区域 都市地区 住宅区 商业区 工业区 基础设施区 其他（公园，开放区域等） 乡村地区 住宅区 农业区（庄稼） 基础设施区 其他（开放区域等）	亩/公顷 亩/公顷 亩/公顷 亩/公顷 亩/公顷 亩/公顷 亩/公顷 亩/公顷 亩/公顷 亩/公顷 亩/公顷	
受益人（人口）： 总区域 城市地区 农村地区	千人 千人 千人	

最后，在理论上，还应考虑以下几点：①由较大洪水事件所带来的残留物的影响，可能淹没或冲坏子项目设施；②在"有"项目的情况下，对下游的负面影响。由于缺少数据和采用复杂的模式，洪水评估经常忽略以上几点影响。

经济分析也应考虑贫困情况及提议子项目的分配影响，而且该子项目需符合亚洲开发银行的要求和指南。

表 8-32　中国防洪标准

组成	堤坝的分类				
	1	2	3	4	5
防洪标准					
防洪标准 （重现期用年表示）	≥150 年	50～100 年	30～50 年	20～30 年	10～20 年
被保护区域的划分					
城市地区 重要性 保护人口（千人）	非常重要 ≥1500	重要 500～1500	中等城镇 200～500	一般城镇 ≤200	
农村地区 被保护农业区（千亩） 保护人口（千人）	≥5000 ≥2500	3000～5000 1500～2500	1000～3000 500～1500	300～1000 200～500	≤300 ≤200
工业和采矿业 主要区域 附属和居住区	非常大	大	中等 非常大	中等 大	小 小/中等

信息来源：水利部。

2）财政分析

财政分析可以稍微简单些,因为通常情况下洪水防治服务并不能从受益人那里得到任何收入。此外,财政分析应考虑和传递以下信息:①提议子项目的全部财政资本成本,包括:涨价应急准备金和资本化的贷款偿还费用(例如先征费、佣金和建设期间的利息);②财政计划;③债务偿还概况;④确保有足够的维护资源(人力和财政),从而使防洪设备处在良好的工作状态下。

3. 主要参数和假设

评估中使用的主要参数和假设应明确说明。主要条款如下:①所有成本及收益应在同一时期的基础上进行计算,如 2006 年早期,2006 年中期,或 2006 年末期。②贴现期——应设为项目竣工后 40 年。这段时期相当于主要资产(如堤坝)的假定经济寿命期。如果主要资产的使用期限不同,那贴现期也将有所不同(如 25 或 30 年)。③资本更换或翻新——在贴现期间,允许对某些具体资产进行更换或翻新。例如,堤坝需要每 20 年做一次定期维修;设备和金属设施每 20 年一次的更换;交通工具每 10 年一次的更换。④实际不可预见费——假定占所有基本成本的 8%,取决于主要成本组成的评估准确度。⑤换算比率——在执行期间,为了计算出基本成本,我们假定 1 美元等于 8.277 元人民币。⑥经济转换因数——影子汇率因数(SERF)1.07,非技术劳动力的影子工资率因数(SWRF)0.90。这些因数应用于项目准备技术援助研究中(2001 年 8 月)。⑦税收和关税——项目成本应包含实际税收和关税（详见下面第 10 项）。⑧涨价应急准备金——假定通货膨胀率如下：2006 年国内通货膨胀率假定为 2.5% 及之后每年均为 3%；从 2006 年开始，以后每年外币转换成本都以 2.5% 进行膨胀。⑨亚洲开发银行贷款条件及费用：一是先征费，总贷款数量的 1%；二是佣金，每年项目执行期间需支付费用的 0.75%；三是建设期间的利息（IDC），每年未偿还贷款数量的 5.6%，包括需支付的贷款资金、先征费、佣金和建设期间利息；四是主要贷款条件，25 年清偿期，5 年宽限期，利息率每年 5.6%。⑩外汇转换内容及税收率——可从项目准备技术援助报告及亚洲开发银行行长建议评估报告中取得——范例如表 8-33。

表 8-33　外汇转换内容及税收率

组成	外汇转换	税收
土建工程	43% 间接国外成本	总契约成本的 14%
设备	100% 国外成本	增值税：净价格的 17%
交通工具	100% 国外成本	100% 进口税收
土地征用	0	0
移民安置赔偿	0	0

（七）成本费用

1. 资本成本

应按照亚洲开发银行要求的标准模式来准备资本成本。通常情况下，将涉及 COST-AB 程序的应用。黄河水利委员会和国际咨询公司应讨论培训使用 COSTAB 程序是否有用及合适。另外，尚不知道是否有 COSTAB 程序的中文版本。

标准资本成本预算的准备工作需要注意以下几点：用固定价格计算的基本成本：①确认并划分每个项目的主要组成部分；②在项目设计中每一单个组成部分的建设计划；③对主要组成（被划分为国内及国外成本）的划分进行评估；④评估主要组成的税收和关税；⑤制定工程、商品及服务的数量；⑥制定单位成本；⑦用固定价格计算主要成分每年所需的成本；⑧在基本成本被准确评估的基础上附加实际不可预见费。执行期间的现价及财政成本：增加价格应急费用来补偿国内及国外成本的预期膨胀；在建设期间加入相关的融资费用（如先征费、佣金及建设期间利息）。

表 8-34 通过国内和国外成本的主要组成对资本成本进行了大致说明，单位为人民币和美元。另外，展示基本成本的外汇百分比和分配百分比是有用的。

涵盖所有相关的非项目成本也是非常重要的。如土地征用、移民安置和赔偿、环境补救监督、培训、及项目办公室成本等。

根据技术和非技术工人的数量及工作天数来预测子项目建设及实施过程中衍生出来的工作数量。

2. 定期维修和更换成本

项目成本应包含主要洪水防治设施的定期维修费用及设备和金属设施更换的费用（如水闸门、交通工具等），这一点是非常重要的。以下参数涉及上述各项：①每 20 年对土建工程进行一次定期修复（如堤坝和其他基础设施）；②设备和金属装置的每20年一次资本更换，及交通工具的每10年一次更换。

表8-34　……子项目——资本成本概述

组成	百万元			百万美元			外汇%	总基本成本%
	国内	国外	总计	国内	国外	总计		
土地征用								
移民安置								
土建工程								
电器和机械设备								
环境补救								
设计								
监理								
培训								
项目管理办公室								
税收和关税								
基本成本								
实际不可预见费用								
总 成 本——固 定价格								
涨价应急准备金								
总计–现有价格								
建设期间利息								
佣金								
将要融资的总成本								

表中相关年份应插入对应的成本，以表示经济内部收益率计算。

3.年度运行和维护成本

年度运行和维护成本可以按相关资本成本的百分比来估计。如土建工程、设备、金属装置及交通工具年度运行和维护成本是它们资本成本的3.5%。通常情况下这个百分比都适用，除非个别子项目研究小组有更多详细和适当的信息。

指出运行和维护防洪设施的雇佣人数及特点也是很有用的：如雇佣人员是技术性的还是非技术性的，是长久工作、半长久工作还是临时工作。

（八）收益

通过计算以下各方面所避免的损失来预测洪水控制项目的收益：①农作物、家禽和资产；②工业产量和资产；③商业活动和资产；④交通破坏及损失；⑤公共基础设施资产（如道路、桥梁、通信等);⑥家庭所有物及财产;⑦紧急事件及其他服务的边缘成本;⑧清理工作的实施;⑨伤害、死亡和公众健康影响。

想要详细估计出这些收益,我们需要收集准确的历史记录和进行广泛的社会经济调查,这对处于黄河流域并有洪水倾向的个别区域来说,很显然并不能轻易获取这些资料。因此,我们可以采用概括方法来估计效益,这种方法建立在国内关于淹没区域及损失率的专业评估上,并有统计数据作为辅助(如省及县的年鉴)。

表8-35列举了一系列洪水损坏估计。为了给平均年度损坏提供合理的评估基础,建议准备至少4次洪水事件的损坏估计。

洪水破坏种类为收益的预算提供了有用的框架,这些种类的划分如下:①人口疏散;②农业庄稼和家禽;③工业产量和资产;④公共基础设施;⑤家庭日用资产。

如果需要更具体、更准确的数据,以上各类还可以进一步划分,但要注意避免重复计算。

表8-35 一系列洪水损坏估计

序列号	组成	参数	来源
1	洪水规模	洪水重现期 5年一次(20%) 10年一次(10%) 20年一次(5%) 50年一次(2%)	子项目团队
2	淹没地区	根据深度预测淹没区域的面积	亚行项目办和设计院
3	淹没造成的损失率	根据洪水深度来估计每一收益类别所遭受的损失率	亚行项目办和设计院
4	加权平均损失率	根据收益类别及洪水量大小来估计加权平均损失率	由2和3计算得出
5	洪水多发区经济数据	近年来的价值预算或过去3年来的平均价值预算(基准年)	统计年鉴和其他材料
6	损坏预测	根据收益类别及洪水量大小来估计	由4和5计算得出

收益计算的下一步就是通过把所有损坏数据降低到一个共同参考点(即基准年)来决定收益的预期年度价值。这一步可以通过计算每一连续洪水发生时给年度平均洪水损坏带来的变化量来实现。因此在每一洪水范围内两个洪水阶段间的预期中等损坏应乘以其发生的间隔概率(详见表8-36)。由防护任一特殊洪水阶段提供的收益的预期年度价值是该洪水阶段的累积年度收益。例如,表8-36给出50年标准的防护得到的收益预期年度价值是每年5000万元。

通过把阶段损坏和洪水重现期或超载概率数据相结合来确定损耗概率关系。该关系将预期的事故损坏(即具体频率的洪水事件所产生的损坏)联系在一起。最后,还应注意平均年度防洪收益应从损耗概率关系中计算出来,该损耗概率关系包括至少4次具有不同几率的洪水事件。最好是含有从短期到长期之间约8次的洪水事件,这样才能保证对该关系的定义更加精确。损耗概率关系的过分概括(当只有考虑少量洪水事件时才会出现过分概括现象)并能导致年度收益的过大估计。

在年度平均洪水损坏的预测中,较短和中等重现期(即2~40年)洪水过程造成的损坏要多于较长重现期(即100或150年)洪水过程造成的损坏,因为在防洪工作进行期间,较短和中等重现期洪水发生得更频繁。因此,为了达到评估的目的,建议多考虑短期和中期洪水过程。

表8-36 ……子项目——年度所避免的洪水损坏(基本年份)(计算范例)

洪水重现期时间(年)	洪水频率		洪水损坏				年度所避免的损坏(百万元)
	频率(%)	频率差(%)	无项目(百万元)	有项目(百万元)	净损坏(百万元)	平均损坏(百万元)	
5	20		0	0	0		
		10				100	10.0
10	10		200	0	200		
		5				350	17.5
20	5		500	0	500		
		3				750	22.5
50	2		1000	0	1000		
总计							50.0

需要注意的是,以上列出的损坏估计过程并没有考虑以下方面:①下游影响(收益和成本);②洪水保护区的土地价值增长;③改善防洪设施后,由于在住宅、商业和工业资产上投资的增加而导致的递增收益。

然而,我们可以合理假定"有"项目的情况(即改善防洪)将刺激经济递加增长,此递加增长可用于年度洪水损坏避免的基准年预算。计划增长率将取决于国内经济信息及每一子项目地区的未来预测。表8-37展示了经济的一系列指示性增长率,起指导作用。它指出实际经济增长率似乎高于实际财政增长率,因为生活标准等的持续改善并没有完全反映在财政预算里。

表8-37 子项目 —— 指示性的经济实际增长率

预期时间段	高	中	低
1~10年	4%~6%	3%~5%	2%~4%
11~40年	3%~5%	2%~4%	1%~3%

(九)结果和灵敏度测试

依据经济内部回收率和灵敏度测试的既定范围展示并讨论分析的主要成果。表8-38依据以下各项提供了一个建议模式:ENPV——当前经济净收益价值;EIRR——经济内部收益率;SI——灵敏度指数（净现值的百分比变化与选定变量的百分比变化的比率）；
SV——切换值（项目决策变量范围内的百分比变化,即当前经济净收益价值变为零或经济内部收益率降至最低的预期资本回收率）。

表 8-38　……子项目——经济结果和灵敏度测试

组成	当前经济净收益值（百万元）	经济内部收益率（%）	灵敏度指数	切换值（%）
基本情况				
灵敏度测试：		…%		
1. 成本 +10%		…%		
2. 成本 -10%		…%		
3. 收益 +10%		…%		
4. 收益 -10%		…%		
5. 滞后 2 年的收益		…%		
6. 测试 1 和 4		…%		
7. 测试 1 和 5				

每一指数的结果都应进行简单的讨论。经济内部回收率是关键指标。在这点上,有两个因素是非常重要的:①基本情况的经济内部回收率应超过机会资本成本,亚洲开发银行机会资本成本是 12%,国家发展改革委员会的则是 10%;②灵敏度测试的结果应表明基本情况结果是可信的,在主要变量范围内不会出现大的变动。

（十）项目效果分配和贫困影响比率

贫困环节与项目收益的合理分配是中国政府和亚洲开发银行的主要发展目标。因此,非常有必要将这些影响以适当的形式进行量化,以得到亚洲开发银行的认可。基本实施程序列于《项目经济分析指南》中（亚洲开发银行,1997 年 2 月）:①附录 25 —— 项目效果分配;②附录 26 —— 对贫困减少的影响。

表 8-39 阐明了项目效果的分配和贫困影响率（PIR）。

1. 项目效果分配

一个项目的成本与收益由不同的团体来分摊。分配评估旨在量化这些影响。在黄河防洪项目中,主要的项目效果分类如下:①收益 —— 日常生活和农业、工业和公共部门;②成本 —— 建设和劳动力。

在经济价格与财政价格中,成本与收益价值在整个项目期间（财政内部收益率（FIRR）与经济内部收益率（EIRR）的经济与财政模式中有所体现）都应采用 12% 的贴现率（亚行的指标）。因而发生的价值在表 8-39 的第一和第二栏中体现。第三栏显示出前两栏的差额,即说明不同项目参与者的亏损和收益。然后在第三栏内的各价值将被分别归类到项目效果的第四、五、六和七栏内。

2. 贫困影响比率

贫困影响比率旨在通过对项目净经济收益按预期分配给不同受益人（包含日常生

活、农业、工业、劳动力、政府与劳动力）的检验，来评估投资项目对贫困人口的影响。在该表的后半部分，净项目效益被重新分配给受益人。最后一步就是将净经济收益分配给各收益类别的贫困人口与非贫困人口。此外，应就每一分类下贫困人口比例的估计事宜与社会专家进行讨论。

表 7-39 ······子项目 —— 项目效益分配和贫困影响率

（a）项目效益分配

类别	财政和经济收益（a）			项目效益分配			
	财政 （百万元）	经济 （百万元）	差额 （百万元）	日常生活/农业 （百万元）	工业 （百万元）	政府/经济 （百万元）	劳动力 （百万元）
	1	2	3	4	5	6	7
产量 户数/农业 工业 公共部门 资本成本 建设 劳动力							
总计							

（b）贫困影响率

类别	日常生活/农业 （百万元）	工业 （百万元）	政府/经济 （百万元）	劳动力 （百万元）	总计 （百万元）
受益人 净经济收益 - 净财政收益 财政收益					
收益					
贫困人口比例 贫困人口收益	···%	···%	···%	···%	

贫困影响率 = ····%（贫困人口收益/总收益）

注：（a）现值均是按照12%贴现率来进行计算的。

（十一）财政方面

虽然在评估防洪规划的可行性时，财政分析不是一个核心问题，但仍有一些重要方面值得关注，特别是：总资本成本 —— 包括建设期间可能出现的通货膨胀；及任何的贷款费用(例如建设期间先征费、佣金和利息方面的问题)。财政规划 —— 提出能够涵盖所有资本成本的拟定财政规划。这些资本成本可按照以下资金来源进行分类：①拨款——中央、省和县政府各自的拨款；②贷款——国内银行和亚洲开发银行。贷款清偿概况——按照其各自的贷款条件，提出国内银行和亚洲开发银行各自的贷款清偿概况。年度运行和维护成本——明确声明并保证将适当的财政资源应用于洪水防治设施的日常定期维护上。如果在整个投资期间，投资被妥善维护，那么这些因素就至关重要。成本回收——考虑潜在的成本回收机制，如财产税等。

(十二)风险和不确定性

虽然洪水治理项目本身要面对的风险远高于其他基础设施项目，尽管如此，仍旧需要考虑与子项目相关的风险及不确定性。因此应：①指出可以对子项目产生负面影响的主要参数和变量；②评估这些参数和变量的潜在影响；③评估变量发生的可能性；④针对已确认的风险和不确定性制定相应减缓措施以限制其影响。

风险与不确定性可能包含：①成本超支；②项目延误；③配套资金的提供；④项目管理与合同问题；⑤建设期间遭遇罕见降雨和难以预期的洪水；⑥其他因素。

二、子项目研究的规划和实施

(一)概述

对子项目研究进行认真规划和实施，相关建议如下文。

(二)规划

在同黄河水利委员会亚行项目办协商后，应在初始阶段对以下各项做出决定：子项目研究如何实施，例如是单个实施还是两个或更多子项目(简称一揽子项目)一同实施。子项目研究何时实施，即完成的预定日期，取决于：①根据亚洲开发银行的要求的格式，每一个子项目的准备程度；②进一步的数据采集与处理需求；③雇佣适当的子项目研究小组所需的必要的时间与程序。由谁来实施子项目研究，例如，为实施子项目研究，应找出人员与技术的最佳组合。

人员与技术组合的可能方案如下：①项目研究小组组长 —— 1 位；②工程师 —— 人数与专业取决于每一子项目的规模与复杂程度；③移民安置专家 —— 1 位；④社会问题专家 —— 1 位；⑤环境学专家—— 1 位；⑥经济学家/财务分析师 —— 1 位。

黄委亚行项目办应为每一个子项目的实施起草工作大纲草案。

(三)实施

每一个子项目或一揽子项目的实施应根据既定的时间表来反映行业管理项目的总体要求。将子项目报告翻译成英文也应记入该时间表内。

项目研究小组组长应与亚行项目办就以下方面通力合作：①报告进度；②在必要的地方，讨论并提出具体的事件及问题；③确保子项目符合黄河流域防洪的总体战略和规划。

三、准备报告

(一)概述

本部分内容主要讲述了关于各子项目报告制定的指南。该指南主要涉及报告大纲以及相应的附件。

该项目研究小组应熟悉下列报告的大纲与内容,因为此报告提供了亚洲开发银行的相关指示。即2001年8月的《亚洲开发银行行长建议评估报告》和2001年11月丹麦水力学研究所水资源与环境的《黄河防洪项目》报告。

(二)报告大纲

以下文本框内的是子项目报告的提议内容:

> **实施情况概要**
> 1. 概述
> 2. 经济背景
> 3. 被提议的子项目
> 4. 移民安置、社会及经济方面
> 5. 成本预算
> 6. 经济评估
> 7. 财务方面
> 8. 实施计划
> 9. 风险与不确定性
> 10. 结论

如果有包含具体位置的地图及被提议子项目的技术布局,那将是有价值的。

以下大纲也包含了每一节的既定页数,需要时,可将更多的细节写进附录中。

实施情况概要(2页):

被提议子项目的简明概要应包括:①项目描述;②原理;③目标及范围;④移民安置、社会及经济方面;⑤成本预算;⑥财务计划;⑦经济评估;⑧执行计划。

1. 概述(2页)

1.1 引言

1.2 项目区域

1.3 子项目的目标及范围

1.4 报告布局

2. 经济背景(3页)

2.1 概述

2.2 经济背景(主指项目所在区域)

2.3 水利与洪水治理

2.4 未来发展

3. 被提议的子项目(6~8页)

3.1 概述

3.2 原理

3.3 技术方面

3.4 备选方案

3.5 被提议子项目的描述

4. 移民安置、社会与经济方面(2页)

4.1 移民安置计划与社会方面

4.2 环境方面

5. 成本预算(2页)

5.1 资本成本

5.2 周期性与重置成本

5.3 年度运行与维护成本

6. 经济评估(4~5页)

6.1 主要参量与假设

6.2 成本

6.3 利润

6.4 结果与灵敏度测试

6.5 项目效益分配与贫困影响率

7. 财务方面(2页)

7.1 财务成本

7.2 财务计划

7.3 贷款偿还

7.4 年度运行与维护

7.5 成本回收

8. 实施计划(2页)

8.1 具体设计与合同签订

8.2 环境治理计划

8.3 移民安置行动计划

8.4 协议安排

8.5 监理与质量控制

9. 风险与不确定性(1页)

指出与每一个子项目相关的风险及不确定性,并提出适当的补救措施。

10. 结论(1页)

每一个子项目的总体结论。

(三)附录

以下文本框是子项目报告的提议附录:

```
附录
A. 工作大纲
B. 技术方面
C. 成本预算
D. 经济分析
E. 财务方面
F. 文件和参考文献列表
```

附录B、C、D和E应包含所有相关的假设、细节及表格。

参考文献

[1] 环境评估指南.亚洲开发银行.2003

[2] 农业和自然资源开发项目环境指南.亚洲开发银行.1987

[3] 业务手册第一、第二部分.环境影响的经济评估:环境部.亚洲开发银行.1996

[4] 运行手册F1/OP.亚洲开发银行.2003

[5] 项目经济分析指南.亚洲开发银行.1997年2月(英文)

[6] 纵览项目经济分析.亚洲开发银行.2003年11月(英文)

[7] 项目经济评估中采用风险分析.亚洲开发银行.2002(英文)

[8] 项目经济分析中采用贫困影响评估.亚洲开发银行.2001(英文)

[9] 黄河洪水管理行业贷款项目项目准备技术援助报告.丹麦水力学所水资源和环境室.2000年11月(英文)

[10] 黄河洪水管理行业贷款项目行长建议评估报告.亚洲开发银行.2001年8月(英文)

[11] 项目投资可行性研究指南.中国国际工程咨询公司和国家发展改革委员会.2002年1月(中文)

[12] 中华人民共和国水资源法.2002年8月(2002年10月1日生效)

[13] 中华人民共和国洪水防治法.1997年8月(1998年1月1日生效)

[14] 国家发展规划委员会批准(中英对照).投资项目可行性研究指南.北京:中国电力出版社.2002

[15] 贫困影响评估被引入项目经济分析手册.亚洲开发银行.2001年1月

[16] 风险分析被引入项目经济分析手册.亚洲开发银行.2002年5月

[17] 项目经济分析关键领域概要.亚洲开发银行.2003年11月

[18] 2002年经济分析回顾.亚洲开发银行.2003

[19] 2003年回顾更新.亚洲开发银行.2004年6月

[20] 洪水与防洪评估指南·战略规划与评估.英国农业、渔业、食物部.2001年4月

[21] 洪水与防洪评估指南·经济评估.英国农业、渔业、食物部.1999年12月

[22] 城区防洪收益:项目评估指南.D J Parker, C H Green 和 P M Thompson, Gower Technical 出版社.1987

[23] 洪灾缓解经济学.D N Chambers 和 K G Rogers,英国

[24] 综合水资源管理下的洪水风险治理 – 长江防洪与控制讲习班:人为状态和未来发展.C H Green.2004